U0317131

新能源科技译丛

太阳能资源预报与评估

（美）扬·克莱斯尔　编著
李法民　鞠　明　译

中国三峡出版传媒
中国三峡出版社

图书在版编目（CIP）数据

太阳能资源预报与评估/（美）扬·克莱斯尔著；李法民，鞠明译．
—北京：中国三峡出版社，2017.1
书名原文：Solar Energy Forecasting and Resource Assessment
ISBN 978-7-80223-979-1

Ⅰ.①太… Ⅱ.①扬…②李…③鞠… Ⅲ.①太阳能-利用
Ⅳ.①TK519

中国版本图书馆 CIP 数据核字（2017）第 174209 号

This edition of Solar Energy Forecasting and Resource Assessment
by Jan Kleissl is published by arrangement with
ELSEVIER INC., of 360 Park Avenue South,
New York, NY 10010, USA
由 Jan Kleissl 创作的本版 Solar Energy Forecasting
and Resource Assessment 由位于美国纽约派克大街南 360 号，
邮编 10010 的爱思唯尔公司授权出版
北京市版权局著作权合同登记图字：01-2017-7289 号

责任编辑： 祝为平

中国三峡出版社出版发行
（北京市西城区西廊下胡同 51 号　　100034）
电话：（010）57082566　57082640
http：//www.zgsxcbs.cn
E-mail：sanxiaz@sina.com

北京环球画中画印刷有限公司印刷　新华书店经销
2018 年 1 月第 1 版　2018 年 1 月第 1 次印刷
开本：787×1092 毫米　1/16　印张：23.5
字数：480 千字
ISBN 978-7-80223-979-1　定价：98.00 元

前　言

太阳能是世界上公认的发展最快的能源产业。随着太阳能技术的稳步发展，成本与效率方面的障碍也逐渐消除，然而太阳能的变化性和可靠性又成为公众关心的话题。太阳能项目的开发者及其出资人越来越关心资源长期预测的准确性。同样，电网运营商也越来越关心短期发电量的变化。这些问题的存在使太阳能资源的预测和评估变得至关重要。然而，目前尚没有一篇文章对该领域进行过全面的论述。本书综合了业内、学术界和国际公认的研究成果对这一问题进行了论述。这些成果体现了研究者致力于将基本的科学理论知识应用于实际的行业需求中，并秉承技术发展带动学科进步的思想。本书旨在成为太阳能预测和资源评估方面的权威著作。

本书面向的读者群包括在公共用电、可再生能源行业和其他与能源相关的领域，以及大气科学和气象领域工作的科学家和工程师，尤其是太阳能方面的专业人员，包括研究人员、项目开发者、系统运营商、设计者和工程师以及太阳能项目的投资人和出资人。本书是唯一一本专门涉及太阳能资源盈利性和短期变化预测和评估的书籍，可以让读者全面了解该领域的最新发展状况。

第 2 章和第 3 章论述了利用卫星观测云层和大气气溶胶对地面太阳辐射进行反演的半经验方法和物理方法。卫星反演的太阳能资源数据大有取代地面观测之势，或至少是地面观测的一种补充。第 4、5、6、7 章分别论述了太阳能项目的金融风险、太阳辐射资源时空变化特征、资源变化性对发电的影响。

在一定时间间隔内对太阳能资源进行预测对电网管理非常重要，太阳能资源预测是研发方面的一个活跃领域。第 8 章概述了太阳能预测方法和评价标准。第 9 章描述了基于地面全天空成像仪观测云图的短期太阳能资源预测。第 10 章和第 11 章描述了美国和欧洲电网运营商使用的基于卫星数据的 hour-ahead 预测法。

第12、13、14章论述了适用于day-ahead太阳能预测的数值天气预报（NWP）模型的背景场、资料同化和案例研究。第15章论述了用于改善所有太阳能资源预测结果的随机学习方法。

在此感谢所有提供帮助的人和我的赞助者（加州公共事业委员会、加州能源委员会、松下公司和美国能源部）以及支持“从实验室到市场”这一研究理念的大学生和博士生。但愿在我们共同的努力下，使大量的太阳能资源以经济高效的方式并入电网。

人物简介

Tomas Cebecauer 是太阳能资源评估、卫星遥感、地球空间信息科学、气象学和光伏发电建模方面的专家，地理和地理信息专业的博士，发表过70多部合著的科学书刊。他是PVGIS在线决策支持系统的创建者之一。该系统对欧洲光伏产业的发展产生了极大贡献。他是GeoModel Solar公司的技术总监，是推动SolarGIS全球在线系统技术发展和运行的关键人物。SolarGIS系统用于发布太阳能资源和气象数据，并为太阳能规划、监控和预测提供软件服务。Tomas Cebecauer是在该系统中运行的高精度卫星反演辐射模型的主要策划者。他致力于与世界领先专家合作，共同开发太阳能资源建模、数据质量控制和全球实时传输方法。

Chi Wai Chow 是Kleissl教授的太阳能资源评估和预测实验室的一名博士生，专门研究用于全天空图像运动检测和分割的计算机可视化工具。

Carlos F. M. Coimbra 是加州大学圣地亚哥分校机械和航空航天工程系的一名副教授。Coimbra指导加州地区多所大学的太阳能预测行动。在太阳能预测行动中，他管理着分散在太平洋沿岸的一个高质量的太阳观测台网络。Coimbra在太阳负荷综合预测方面的研究旨在开发出随机学习与基于物理模型相结合的方法。他在加州大学圣地亚哥分校教授辐射传输、热力学和试验方法课程。他在该校的研究项目由NSF、CEC、CPUC、CITRIS和DOD提供赞助。

Craig Collier 于2004年取得了美国德州农工大学大气科学专业的博士学位，在加利福尼亚州拉霍亚的斯克里普斯海洋研究所大气科学中心完成其博士后研究工作。在这之后，他于2007年进入GL Garrad Hassan公司。过去的5年间，他管理公司在北美市场的短期预测业务，指导了一个由大气科学家和工程师组成的跨专业团队。该团队针对公共事业部门、独立发电商、能源贸易商和系统运营商，提供不同设备和各种地形及气象状况的预测服务，其中包括美国五大风力发电厂中的两个发电厂。Collier博士是美国气象学会、美国地球物理联合会、美国风能协会、美国太阳能协会和公共事业可再生能源发电综合组织的成员。

Steven J. Fletcher 是科罗拉多州立大学大气联合研究所（CIRA）的III级研究员。2004年以来，他一直从事非高斯集合变分数据同化方面的研究。自2010年起，他在美国地球物理学会的年度秋季会议中组织了一场有关非线性和非高斯数据同化的专题会。除了非高斯数据同化之外，Fletcher博士的研究领域还涉及数据融合、预处理、控制变量变换和背景误差建模。他于2004年取得了英国雷丁大学数学专业博士学位，在该校就读时的博士研究方向为数据同化中的高阶非线性平衡分解。

Mohamed Ghonima是加州大学圣地亚哥分校机械和航空航天工程系的一名博士生。Mohamed的研究方向是使用地基全天空成像仪进行云检测和气溶胶特性描述的图像处理技术。他在加州大学圣地亚哥分校全天空成像仪硬件开发方面也有着丰富的经验。Mohamed于2011年荣获了英国石油公司的绩效奖。

Catherine N. Grover在能源产业（包括可再生能源、石油和天然气）已有近20年的工作经验。她在管理和领导电力、能源项目开发、融资咨询、独立工程服务方面也有着丰富的实践经验。目前，Grover女士是Luminate有限责任公司太阳能业务的负责人。她获得了塔尔萨大学化学工程专业学士（荣誉）学位。

Andrew K. Heidinger是威斯康辛州麦迪逊市气象卫星合作研究所（CIMSS）NOAA/NESDIS卫星应用和研究中心的物理学家。他还担任威斯康辛大学大气与海洋科学系的副教授。Heidinger博士的研究方向主要是面向历史、当前和未来遥感器的云遥感技术。他出版过有关卫星标定和辐射传输模型方面的刊物。他获得了普渡大学机械工程专业学士学位，以及科罗拉多州立大学大气科学专业硕士学位和博士学位。

Detlev Heinemann是一名气象工作者，也是奥尔登堡大学能源和半导体研究实验室能源气象学组的组长。能源气象学组的研究重点是，在太阳能和风能提供的能源有限的条件下，研究天气和气候对能源供应系统的影响。在该领域，Heinemann博士的研究方向是风能和太阳能预测，各种规模的风资源模拟和基于卫星的地面太阳辐射评估。他管理过多个与能源气象学有关的国家和国际研究项目。他于1983年获得了基尔大学气象学专业的学位证书，1990年获得奥尔登堡大学物理专业博士学位。

Tomas E. Hoff是清洁能源研究公司的创始人，也是该公司研究和咨询组的主席。Tom的研究经证明对公用事业部门和ISO至关重要。公用事业部门和ISO要在不断提高光伏并网发电水平的同时维持光伏发电的可靠性，这对他们来说是一项挑战。Tom的研究课题众多，其中包括：光伏和分布式发电评价、风险管理和可再生能源，以及最近研究的光伏发电量变化性的描述方法。Tom在太平洋燃气与电力公司开始其职业生涯。他获得了斯坦福大学工程学院工程经济系统专业博士学位。

Andrew S. Jones是科罗拉多州立大学大气联合研究所（CIRA）的一名高级研究员。他曾6次获得学术奖学金，并在卫星数据同化、多用传感器-卫星数据融合技术、卫星空间滤波器、卫星反演土壤湿度、辐射边界条件、微波探测云液态水和陆面上空表面特性等领域发表过380余篇论文、报告和文章。Jones博士是多个卫星数据同化和先进的数据处理项目的负责人。他在东伊利诺伊斯大学获得了物理专业学士学位，同时他还辅修数学，并以最优异成绩毕业，同时还取得了科罗拉多州立大学大气科学专业硕士学位和博士学位。

Jan Kleissl 是加州大学圣地亚哥分校机械和航空航天工程系的一名副教授，也是能源研究中心的副主任。Kleissl 取得了美国约翰霍普金斯大学环境工程专业博士学位，并于 2006 年进入加州大学圣地亚哥分校。Kleissl 带领 16 名博士生从事由 CPUC、CEC、NREL 和 DOE 赞助的太阳能预测和太阳能并网研究项目。Kleissl 讲授可再生能源气象学、流体力学和实验室技术方面的课程。Kleissl 于 2009 年荣获国家科学基金会事业奖以及 2008 年加州大学圣地亚哥分校的可持续发展奖。

Ben Kurtz 是加州大学圣地亚哥分校机械和航空航天工程系的一名博士生。Ben 当前的研究方向是使用地基全天空成像仪进行太阳能预测。Ben 在加利福尼亚理工学院获得了物理专业学士学位。

Jan Kühnert 是奥尔登堡大学能源和半导体研究实验室能源气象学组的研究生。他于 2011 年取得了物理专业学位证书。他的博士论文选题是能源市场光伏发电预测，并受到了德国联邦环境基金会奖学金计划的资助。

Matthew Lave 是桑迪亚国家实验室的一名高级技术人员，在光伏并网部门工作。Matthew 在加州大学圣地亚哥分校获得了航空航天工程专业博士学位。在校期间，他的研究方向是太阳能辐射和太阳能光伏发电量变化性分析。读博期间，Matthew 开发出了微波变化性模型（WVM）。该模型可以仅使用辐照度作为数据来源，模拟太阳能光伏发电量的变化在各个时段影响电网运行的情况。他目前正致力于太阳能变化对电网及光伏系统建模方面的影响研究。

Vincent E. Larson 是一名拥有 13 年工作经验的大气科学家，他的研究领域主要是云的数值建模，曾发表过 30 篇经同行审阅的论文。Larson 获得了麻省理工学院的博士学位和耶鲁大学物理专业学士学位。

Elke Lorenz 是奥尔登堡大学能源和半导体研究实验室能源气象学组的成员。她的研究方向是太阳辐照度和光伏发电预测，以及根据卫星数据反演太阳辐照度的方法。自 2011 年初，Lorenz 博士一直担任能源气象学组太阳能小组组长。她在奥尔登堡大学获得了物理专业学位证书。在校期间，她还完成了关于将卫星图像云层运动矢量用于短期太阳辐射预测的博士论文。

Ricardo Marquez 2012 年取得了加利福尼亚大学美熹德分校博士学位。在校期间，他在 Coimbra 教授的指导下，开发出了多个不同时间尺度的太阳能预测方法。目前，他是加利福尼亚大学美熹德分校的博士后，继续从事辐射传热方面的研究工作。Marquez 博士的研究受到了美国国家科学基金会、加州能源委员会、社会利益信息技术研究中心（CITRIS）、Eugene Cotta-Robles 和南加州艾迪生公司奖学金的资助。

Patrick Mathiesen 是加州大学圣地亚哥分校的一名博士生，也是 Jan Kleissl 太阳能资源评估和预测实验室的成员。他的研究领域包括数值天气预报和气象学在可再生能源产业的应用。Mathiesen 于 2009 年取得了明尼阿波里斯市明尼苏达大学机械工程专业学士学位。

Andrew C. McMahan 是 Luminate 有限责任公司的经理，负责提供太阳能项目开发和融资方面的咨询服务。他在太阳能产业已有近十年的工作经验，曾是 SkyFuel 公司（抛物面槽式聚光太阳能发电技术的初创公司）联合创始人和副总裁。McMahan 获得了俄勒冈州立大学机械工程专业学士学位和威斯康辛大学麦迪逊分校机械工程专业硕士学位。

Steven D. Miller 是科罗拉多州立大学大气联合研究所（CIRA）的卫星气象学家。他的研究方向是卫星遥感和卫星气象应用。他的工作对象是各式各样的无源和有源卫星数据集。他的具体专业是设计基于物理的附加值产品，其中涉及矿尘、火山灰、云特性、雾检测、火灾探测、夜间微光成像。Miller 博士是卫星数据集用户的应用研究联络员。他获得了加州大学圣地亚哥分校电子与计算机工程专业学士学位和科罗拉多州立大学大气科学专业硕士学位和博士学位。

Dung（Andu）Nguyen 是加州大学圣地亚哥分校机械和航空航天工程系的一名博士生。Andu 于 2011 年取得了美国天主教大学电子工程专业学士学位和硕士学位。Andu 的研究方向包括太阳能预测、配电系统电力模拟、可再生资源和存储系统并网的控制理论以及可再生能源经济学。他当前的研究项目有：使用全天空成像仪进行短期太阳能预测，高光伏渗透率对配电系统的影响。

Hugo T. C. Pedro 是加州大学圣地亚哥分校 Coimbra 的太阳能预测引擎小组的博士后成员。他负责开发随机学习和模型识别方法，并将这些方法用于研究小组的研究和预测工作中。Pedro 博士主攻演进优化和模型识别。他开发出了多个适用于太阳辐照度图像处理和时序分析、电源输出和需求负荷的方法。Pedro 博士在 2010 年取得夏威夷大学马诺阿分校的博士学位后不久就加入了 Coimbra 教授的太阳能预测引擎小组。他的研究工作受到了美国国家科学基金会的资助。

Richard Perez 是纽约州立大学阿尔巴尼分校大气科学研究中心的一名研究教授，他的应用研究领域是太阳辐射、太阳能应用和采光。他在巴黎大学和纽约州立大学阿尔巴尼分校分别取得了大气科学专业硕士和博士学位以及法国尼斯大学的电工学学士学位。他在太阳能领域的显著贡献有：

- 发现了光伏发电的巨大潜力，可以满足非传统太阳能地区的电力需求，如美国东北部大城市。

- 发展了太阳辐射传输模型，并且这些模型已广泛应用于理想条件和实际条件下的太阳能计算中。

Perez 是乔治·华盛顿大学，乔治·华盛顿太阳能研究所咨询委员会的成员。

他是美国太阳能协会（ASES）理事会多届连任成员。他已撰写了 250 多篇文章，包括书籍的部分章节、期刊论文、会议论文和技术报告。他在光伏系统负荷管理方法方面获得了两项美国专利。他负责过多个研究项目和价值达 600 万美元的合同。他荣获了多个国际奖项，包括美国能源部（USDOE）颁发的“杰出研究证书”、美国太阳能协会（ASES）的最高奖项“查尔斯·格里莱·艾博特奖”，以及丹麦哥本哈根威卢克斯基金会颁发的“国际建筑和日光一等奖”。

Manajit Sengupta 是美国科罗拉多州戈尔登市国家可再生能源实验室的一名高级研究员。他目前致力于太阳能各个方面的研究，包括太阳能资源、预测和变化性。Sengupta 博士的专业领域包括辐射传输、基于陆地和卫星系统的云遥感以及卫星数据同化。他获得了加尔各答学院物理专业学士学位和宾夕法尼亚州立大学气象学博士学位。

Joshua Stein 是桑迪亚国家实验室的一名杰出研究员，致力于光伏发电和并网方面的研究。Stein 博士是自然和工程复杂系统建模和分析方面的专家，包括使用随机方法评估不确定性和敏感性。他目前正在开发和验证太阳辐照度、光伏系统性能、可靠性和光伏与电网的相互作用模型。他是光伏性能建模合作组织（http://pvpmc. org）的负责人。他在加利福尼亚大学圣克鲁兹分校获得了地球科学专业博士学位。

Tom Stoffel 是一位大气科学家，在太阳辐射测量领域拥有 37 年的研究经验，参与了太阳辐射研究实验室的设计、开发和运营。该实验室提供经 ISO 17025 认证的日射强度计和太阳热量计校准服务，并为 NREL 的检测技术及仪器仪表数据中心提供支持，在美国境内提供近乎实时的太阳能资源数据（www. nrel. gov/ midc）。他最初在赖特-帕特森空军基地推进实验室担任航空工程师，从事燃气涡轮发动机性能和红外辐射特征的模拟工作。随后，他重新回到学校进修辐射传输和大气科学专业。毕业后，他加入了现在的 NOAA 地球系统研究实验室，从事太阳辐射城乡差异方面的分析工作。1978 年，他进入了太阳能研究所（现改名为 NREL），开始从事可再生能源领域的研究。过去的 13 年间，他管理了一个技术团队，该团队负责太阳能资源数据的收集、评估和发布。他目前的研究课题包括太阳能发电的变化性、通过卫星遥感表面辐照度对太阳资源特性进行描述、太阳能发电预测、提高可再生能源领域的太阳辐射测量和计量水平以及气候变化研究。他在这些领域发表过 85 篇科技论文，并为国家和国际研究项目提供专业技术支持。

Marcel Šúri 是太阳资源评估、光伏发电建模和太阳能技术性能评估方面的专家。他获得了地理与地理信息科学专业博士学位，与人合著了 100 余篇科技著作。Marcel Suri 是在 PVGIS 线决策支持系统的创始人之一，该系统对欧洲光伏产业的发展产生了极大贡献。

他是 GeoModel Solar 公司的总经理。GeoModel Solar 公司是全球在线系统 Solar-GIS 的运营商，该系统为太阳能规划、监控和预测提供高精度的太阳资源信息、气象信息和软件服务。Marcel Suri 为太阳能发电厂开发者和运营商、投资者、银行和政府机构提供咨询服务。他管理过多个研发项目，积极参与标准的制定和市场实施，提高太阳能行业的透明度和效率。

Bryan Urquhart 是加州大学圣地亚哥分校机械工程专业的博士生，从事太阳能资源方面的研究，重点研究领域是利用天空成像仪进行太阳能短期预测。在这之前，他曾使用地球同步卫星数据估算加利福尼亚州的太阳辐射度作为其硕士论文研究课题。除学术研究之外，Bryan曾在航空航天公司工作数年，协助飞行系统和地面系统红外化学云探测设备的设计和制造。

Frank E. Vignola积极参与能源研究30余年。他在俄勒冈大学太阳能中心担任高级研究助理和主任，并同时提供咨询服务。Vignola博士曾在众多公用事业的电力项目中协助太阳能资源和发电量预测验证工作。他是美国太阳能协会（ASES）的成员，获得过俄勒冈州太阳能行业协会的太阳能遗产奖。他获得了俄勒冈大学物理专业博士学位。

目　录

第 1 章　术语和定义

Tom Stoffel
美国国家可再生能源实验室，太阳能资源和预测团队

章节纲要

1.1　简介

有的读者可能想要略过本章直接去探究本书的“真正内容”，然而本章能够帮助读者更为详尽而全面地理解后面章节的主题。这些章节均是由国际公认的学者编写的。

本书从根本上强调了光电转换技术对降低技术和资金风险的必要性。不同的太阳能发电方式适用不同的太阳能资源评估和预测方法，通过更好的理解这些方法，可以规避诸多上述风险。由于天气、地理位置和时间的变化都会影响到照射至地表的太阳辐照量，因此太阳能发电系统运行所需的太阳能资源比常规能源更加分散（能量密度较低）。在选择项目位置、设计出适宜的太阳能发电方式以及将太阳能发电并入电网的过程中，精确的太阳能预报和资源评估能够降低项目的风险。

太阳能资源评估是指在一定历史时期内，对某个位置或区域内可用于能量转换的太阳辐射进行的描述。此外，太阳能发电网络的日常运行也需要进行太阳能预测。在以下光电转换的各个阶段中，太阳能资源评估和精确的太阳能预测都具有重要的意义：

- 可行性研究阶段：在综合太阳能资源评估、经济性、工程技术、后勤和其他项目限制等方面的基础上，确定潜在的项目位置和发电技术方案。
- 设计阶段：为了在项目运行年限内获得理想的输出功率，选择最佳的发电技

术方案以及构建合理的系统配置。

- 部署阶段：在发电系统的建设、性能测试和试运行等过程中展开尽职调查。
- 运行阶段：通过电力设施将新的发电系统并入日常运行中，并满足独立系统运营商（ISO）、区域传输组织（RTO）和监管机构（例如，联邦能源管理委员会，又称 FERC）的需要。

本章主要包括 4 个主题，旨在使读者了解并理解最新的技术发展，以及这些技术在推动太阳能预测和资源评估方面的作用。第 1.2 小节总结了几种太阳能发电方式及其对太阳能资源信息相应的要求。第 1.3 小节涵盖了太阳能与太阳辐照度的关系及相关术语。第 1.4 小节描述了太阳能资源的基本组成部分及其测量方法。第 1.5 小节概述了影响太阳辐照度的大气特性以及可获得的太阳能资源预测工具，使读者能够提前了解随后章节的内容。

1.2 太阳能发电方式概述

太阳能可转换为化学能、电能和热能等几种形式。本小节简要地总结了几种太阳能发电方式，并介绍了太阳能资源预报和评估的相关内容。

1.2.1 光伏

海因里希·赫兹于 1887 年首次发现光电效应，阿尔伯特·爱因斯坦在 1905 年解释了这一现象。光伏（PV）系统正是利用半导体材料的光电效应，直接将光转换为电能。半导体的成分和光伏设备接收的有效太阳辐射的强度和波长都会影响光伏设备的发电量（赫兹，1887；爱因斯坦，1905）。直到 1954 年，贝尔实验室的 3 位研究人员研制出首个实用的“太阳能电池”。该电池可将 6% 的入射太阳能转换为电能（Perlin，2004）。随着研发活动不断取得进展，光伏装置的转换效率也随之提高，目前的世界记录为 43.5%（图 1.1）。

光伏技术最初作为一种高昂的电源被应用在太空领域，当时的发电能力仅为数瓦。目前光伏产业的装机容量已超过了 40 GW，并以每年 25% 的速度增长（REN21，2011）。如图 1.2 所示，光伏发电技术系统具有多种形式，包括固定安装在斜面或太阳跟踪器上的平板型光伏系统、与建筑设计相融合的系统（光伏建筑一体化，又称 BIPV）以及聚光光伏（CPV）系统。接收的太阳辐射量与上述系统的接收形式和方向相关，在评估历史的太阳能资源或进行预测时，需要将这一相关性考虑在内。

屋顶分布式光伏发电系统很好地利用了光伏系统的模块化特征。该系统产生的电量可以就近使用，还可通过变压器扩大到公共的集中发电系统。要充分应用分布式和集中式发电系统，理解太阳辐射的空间变化至关重要。光伏系统对太阳辐射的变化十分敏感（单个电池的校正时间为约 10 μs）。因此，为了使光伏系统产生稳定

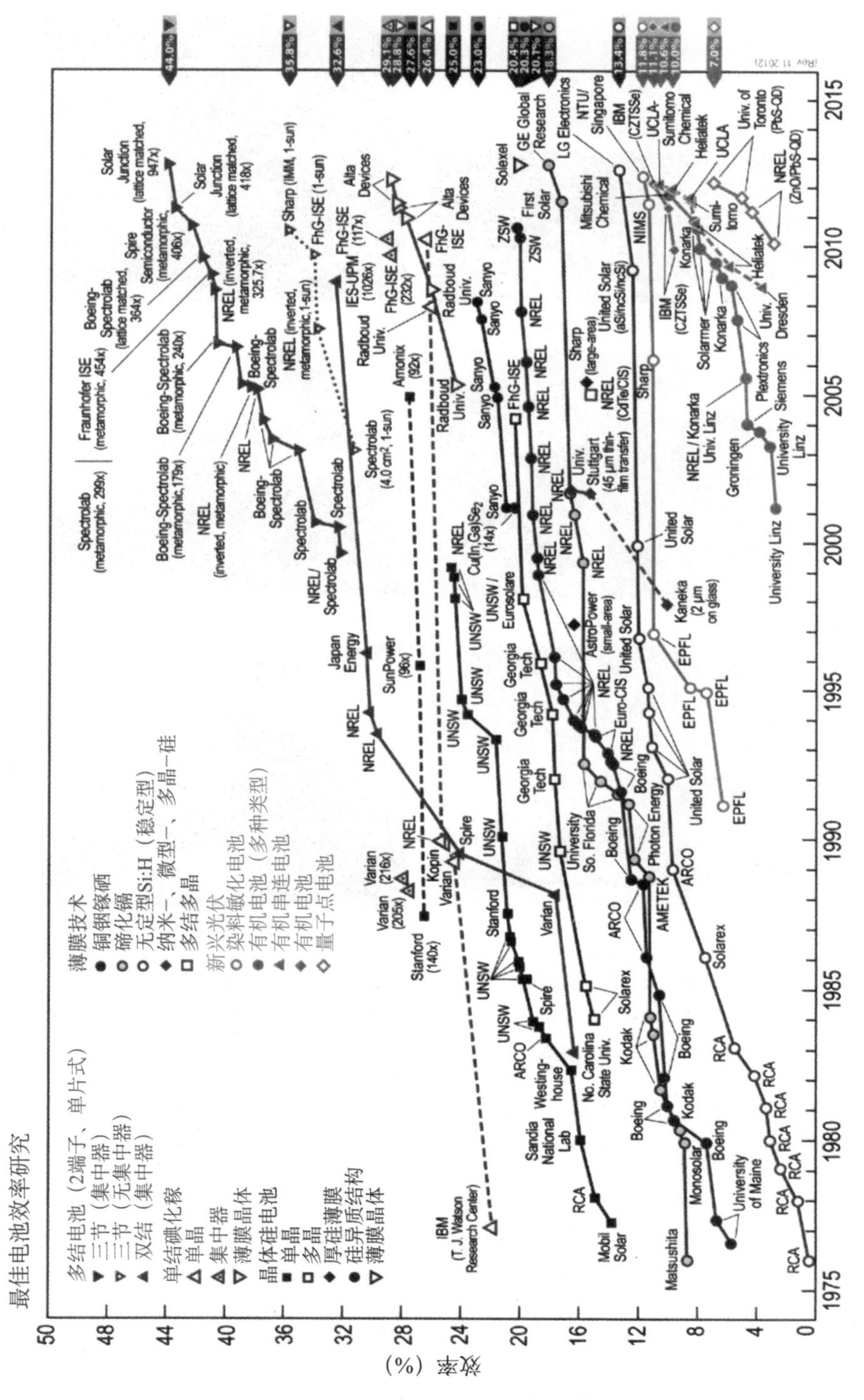

图 1.1　自 1976 年起各光伏板光电转换效率提升年表。
（图片由 NREL 画廊提供，http：//www. nrel. gov/ncpv/images. ）

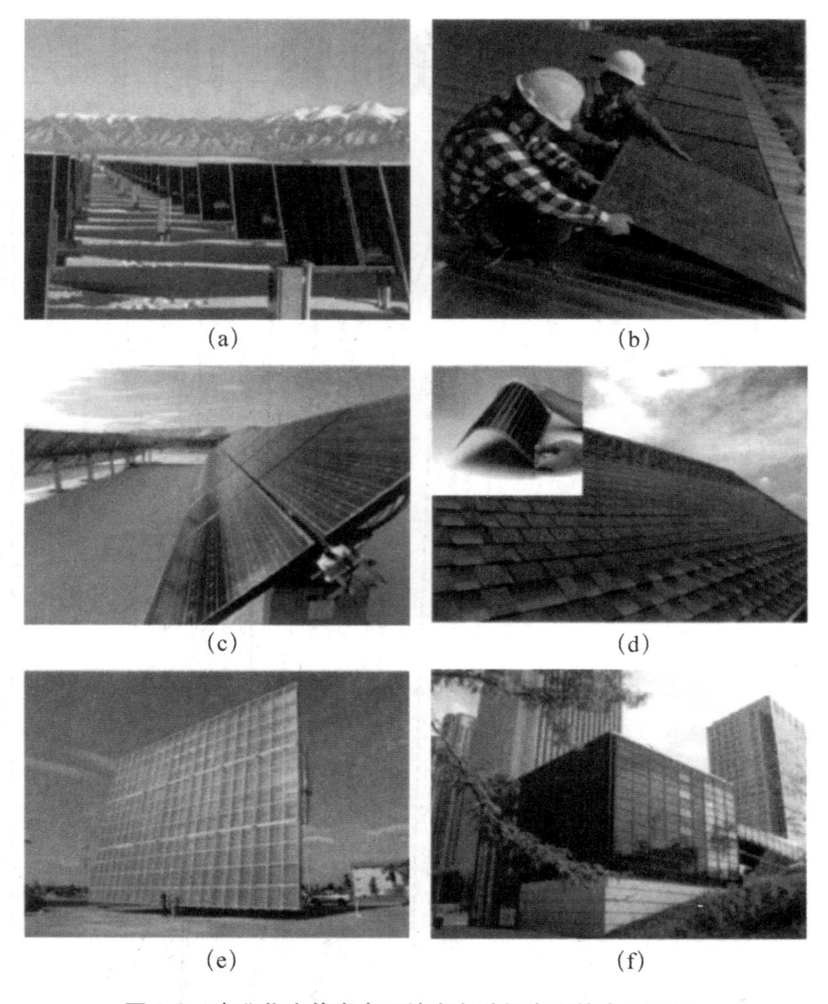

(a) (b) (c) (d) (e) (f)

图 1.2　商业化光伏发电系统在多种场合下的应用示例。

（a）固定斜面式光伏阵列；（b）多晶光伏模块；（c）1 -轴跟踪式光伏阵列；（d）屋顶瓦片薄膜式；（e）2 -轴跟踪聚光型光伏；（f）光伏建筑一体化（图片由 NREL 画廊提供，http：//images. nrel. gov.）

的功率输出，在系统设计和运行时，必须要了解太阳辐射随时间变化的特征。

光伏器件使用的半导体材料有：单晶硅和多晶硅（最普遍）、非晶硅、微晶硅和多晶薄膜材料，如碲化镉（CdTe）和铜铟镓硒（CIGS）。多结光伏器件的能量转换效率最高。2012 年末，转换效率为 43.5% 的 GaInP/GaAs/GaLnNAs（Sb）多结电池创造了新的世界纪录（Kurt，2012）。预测光伏系统发电量需要掌握有关光伏设备可获得的太阳辐射的光谱分布与宽光谱波段数量等具体信息（图 1.3）。由于光伏器件的性能取决于若干环境因素，在基准测试条件的基础上制定出了一些评价光伏板性能的标准，其中包括太阳辐照度光谱分布标准（美国材料和试验协会；Myers，2011）。

功率是电压（V）与电流（I）的乘积。伏安曲线（I-V curve）可以描述光伏设备的发电功率。如图 1.4 所示，入射太阳辐照量、电力负载和设备温度决定了光伏设备的电压和电流特征，进而确定了伏安曲线的最大功率点。短路电流与入射太阳辐射呈现等比例变化（图 1.5），输出功率会随着设备温度的上升而下降（图 1.6）。光伏设备使用的半导体材料从根本上决定了上述响应特征。

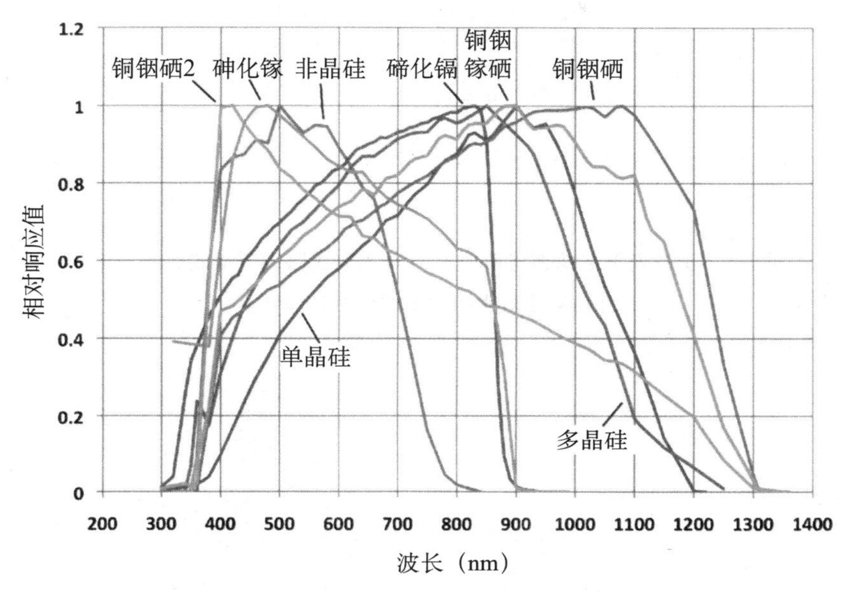

图 1.3　所选光伏材料的光谱响应函数说明了其光电转换的选择能力。

（图片由 Chris Gueymard 提供）

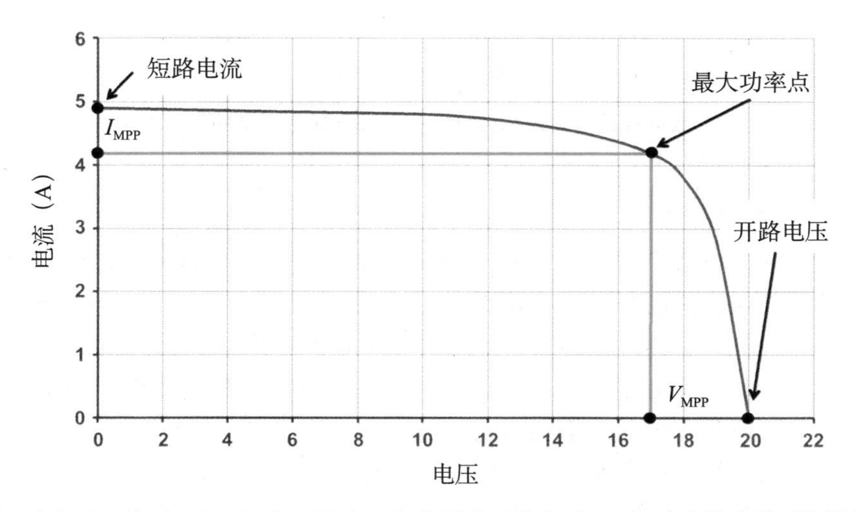

图 1.4　由短路电流（I_{sc}）、开路电压（V_{oc}）和最大功率点（P_{max}）确定的光伏系统性能特征。

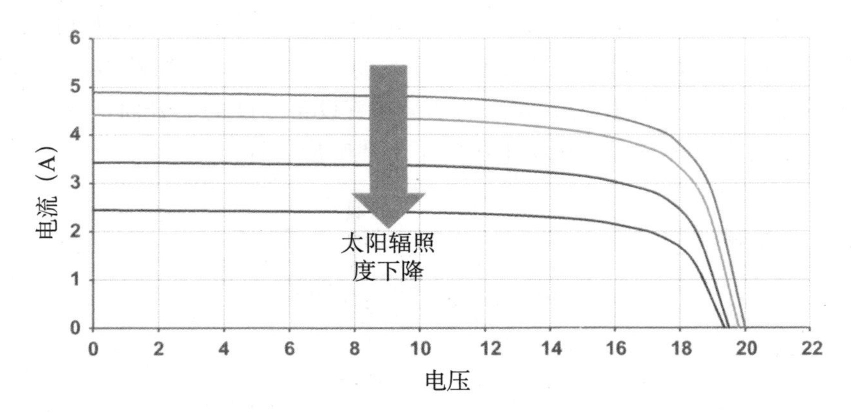

图 1.5　光伏阵列的短路电流（I_{sc}）与入射太阳辐照量成比例关系。开路电压对太阳辐射的依赖性较低。

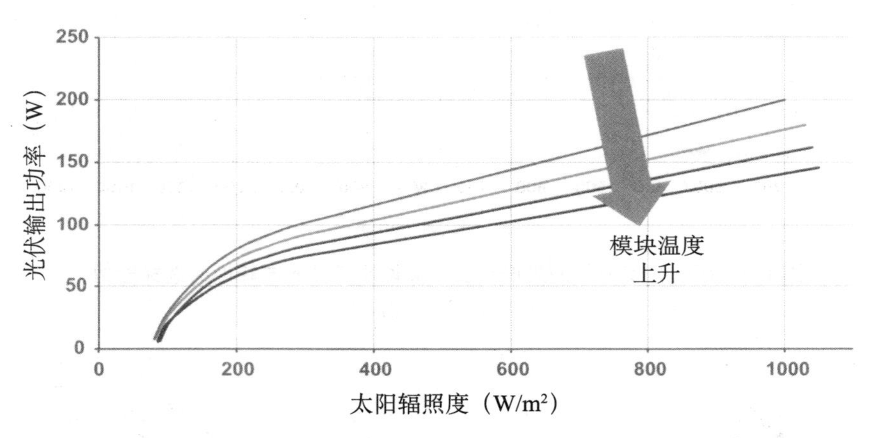

图 1.6　太阳辐照度和阵列温度对光伏阵列输出功率的综合影响。

1.2.2　聚光太阳能发电

聚光太阳能发电技术（CSP；该定义不包括聚光光伏发电技术（CPV））可将太阳辐射转换为热能，进而产生蒸汽驱动发电机运行。此外，该技术还可与外燃机/发电机联合使用。如下所述，该技术已经达到公共事业用电规模，单个的 CSP 系统可直接利用（光束）太阳辐射产生高达数百兆瓦的电量。集热器采用不同的方式聚集太阳辐射，在接收到聚集的太阳辐射后，其工作温度可升至 500℃ ~1，000℃（图 1.7）。太阳能发电塔的周围遍布着数百至数千个日光反射装置（2 -轴跟踪太阳反射镜）。这些反射镜可将太阳辐射反射到中央高塔上的接收器。接收器是一种高效的以熔融盐为工质的换热器，工质在接收到热能后将其存入大型罐体中，随后该热量被用于驱动涡轮发电机，这一过程与传统化石燃烧发电类似。

线性槽式集热器技术的基本原理是，抛物面反射镜或一组菲涅耳反射镜被安装

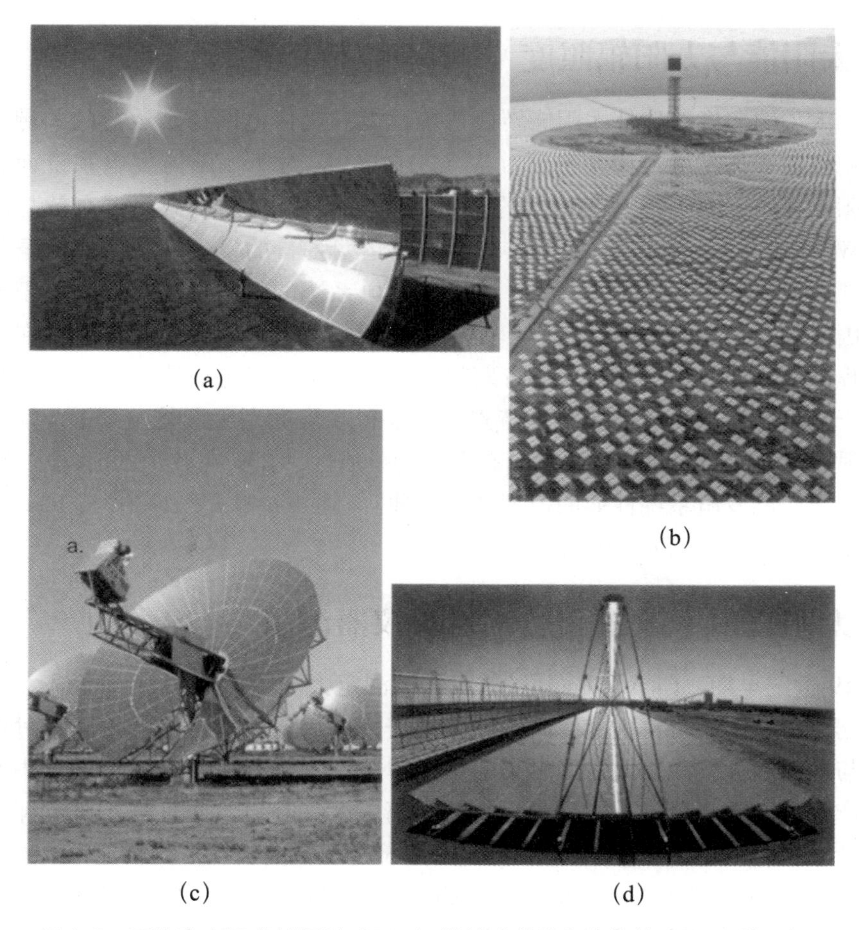

图 1.7　可将高水平直射辐射（DNI）转换为热能和电能的 CSP 系统示例。

（a）槽式集热器；（b）发电塔和日光反射装置；（c）碟式斯特林发动机；（d）线性菲涅耳集热器。（图片由 NREL 画廊提供，http：//images. nrel. gov.）

在 1 -轴太阳跟踪器上，通过跟踪器将太阳辐射聚焦到放置在集热器焦线位置处的接收器吸收管上。集热器通常采用南北放置的形式，可在白天随着太阳自东向西旋转，从而可以持续地将太阳直射辐射聚集在吸收管上。载热流体流经接收器吸收管后进入一系列换热器从而产生高压过热蒸汽，随后载热流体重新回到接收器吸收管，而得到的蒸汽则传至汽轮发电机产生电能。碟式斯特林发动机被安装在抛物面反射镜的焦点位置，通过 2 -轴跟踪器持续地对准太阳实现持续运行。载热流体在接收器中被加热到 250℃ ~700℃，随后外燃式斯特林发动机利用流体中的热量发电。模块化抛物面反射镜系统具有较高的效率，可以满足社区分布式发电和公共事业集中发电的需求。与所有聚光型太阳能发电（CSP）技术一样，碟式斯特林系统也需要直接太阳（光束）辐射的资源信息。

1.3 太阳能与太阳辐照度

预测太阳辐照度是估计太阳能转换系统性能和确保电网稳定运行的关键。太阳辐照度用辐射通量密度或功率密度（W/m^2）表示。对于太阳能发电系统而言，有效的太阳能可表示为入射到集热器的太阳辐照度（s）与系统集热器有效总面积的乘积（$W/m^2 \times m^2 = W$）。电力公共事业单位运营各自的发电系统，并依据某段时间内的耗电量（kWh）向客户收费。太阳能发电系统的发电量与有效的太阳辐照度和其他因素相关，如具体的系统设计性能和重要的环境因素等。光伏电站在太阳能发电过程中呈线性变化；即在其运行期间，整体转换的变化常常小于20%。另一方面，由于热惰性和热力学的非线性特点，这使得在聚光型太阳能（CSP）发电量与直射辐射（DNI）之间建立相关性具有一定的挑战性，至少在较短的时间内是这样。用于评估太阳能发电系统性能的模型有若干种。（Marion 等人，2006；Gilman 和 Dobos，2012；PVSYST；Lilienthal，2005）。

1.4 太阳直射、散射和总辐射及仪器测量

在 19 世纪早期，Claude Pouillet 首次尝试测定太阳辐射（Vignola 等人，2012）。从那时起，为了解决可再生能源利用和气候研究的需要，学者们从未停止过研究太阳辐射与地球的大气和表面之间复杂的相互作用。实际上，Pouillet 的原著中测定的是太阳产生的宽带辐射，现在称之为总太阳辐照度（TSI），而且这一研究课题仍然十分活跃（Kopp 和 Lean，2011；Frohlich，2009）。目前，在平均日地距离上，公认的 TSI 值为 $1366 \pm 7\ W/m^2$，在导言中确定这一点将有助于接下来的讨论（Stoffel 等人，2010）。地球围绕太阳运行的轨道为椭圆形，这使得大气顶层的太阳辐射在近地点时（1 月 3 日左右）最高，约为 $1415\ W/m^2$；在远地点时最低（7 月 4 日左右），约为 $1321\ W/m^2$。大气层外的辐射相对具有可预测性，考虑大气对辐射传输的影响，地表辐射量的预测更具挑战性。

如图 1.8 所示，与太阳能资源预报和评估相关的 3 种地表太阳辐射基本成分：

法向直射辐射（DNI）：阳光从太阳盘面直接照射到与光路正交的表面，可使用直接辐射表在 5°~5.7°视场角测得。

水平散射辐射（DHI）：这种辐射是指除了 DNI 之外，来自天空穹顶的辐射。太阳辐射在到达地表的过程中被地表水平面的大气云层、气溶胶和其他成分散射。可使用带遮光环的直接辐射表在 180°视场角测得。

水平总辐射（GHI）：半球辐射向下到达水平表面的总太阳辐射，使用无遮挡总辐射表测得。

世界气象组织（WMO）提供了详细的太阳辐射成分测量指南，包括测量实践、仪器说明书和操作程序（WMO，2008）。

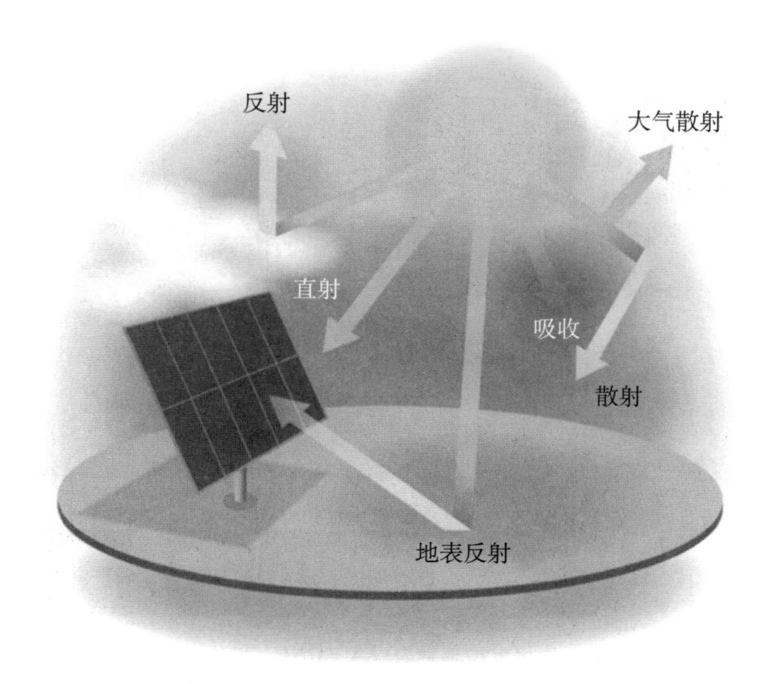

图1.8　在地球大气和地表作用下的太阳辐射成分，以及平板式集热器收集到的POA辐射示意图（POA＝直射＋散射＋地表反射）。
（图片由Hicks，NREL提供）

3种太阳辐射成分是相互关联的。在任一平面上测得的直射与散射辐射之和等于总辐射。在水平面上，利用太阳天顶角（SZA）可将某时刻的DNI换算为水平面直接辐射：

$$GHI = DNI \times \cos(SZA) + DHI$$

图1.9中的时间变化图举例说明了在晴空和阴天条件下，各个太阳辐射分量随时间变化的情况。根据这3种太阳辐射分量，可以估算出任意方向的集热器可能接收到的太阳辐射，即“POA辐射”（Perez & Stewart，1986）。在估算平板集热器接收的辐射时，假设的天空和地表条件增加了估算的不确定性，因此使用总辐射表测定平板POA太阳辐射能够大大减少数据的不确定性。由于CPV和CSP集热器设计的观测角度较窄，因此可通过DNI测得其接收的POA太阳辐射。但DNI数据相对较少，因此更常用GHI数据计算出DNI（Perez等人，1990；Perez等人，1992）。

太阳能资源预报和评估在项目设计应用过程中必须考虑太阳辐射测量和模型估计的不确定性。尤其是这些数据构成了发展和验证太阳能预测的基础。表1.1列出了商用直接辐射表和总辐射表的测量不稳定性估值。这些估值是经过适当的仪器安装、运行和维护（包括年度再校准）后得出的（Vignola等人，2012；Stoffel等人，2010；Reda等人，2008；Wilcox和Myers，2008；Reda，2011）。模拟的太阳辐射数据中的不确定性取决于方法论和基本的输入数据，但是输入数据应当大于用于发展和验证太阳辐射模型的测定数据。

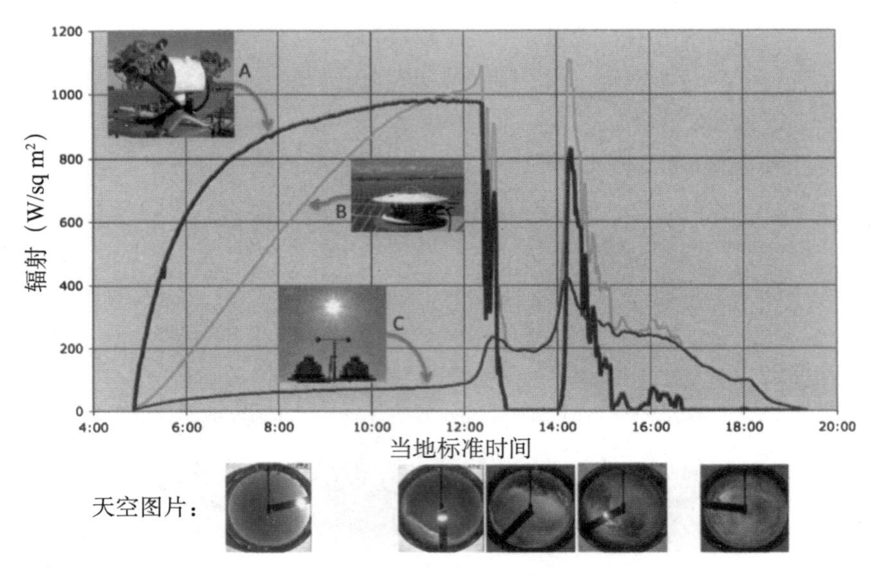

图 1.9　在晴空和阴天条件下，使用直接辐射表（A = DNI）和总辐射表（B = GHI；C = DHI）测得的太阳辐射的时间变化图及对应的昼间天空图片（Golden，Colorado，2012 年 07 月 19 日）。

表 1.1　商用直接辐射表和总辐射表的观测不确定度的估计

不确定性来源	热电堆型 直接辐射表（%）	热电堆型 总辐射表（%）	光电二极管型 总辐射表[a]（%）
校准[b]	2.0	3.0	5
天顶角响应[c]	0.5	2.0	1.0
方位角响应	0	1.0	1.0
光谱响应[d]	1.5	1.0	5.0
非线性	0.5	0.5	1.0
温度响应	1.0	1.0	1.0
数据采集	0.1	0.1	0.1
年度（每年）	0.1	0.2	0.5
总不确定度（正交总和）	±2.8	±4.0	±7.6

注：不确定度是在 95% 置信区间，包含因子（k）等于 1.96 的基础上得出的。

a　未更正由于温度、太阳光谱辐射照度分布等因素引起的响应变化。

b　包括太阳天顶角在 30°～60°之间的热偏移/角度响应。

c　包括太阳天顶角在 0°～30°和 60°～90°之间的热偏移/角度响应。

d　包括窗口/穹顶/散射体透射率和探测器响应。

1.5　影响太阳辐照度的大气特性

大气在太阳辐射到达地表的过程中起到了介质作用。大气成分的数量、类型以及与波长相关的辐射属性决定了辐射在大气中的散射、吸收和传输情况。如图 1.9

所示，云层主要影响了用于能量转换的太阳辐射的强度和类型。事实上，美国所用的大部分太阳能资源数据并非源自直接辐射表和总辐射表的测量值，而是在地表和卫星观察云层的基础上得出的模型估计值（Wilcox，2012）。太阳辐射预测也高度依赖预测区间内的云层条件。太阳能预测的输入信息包括云层类型、高度、相对运动和形成/消散区域。在太阳能预测过程中，可通过详细的云层信息（例如，光学厚度、云液态水含量和云冰含量、云滴有效半径）了解云层的辐射传输特性。

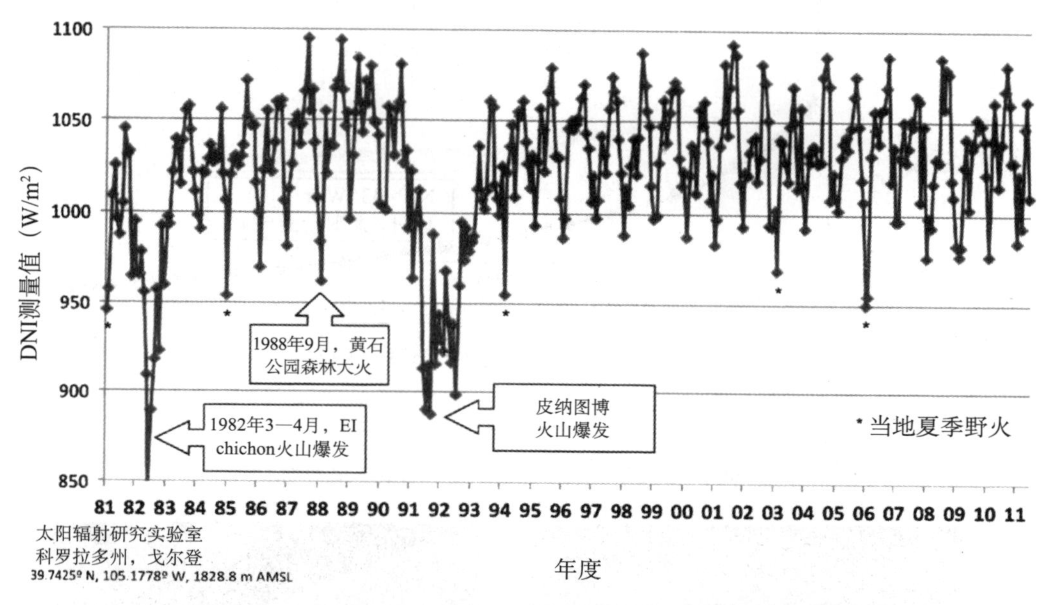

图 1.10　1981—2011 年间，科罗拉多州戈尔登地区晴空条件下每月最大 DNI 测量值，该图表明了 DNI 年际变化以及火山爆发和森林大火对 DNI 的影响。

当天空晴朗无云时，太阳辐射和“清澈”大气中的多变成分之间也会发生复杂的相互作用。对于太阳能集热器获得的有效太阳辐射，影响其光谱分布的因素有：大气气溶胶的种类和数量、可降水总量、臭氧和其他成分。如图 1.10 展示了可预测的晴空 DNI 测量值年际变化，这些变化受到地球轨道和大气气溶胶含量周期上升的影响。本图中的数据由直接辐射表连续测量得出，作为每月中任一小时内最高的 DNI 值，通常出现在晴空无云的正午时分。

在晴空无云条件下，大气气溶胶使太阳辐射发生正向散射，从而降低了 DNI 值，增加了 DHI 值。这种在太阳盘面附近发生的辐射再分配被称为环日辐射。环日辐射的强度对所有聚光型太阳能发电系统具有重要的意义。因大气条件产生的大量环日辐射能够影响太阳形状或聚光型集热器可获得的 DNI（参见图 1.11）。

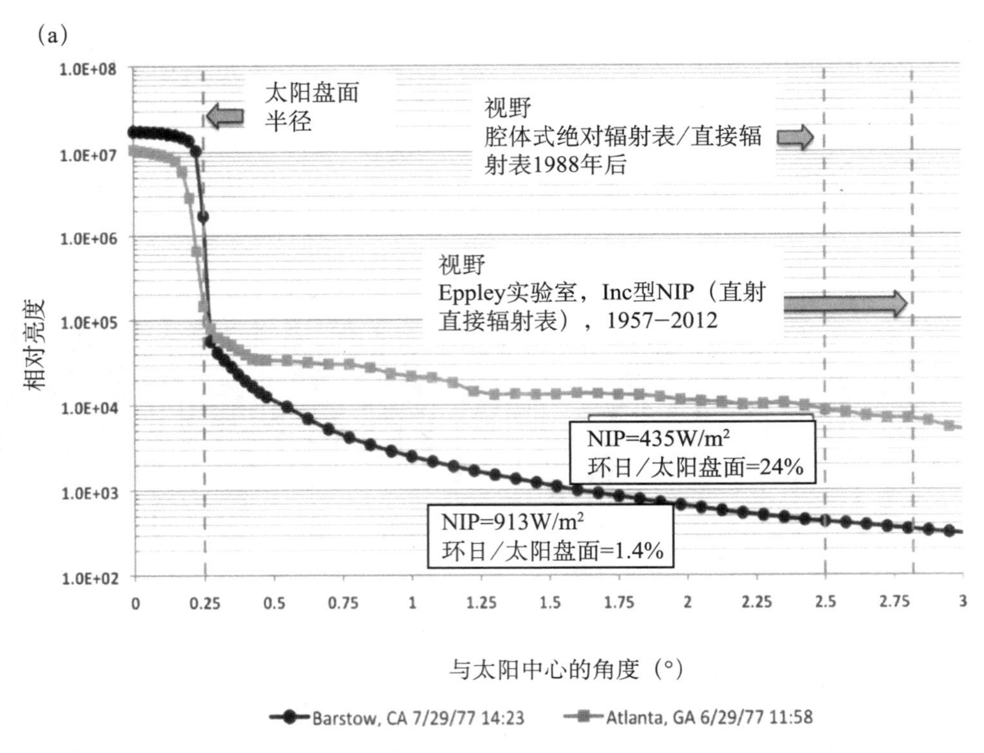

图 1.11　大气气溶胶增加了 DNI 的前向散射，进而增大了环日辐射的量以及影响了太阳形状：
（a）加利福尼亚和乔治亚州环日望远镜的测量值和直接辐射表的视场角；
（b）科罗拉多州戈尔登地区低气溶胶光学深度（约 0.1）条件下的图片；
（c）沙特阿拉伯利雅得地区高气溶胶载量（约 0.5）条件下的图片。

太阳辐射在地表的光谱分布对于太阳能发电方式，尤其是光伏装置的设计和性能测试具有重要意义。太阳光谱中约有 97% 的可用辐射波长在 290 nm ~ 3000 nm 范围内（图 1.12）。大气顶层的太阳光谱相当恒定，接近温度为 5520 K 的黑体辐射。大气相当于一个连续变化的滤光器，通过改变 DNI、DHI 和 GHI 的相对含量，得到不同的可用辐射光谱分布。分光谱辐射测量值的来源较少（USDOE；NREL 测量和仪器数据中心）。将晴空无云和全天条件下的气象数据作为输入值，可建立太阳辐射的光谱分布模型（Myers 和 Gueymard，2004；Nann 和 Riordan，1991）。

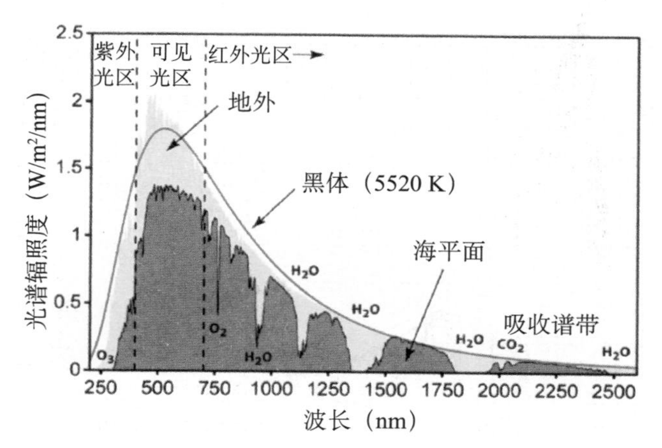

图 1.12　大气（海平面）吸收光谱后，大气上方（地外）和地表的太阳辐照度的光谱分布，以及在 5520 K 时对应的黑体辐射。

在晴空无云的条件下，我们将 DNI 穿过大气层到达地表的量称为大气路径长度或相对大气质量（AM）。当太阳位于海平面上某处正上方时，大气路径的长度为 1.0（例如，AM 1.0）。图 1.13 举例说明了 AM 对观测点（集热器）相对太阳位置的依赖性。由于所有的地点和季节都达不到 AM 1.0 条件，因此在建立光伏模型时，将 AM 1.5 确定为晴空标准太阳能光谱（图 1.14）（Riordan 和 Hulstrom，1990；ASTM 标准 G173-03，2008）。

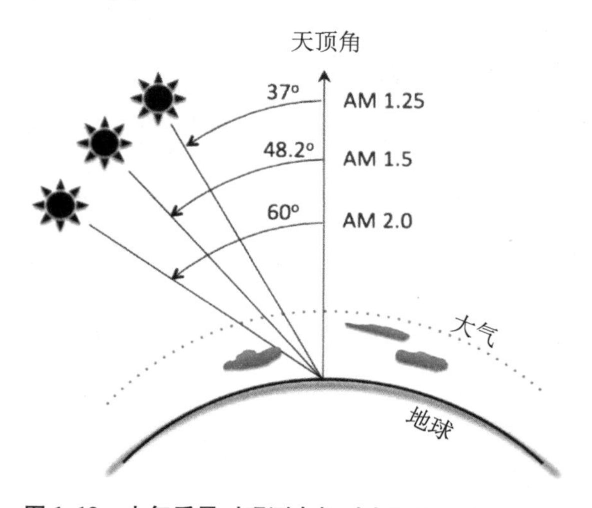

图 1.13　大气质量对观测点相对太阳位置的依赖性。

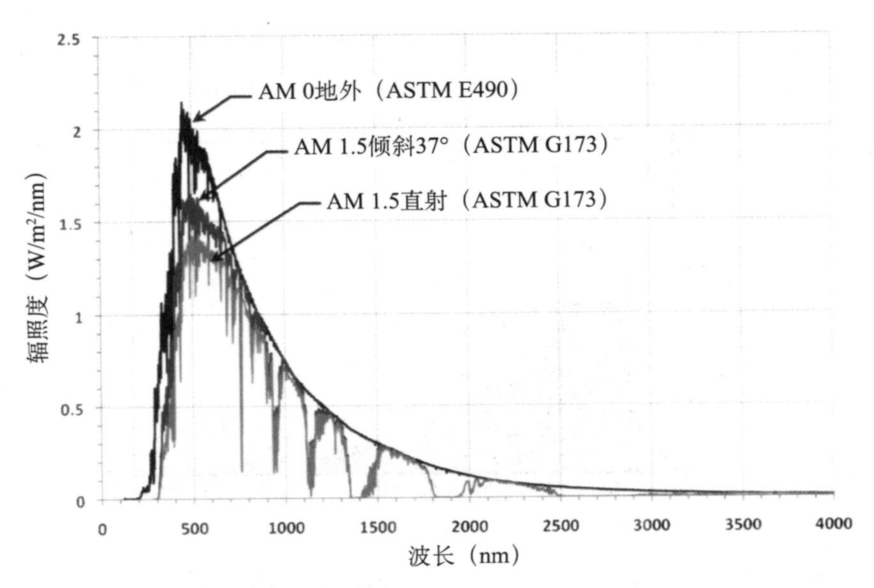

图 1.14　美国测试和材料学会（ASTM）标准太阳能光谱。

太阳辐照度的预测方法必须要说明太阳的位置和大气特性的变化，以及这些特性对可用太阳辐照度的影响。如图 1.15 所示，在预测区间内，动态地应用预测方法。基本方法如下，首先通过气象学或遥感测量的大气成分评估晴空条件下的可用

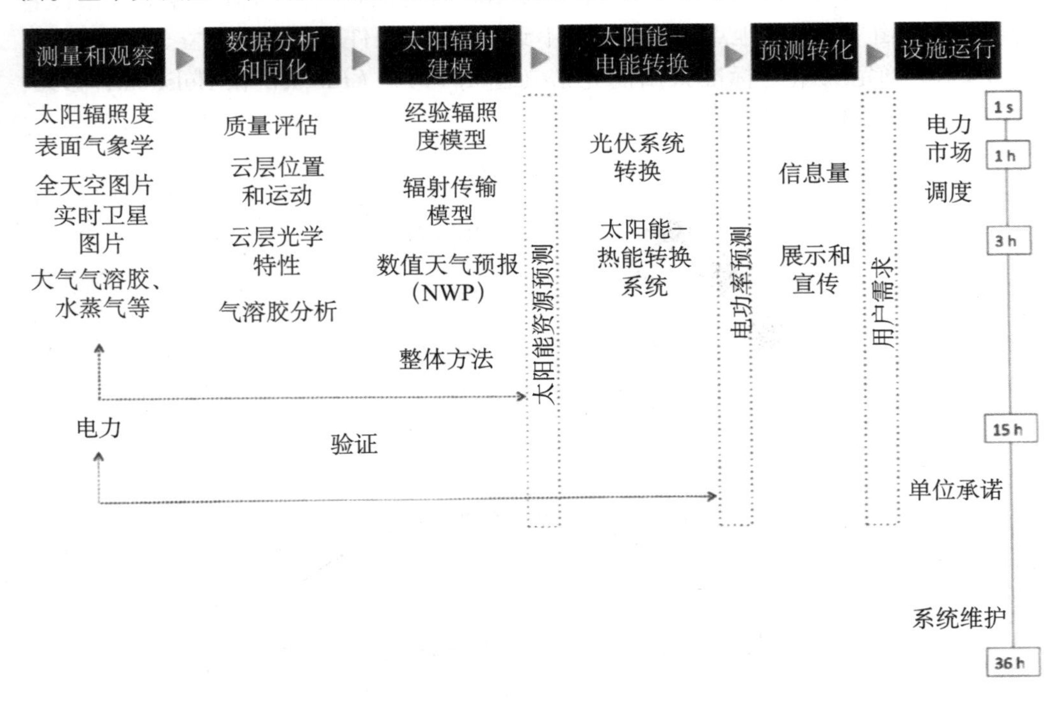

图 1.15　在一定时间间隔内，电力设施运行所需的太阳能预测过程要素。

辐射；其次，说明云层情况。根据不同的预测区间获得云场景的方法有：地表观察、卫星观察或数值天气预报评估。此外，还可在发电现场安装地面测量装置，为预测模型的输入和验证提供额外的数据，随后的章节将对此进行详细介绍。

参考文献

[1] ASTM International, Tech Committee E44 on Solar, Geothermal and Other Alternative EnergySources. http://www.astm.org/COMMIT/SUBCOMMIT/E4409.htm, last (accessed 23.11.12.).

[2] ASTM Standard G173 – 03, 2008. Standard Tables for Reference Solar-Spectral Irradiances: DirectNormal and Hemispherical on 37° Tilted Surface. ASTM International, West Conshohocken, PA, 2008. http://dx.doi.org/10.1520/G0173-03R08. www.astm.org.

[3] Einstein, A., 1905. Uber einen die Erzeugung und Verwandlung des Lichtes betreffenden heuri-stischen Gesichtspunkt. Annalen der Physik 17 (6), 132-148.

[4] Fröhlich, C., 2009. Evidence of a long-term trend in total solar-irradiance. Astronomy andAstrophysics 501, L27-L30.

[5] Gilman, P., Dobos, A., 2012. System Advisor Model, SAM 2011.12.2: General Description. NRELReport No. TP-6A20-53437.

[6] Hertz, H., 1887. Uber den Einfiuss des ultravioletten Lichtes auf die electrische Entladung. Annalen der Physik 267 (8), 983-1000.

[7] Kopp, G., Lean, L., 2011. A new, lower value of the total solar-irradiance: Evidence and climatesignificance. Geophysical Research Letters vol. 38.

[8] Kurt, S., 2012. Opportunities and Challenges for Development of a Mature Concentrating Photovoltaic Power Industry. NREL Technical Report. NREL/TP-5200-43208.

[9] Lilienthal, P., 2005. HOMER Micropower Optimization Model. NREL Report No. CP-710-37606. http://homerenergy.com/index.html (accessed 23.06.12.).

[10] Marion, B., Anderberg, M., Gray-Hann, P., 2006. Recent Upgrades and Revisions to PVWATTS. In: Campbell-Howe, R. (Ed.), Proceedings of the Solar-2006 Conference, 9-13 July, Denver, (CD-ROM). Including Proceedings of 35th ASES Annual Conference, Proceedings of 31st National Passive Solar-Conference, Proceedings of the 1st Renewable Energy Policy and Marketing Conference, and Proceedings of the ASME 2006 International Solar-Energy Conference. Boulder, CO: American Solar-Energy Society (ASES) and New York: American Society of Mechanical Engineers (ASME) pp. 6. NREL Report No. CP-520-39567.

[11] Myers, D. R., Gueymard, C. A., 2004. Description and Availability of the SMARTS Spectral Model for Photovoltaic Applications. In: Kafafi, Z. H., Lane, P. A. (Eds.), Organic Photovoltaics V: Proceedings of the International Society for Opti-

cal Engineering (SPIE) Conference, 4-6 August 2004. Colorado, Denver, vol. 5520. pp. 56-67. NREL Report No. CP-560-37294.

[12] Myers, D. R. , 2011. Review of Consensus Standard Spectra for Flat Plate and ConcentratingPhotovoltaic Performance. NREL Technical Report TP-5500-51865. http: //www. mel. gov/docs/fy11osti/51865. pdf.

[13] Nann, S. , Riordan, C. , 1991. Solar-spectral irradiance under clear and cloudy skies: Measurementsand a semiempirical model. Journal of Applied Meteorology vol. 30, 447-462.

[14] NREL Measurement & Instrumentation Data Center, www. nrel. gov/midc (accessed 23. 06. 12.). Perez, R. , Stewart, R. , 1986. Solar-irradiance Conversion Models. Solar-Cells 18, 213-222.

[15] Perez, R. , Seals, R. , Zelenka, A. , Ineichen, P. , 1990. Climatic Evaluation of Models that PredictHourly Direct Irradiance from Hourly Global Irradiance: Prospects for PerformanceImprovements. Solar-Energy 44, 99-108.

[16] Perez, R. , Ineichen, P. , Maxwell, E. , Seals, R. , Zelenka, A. , 1992. Dynamic Global-to-DirectIrradiance Conversion Models. ASHRAE Transactions-Research Series, 354-369. Perlin, J. , 2004. Silicon Solar-Cell Turns 50. NREL Report No. BR-520-33947.

[17] PVSYST http: //www. pvsyst. com/ (accessed 23. 06. 12.).

[18] Reda, I. , Myers, D. , Stoffel, T. , 2008. Uncertainty estimate for the outdoor calibration of solar-pyranometers: A metrologist perspective. Journal of Measurement Science vol. 3, 58-66.

[19] Reda, I. , 2011. Method to Calculate Uncertainties in Measuring Shortwave Solar-irradiance UsingThermopile and Semiconductor Solar-Radiometers. NREL Report No. TP-3B10-52194. http: //www. nrel. gov/docs/fy11osti/52194. pdf.

[20] REN21, 2011. Renewables 2011 Global Status Report, Renewable Energy Policy Network for the21st Century, Paris: REN21 Secretariat. www. ren21. net/Portals/97/documents/GSR/REN21_ GSR2011. pdf. last (accessed 09. 06. 12.).

[21] Riordan, C. , Hulstrom, R. , 1990. What is an Air Mass 1. 5 Spectrum? Proceedings of the TwentyFirst Photovoltaic Specialists Conference, 21-25 May 1990, Kissimmee. Florida, 1085-1088.

[22] Stoffel, T. , Renne, D. , Myers, D. , Wilcox, S. , Sengupta, M. , George, R. , Turchi, C. , 2010. Concentrating Solar-Power: Best Practices Handbook for the Collection and Use of Solar-Resource Data (CSP). NREL Report No. TP-550-47465.

[23] USDOE Atmospheric Radiation Measurement Climate Research Facility, www. arm. gov/instruments (accessed 23. 11. 12.).

[24] Vignola, F. , Michalsky, J. , Stoffel, T. , 2012. Solar-and Infrared Radiation Measurements. CRCPress, Taylor & Francis Group, London.
[25] Wilcox, S. M. , Myers, D. R. , 2008. Evaluation of Radiometers in Full-Time Use at the National Renewable Energy Laboratory Solar-Radiation Research Laboratory. NREL Technical Report. NREL/TP-550-44627.
[26] Wilcox, S. M. , 2012. National Solar-Radiation Database 1991-2010 Update: User's Manual. NREL Report No. TP-5500-54824. http://www.nrel.gov/docs/fyl2osti/54824.pdf.
[27] World Meteorological Organization, 2008. Guide to Meteorological Instruments and Methods of Observation. WMO-8, Geneva, Switzerland. http://www.wmo.int/pages/prog/www/IMOP/publications/CIMO-Guide/CIMO_Guide-7th_Edition-2008.html. last (accessed 15.06.12.).

第 2 章　半经验卫星反演模型

Richard Perez
纽约州立大学大气科学研究中心
TomášCebecauer 和 Marcel Šúri
GeoModel Solar

章节纲要

2.1　卫星和光谱

气象卫星包括极轨卫星和静止卫星。虽然极轨卫星距离地球表面更近（约 850 km vs. 约 36, 000 km），分辨率也更高，但是与极轨卫星相比，静止卫星能够对全球的同一区域进行连续观测，并由此得出逐小时数据序列或是可应用于太阳能工程的特定位置高频数据时间序列，因此它是监测太阳能资源的首选设备（详见图 2.1）。这些卫星均安装有数台可感知到特定光谱（即短波）和红外光谱（即地面光谱）的辐射传感器。表 2.1、表 2.2 和表 2.3 分别对目前美国的 GOES 8-15 卫星、欧洲的第二代气象卫星（Meteosat Second Generation）以及澳大利亚和太平洋地区的 MTSAT 多功能运输卫星的光谱进行了介绍。

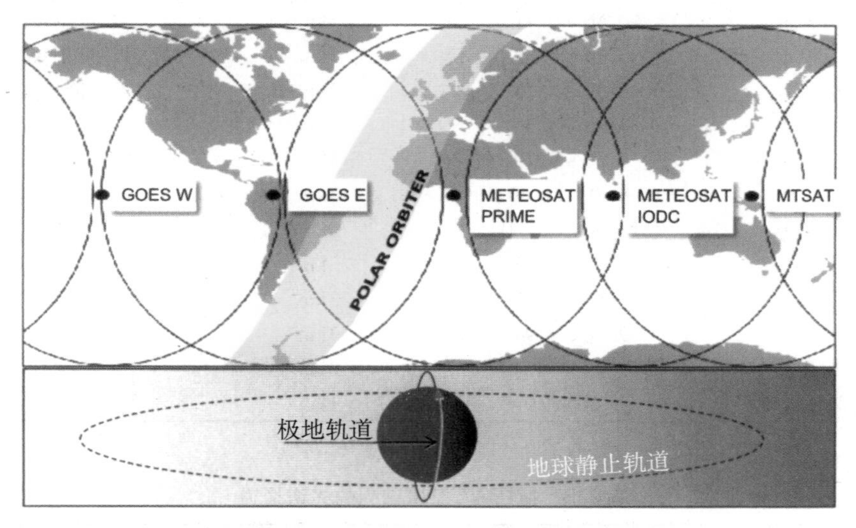

图 2.1　静止卫星和极轨卫星的运行轨道和视场角。

基于卫星的辐照度反演模型包括严谨的物理模型和纯粹的经验模型。一方面，物理模型（详见第 3 章内容）通过求解辐射传输方程，从而解释到达地面的辐射，即卫星在不同波长条件下可观测到的亮度。物理模型要求必须具备准确的大气成分信息，同时也取决于卫星传感器的精确校准。另一方面，经验模型可能由卫星可见通道的记录强度和地表测量站之间的一元回归组成。

表 2.1　现有 GOES 卫星系列的光谱通道

卫星成像仪通道	波长范围（μm）	星下点处的地面分辨率	主要检测对象
1. 可见	0.55 ~ 0.75	1km	云、反射率、烟雾
2. 短波红外光谱	3.80 ~ 4.00	4km	云和烟雾
3. 水分红外光谱	6.30 ~ 6.70	8km	云和水蒸气
4. 表面温度红外光谱	10.20 ~ 11.20	4km	云、水蒸气和表面温度
5. 长波红外光谱*	12.80 ~ 13.80	4km	云和水蒸气

介于这两种极端条件之间，此处所讨论的半经验卫星反演模型利用简单的辐射传输方法，并在某种程度上与观察结果相符。如 Schmetz（1989 年）、Noia 等人（1993 年）、Pinker 等人（1995 年）、Zelenka（2001 年）和 Hammer 等人（2003 年）已对这一主题进行了深入而广泛的探讨。

表 2.2　欧洲的第二代气象卫星系列的光谱通道

卫星成像仪通道	波长范围（μm）	星下点处的地面分辨率	主要检测对象
VIS0.6	0.56～0.71	3km	云、反射率、烟雾
VIS0.8	0.74～0.88	3km	云、反射率、植被
IR 1.6	1.50～1.78	3km	云、降雪、植被
IR3.9	3.48～4.36	3km	低云、雾
IR8.7	8.30～9.10	3km	云
IR10.8	9.80～11.80	3km	云、表面温度
IR12.0	11.00～13.00	3km	云、表面温度
WV 6.2	5.35～7.15	3km	水蒸气
WV 7.3	6.85～7.85	3km	水蒸气
IR 9.7	9.38～9.94	3km	臭氧
IR 13.4	12.40～14.40	3km	二氧化碳
HRV（高分辨率可见）	0.5～0.9	1km	云、反射率

表 2.3　MTSAT 卫星系列的光谱通道

卫星成像仪通道	波长范围（μm）	星下点处的地面分辨率	主要检测对象
VIS	0.55～0.80	1 km	云、反射率、烟雾
IR1	10.3～11.3	4 km	云、表面温度
IR2	11.5～12.5	4 km	云、表面温度
IR3	6.5～7.0	4 km	水蒸气
IR4	3.5～4.0	4 km	低云、雾

2.2　基本原理

虽然近期开发出的模型还包含其他的通道（待讨论），但半经验卫星模型设计的目的通常在于利用卫星可见光通道记录下来的数据。

控制这些模型的根本原则是基本观测。基本观测是指卫星观测到的可见光地面辐射与云层不透明度以及太阳天顶角的余弦近似成正比关系。因此，已知太阳天顶角的大小，可见光辐射与地球表面的水平总辐射（简称 GHI）成反比（Schmetz，1989）。换言之，当指定位置和太阳仰角时，从卫星上观测的角度看，地球越是明亮，则地球总水平辐射越低。

半经验卫星模型通常包括以下两种不同的操作类型：

- 晴空辐照度背景（GHI_{clear}）；
- 背景上叠加的云层衰减。

根据可见光辐射（被称为卫星计数）可以确定云层衰减的情况，而晴空背景辐照度则单独从其他来源得到。Cano 等人于 1986 年首先实现了半经验卫星模型的具体化。多年以来，这一具体模型逐渐发展为 Heliosat 模型系列（如 Beyer 等人，1996；

Schillings 等人，2004；Perez 等人，2002；Zarzalejo 等人，2009；Cebecauer 等人，2010）。在本章中，我们讨论了两种可操作的实现方法：①NSRDB/SolarAnywhere 模型，又名 SUNY 模型（Perez 等人，2007）；②SolarGIS 模型（Cebecauer 等人，2010 年；Suri 和 Cebecaurer，2012 年）。SolarGIS 模型的原理是从 SUNY 模型发展而来。该模型后来所具有的附加特性使得其能够更好的适应异常复杂的地理环境，尤其是山区，复杂的地貌、反射率迅速变化的地区，积雪、高纬度、沙漠及热带雨林地区。

2.3　晴空辐照度

晴空辐照度是指在无云层的位置和时间段，入射至地表的太阳辐射为总辐照度（GHI_{clear}）和直接辐照度（DNI_{clear}）。晴空辐照度表示卫星接收的云衰减信号出现叠加情况的边界条件（详见图 2.2）。

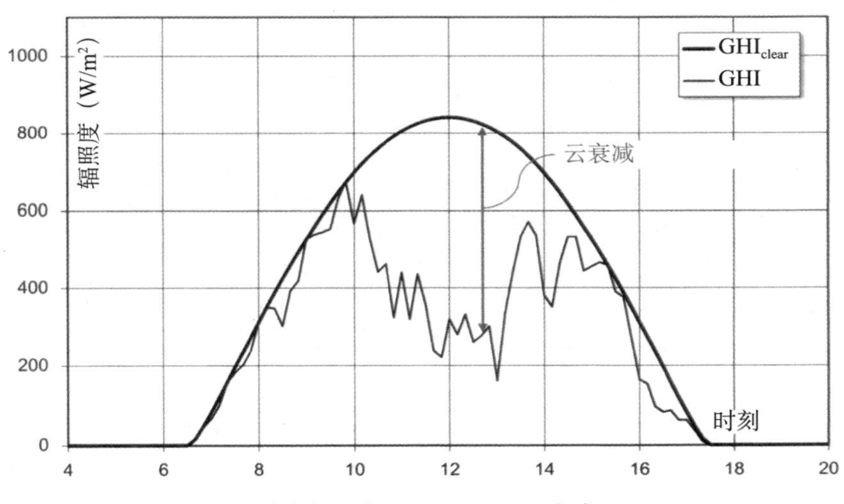

图 2.2　晴空辐照度（GHI_{clear}）－云衰减 = GHI。

晴空辐照度是以下参数的函数：

- 地外辐照度（日地距离的函数）；
- 由太阳天顶角表示的天空中太阳位置；
- 海拔高度；
- 大气气体成分，尤其是水蒸气含量和臭氧含量；
- 大气气溶胶含量。

太阳天顶角和海拔高度规定了地外辐射入射至地表的路径的长度（即大气质量）。该路径的长度影响了太阳辐射量。而太阳辐射量会在辐射到达地球的过程中发生散射，或被大气气体分子和其他成分吸收。

浊度一词常常用于描述气溶胶和水蒸气的混合效应，界定了大气的透明度。最透明的大气可能是仅包含空气分子（氧、氮和微量气体）的瑞利大气。大气浊度叠加在这种理想情况之上，并且是大气气溶胶含量的主要函数，而在某种程度上，它也是大气水蒸气含量和臭氧含量的函数。

气溶胶由空气中的固体小颗粒或液体小颗粒形成。这些颗粒物的来源多种多样，如海盐、生物体燃烧、花粉、沙尘、工业污染、交通污染和其他的人类活动产生的颗粒。气溶胶在时间和空间上均具有极大的可变性，其辐射效应用气溶胶光学厚度（AOD）表示。AOD 取决于气溶胶的大小、类型和化学成分（Shettle，1989 年），并随着入射辐射波长的变化而变化。本文所述的太阳辐射模型考虑了气溶胶对整个太阳光谱的平均影响，但却忽略了光谱依赖度，因此可以采用宽带 AOD 对整个太阳光谱的平均影响进行表示。需要注意的是，将 700nm 光谱 AOD 视为可接受的宽带 AOD 预估值（Molineaux 等人，1998；Michalsky，2012）。一般在低大气浊度条件下，AOD 值的范围在 0.05 ~ 0.20 之间；而在中非、西非、西南亚、中亚、北印度和中国的几个地区，AOD 值有时会达到 0.8 或以上（详见图 2.3 和图 2.7）。

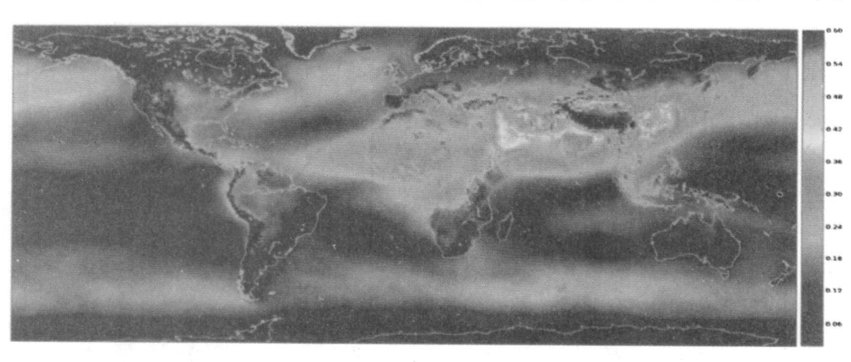

图 2.3　全球地图显示 2009 年 670nm 年均 AOD。该数据由大气成分和气候监测（MACC）数据库计算得出。该数据库由一个预测团队在欧洲中期天气预报中心（ECMWF）的协助下完成。彩色温标为 0.02 ~ 0.60。

水蒸气在太阳光谱的近红外区域吸收入射太阳辐射，进而影响晴空辐照度。需要注意的是，大气中的水蒸气含量会影响到气溶胶周围的凝结核，从而影响 AOD。通常情况下，可用大气柱水汽总量 W 表示水蒸气（如 Rendel 等人，1996）。2009 年水蒸气（可降水）年值如图 2.4 所示（西非布基纳法索瓦加杜古的年可降水量剖面图，详见图 2.6）。

臭氧层吸收了太阳光谱中的紫外线从而对太阳辐射产生影响。臭氧含量采用多布森单位（即 du）来表示，即在标准大气状态下，0.01mm 臭氧层的厚度为一个多布森单位。虽然臭氧吸收对于光谱分辨模型或是针对太阳辐射中紫外线的模型具有重要意义（Verdebout，2004 年），但是宽带辐照度对臭氧并不十分敏感。因此，许多宽带模型并未考虑臭氧的可变性，而采用了常量值（Ineichen，2008 年）。在温带气候中，臭氧的含量一般在 250 ~ 350 du 范围内，但是在冬季的极地地区仅能够达到 150du 甚至更低。

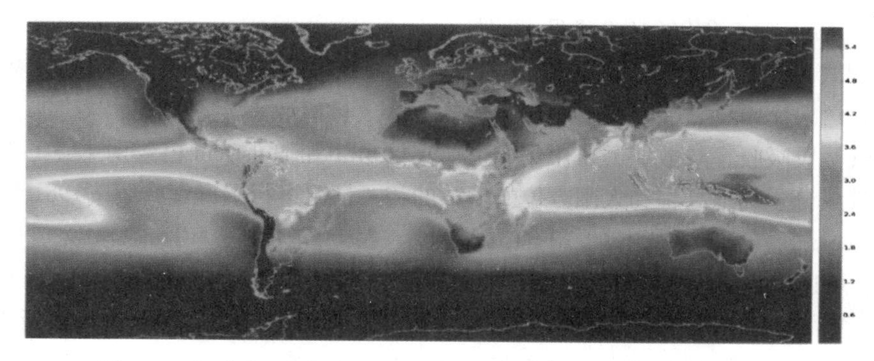

图2.4　全球地图显示2009年年均可降水量，根据NOAA/NCEP气候预报系统再分析（CFSR）数据库计算得出（单位：kg/m²）。

除太阳天顶角以外，对晴空辐照度影响最大的因素分别是AOD、W和臭氧。地面高程对晴空辐照度的影响最小。图2.5对比了上述因素加倍后对晴空辐照度DNI_{clear}的影响。

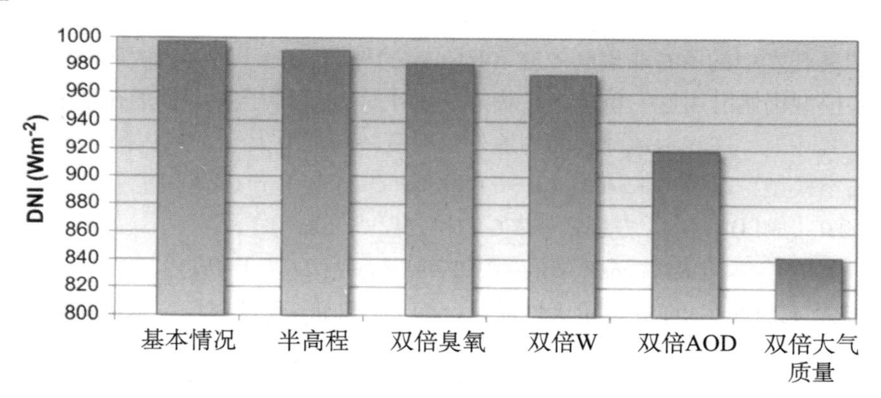

图2.5　对比双倍AOD、W和臭氧对DNI_{clear}的影响与双倍大气质量、地面高程减少50%对DNI_{clear}的影响，其中基本大气质量为1.5，高程为1100m，宽带AOD为0.03，W为0.75，臭氧为320du。

SolarGIS模型和SUNY/SolarAnywhere模型均采用Ineichen（2006，2008）建立的简化晴空模型，分别表示为方程式（2.1）和方程式（2.2）中的GHI_{clear}和DNI_{clear}。

$$GHI_{clear} = I'_o \cos Z e^{(\tau_g/\cos Z)^a} \tag{2.1}$$

I'_o、Z、τ_g和a分别表示修改的正常入射辐照度（包含可降水影响和场地高程影响）、太阳天顶角、气溶胶衰减系数（也包含场地高程影响）和因数a（为高程和AOD的函数）。Ineichen（2008）对该模型及其系数进行了详细介绍。

$$DNI_{clear} = I'_o e^{(\tau_b/\cos Z)^b} \tag{2.2}$$

若无DNI，则方程式（2.2）中的τ_b和b则类似于τ_g和a（Ineichen，2008）。

晴空辐照度DNI另一个常用的模型是Bird（1981）的宽带模型［如方程式（2.3）和太阳透射率基准评定所示］和Gueymard（2008）建立的双带（REST2）宽带模型［如方程式（2.4）和方程式（2.5）所示］。

$$DNI_{clear} = 0.9662 I_0 T_R T_0 T_{UM} T_W T_A \tag{2.3}$$

方程式（2.3）中的 I_0、T_R、T_0、T_{UM}、T_w 和 T_A 分别表示地外正常入射辐照度、瑞利散射透射比、臭氧吸收率透射比、均匀混合气体吸收率透射比、水蒸气吸收率透射比和气溶胶吸收率与散射透射比。如上所述，Bird 和 Hulstrom 已经对上述系数及其作为大气成分、场地高程和太阳方位的函数的相关情况进行了详细介绍（1981 年）。

Gueymard（2008）提出的 REST2 模型反演出了 DNI_{clear} 和晴空漫反射辐照度 DIF_{clear}。可通过 DNI_{clear} 和 DIF_{clear} 二者之和推导出 GHI_{clear}。DNI_{clear} 的公式与 Bird 的公式（其中包含一项 T_N －二氧化氮的吸收率）类似。此外，REST2 模型包含两条透射特性和散射特性截然不同的光谱带［即方程式（2.5）中的下标 i］。

$$DNI_{clear} = I_0 T_{Ri} T_{oi} T_{UMi} T_{Wi} T_{Ai} T_{Ni} \tag{2.4}$$

$$DIF_{clear} = I_0 T_{oi} T_{UMi} T_{Wi} T_{Ni} [B_{Ri}(1 - T_{Ri}) T_{Ai}^{0.25} + B_a F_i T_{Ri}(1 - T_{Ai}^{0.25})] \tag{2.5}$$

方程式（2.5）中的 B_a、B_{Ri} 和 F_i 分别表示气溶胶前向散射因数、瑞利前向散射分数和多重散射校正系数。Gueymard 详细介绍了各个系数的情况（2008）。

需要注意的是，早期的晴空模型采用林克浑浊度因子（TL）表示晴空（气溶胶、水蒸气和臭氧）中的所有非瑞利效应（Kasten，1996；Remund 等人，2003）。到目前，一些卫星模型仍然沿用这一单位。在物理层面上，浊度因子表示叠加在瑞利大气圈层的数量，实际上，这表示地球表面的地外辐射衰减与混浊大气衰减相同。基于采用 TL 的早期晴空模型，以及由 Kasten（1996）和 Ineichen 与 Perez（2002）提出的晴空方程式得出 GHI_{clear} 和 DNI_{clear}［方程式（2.6）和方程式（2.7）］。

$$GHI_{clear} = 0.84 I'_0 \cos Z \exp[-0.027 m(fh_1 + (TL - 1) fh_2)] \tag{2.6}$$

方程式（2.6）中的 m 表示大气质量，而 fh_1 和 fh_2 则是现场高程的函数，单位为米，分别等于 $e^{-\frac{alt}{8000}}$ 和 $e^{-\frac{alt}{1250}}$。

$$DNI_{clear} = 0.83 I'_0 \exp[-0.09 m(TL - 1)](0.8 + 0.49 fh_1) \tag{2.7}$$

需要说明的是，任何特定时刻的晴空辐照度的准确度主要取决于其输入参数，首先是 AOD（或 TL），其次是模型公式本身（Gueymard，2003；Ineichen，2006；Gueymard，2012）。通常情况下，将代表当前位置的 AOD、W 和 O_3 的月气候值用于模型（如 NREL CSR、HelioClim 和 3-Tier 数据库）。最近，通过结合地面监测和卫星遥感监测，新数据源的出现使月度/年度 AOD 和 W 值产生了新特性（Gueymard ，2012a；AEROCOM 2012；详见图 2.6）。

近期开发的大气传输模型（Morcrette 等人，2009）和星载模型（Papadimas 等人，2009）能够提供当天的 AOD（如 MACC 2012、MATCH 2012；参见图 2.7）。经观察，当天 AOD 和 W 驱动的模型能够捕获与天气锋面、污染情况和沙尘输送活动相关的大气透射率的动态变化，因此它优于月度气象模型（Cebecauer 等人，2011）。然而，由于该模型仍处于开发阶段，因此核实其准确度并在必要时进行局部校准仍具有重要意义。

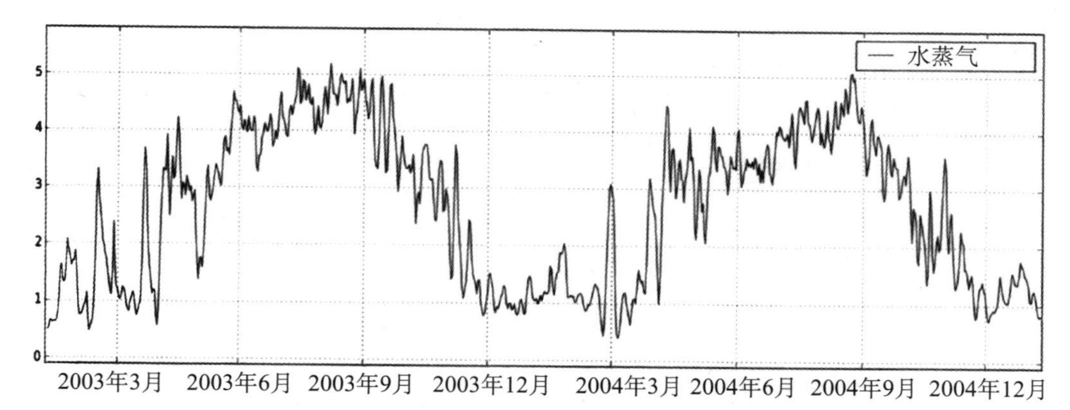

图2.6 2003—2004年间，西非布基纳法索首都瓦加杜古的水蒸气（可降水）日值剖面图。

资料来源：CFSR数据库

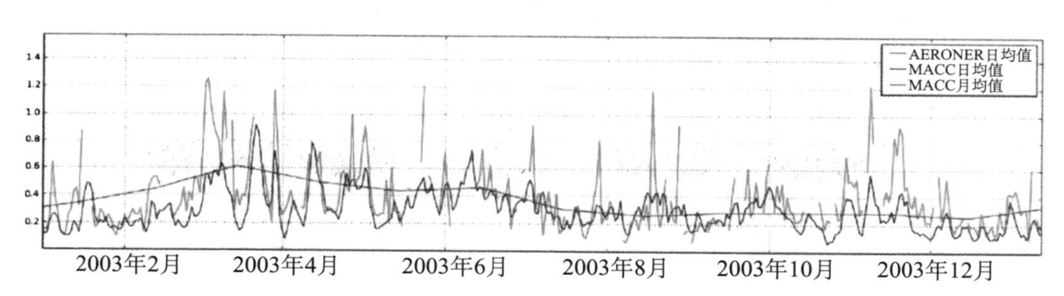

图2.7 AOD数据对比：AERONET（气溶胶探测网）测量的日均值、MACC建模日均值、MACC月均值（2003年1月至2004年1月）；地点：布基纳法索瓦加杜古。

2.4 云消光：云指数

云消光可直接利用卫星信息计算。计算过程包括根据卫星图像器确定云指数（CI）及其在调节晴空辐照度反演中的应用。

如前文所述，计算的基本原理实际上是利用卫星遥感结果和地面GHI之间的准线性关系，但操作需要小心处理，并要求具备相当数量的特性场地遥感观测。

在云指数处理之前，卫星数据需要进行质量控制和位置校正。有时需要对卫星数据进行几何校正从而清除较小的位置误差（即1~2个像素范围内的误差）。尤其是较陈旧的卫星传感器会出现位置误差。有时必须利用特殊的后加工处理较大的位置误差。

从卫星传感器可见光遥感数据中推断出云指数，第一步需要做的是用可见光遥感数据乘以天顶角余弦的倒数，因此所有的影像像素便具有相同的日地几何结构。Per Schmetz（1989）指出，该余弦校正值必须与全球晴空指数 kt^* 近似成正比，即 GHI/GHI_{clear}。

第二步是界定每个影像像素的动态范围。对于一个规定的位置，其动态范围在最小可能值和最大可能值之间，即从晴空到云层密布之间的余弦校正遥感数据的域。图

2.8 为 GOES-East 卫星视角内大西洋上空试样位置的动态范围。值得注意的是，随着时间的推移，动态范围演变为地面反照率（一般具有季节周期性）、卫星校准衰减和卫星变化的函数。

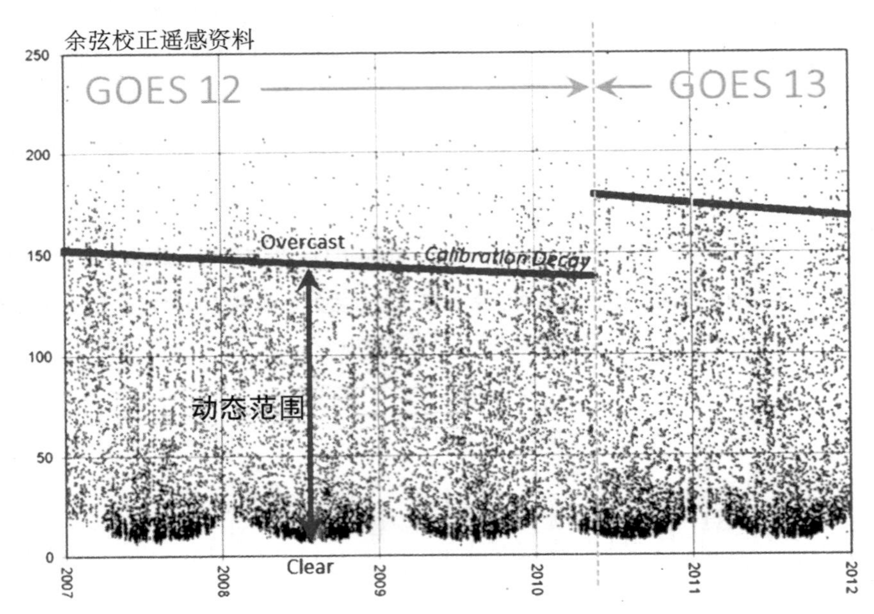

图 2.8　GOES-East 卫星视角可见光通道内观测到的大西洋上空一处试样位置的动态范围。GOES13 卫星于 2010 年 5 月取代了 GOES12 卫星导致动态范围发生了改变。

在规定时间和规定位置内，云指数 CI 由余弦校正遥感值 CCC 决定，并考虑每个等式的本地动态范围［公式（2.8）］。

$$CI = \frac{UB - CCC}{UB - LB} \tag{2.8}$$

公式中 UB 和 LB 分别表示特定时间点和空间内动态范围的上限和下限。

在半经验模型如 SUNY 模型中采用动态范围具有操作优势：该模型可以自动校准，因此用户无需准确了解卫星的校准情况。它们可以根据其特定位置数据历史确定动态范围的上下限。

动态范围的上限表示云层密布的情况，即具有高云顶的深对流云量。在 SUNY 模型中，假设这些情况对所有位置和太阳几何结构均常见[①]。因此，随着时间的推移，动态范围上限的可变性仅由卫星校准衰减或卫星变化（详见图 2.8）导致。对于特定卫星，则是通过使简单的指数衰减模型与数据匹配的办法，根据少数试样位置的数据历史确定动态范围上限。

在执行 SolarGIS 的过程中，在计算 CI 之前，利用随卫星数据分布的校准参数将卫

① 这种假设无疑与大多数其他模型假设一样，在超大太阳天顶角的情况下不具备检验性。

星计数转换为星载辐射率，并且在不同卫星之间无传感器降级影响或信号变化的条件下实现动态范围上限的稳定。

动态范围的下限是地面反射率（反照率）的函数，随着时间的推移具有可变性。同时它也是日地几何结构和太阳-卫星几何结构的函数。由于植被和土壤水分的不同，地面反照率可能会随时间而发生变化。但这类变化随季节变化较平缓，可利用60天（SUNY模型）和30天（SolarGISt模型）的拖拽窗口一直跟踪数据历史从而将其捕获。SolarGIS模型有其他的算法，用以处理更加复杂地理环境（如沙漠和赤道热带地区，具有较厚云层，罕有晴空）中的非标准数据行为，也用于处理靠近卫星图像（具有极端的卫星视图几何结构）边缘出现的数据。

影响动态范围下限的太阳几何结构效应包括以下几个方面：

镜面地面反射率：地面反照率根据太阳卫星的角度而变化。干旱区的地面反照率最强，特别是美国西南部沙漠中的盐床，几乎像一面镜子。地面反照率又称为定向反射率，可以在海洋表面和积雪覆盖表面观测到。其他类型的地面上也会出现地面反照率，但是对于卫星遥感结果的影响较小。

太阳-卫星相对方位角为零度时出现热斑：根据几位作者的介绍，太阳卫星相对方位角接近零度时，反射率会增强，原因包括以下两方面：①瑞利反向散射 - 前向瑞利散射和反向瑞利反射是最强烈的，因此当太阳位于卫星背后时，晴空可能显得更加明亮。②阴影抑制效应 - 当阴影投射到地面物体上时，如果太阳位于卫星后面，则无法从卫星优势位置观测到地面要素或树木，地面显得更亮。

高层大气质量效应：太阳天顶角较大时，晴空条件下地面接收到的水平总辐照度与空气质量倒数约成正比。但地面上空大气柱仍旧会从侧面接收到更多的辐射。由于观测点上方的侧面明亮大气层将辐射反射至卫星，余弦校准像素将比预想中更加明亮。

早期版本的SUNY模型及其他模型中均建立了经验公式，试图分别对不同的太阳-几何结构效应进行解释（Perez等人，2002、2004）。但是，目前大多数模型所采用的有效方法是考虑几种动态范围的历史情况，即每个时间间隙（根据卫星每小时、每半小时甚至每四分之一小时①）一种动态范围。在短短的几天时间里，每一个动态范围大致保持了相同的太阳-卫星几何结构，而在不同时间的动态范围则表现出不同的几何结构。图2.9介绍了在具有强烈镜面反射率的美国西南部干旱地区，上、下午动态范围下限之间的差异。

在SolarGIS方法中，根据滑动30-d窗口内所有分类晴空值分别计算每个时间间隙的反照度。因此，下限由光滑的二维表面（日维度和时间间隙维度）表示，而不是每天确定一个值。该下限反应了表面反照度的日变化和季节变化情况（详见图2.10）。下雪时，滑动时间窗口的长度缩短。

① 美国目前的GOES卫星每隔0.5h提供一次影像，而Meteosat卫星每隔15min提供一次数据。预计下一代GOES卫星能够每隔5min提供一次数据。

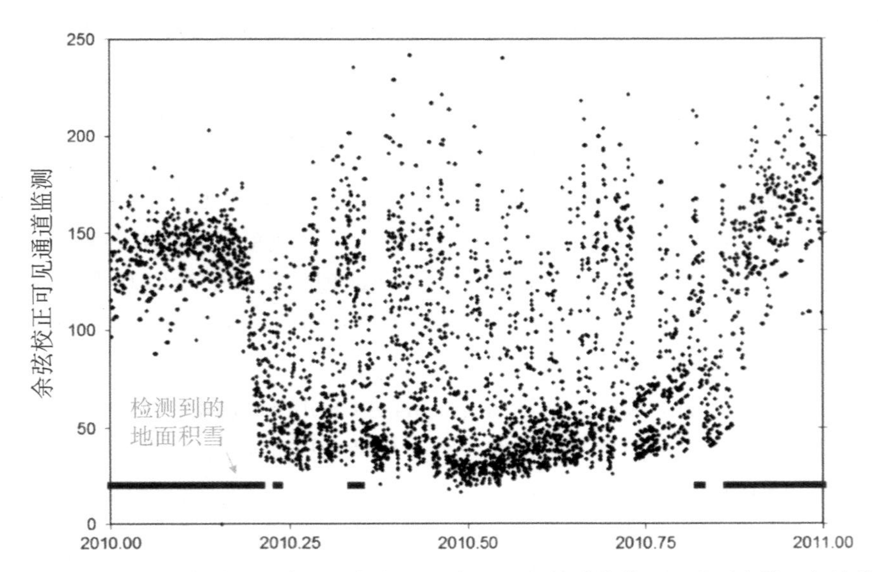

图 2.9　加州中南部地区一个观测点在 2010 年上下午的动态范围。观测点的下包络线代表晴空环境；其下限随着一天中时间的变化和一年内日期的变化而改变。

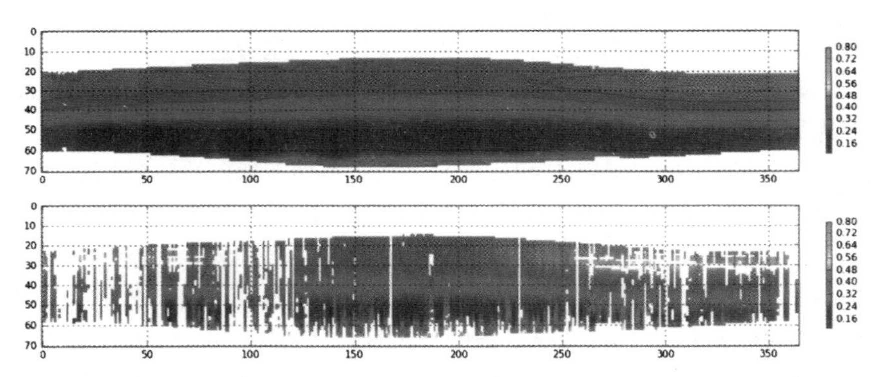

图 2.10　二维表面表示 2009 年以色列斯德伯克的下限（晴空条件下的表面反射率）。*X* 轴表示天数；*Y* 轴表示 Meteosat 第二代卫星每 15min 监测到的数据。

2.5　总辐照度的计算

Per Schmetz（1989）指出 CI 应当与总晴空指数 $kt^{*} = GHI/GHI_{clear}$成正比。多个半经验模型应用中都采用了一种线性关系，如 Heliosat 模型（Rigollier 等人，2004）。SUNY 模型中的关系具有一些非线性特点，如方程式（2.9）和方程式（2.10）所示。以下主要根据经验，通过对美国和欧洲 8 个地点的分析推断出了这种关系。

$$GHI = kt^{*}\, GHI_{clear}(0.0001kt^{*}\, GHI_{clear} + 0.9)$$
$$GHI = Ktm\ GHI_{clear}(0.0001Ktm\ GHI_{clear} + 0.9) \tag{2.9}$$

$$kt^{*} = 2.36CI^{5} - 6.3CI^{4} + 6.22CI^{3} - 2.63CI^{2} - 0.58CI + 1 \tag{2.10}$$

SolarGIS 模型引入的一些步骤提高了晴空指数的计算结果。

- 全球晴空指数 kt^* 校准适用于每一组卫星（MSG、MFG、GOES 和 MTSAT），用以说明不同类型卫星可见通道光谱响应功能存在差异的原因。

- 在原始 SUNY 模型中用固定（衰减）的上限（UB）表示阴天。在 SolarGIS 模型中，UB 的动态变化可以说明空间差异和季节变化，这种重要性尤其体现在高海拔地区。

- 特定日地卫星的配置可采用经验校正。在此过程中，光谱效应和热点效应降低了 CI 和 kt^* 的准确性。

SolarGIS 模型中 CI 和 kt^* 的关系如方程式（2.11）所示。

$$kt^* = CI(CI(CI(CI((0.100303\ CI) - 0.189451) + 0.596357) - 0.714985) - 0.663526) + 1.0 \tag{2.11}$$

2.5.1　校正非均匀地形上的动态范围

在沿海区域和其他一些干旱地区，地面反照率可能会在较小的范围内发生急剧变化。虽然如今的卫星导航性能已经远远优于早期的卫星平台，但卫星导航并非始终精确。因此，给定的假设地点的动态范围可能包含了两个临近的且具有截然不同的反照率的观测点，而且前文介绍的多时间间隙历史动态范围在这些情况下无法发挥作用。

在 SUNY 模型中，有一种排序方法适用于所有数据观测点，并且这种方法能够有效地解决复杂的地形问题，以及有效地校正并非完全由多重动态范围导致的剩余太阳几何结构效应。该步骤假设，对于任何特定的时间间隙而言，一定时期（如 1 个月）内，第 n 个最高晴空指数（GHI/GHI_{clear}）必须至少等于给定的晴空百分比 x。等级顺序 n 和百分比 x 取决于观测位置/时间段内的主导云量。可根据现有低分辨率数据库估算主导云量，如 NASA 表面太阳能（SSE）或 NREL CSR（NREL 2012）。例如，亚利桑那州 30 天时间段内，$n=8$，$x=100\%$；而在西雅图的 11 月份，$n=1$，$x=100\%$。也就是说，在规定时间间隙和月份内，假定亚利桑那州的 6 月有至少 8 天是晴天，而假定西雅图的 11 月只有 1 天是晴天，那么少于 8 个晴天则预示着下限降低。利用 SolarGIS 模型对卫星图像进行处理之前，需要对卫星图像的几何结构进行校正，从而显著降低卫星导航波动导致的混合像素影响。

2.5.2　积雪

动态范围和排序的方法在大多数地点均具有良好的表现，但是当地面有积雪时，这种方法可能会失去作用。主要有以下两个原因：

- 地面会变得非常明亮，尤其是在干草原和荒地。这种亮度极大地缩小了模型的动态范围（详见图 2.11），由此降低了模型的准确度。而且在某些情况下，地面亮度甚至可能超过动态范围的上限。

- 前文所述的下限的拖拽窗口无法捕捉因大雪而快速变化的反照度。

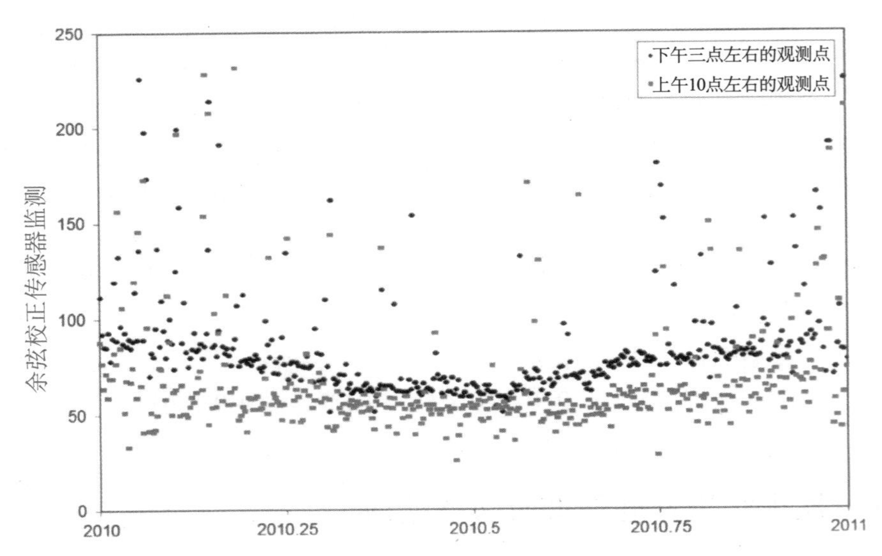

图 2.11　2010 年频繁出现积雪的地点（蒙大拿州佩克堡）的动态范围。

卫星反演模型运行所面临的挑战，首先是探测地面是否存在积雪，其次是避免因动态范围缩小和快速变化而导致的问题。

在 SUNY/SolarAnywhere 模型中，地面积雪信息可通过外部数据源获取。外部数据信息源包括：交互式多用传感器冰雪制图系统（IMS 2012）（全世界范围内均可用）以及美国国家水文遥感中心（NOHRSC 2012）（仅在美国可用）。这两个数据源每日都会更新地面积雪数据以及几公里范围内的地面分辨率数据。

在 SUNY 原始模型中，减小模型的下限拖拽窗口，并在发现积雪时立即提前缩小动态范围，从而处理动态范围逻辑。但是这种方法仍会导致出现较大偏差，一方面是因为短时间内无法有效地辨别积雪覆盖区域的多云天气条件；另一方面则是因为动态范围可缩小至接近零，尤其是在荒芜的积雪覆盖地区。

当前版本的 SUNY 模型，即 SolarAnywhere 第 3 版（Perez 等人，2010）并未采用前文所述的动态范围可见通道方法，而是利用卫星的 IR 通道直接推断出积雪地区的云指数 CI。

IR 通道方法是一种纯粹的经验方法，即利用每条卫星 IR 通道（详见表 2.1）的亮温、地面温度（如，通过再分析总结或从气候摘要中获取）和代表多种气候环境的数个北美观测现场 GHI 测定值的多项拟合而成。正常运行条件下，这种经验模型不如物理模型或半经验模型准确，但在积雪条件下其性能已大大提高（Perez 等人，2010）。测量亮温的 IR 通道的另一个优势如同可见传感器一样，它能够利用卫星的记录温度持续监控通道的校准情况，并且无需进行操作方面的调整即可显示出衰减和卫星变化的关系。

在操作方面，每当 NOHSRC 探测到积雪环境，SolarAnywhere/SUNY 第 3 版模型便能够从半经验可见模型切换至 IR 模式。

在SolarGIS模型中，积雪探测由多光谱通道（一条可见通道、多达三条红外（IR）通道，并具有辅助气象参数）在内部完成。这种方法是在Durr和Zelenka（2009）的研发工作基础上设计而成的，辅助积雪深度和空气温度数据来源于NOAA的全球预报系统（GFS）数据库。首先，将校准的像素值转化为三个指数：①雪盖指数（NDSI）；②红外（IR）云指数；③时间变化指数。将可见通道和三条红外光谱通道的反射率值，以及光谱指数、变化指数、太阳几何结构以及来自气象模型的辅助数据均用于一台决策树分类器，并为不同的类别分配不同的像素（光谱指数的数量和选择取决于卫星的任务－Meteosat、MTSAT、GMS和GOES）。因此，对于每个数据点而言，每个时间间隙均获得了一个类别ID（积雪、无雪陆地、无雪积水、云层及未分类部分）（详见图2.12）。然后利用分类后过滤的方法增强分类结果，旨在清除当天的地理隔离类别，并在随后的时间内检查一致性。分类结果用于确定高表面反照度的特殊情况（积雪覆盖区域、盐床、白沙地区）。而源自红外通道的IR云层指数取代了可见通道云层指数。

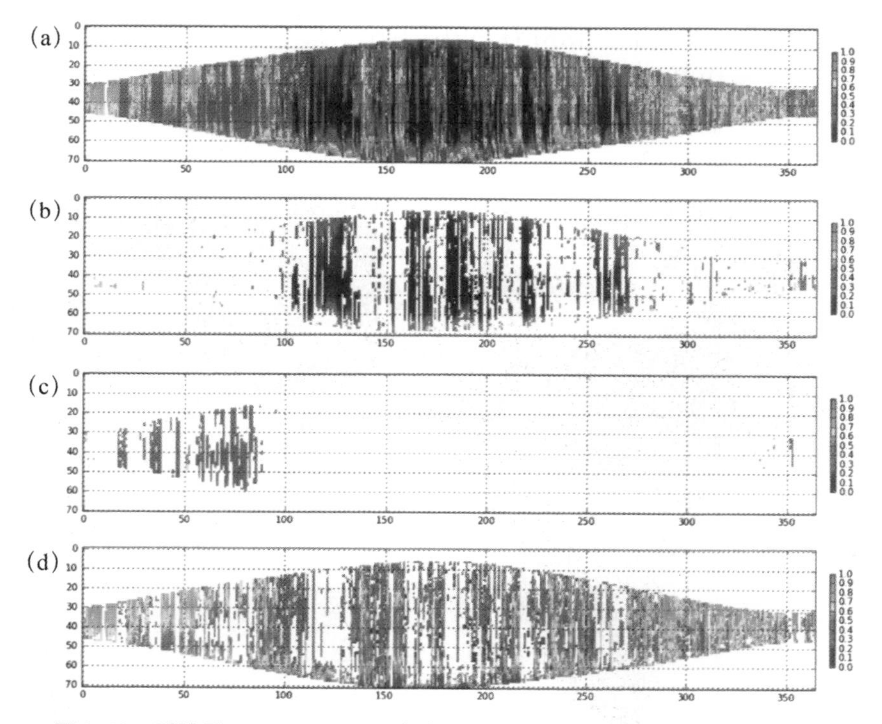

图2.12　爱沙尼Tartu-Toravere气象站以及Metosat卫星分类输出实例：
（a）0.6 um时的可见光通道反射率；（b）无云层陆地的分类；（c）无云层积雪；（d）云层。
*X*轴代表一年中的天数；*Y*轴表示卫星图像的时间间隙（底部，早晨；顶部，晚上）。

2.6 太阳直接辐照度的计算

在严格的物理模型中，太阳直射辐照度可以通过辐射传输建模过程及总辐照度和散射辐照度计算得出。

半经验模型中的主要输入值，即卫星测得的可见光辐射在本质上是 GHI 的测定值（Schmetz，1998）。因此，在缺少传输模型所必需的描述大气结构和云场结构的外部输入值的情况下，估计 DNI 最有效的方法是利用所谓的分解模型从 GHI 中估算 DNI 和散射。SUNY 模型和 SolarGIS 均采用 DIRINDEX 模型。总辐照度-直射辐照度转换模型基于 GHI 和 DNI（或散射）晴空指数之间的关系。这些关系可来自于正式的辐射传输，或者来自于经验观测结果。DIRINDEX 模型源于一种简化的辐射传输模型，是从 DIRINT 模型演化而来，后者是由 Perez 及其 ASHRAE 的同事（Perez 等人，1992）共同建立的。DIRINT 本身基于 NREL 的拟物 DISC 模型（Maxwell，1987），据此可以动态地向上或向下调整 DISC 预测值，作为 GHI 时间序列变化的函数。DIRINDEX 进一步校准了 DIRINT，因此其晴空条件与卫星反演模型的 GHI_{clear} 保持一致。本质上，DIRINT 模型运行两次，一次是利用卫星 GHI 作为输入值，而另一次则是利用 GHI_{clear} 作为输入值。二者之间的比率乘以 DNI_{clear} 便得出卫星 DNI。DNI 制图实例详见图 2.13。

图 2.13 SolarGIS 数据库快照：1994—2011 年（1999 年在亚洲和澳洲）年均 DNI（kWh/m^2）。

2.7 利用高分辨率地形信息对太阳辐照度进行降尺度

SolarGIS 后处理 GHI 采用 Ruiz-Arias 等人的地形分解算法（2010）。由于 Solar-

GIS 代表着地形最有效的局部效应，因此其应用限制在了地形阴影效应（除去太阳周边直射元素和散射元素）。地形分解算法利用的地形信息的空间分辨率达 90m，这种方法表明，复杂的地形条件本身对辐照度有很大的影响（详见图 2.14），并且降低了平均偏差，尤其是在太阳高度角较低的晴空条件下。

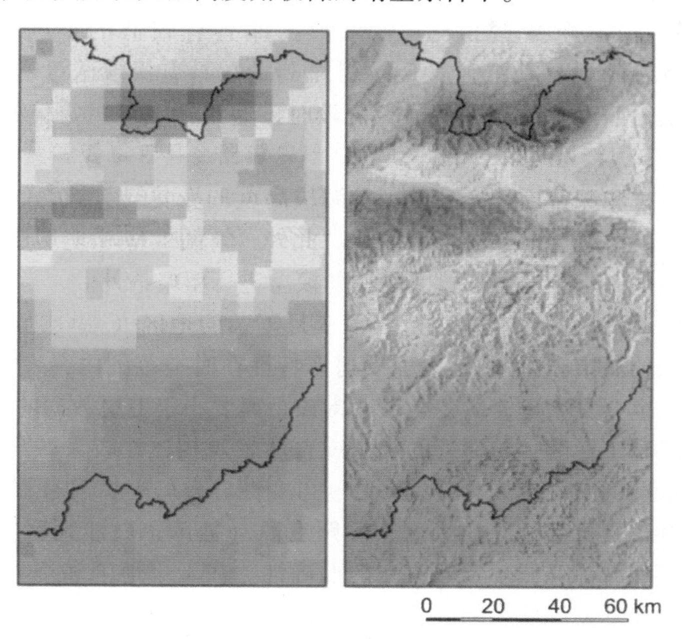

图 2.14　Meteosat 衍生出来的 GHI 地形分解算法应用于中欧某一地点的情况。彩色轴的范围在 800（蓝色）~1250（橙色）kWh/m² 之间。空间分辨率从 4km 升至 250m。

2.8　不确定性来源

目前，全世界有几家研究机构和商业集团正利用半经验模型生成数据产品。本书中讨论的两种模型分别是在中美洲和北美洲运行的 SolarAnywhere 模型以及广泛运用的 SolarGIS 模型。

不确定性（误差风险）由天文因素和地理因素共同决定。太阳高度角（影响大气质量）也是一个重要因素，高度角的大小由太阳的季节运动轨迹和日常运动轨迹所决定。太阳高度角低，则不确定性增加。如果靠近卫星图像边缘的卫星视角低，也会增加这种不确定性。在靠近卫星图像边缘的位置，由于反射的发生率高，且难以确定云层位置（卫星多从侧面观测云层，而非顶部观测云层），导致云层特性的确定性降低。在地理上的可变因素增加了不确定性（Cebecauer 等人，2011）如下：

云的频发和变化：在热带雨林气候中找到能够表现基准反照度特征的晴空条件具有一定的挑战性。在层云情况下，卫星图像的分辨率（1~5km）无法充分描绘小型分散层云的特性。在高海拔地区，卫星视角较低会导致在观测云层位置和云层特性时出现误差（卫星多从侧面观测云层，而非顶部观测云层）。在这样的条件下，大多数观测到的随机误差（由 RMSE 统计数据评估，待讨论）均由辐射算法中与云层相关部分的不充分性导致（而并非是由晴空模型造成的）。

高浓度和高变化的气溶胶和水蒸气在 AOD 和 W 参数具有较高时空变化的区域建模并不容易。与卫星数据相比，大气数据库具有较低的空间分辨率（35 ~ 125km），因此无法解决局部效应的问题，尤其是在具有极端浓度和多变浓度的区域。将卫星太阳辐照度与局部测量值相比较时，这一特点是决定偏差（系统偏差）的因素之一。

山区、高海拔和深谷地区：在山区，海拔高度的变化会导致 AOD 浓度和 W 浓度的快速变化，同时还会导致云特性变化。此外，空间效应和地形遮挡都增加了条件的复杂性。而这一复杂性可通过太阳辐射模型进行粗略估计。

水陆交界的沿海地区：在景观格局多变且复杂的地区（如陆地/水体的高度空间可变性或复杂的城市和山区），表面反射率特性在时空范围内会发生迅速的变化。而且，在距离上也会发生迅速的变化，通常该距离要小于卫星数据的分辨率。

城市化地区和工业区：与邻近的农村或自然景观相比，较大城市化地区或工业区的气溶胶和水蒸气浓度更高，更具有时间可变性。

冰雪出现频繁且可变性高的地区、反照度高（盐床、白沙地区）及多雾地区：降雪、局部降雾和冰都降低了云层监测的准确性。在干旱地区和半干旱地区，反射率高的表面也会降低云层监测的准确性。此外，干旱地区和半干旱地区较大洼地有时会被水淹没，极大地改变了表面反照度。

由于预测辐照度中有部分不确定性归因于特定地点或特定地形的处理方式，因此无法利用一类模型充分描述（详见表 2.4 和表 2.5）。

表 2.4　三种天空条件下 SolarGIS 每小时辐射预测不确定性影响因素

可变因素	晴空	散云	多云/阴天
极低	海拔	极低	极低
晴空模型	低	极低	极低
气溶胶	高	低	极低
水蒸气	低	极低	极低
云指数	低	中等	极低

表 2.5　不同气候类型和地形条件下 SolarGIS 模型年度太阳辐射预测偏差影响因素

可变因素	湿热带	干旱和温带半干旱		陡峭地形	降雪或结冰	沿海地区	污染区
海拔和阴影	极低	极低	极低	低	—	极低	极低
晴空模型	极低	极低	极低	极低	低	极低	低
气溶胶	低	高	低	中等	—	低	高
水蒸气	极低	极低	极低	低	—	极低	极低
云指数	中等	低	中等	低	中等	低	低

2.9　检验与准确性

为确保监测模型准确性，利用地面实测数据的检验是数据计算操作过程中的一个重要步骤。建议采用以下3个标准判定模型的准确性（Espinar等人，2009；Meyer等人，2011）：①整体偏差；②离差情况；③复制统计分布的能力。以上3个标准分别由平均偏差（MBE）、均方根误差（RMSE）和柯尔莫诺夫-斯米尔诺夫积分（KSI）表示。相比于RMSE，许多研究人员更倾向于采用平均绝对误差（MAE）作为离差的度量标准，原因有两个方面：① MAE对离群值敏感性较低；②当用相对（比例）项表示时，MAE较少受限于解释的内容（Hoff等人，2012）。MBE和RMSE提供规定地理或季节范围内的预期误差范围，并且只采用高频（至少是每小时）地面测量和质量受控地面测量对卫星模型进行可靠性检验。一般情况下，测量这些数据均使用维护良好的高品质气象辐射计（二级标准品，或根据WMO分类，至少为一等品）。图2.15为卫星-地面对比的实例。

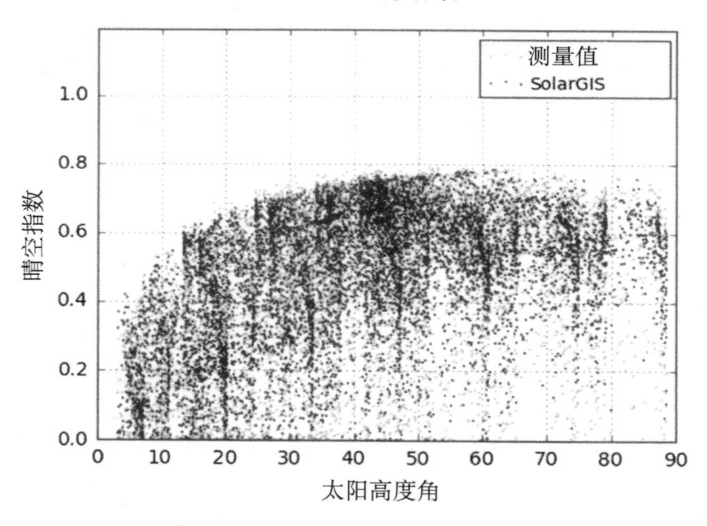

图2.15　阿尔及利亚塔曼拉塞特地面测量值的DNI晴空指数和SolarGIS模型数据，指出模型能够表示出所有气象条件值。

对于用户来说，特定位置的年均值或月均值的辐照系统误差最好用平均偏差（MBE）表示。不断积累的经验（Cebecauer和Suri，2012）表明，如果将最新的卫星模型规范为白天辐射，则完全可以用MBE在±3.5%的误差范围内估计年GHI。该值是否有偏差则取决于地形情况：在复杂的热带地区、在大气污染严重、高纬度、具有高山和复杂地形的区域以及在日照角度低且有积雪的地区误差较大（±7%）（详见2.8小节中关于不确性因素的相关内容）。通常，特定位置DNI估算的MBE约为GHI估算的两倍。换言之，在气溶胶可变性低、景观单一、海拔无变化的干旱和半干旱区域，高性能模型估算的年DNI的MBE小于7%。由于五大洲具有代表性的 100 多个位置的验证信息的可用性增强，研究结果中的可信度也日渐增加。在大气和云复杂多变、地理情况更加复杂以及在地面检验数据可用性有限的区域，预计用于估算 DNI 的 MBE 误差范围在 ±12%，有时会更大。

均方根误差（RMSE）很好地表现了小时离差值或小时内离差值。这一标准可以作为评估基准测量模型和监测模型性能的依据。RMSE 的增大主要是由于云，且在一定程度上与积雪变化和气溶胶增加的变化有关。因此，在干旱和半干旱地区阳光充足的季节里，GHI 的每小时的 RMSE 可达 7% ~20%（标准化的平均每小时辐照）。在云更多、天气更加复杂、大气成分变化更强、地貌较为复杂的地区或是中纬度地区，RMSE 的范围预计可达 15% ~30%。在高山地区和高纬度地区，在日照角度低且积雪厚的季节，GHI 的相对 RMSE 在 25% ~35% 范围内或更高。

估计 DNI 还可通过观测 RMSE 的类似模式，其误差为 GHI 误差的 2 倍。在最有利于实施太阳能技术的干旱和半干旱地区，RMSE 的范围在 18% ~30% 之间。在云更多、气溶胶变化更强的地区，RMSE 的范围一般在 25% ~45% 之间。在高纬度和高山地区，RMSE 可能超过 45%。

需要注意的是，离差度量（即 RMSE 和 MAE）是模型时间步长的递减函数。图 2.16 表明了在美国西南部的某处，MAE 作为时间步长的函数是如何递减的。

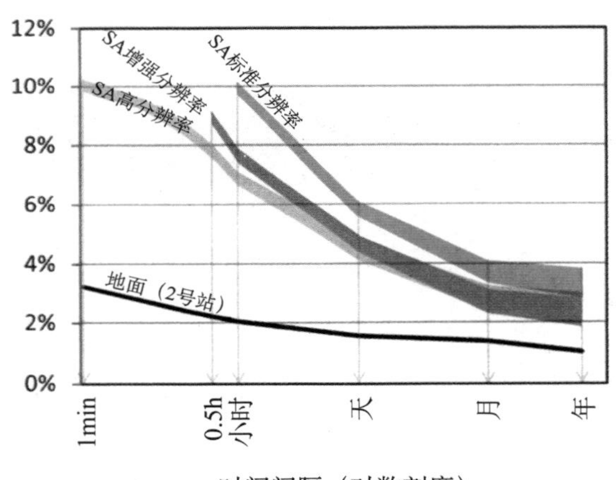

图 2.16　MAE 为时间积分的递减函数。3 个版本 SolarAnywhere 模型的递减情况是显而易见的：标准分辨率（每小时 10km）、增强分辨率（每半小时 1km）、高分辨率（每分钟 1km）。实线表示相距 100m 以内两个相邻观测站之间观测到的 GHI 的 MAE。需要注意的是：①MAE 非零，反映测量不确定和短期可变性；②MAE 也随着积分时间而减少。

需要指出的是，对于几小时的短时间步长而言，大多数观测到的离差（即卫星观测结果与给定时刻内地面观测站观测结果之间的差异）源于二者在本质上测量的对象是不同的：地面站测量的是特定点时间积分综合数据，而卫星测量的是空间延展瞬时数据。一旦对此类测量矛盾进行说明，与表观离差相比，卫星模型的有效离差降低了近一半（Zelenka 等人，1997）。尤其是，卫星是距离地面站以外 20 ~25km 范围内测量最准确的选择，更重要的是，在极短的距离内，两个测量站之间的离差仍存在，这被称为块金效应（Zelenka 等人，1999），可用来度量卫星观测点与地面观测点之间的固有差异。实际上，真正的卫星离差预估近 10%，即表观 RMSE 减去块金效应，而在干旱地区，其估计值甚至小于 10%。

2.10　利用地面测量值校准卫星偏差

虽然某一位置的卫星数据仅能保证日间平均辐照度偏差在 ±3% ~6% 之间（取决于气候条件和地形条件），但是卫星反演模型的记录强度证明了其记录规定位置相对年际变化的能力（Ineichen，2011）。也就是说，由于地形特征复杂、气溶胶数据分辨率低，对于特定位置模型可能会出现偏差，而这种偏差将持续较长时间。因此，如果能校准卫星模型的短期测量活动，则其长期准确性，即测量前后预测辐照度的能力应大幅提高。一般情况下，6 ~12 mo 校准将 MBE 置信区间长度减少一半，该校准过程常常被称为位置适应或测量—关联—预测。

通过减少 KSI 误差测度，位置适应法的复杂性范围包括从简单误差校正（如，所有预测数据点均采用相同的校准系数）到更加复杂且通常更加有效的技术（包括配套的测定频率分布和建模频率分布）。据此，根据不同校正系数的值，将其用于模型中。在云层稀疏的干旱地区，MBE 通常由气溶胶参数化问题导致；因此，使气溶胶适应当地条件的方法也许非常有效（例如，图 2.17）。

2.11　未来发展

SUNY/SolarAnywhere 方法和 SolarGIS 方法均用于计算历史数据的应用程序中，同时这两种方法在短临预报和预测应用中也发挥着日益重要的作用。例如，SolarGIS 的如下数据应用和改良将进一步提高 GHI 和 DNI 的准确性。

- 使用高分辨率卫星数据（星下点为 3km、更新频率为 15min 和 30min）。
- 基于多光谱和多源反照率分析适合不同地理条件的定制 CI 探测；更加复杂的测定情况，如雪、雾、冰等；更仔细地处理可变地面反射率模式。
- 利用具有逐日分辨率的 MACC 气溶胶数据和 CFSR/GFS 水蒸气数据描述大气的变化，从而完成晴空模型。
- 利用基于 90m 数字高程模型 SRTM-3（详见 2.7 小节相关内容）的高分辨率高程数据，计算直接辐射和散射辐射的地形遮挡。

进一步减少以下两个未来发展重点中的不确定性：

- 改善气溶胶数据和水蒸气数据的空间分布，从而减少偏差，以便更好地表现局部晴空太阳辐射图。
- 更为熟练地运用多光谱通道和多元统计分析，通过改良 CI 量化结果而改进云

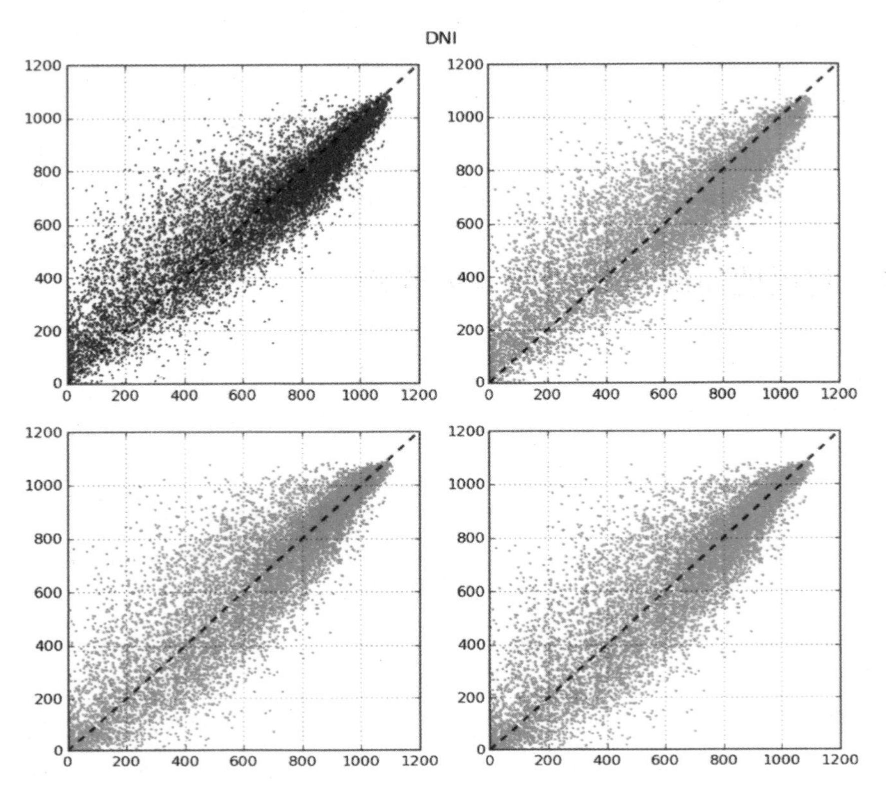

图 2.17　阿尔及利亚塔曼拉塞特（灰色）位置适应前（蓝色）和位置适应后（红色）的 DNI 数据散布图和累积频率分布图：地面测量值累积分布。

层衰减以减少偏差和 RMSE。

获取较高的空间分辨率（1km）和时间分辨率（更新频率达 5min）卫星数据是可以实现的，这样同时有助于减少偏差和 RMSE。然而，使用这些数据需要改变所有算法。增加的数据处理量可能会降低太阳能系统高度集中地区的计算效率。

参考文献

[1] AEROCOM, 2012. Aerosol Comparisons between Observations and Models, http://aerocom. met. no/Welcome. html.

[2] Beyer, H. G. , Costanzo, C. , Heinemann, D. , 1996. Modifications of the Heliosat procedure for irradiance estimates from satellite images. Solar Energy 56 (3), 207-212. March 1996.

[3] Bird, R. , Hulstrom, R. , 1981. A Simplified clear sky model for direct and diffuse insolation on horizontal surfaces. SERI Report # TR-642-761 available at. http://rredc. nrel. gov/solar/pubs/ PDFs/TR-642-761 . pdf.

[4] Cebecauer, T. , Suri, M. , Perez, R. , 2010. High performance MSG satellite model

for operational solar energy applications. Proc. Solar 2010. ASES Annual Conference, Phoenix, AZ.

[5] Cebecauer, T., Šúri, M., Gueymard, C. A., 2011. Uncertainty Sources in Satellite-Derived Direct Normal Irradiance: How Can Prediction Accuracy Be Improved Globally? Proceedings of the SolarPACES Conference, September 2011, Granada, Spain.

[6] Cebecauer, T., Šúri, M., 2012. Correction of Satellite-Derived DNI Time Series Using Locally- Resolved Aerosol Data. Proceedings of the SolarPACES Conference, Marrakech, Morocco. September 2012.

[7] Durr, B., Zelenka, A., 2009. Deriving Surface Global Irradiance over the Alpine Region from METEOSAT Second Generation data by supplementing the HELIOSAT method. International Journal of Remote Sensing 30 (22), 5821-5841.

[8] Espinar, B., Ramírez, L., Drews, A., Beyer, H. G., Zarzalejo, L., Polo, J., Martin, L., 2009.

[9] Analysis of different comparison parameters applied to solar radiation data from satellite and German radiometric stations. Solar Energy 83 (1), 118-125. January 2009.

[10] Espinar, B., Ramírez, L., Polo, J., Zarzalejo, L. F., Wald, L., 2009b. Analysis of the influences of uncertainties in input variables on the outcomes of the Heliosat-2 method. Solar Energy 83 (9), 1731-1741. September 2009.

[11] Gueymard, C., 2003. Direct solar transmittance and irradiance predictions with broadband models. Part I: detailed theoretical performance assessment. Solar Energy 74 (5), 355-379.

[12] Gueymard, C., 2008. REST2 - High-performance solar radiation model for cloudless-sky irradiance, illuminance, and photosynthetically active radiation - validation with a benchmark data set. Solar Energy 82 (3), 272-285.

[13] Gueymard, C., 2012. Clear-sky irradiance predictions for solar-resource mapping and large-scale applications: Improved validation methodology and detailed performance analysis of 18 broadband radiative models. Solar Energy 86 (8), 2145-2169.

[14] Gueymard, C., 2012a. A globally calibrated aerosol optical depth gridded data set for improved solar irradiance predictions. Geophysical Research Abstracts vol. 14. EGU2012—11706.

[15] Hammer, A., Heinemann, D., Hoyer, C., Kuhlemann, R., Lorenz, E., Müller, R., Beyer, H. G., 2003. Solar energy assessment using remote sensing technologies. Remote Sensing of Environment 86 (3), 423-432.

[16] Hoff, T. E., Perez, R., 2012. Predicting Short-Term Variability of High-Penetration PV. Proc. World Renewable Energy Forum (ASES Annual Conference), May,

Denver, CO.
[17] IMS, 2012. Interactive Multisensor Snow, http://www.natice.noaa.gov/ims/.
[18] Ineichen, P., Perez, R., 2002. A new airmass independent formulation for the Linke turbidity coefficient. Solar Energy 73, 151-157.
[19] Ineichen, P., 2006. Comparison of eight clear sky broadband models against 16 independent data banks. Solar Energy 80 (4), 468-478.
[20] Ineichen, P., 2008. A broadband simplified version of the SOLIS clear sky model. Solar Energy 82 (8), 758-762.
[21] Ineichen, P., 2011. Global Irradiation: average and typical year, and year to year annual variability. International Energy Agency Solar Heating and Cooling Program Task 36 Internal report. Available from University of Geneva at. http://www.cuepe.ch/html/biblio/pdf/ineichen_2011_interannual_variability.pdf.
[22] Kasten, F., 1996. The Linke turbidity factor based on improved values of the integral Rayleigh optical thickness. Solar Energy 56 (3), 239-244. March 1996.
[23] MACC, 2012. Monitoring atmospheric composition & climate, http://www.gmes-atmosphere.eu/.
[24] MATCH, 2012. Model of Atmospheric Transport and Chemistry, http://www.cgd.ucar.edu/cms/.
[25] Maxwell, E. L., 1987. A Quasi-physical model for converting hourly global to direct insolation. SERI/TR-215-3087. Solar Energy Research Institute (now NREL), Golden, Colorado.
[26] Meyer, R., Gueymard, C., Ineichen, P., 2011. Proceedings of SolarPACES Conference. Standardizing and benchmarking of modeled DNI data products. September, Granada.
[27] Michalsky, J., 2012. Personal Communication.
[28] Molineaux, B., Ineichen, R, O'Neill, N., 1998. Equivalence of pyrheliometric and monochromatic aerosol optical depths at a single key wavelength. Applied optics 37 (30), 7008-7018.
[29] Morcrette, J.-J., Boucher, O., Jones, L., Salmond, D., Bechtold, P., Beljaars, A., Benedetti, A., Bonet, A., Kaiser, J. W., Razinger, M., Schulz, M., Serrar, S., Simmons, A. J., Sofiev, M., Suttie, M., Tompkins, A. M., Untch, A., 2009. Aerosol analysis and forecast in the ECMWF Integrated Forecast System. Part I: Forward modelling. J. Geophys. Res. 114, D13205. http://dx.doi.org/10.1029/2008JD011115.
[30] NOHRSC, 2012. National Operational Hydrologic Remote Sensing Center. http://www.nohrsc.nws.gov/.

[31] Noia, M. , Ratto, C. F, Festa, R. , 1993. Solar irradiance estimation from geostationary satellite data: I. Statistical models. Solar Energy 51, 449-456.

[32] NREL, 2012. Dynamic Maps, GIS Data & Analysis Tools using the Climatological Solar Radiation (CSR) Model, http://www. nrel. gov/gis/solar_ map_ development. html.

[33] Papadimas, et al. , 2009. Assessment of the MODIS Collections C005 and C004 aerosol optical depth products over the Mediterranean basin. Atmospheric Chemistry and Physics 9, 2987-2999.

[34] Perez, R. , Ineichen, P. , Maxwell, E. , Seals, R. , Zelenka, A. , 1992. Dynamic Global-to-Direct Irradiance Conversion Models. ASHRAE Transactions-Research Series, 354-369.

[35] Perez, R. , Ineichen, P. , Moore, K. , Kmiecik, M. , Chain, C. , George, R. , Vignola, F. , 2002. A New Operational Satellite-to-Irradiance Model. Solar Energy 73 (5), 307-317.

[36] Perez, R. , Ineichen, P. , Kmiecik, M. , Moore, K. , George, R. Renne, D. , 2004. Producing satellite- derived irradiances in complex arid terrain. Solar Energy 77 (4), 363-370.

[37] Perez, R. , Kivalov, S. , Zelenka, A. , Schlemmer, J. , Hemker Jr. , K. , 2010. Improving The Performance of Satellite-to-Irradiance Models using the Satellite's Infrared Sensors. Proc. , ASES Annual Conference, Phoenix, Arizona.

[38] Pinker, R. , Frouin, R. , Li, Z. , 1995. A review of satellite methods to derive shortwave irradiance. Remote Sensing of Environment 51, 108-124.

[39] Remund, J. , Wald, L. , Lefevre, M. , Ranchi, T. , Page, J. , 2003. Worldwide Linke turbidity information. Proceedings of ISES Solar World Congress, June, Goteborg, Sweden, CD-ROM

[40] published by International Solar Energy Society.

[41] Randel, D. , Vonder Haar, T. , Ringerud, M. , Stephens, G. , Greenwald, T. , Combs, C. , 1996. A New Global Water Vapor Dataset. Bulletin of the American Meteorological Society 77 (6), 1233-1246.

[42] Rigollier, C. , Lefevre, M. , Wald, L. , 2004. The method Heliosat-2 for deriving shortwave solar radiation from satellite images. Sol. Energy 77, 159-169.

[43] Ruiz-Arias, J. A. , Cebecauer, T. , Tovar-Pescador, J. , . úri, M. , 2010. Spatial disaggregation of satellite-derived irradiance using a high-resolution digital elevation model. Solar Energy 84, 1644-1657.

[44] Schmetz, J. , 1989. Towards a Surface Radiation Climatology: Retrieval of Downward Irradiances from Satellites. Atmospheric Research 23, 287-321.

[45] Schillings, C. , Mannstein, H. , Meyer, R. , 2004. Operational method for deriving high resolution direct normal irradiance from satellite data. Solar Energy 76 (4), 475-484. April 2004.

[46] Shettle, E. P. , 1989. Models of aerosols, clouds, and precipitation for atmospheric propagation studies. AGARD Conference proceedings, Copenhagen, Denmark.

[47] Šúri, M. , Cebecauer, T. , 2012. SolarGIS: Online Access to High-Resolution Global Database of Direct Normal Irradiance. Proceedings of the SolarPACES Conference, Marrakech, Morocco. September.

[48] Verdebout, J. , 2004. A European Satellite-derived UV climatology available for impact studies. Radiation Protection Dosimetry, 2004 111 (4), 407-411.

[49] Zarzalejo, L. , Polo, J. , Martín, L. , Ramirez, L. , Espinar, B. , 2009. A new statistical approach for deriving global solar radiation from satellite images. Solar Energy 83 (4), 480-484. April 2009.

[50] Zelenka (2001): Satellite Models - section 10. 4. 4 of Perez, R. , R. Aguiar, M. Collares-Pereira, D. Dumortier, V. Estrada-Cajigal, C. Gueymard, P. Ineichen, P. Littlefair, H. Lund, J. Michalsky, J. A. Olseth, D. Renné, M. Rymes, A. Skartveit, F. Vignola, A. Zelenka, (2001): Solar Resource Assessment - A Review. *Solar Energy-The State of the Art*, Chapter 10 (pp. 497-575) James & James, London.

[51] Zelenka, A. , Perez, R. , Seals, R. , Renné, D. , 1999. Effective Accuracy of Satellite-derived irradiance. Theoretical and Applied Climatology 62, 199-207.

第3章 卫星物理反演法

Steven D. Miller
美国科罗拉多州大学大气联合研究所
Andrew K. Heidinger
国家环境卫星、数据和信息服务局，**NOAA** 卫星应用和研究中心
Manajit Sengupta
美国国家可再生能源实验室

章节纲要

3.1 简介

近年来，屋顶分布式和大规模集中式太阳能发电均取得了快速的发展。对于电网运营商来说，理想的供电电源应具有较高的可靠性、可预测性以及按需供应等特点，但阳光照射通过日地间复杂多变的气象条件使得太阳能资源具有较高的变化性，这为太阳能的利用和电网运营商带来了重大挑战。因此，美国能源部雄心勃勃地启动了一项 Sunshot 计划，试图通过显著降低太阳能的安装成本以增强其竞争力。该计划的任务之一就是寻求方法降低综合成本，使太阳能发电的价格与电网持平，从而提高其在市场上的普及率。其中，辅助服务就可以显著地降低综合成本，例如可靠的太阳能发电预测可以减少设备空转。西部风能和太阳能（WWSIS）研究发现，当太阳能和风能发电占比为 30% 时（GE 2010），发电预测服务即可为西部电力协调委员会（WECC）节省 14%（例如，最高为 50 亿美元）的运营成本。此外，加州独立系统运营商们（CalISO）在一份报告中推荐提前 1h 或在 1 天不同时段内预测太阳能以降低综合成本（CalISO 2010）。

超短期太阳能预测（例如，0 ~ 3h）需要对下游辐射场的时间和空间细节方面做出精确的预测，包括捕获辐射场中由于云遮挡或气溶胶衰减引起的高频反射，以及局部云层/气溶胶的分布对天空中散射辐射的影响。这是因为云量是引起太阳能变化的主因，而且在超短期预测中更是如此。

长期预测（数小时至数天）需要对模型进行精准的初始化并表现出真实的云层。在评估资源时，需要更长时间序列内（多年）的观测数据以实现稳健统计，并最终得出季节性平均值和特征。其中，从大气环流到受地形影响的微观气象均会影响上述统计的结果。但是，气候预测模型的发展显然要好于起步较晚的大气及其天气科学，云属性及其在反馈中的复杂情况，影响气候的当前状态及其自然变化性（即云层分布的本质和云层本身的内容），使预测能力降低。

卫星观测系统是推进太阳能企业发展过程中不可或缺的工具，能满足客户全方位需求：包括大到气候层面的资源评估，小到可解析单个云体时空尺度的运行负载平衡预测。

从图 3.1（a）中所示的不同预测方法的处理能力，尤其是图 3.1（b）中云层预测的内容可以看出卫星数据在太阳能预测和资源评估中的重要性。通常，初始时间、初始观测后的时段要比模型估计更能代表当前的辐照度。在非常短的预测时间区间内（<30min），将简单的线性假设应用到观测中即可很好地描述出当前的云场变化（生长/衰减和运动）。这一“短时预测”具有很大的确定性，同时还需要观测系统提供以下内容：精确的云量分布（水平和垂直）信息；基于属性跟踪估计云层的运动；可以描述云层对直射光束和（例如阴影）散射辐射（例如侧向散射）影响的光学性能评估。此时，全天空成像仪等区域观测设备可有效地提供短期内云阴影的通过时间（例如，Chow 等人，2011）。

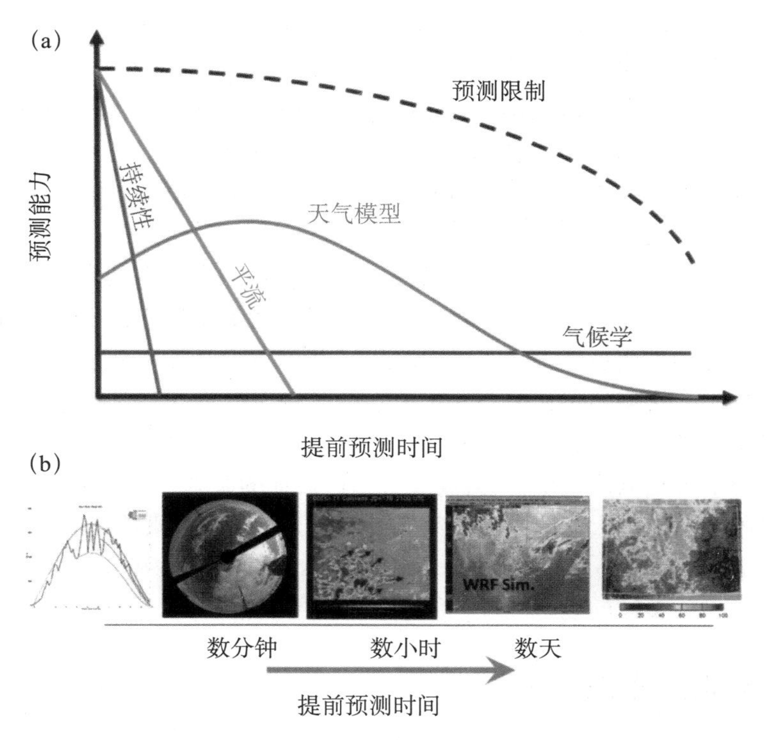

图 3.1　(a) 由持续性到气象学的不同方法的提前预测时间和预测能力的函数关系示意图。预测能力潜力最大的曲线、数值是天气预报；卫星数据在分析和改进参数化的过程中均起到重要的作用。(b) 图 3.1 (a) 中的太阳能-预测方法示例，左起分别为持续性、基于地面轨迹、基于卫星轨迹、天气预测模型和受气象状况约束的气象学云层统计学。所有的时间尺度内都用到了卫星信息。

然而，全天空成像仪可能很难预测云层在 20 ~ 30min 内（也取决于视野障碍）对某一地表位置的影响。此时，可以应用卫星反演资源，尤其是利用更新速度较快的卫星扩大预测的时间范围。在云属性（例如，未生长/衰减且光学属性固定）不发生改变的限制性假设基础上，由卫星遥感（例如，Velden 等人，1997）或数值天气预报（NWP）模型得出的风向引起的简单平流运动可以提前 1 ~ 3h 反映出地表的辐射场特征。

随着预测范围扩大到数小时或更长时间时，由于大气动力使云层发生改变，因此简单的定常假设不再有效，预测能力从单纯的观测转变到 NWP 模型领域。NWP 模型预测实际云层形状的能力充分说明了参数化的保真度以及用于初始化模型的动力和热力学状态的资料同化。

NWP 模型应当在初始时间就具备表现观测到的三维云场的能力，以及包含所有可维持、演化云层的必要环境状态。但是，迄今为止这仍然是一个未解决的难题。这一难题的核心是 NWP 分析内在的缺陷，在某种意义上可用的观测数据不足以描述模型的自由度。分析呈现的信息是模型背景和实际环境状态折衷的结果，某个云场可能在分布、属性和演化等方面与观测值相似（但不完全相同）。实际状态和模拟环境状态之间存在的细微差异，会随着预测时间的延长而变得越来越大。

在气溶胶预测方面，将精确的原始信息（例如，生物质燃烧、沙尘暴、污染）和活跃的化学反应（与气溶胶作被动平流运动不同）相结合是十分重要的。此时，卫星可在全球范围内为描绘、监测和消除气溶胶的来源（例如，降水清除）提供关键信息。

本章中，我们重点介绍环境卫星在云层和气溶胶预测方面的重要作用。其中大体描述了当存在云层时，卫星基于物理原理估算地面太阳辐射的方法。在这一讨论中，我们仅对几种可用资源进行了横向分析，并将重点放在那些能够代表当前技术水平且性能突出、易用的工具。第 3.2 节在开始部分，概述性地介绍了卫星观测系统以及测量重要参数值从而获得太阳辐照度的基本思路。随后在第 3.3 节中发展了通过物理遥感的方法探测云层/气溶胶及其属性表征的基础，第 3.4 节介绍了如何将这些属性转换为所需的太阳能参数。第 3.5 节展示了用于太阳能资源评估和预测的卫星数据资源示例。第 3.6 节展望了未来的卫星观测系统，第 3.7 节则探讨了未来研究和发展需求的关键问题。

3.2 卫星观测系统

目前，存在多种在太阳能预测和资源评估方面具有重大价值的卫星监测系统和卫星环境产品。具有不同分辨率的卫星测量主要考虑如下因素：空间、光谱、时间和辐射量。在权衡各个方面因素后，才能使各个分类具有较高的保真度，卫星才能在其设计的某个环境参数子集中具有优良的性能。

Kidder 和 Vonder Haar（1995）对气象卫星进行了全面总结，包括不同轨道的力学属性、与测量值相关的辐射传输考量和多种处于研究和运行阶段的卫星应用。太阳能预测和资源评估主要用到的卫星轨道为地球同步（静止卫星）和太阳同步（极轨卫星）。我们在此简要介绍二者的显著差异。

极轨卫星轨道位于地表上方约 700 ~ 850 km 位置，它是一类特殊的近极地轨道。该轨道的倾斜角（轨道地面轨迹和赤道平面的夹角）约为 98°，由于地球的非球形使轨道平面旋转的速率与地球围绕太阳的运行速率相等，卫星可在每天的同一当地时间经过赤道。例如，NASA 的 Terra 卫星在每天早晨 10：30 时经过赤道（在 22：30 经过轨道的对侧），而 NASA 的 Aqua 卫星则在每天下午 13：30 经过赤道（在 01：30 经过轨道的对侧）。由于此类轨道的卫星能够在同一时间经过某地，因此可以提供常规同化时间窗口内的观测值并有利于天气预报。同时，由于此类卫星还可提供同一地点昼夜循环的测量值，因此还可将其用于气候研究。此外，太阳同步轨道可以观测整个地球表面，但它的缺点是更新频率较低（每天只过境 1 ~ 2 次，取决于扫描宽度和纬度），要想提高更新频率，除非在同一轨道平面上放置多颗卫星。

静止卫星轨道的高度为 35，790 km，其旋转的角速度与地球自转的角速度相同。

地球同步轨道是一类特殊的相对地球静止的轨道，其倾角和离心率均为0。卫星运行轨道在赤道与某一经度交点的正上方，这使得地球同步卫星能够以较高的频率更新数据并采集卫星观测视角内云演变的图像。该视场可提供距离子卫星约60°大圆弧距离的有用图像（6颗两两间隔60°的地球同步卫星即可覆盖全球的热带和中纬度地区）。

通常，使用像素大小（图像元素）表示卫星成像辐射计的空间分辨率。大部分成像辐射计通过扫描生成图像，其中望远镜的孔径决定了在地面上的瞬时几何视场大小，仪器的扫描速率与测量时间耦合决定了像素分辨率。图像像素按照扫描线排列，每条扫描线由相邻的像素组成。虽然下一代静止卫星传感器（参见第3.7节）在空间分辨率和光谱带方面有了明显改善，但是由于静止卫星的轨道半径要大于极轨卫星的轨道半径，因此前者成像仪的空间分辨率较低（例如，可见光为1 km和红外光为4 km）而且光谱带较窄。通过减少测量值的空间平均值，较高的空间分辨率具有更好的探测能力和描绘云层和气溶胶属性的能力，但缺点是需要更高的数据速率以及可能会减少信噪比（噪音更大的测量值）。

一般说来，光谱信息越多，探测和描绘云层和气溶胶属性的能力就越理想。研究证明，气象云层中的液滴和冰粒，在穿过大部分被动式成像辐射计感应的可见光谱范围（0.4～14 um波长）时，具有复杂的光谱吸收和散射。通过在大气窗口（其中气体大气更加透明）和吸收带（气体吸收/发射辐射）测定这一现象，能够得到云层成分和高度的重要信息。同理，大气气溶胶也会表现出与其成分相关的光谱行为。卫星辐射计可观测的波段越多，确定多种大气参数“光谱指纹”的能力就越强。表3.1展示了一些在轨的美国极轨和静止卫星观测到的光谱带。目前运行的操作系统为安装在极轨环境卫星（POES）上的先进的甚高分辨率辐射仪（AVHRR）和安装在静止环境观测卫星（GOES）上的可见光和红外自旋转扫描辐射计（VISSR）。第3.3节详细介绍了如何将这些传感器中的光谱测量值用于探测和描述云层及气溶胶属性。

表3.1 GOES和极地光学辐射计观测的光谱带（单位：μm；中心波长）

COES-I-M	GOES-NOP	GOES-IR	AVHRR	OLS	MODIS	VIIRS
—	—	—	—	—	0.412（8）	0.412（M1）
—	—	—	—	—	0.442（9）	0.445（m^2）
—	—	0.47（1）	—	—	0.465（3）	—
—	—	—	—	—	0.486（10）	0.488（M3）
—	—	—	—	—	0.529（11）	—
—	—	—	—	—	0.547（12）	—
—	—	—	—	—	0.553（4）	0.555（M4）
0.65（1）	0.65（1）	0.64（2）	0.63（1）	—	0.646（1）	0.640（11）
—	—	—	—	—	0.665（13）	—
—	—	—	—	—	0.677（14）	0.672（M5）
—	—	—	—	0.7白天/夜晚	—	0.7白天/夜晚

续表

COES-I-M	GOES-NOP	GOES-IR	AVHRR	OLS	MODIS	VIIRS
—	—	—	—	0.75	0.746 (15)	0.746 (M6)
—	—	—			0.856 (2)	
—	—	0.865 (3)	0.863 (2)	—	0.866 (16)	0.865 (I2, M7)
—	—	—	—	—	0.904 (17)	—
—	—	—	—	—	0.935 (18)	—
—	—	—	—	—	0.936 (19)	—
—	—	—	—	—	1.24 (5)	1.24 (M8)
—	—	1.38 (4)	—	—	1.38 (26)	1.38 (M9)
—	—	1.61 (5)	1.61 (3A)	—	1.69 (6)	1.61 (I3, M10)
—	—	2.25 (6)	—	—	2.11 (7)	2.25 (M1 1)
—	—	—	—	—	—	3.70 (M4)
—	—	—	3.74 (3B)	—	3.79 (20)	3.74 (14)
3.9 (2)	3.9 (2)	3.90 (7)	—	—	3.99 (21)	—
—	—	—	—	—	3.97 (22)	—
—	—	—	—	—	4.06 (23)	4.05 (M13)
—	—	6.19 (8)	—	—	—	—
6.7 (3)	6.7 (3)	6.95 (9)	—	—	6.76 (27)	—
—	—	—	7.45 (10)	—	—	7.33 (28)
—	—	8.50 (11)	—	—	8.52 (29)	8.55 (M14)
—	—	9.61 (12)	—	—	9.72 (30)	—
—	—	10.35 (13)	—	11.6	—	—
10.7 (4)	10.7 (4)	—	10.8 (4)	—	11.0 (31)	10.763 (M15)
—	—	11.2 (14)	—	—	—	11.45 (15)
12.0 (5)	—	12.3 (15)	12.0 (5)	—	12.0 (32)	12.013 (M16)
—	13.3 (6)	13.3 (16)	—	—	13.4 (33)	
—	—	—	—	—	13.7 (34)	—
—	—	—	—	—	13.9 (35)	—
—	—	—	—	—	14.2 (36)	—

注：如果适用，仪器的频带目录列示在括号中。

资料来源：改编自 Miller 等人，2006。

首先，将卫星探测器测得的模拟信号量化为数值或“数量”，随后通过校正将其转化为等效的辐射率、反射比或亮温。辐射测量分辨率是指上述量化过程在有效传感器动态范围内的间隔。例如，当某个反射比的辐射测量分辨率测量得较粗糙时（例如，标称的动态范围为 0 ~ 100），只能以 1% 为一个间隔，最多报告 100 个不同的云层反射比数值，而辐射测量分辨率较高的传感器则可能以 0.1% 为一个间隔报告 1000 个数值。后者的辐射精度是前者的 10 倍，并且后者（假设为校正良好的传感器）在描述与地表辐射估计相关的云层光学属性方面具有更强的能力。当前辐射计的辐射测量分辨率范围在 6 比特（或 $2^6=64$ 级）和 14 比特（16，384 级）之间。

3.3 云层、气溶胶的探测和属性特征

3.3.1 云层

短期太阳能预测面临的主要难题是预测云层的演变。云层的演变本身对准确描述当前云量的能力就很敏感。本节讨论了通过当前卫星测量值精确地描述云量的技术和问题。一旦探测到某个云层后，即可通过其他技术推断出该云层的光学属性和穿过该云层达到地表的太阳辐射。由于云层主要起到调节太阳辐射的直射和散射作用，因此精确的云层探测对太阳能应用十分关键。

虽然云层探测的目的很直接。但是与其他所有云层遥感过程采用的步骤相比，云层探测可用的方法更加多样化。包括光谱属性在内的众多云属性可用于云层探测运算，例如云层反射比和热发射的量级和光谱变化。此外，多云场景相对于晴空场景具有更高的时空异性，从而可以提供有用的云层探测度量指标（例如空间均匀性和总值对比测试）。

一般来说，云层的探测方法有两大类。一类是基于阈值的方法，此类方法将预先确定好的阈值应用到所有相关的云层探测试验中（Frey 等人，2008）。若干次探测云层试验即可 推断出最终的云层分类。另一类方法则是避免使用阈值，而采用概率统计的技术，即用云层概率与各云层探测度量值的连续函数代替阈值（Heidinger 等人，2012）。

在太阳能应用中，云遮挡和积雪覆盖的表面以及区分多云天气和与气溶胶浓度加重的场景给云层探测带来了挑战。积雪之所以能影响云层探测，是因为积雪具有与冰云相似的反射和散射属性，会产生短暂的空间/时间影响。

一旦探测到云层后，由于云层的反射属性高度依赖于热力学相态，因此需要了解热力学相态（液体、冰或二者混合物）方面的知识。当混合云存在时，目前的被动遥感卫星成像仪还不具备直接明确地推断出混合相是否存在的能力，并且目前的相态探测仍然严格地限制在冰相和水相之间。云相态是云层温度的强函数；不透明的云层在此方面具有很好的近似性，例如可以使用 11 μm（窗口通道）的亮温代替云层温度。很少有液态水存在于温度低于 243 K 的云层中，同样也很少有冰存在于温度高于 263 K 的云层中。除了温度之外，可以利用在 3. 9 μm 处云层的反射比区分冰云和水云，此时水云的反射性要高于冰云（Pavolonis 和 Heidinger，2005）。大多数由卫星推导出的相态估计仅适用于云层的顶部，这一点十分重要。通常，非常厚的冰云会增大到冻结高度以下，并且包含大量卫星观测不到的液态水。

探测光学薄冰云（卷云）的相态难度最大，因为卷云在 11 μm 的温度和3. 9 μm 的反射比信息不足以完成相态探测。通常，大部分卫星技术通过卷云在红外窗口的光谱特征和红外水蒸气波段来探测是否存在卷云。尽管目前的卫星技术可以探测到卷云的存在，但是普遍难以探测到较低处的云层。应当根据实际应用选择最佳的相态（液体与冰）。例如，当薄的卷云出现在较低的水云上方时，下层的水云对地面

上太阳能的影响程度要远大于上层的卷云，但是二者对于大气顶部长波能量的影响则正好相反。

尽管许多卫星应用采用了明确的云层—相态—探测方案，但是随着运算能力的增强，许多应用为两种相态生成了一整套云属性。通过观测值与整套云属性的匹配度确定云相态的估计。某些应用还将该过程进一步发展为同时确定所有的云属性（包括遮挡和相态）。虽然此类技术具有非常高的灵活性，但复杂的数值计算限制了它们在实际中的应用。

通常，云遥感在完成遮挡和相态探测后的下一步是确定云层高度。对于太阳能应用来说，辐射传输的驱动因素不是云层的垂直分布，而是云层投射在地面上的阴影。估计云层高度最常用的方法是通过红外通道的传感器，如上所述，不透明云层的物理温度在某个窗口通道内非常接近它们的辐射温度。对于非不透明云层来说，则需要用到二氧化碳或水蒸气红外吸收通道。如果缺乏红外吸收通道，则可将多个红外窗口通道或可见光反射比与窗口通道的亮温一同用于估计云层高度（Heidinger 和 Pavolonis，2009）。通过使用 NWP 模型提供的辅助数据中的可用温度剖面图推导出云层的压强和高度。如果存在多个角度的云层视图同时可用，则可使用立体成像法（例如，Hasler 等人 1991）。此外，云层阴影可用于估计某些情况下的云顶和云底高度（例如，Simpson 等人 2000）。这些几何方法能够提供更加直接的测量值，但在实际应用中的局限性要远大于光谱技术。

在测定到达地表的太阳能时，最重要的云属性是云层的综合垂直光学深度（τ）。光学深度通常是在可见光谱内的某个基准波长处定义，此外光学深度还可以缩放到其他波长。表 2.1 所列的传感器中最常用的基准频率在 0.63 ~ 0.65 μm 之间。在给定的云相态中，云颗粒的尺寸控制着云光学深度的光谱变化。描述颗粒尺寸最常用的方法是将颗粒尺寸分布的三阶矩除以二阶矩得出有效半径（r_e；Hansen 和 Travis，1974）。使用 r_e 的优势在于可以忽略掉尺寸分布的其他细节。水云中液滴的球度能够满足米氏散射理论的应用。然而，对于形状复杂的冰晶来说，还需要其他运算密集型方案才能生成所需的属性。虽然在这方面的计算能力取得了很大进步，但是在认定某个云层中最佳颗粒形状和云层属性的过程中仍具有很大的不确定性。

图 3.2 列出了测定云层光学深度及其光谱依赖性方法的最为普遍的基本原理。在过去的 30 年中，通过使用卫星、飞机和实地观测形成了这种方法。该方法的基础是使用两个太阳反射比通道，因此又称为双光谱法。其中一个通道为光谱窗口区，在窗口区内含有可忽略不计的云颗粒辐射吸收（例如，0.65 μm）。另一个通道则必须位于某个云颗粒可充分吸收辐射的光谱窗口区内，同时还要求该吸收对云层中常见的颗粒尺寸（例如，1.6μm、2.2μm 或 3.9 μm）敏感。在图 3.2 中，Y 轴为吸收通道，X 轴为非吸收通道。实线表示常数 τ，虚线表示常数 r_e。本图表明多数参数空间的 τ-r_e 曲线为正交曲线，并可以确定多数反射比的 τ 和 r_e 值。但当云层较薄时，则难以测出 r_e 值；当颗粒尺寸很小时（<3 μm），则可以使用多个方法，但云颗粒的 r_e 值很少会小于 5 μm。除了散射属性的差异改变了图 3.2 中曲线样式以外，该方法在冰

云和水云中的应用是相同的。当反射比在 τ-r_e 表范围外，大多数技术就会回归到气候值。最佳的评估技术是一种通用的、可在其中执行双光谱反演的数值框架，此类技术的优点在于可估计误差以及可适时使用约束条件（Wather 和 Heidinger，2012）。

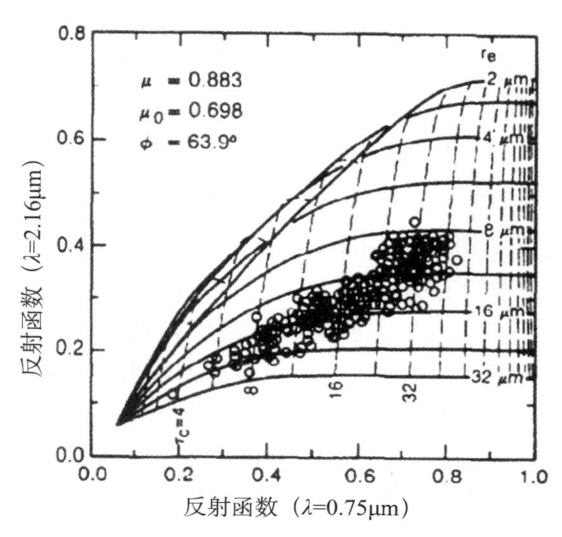

图 3.2 云层光学深度（τ）和云顶有效颗粒尺寸（r_e）的双光谱技术展示选定的几何参数（μ = cos 传感器-天顶角，μ_o = cos 太阳天顶角，Φ = 传感器和太阳之间相对的方位角）。网格中的圆圈对应的是水云的实际观测值（选自 Nakajima 和 King，1990.）。

大多数双光谱法都假设云层具有统一的相态和颗粒尺寸且在垂直方向上消失。测量值和理论都表明这一假设的真实性较低。许多传感器使用不同或多重频率的吸收通道。不同的通道能够看到的云层深度取决于颗粒吸收的强度，吸收通道较少时可看到更深处的云层（例如，Platnick 2000）。实际云颗粒尺寸的垂直变化与不同敏感度耦合可得出 r_e 测量值，r_e 与光谱无关，而是根据所使用特定通道不同而变化。当前地球同步传感器所用的吸收通道为 3.9 μm，该通道仅对大多数云层顶部区域的颗粒敏感。在常见的绝热增长型云层中，其颗粒大小会随着在云层中高度的上升而增大，由 3.9 μm 测量值推导出的 r_e 要远大于 1.6μm 和 2.1μm 测量值推导出的结果。冰云中最小的颗粒常位于云层顶部，这一情况与前者相反。

使用双光谱法进行 τ 和 r_e 反演时，会遇到三种具有挑战性的场景。第一种为降雪。降雪会严重削减从当前大多数可用通道中提取 τ 和 r_e 信息的能力，并降低非吸收通道对 τ 的敏感性。新式传感器（如 MODIS 和 VIIRS）通过使用对降雪敏感光谱区的非吸收通道克服了这一问题。第二种情况为出现具有不同相态的多层云。研究表明很大比例的薄卷云会位于较低的水云之上。如果薄卷云确实存在但未被探测出时，由于冰云的吸收要强于水云，因此薄卷云会显著影响 r_e 的反演。最后一种情况最为复杂也最普遍。当前所有的双光谱应用都假设云层与平面平行，即认为他们在水平方向上是统一和无限延伸的。而实际上，在当前传感器的观测范围内极少存在统一的云层。它们的三维结构会增强云层侧面的反射，增加阴影，会使太阳光直接透射过块云区以及提高平均阴天数。虽然多数影响可在平均空间和时间中抵消，但三维效应却能极大影响任一位置的云层属性反演和太阳能分布。目前，学者们正在尝试使用双光谱法解释这些影响。

3.3.2 气溶胶

由于气溶胶的光学厚度和颗粒尺寸要比云的光学厚度以及云颗粒尺寸小一个数量级，因此气溶胶遥感（例如，Kaufman 等人，1997）不同于云层遥感。此外，与水滴和冰粒不同，气溶胶没有明确的与粒径相关的吸收带，其粒径大小是通过光学厚度的光谱变化估算得出。即气溶胶的粒径会随着光学厚度（因此与反射光谱相关）光谱变化的增加而减小。通常，气溶胶对红外辐射的影响甚微，并且用于评估云层顶部高度气溶胶的技术无法评估气溶胶的垂直分布。

3.4 建立属性与地表辐射参数的相关性

在辐射传输理论和观测相结合的基础上发展出的多种方法可将卫星测量值转换为向下太阳辐照度（Pinker 等人，1995；Raschke 和 Preuss，1979；Schillings 等人，2004）。

我们将这些方法分为一步法和两步法两类（图 3.3）。根据使用的信息不同，一步法又可进一步细分为两类。

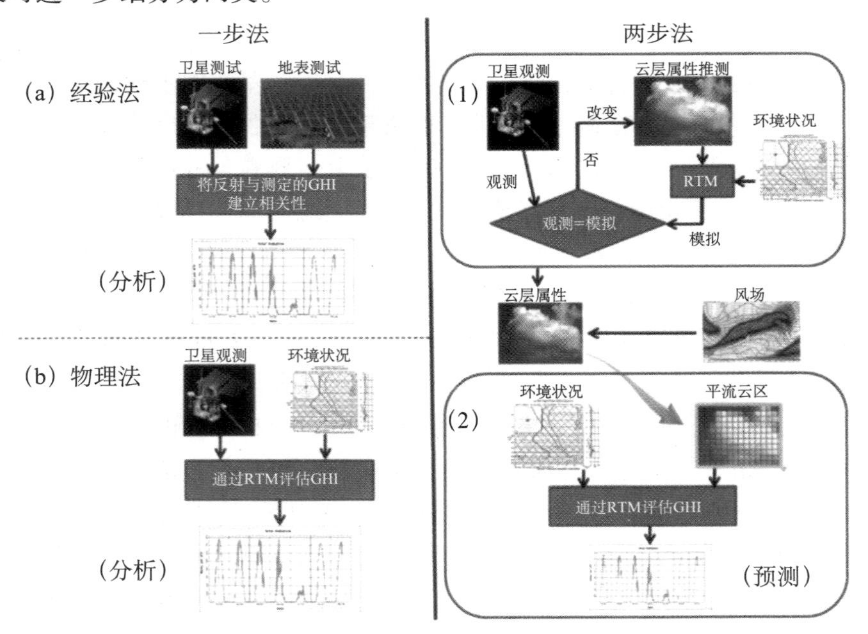

图 3.3　基于卫星反演向下太阳辐照度 GHI 的一步法（左）和两步法（右）方法总结示意图。

以反演地表太阳辐射的两步方法为例，首先使用第3.2节中的方法进行云层属性的卫星反演。下一步，在辐射传输模型中使用云层属性和辅助信息（例如，地表反射比，包括了解积雪层、大气湿度和气溶胶浓度。）反演地表太阳辐射。我们在本节中简要地描述了上述所有方法，读者可以参考其他相关出版物了解更多详情。

两步法尤其适用于短期的太阳预测。在使用两步法时，用户可在第一步中确定云层属性，其中包括云层高度、类型和光学厚度。如图3.3的建议，通过诸如全球预测系统（GFS）等NWP模型可了解云层高度的风力，从而了解云层的平流运动。在预测阶段，通过确定平流运动的云层位置，辐射传输模型可预测出地表太阳辐射。随着卫星可用通道数的增多，预计云层属性反演也会随之改善。此外，可以根据所需的精确度选择不同复杂程度的辐射传输模型。

3.4.1　一步法

一步法同时具有物理和半经验性等特点。我们将在以下小节对此进行讨论。

经验模型

经验模型通过卫星和地面测量值之间的关系反演地表辐射（图3.3），如Tarpley（1979）和Cano等人（1986）曾提出此类方法。大多数经验方法是在能量平衡关系的基础上假设透射比和卫星测量值（Schmetz，1989）之间具有准线性关系。此处用于反演水平总辐射（GHI）的公式如下：

$$GHI = GHI(\max) \times (1 - N) + GHI(\min)$$

其中，GHI（max）为晴空量值；GHI（min）为密集云区条件下的较小值；N为云指数，由Cano等人（1986）定义：

$$N = (C - C(\min))/(C(\max) - C(\min))$$

其中，C、$C(\min)$和C（max）分别为卫星观测的当前值、最小值（通常为晴空条件下）和最大值。这些数值与卫星辐射之间具有线性相关性，但其计算过程独立于校正措施。经标准化后的数值可避免因太阳几何结构和日地距离引起的变化。此外，还更正了较长的大气路径和反向散射“热点”角度。在第2章中我们详细地介绍了经验一步法。

物理法

另一种一步法则依据辐射传输理论直接反演卫星观测到的地表辐射，我们称之为物理法（图3.3）。不论辐射传输的计算涉及单一的宽频计算还是不同波段的多个计算，此类模型可分为宽频法和光谱法两类。Gautier等人（1980）的宽频法在数天的卫星像素基础上得出可以确定晴空和多云条件下的阈值，然后使用单独的晴空和多云模型计算地表直射辐射（DNI）和GHI。晴空模型最初只包括水蒸气和瑞利散射，之后则逐渐将臭氧（Diak 和 Gautier，1983）和气溶胶（Gautier 和 Frouin，1984）也包括在内。在假设大气在晴空和多云条件下无显著衰减的基础上，Dedieu 等人（1987）建立了一种将云层影响和大气相结合的方法。该方法也使用图像的时间为序列，确定用于计算地表反射率的晴空实例。Darnell 等人（1988）使用大气顶部（TOA）辐射量、大气透射比和云层透射比的乘积，建立了一种可以计算地表辐射的参数化模型。该模型的建立使用了极轨卫星数据并使用地表和卫星测量值建立了云层透射比和行星反射率之间的关系。

Möser 和 Raschke（1983）在 GHI 与部分云量相关的前提基础上建立了一种模型，该模型通过使用欧洲气象卫星数据反演了欧洲地区的太阳辐射（Moser 和 Raschke，1984）。在可见光范围内，部分云量为卫星测量值的函数。该方法使用辐射传输模型（Kerschegens 等人，1978）确定晴空和阴天的界线。Stuhlmann 等人（1990）通过增加海拔依赖性、附加成分和全天空模式下的多重反射等内容对该模型做了改进。Pinker 和 Ewing（1985）建立了一种重要的光谱模型，将太阳光谱划分为 12 个区间，以及将 Delta-Eddington 辐射传输（Joseph 等人，1976）应用到一种三层大气中。该模型的主要输入值为可从多种来源获得的云层光学厚度。该模型经过 Pinker 和 Laszlo（1992）改进后，与国际卫星云层气候项目（ISSCP）的云层信息联合使用（Schiffer 和 Rossow，1983）。

3.4.2 两步法

按照第 3.3 节所讨论的反演方法得到云层和气溶胶属性后，即可用单独的辐射传输模型计算地表辐射。输入值和运算能力决定了选用辐射传输模型的种类。当可获得诸如气溶胶光学厚度和水蒸气剖面等辅助数据时，可以使用复杂的高精度辐射传输模型进行上述运算。

近年来，多种两步法模型不断得到发展和完善，范围从简单的经验宽带拟合到复杂的多流版本模型，并且后者可以在多种波长区间内单独反演太阳辐射。例如，简单的 ASHRAE 模型（ASHRAE 1972）、Heliosat-1 Heliosat-2（Rigolier ，2004）、SOLIS 模型及其简化版（Inei-chen，2008）、Bird 模型，REST2（Gueymard，2008）、Iqbal 模型（Iqbal，1983）和太阳光大气辐射传输简单模型（SMARTS）（Gueymard，2001）。对可再生能源的应用来说，在晴空条件下具备精确预测 DNI 和 GHI 的能力是十分重要的。Gueymard（2011）对比了 18 种综合的晴空模型，并按照精确度对其进行排名。一般来说，输入值较少的模型具有简便、复杂性较低等优点，但同时精确度较低。另一方面，两步法中的云层光学属性为阴天条件下更加精确地计算地表太阳辐射提供了可能。

Chandrasekhar（1960）在理论上发展了用于求解辐射传输方程的离散纵坐标辐

射传输法。类似方法也已经被用于制定一些稳定的计算机解决方案，例如 Stamnes 等人（1988）研发的离散纵坐标辐射传输（DISORT）以及用于建立一些多流精确辐射传输模型，如圣巴巴拉 DISORT 大气辐射传输模型（SBDART）（Ricchazzi 等人，1988）、Streamer 模型（Key 和 Schweiger，1988）、AER 快速度辐射传输模型（RRTM）（Mlawer 和 Clough，1998、1997；Mlawer 等人，1997）和 MODTRAN 模型（Berk 等人，1989）。

3.5　操作和数据集实例

相比其他学科，卫星气象学仍处于形成阶段，但在改善测量值的技术和运算等方面已经取得了重大突破。在目前可用的相关产品中，有许多是为太阳能用户量身打造的。我们在下文中详细介绍了太阳能研发团体重点关注的一些卫星资源，包括云层、气溶胶和辐照度等。我们没有在此处列出详细的一览表，而是就一些资源的频谱进行介绍。

3.5.1　国际卫星云气候计划

国际卫星云气候计划（ISCCP；http：//isccp. giss. nasa. gov/index. html；Rossow 和 Schiffer 1999）为一般性研究和运营团体提供了一个最全面的卫星云气象服务。作为世界气候研究计划（WCRP；Schiffer 和 Rossow，1983）的首个项目，ISCCP 可提供全球可见光和红外地辐射记录，其中包括 5 颗静止卫星和一系列极轨卫星，其中极轨卫星可交叉校正地球同步信息，并且其观测范围覆盖地球的两极地区。该记录可得出基本的云遮挡和属性反演。ISCCP 数据还可用于验证和改善气候模型中云的参数化以及增进我们对地球辐射收支的理解（包括向下太阳辐照度信息）。对于终端用户的太阳辐照度参数来说，这些数据是重要的辅助数据集，可作为向下辐照度模型输入值。

3.5.2　NASA 全球地表辐射收支

NASA 全球地表辐射收支（SRB）数据是在地球辐射收支试验（ERBE）大气顶晴空反射率和 ISCCP 的像素级（DX）辐射数据的基础上得来的，并能够在每 3h、每天和每月提供全球短波辐射均值。在 SRB 的基础上，NASA 的应用科学项目（ASP）建立了一个名为地表气象学和太阳能的网站（SSE，http：//eosweb. larc. nasa. gov；Stackhouse 等人 2004，2006），旨在供人们免费下载全球太阳能数据（参见第 5 章）。SSE 在设计之初就明确服务对象为可再生能源用户和农业社区。在单位为 1°纬度等经纬度投影全球网格基础上，对 NASA 第 4 版 Goddard 地球观测系统（GEOS-4）模型中气象数据进行插值，并从 Pinker 和 Laszlo（1992）模型推导出太阳能参数（包括为特殊用途定制的参数，例如资源评估和太阳能阵列运营商）。全球水平辐照度与基线地表辐射网络（BSRN）的对比表明在朝赤道方向60°的位置上，二者的偏差和均方根误差分别可以达到0.27%和8.71%。这些有价值的气候研究数据可以追溯到1983年7月，可以说SSE为太阳能设施选址提供了宝贵的资源。

3.5.3 Heliosat计划

自20世纪70年代后期第一代欧洲气象静止卫星问世以来，欧洲的研究界就一直致力于太阳能卫星应用的研究（例如，Schmetz 1989）。目前，由欧洲气象卫星开发组织（EUMETSAT）负责的欧洲气象卫星项目已经开发出了第二代气象卫星，并且预计在2020年左右发展到第三代。该项目的主卫星和备用卫星覆盖的经度范围为大西洋中部至中东地区，纬度范围为南北纬50°。欧洲气象卫星在太阳能应用方面的一个著名案例是Heliosat计划（例如，Diabate等人，1988；Rigolier等人，2004）。Heliosat包括进行云、水蒸气、气溶胶和臭氧的反演以及通过物理原理计算出太阳能参数。通过在地表测得的每小时大气透射比与由卫星数据计算出的云层指数之间的线性关系，得出观测的云量与地表上太阳辐射之间的相关性。换句话说，这也是一种经验一步法。

3.5.4 NOAA项目

美国国家海洋和大气管理局（NOAA）也从它的运行资源中得出了一些实时的云量和太阳能信息。GOES地表和日射项目（GSIP）是在PATMOS-x处理系统的基础上发展而来的，该项目可以得出云属性、地表温度和太阳照辐射量。其中，PATMOS-x预测的数据来源有：美国环境预测中心（NCEP）、全球预测系统（GFS）、NOAA最优插值海洋表面温度（OISST）第2版和其他与压力层大气透射比快速算法（PFAAST）辐射传输模型耦合的辅助数据集。PFAAST辐射传输模型可使晴空条件模型探测并量化云量。GSIP还采用短波辐射支出的卫星算法（SASRAB）计算太阳日射量。通过使用PATMOS-x计算得出的云层-探测、云层-相态和云层-高度信息，SASRAB可计算出地表的总辐射、直射辐射和散射辐射。此外，SASRAB还要求通过记录前28天中各像素第二最暗值建立背景反射场（与GASP类似）。NOAA每小时操作处理一次GSIP，为了避免像素重叠效应，要求在交叉扫描方向上每隔1个像素进行扫描。GSIP产品的像素级别为4 km，即每个网格的平均分辨率为12.5 km。PATMOS-x还可以通过运行POES/AVHRR传感器得出一整套分辨率为1km或4 km的全球云层属性，但SASRAB不适用这些数据。PATMOS-x已经在GOES和AVHRR的历史数据上实现，并用于生成空间分辨率为11 km的云层和辐照度气候数据记录。

PATMOS-x 的像素级别云层属性反演有利于所有空间/时间尺度的太阳能预测。图 3.4 展示了这一途径，其中信息的运行（实时）生成在馈入短期云层水平运动技术和 NWP 模型分析后，可进行提前数小时至 1 天的预测。图 3.5 展示了具体的卫星观测云量与地面观测的向下辐射高峰之间的相关性，并且与时间匹配的地面摄像机观测进一步证实了二者的关系。由于 PATMOS-x 的软件可以移植到国际静止和极轨卫星中，因此 PATMOS-x 的信息数据适用于全球所有时间尺度的预测与全球资源评估。

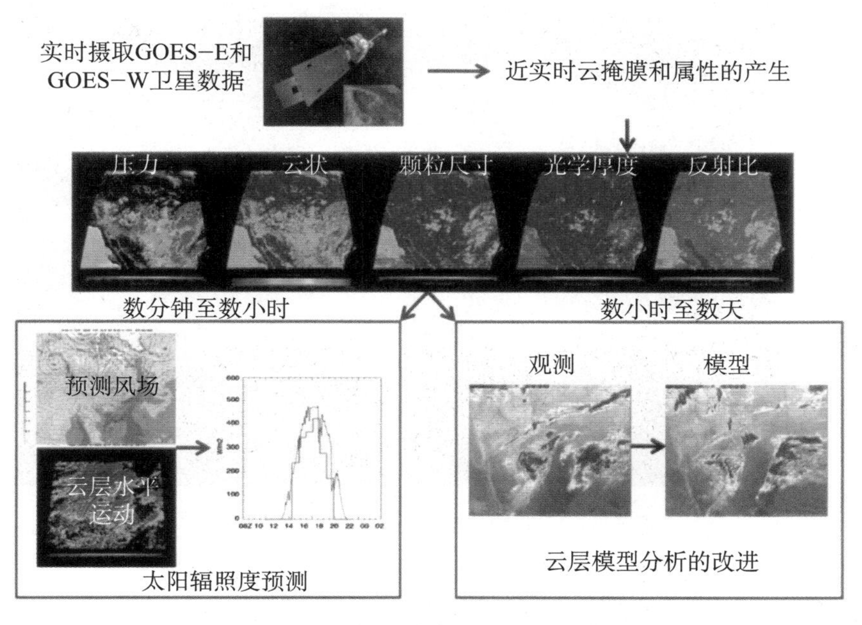

图 3.4　PATMOS-x 云反演在短期（数分钟至数小时）和中期（数小时至数天）太阳辐射照度预测中的应用。

由于气溶胶分布广泛并能长时间削弱太阳直射光束，因此它对聚光型太阳能发电非常重要。在现有的卫星气溶胶遥感产品和服务中，NOAA 的 GOES GASP 能够提供空间和时间分辨率分别为 4 km 和 30min 的气溶胶光学厚度反演。在仅考虑无云像素的前提下，在 PATMOS-x 采用的类似空间和光谱测试基础上使用云掩膜。GASP 反演法（例如，Knapp 等人，2005）可得出晴空条件下的复合可见光反射背景（通过监测过去 28 天中第二最暗值获得），通过对比当前的观测值和辐射传输模型模拟的观测值，可从背景组合估算气溶胶的光学厚度。图 3.6 展示了 GASP 在美国西部上空的应用实例，其中放大的方框表示加利福尼亚州北部，通过捕捉到森林大火引起的烟羽证明了该产品的细节捕捉能力。

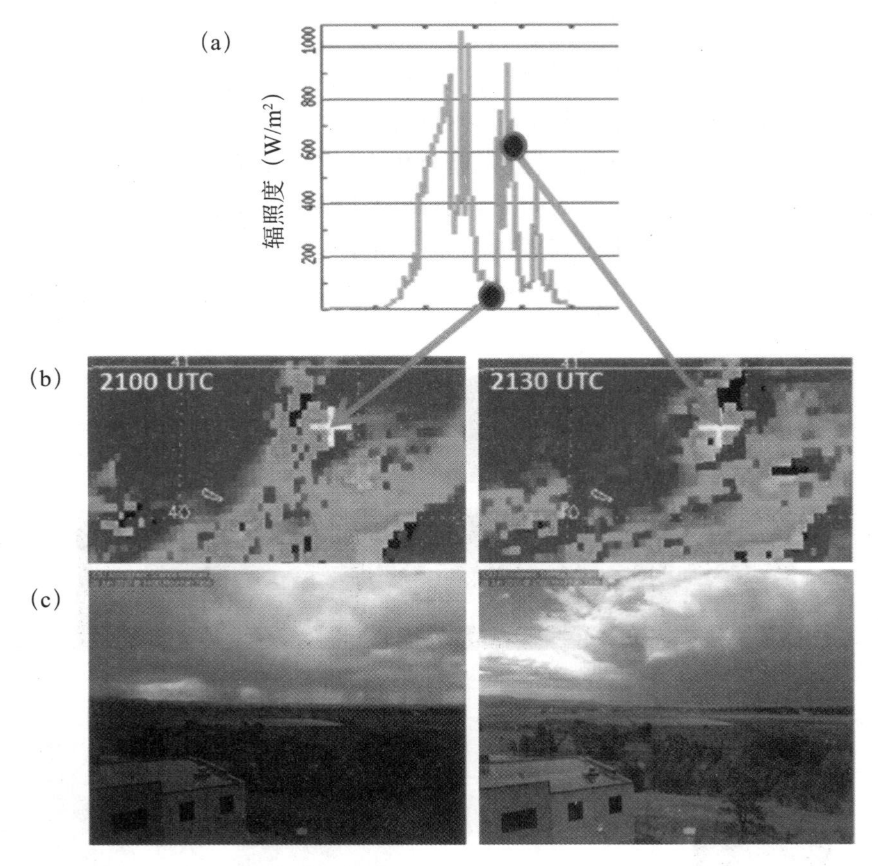

图 3.5　短期太阳能预测中的云层水平运动。

（a）地面观测的太阳辐射强度时间序列图，2010 年 6 月 26 日在科罗拉多州科林斯堡附近的地面观测站测得；（b）云层（蓝色 = 较冷的顶部，黄色 = 较暖的顶部）途径观测站位置（以白色十字表示）；（c）从南方观测太阳能矩阵上方的云区，在 21：00—21：30（UTC 时间）期间，云层的空隙使太阳能辐射快速上升。

3.6　未来的卫星性能

除过光谱两端的卫星以外，环境卫星的寿命通常只有数年。另一方面，发射一颗新的卫星大约需要 10 多年的计划周期。因此，在轨的新卫星技术要相对滞后。我们正处于新旧两代观测系统的过渡期，在未来几年，国际卫星星座会在各个方面取得显著的改善，包括第 3.2 节中介绍的空间、光谱、时间和辐射度量分辨率等方面。本章并未对卫星资源进行详细地概述，但是本节重点介绍了下一代卫星在未来 10 年内的发展状况，尤其是在太阳能预测方面的发展。

NOAA 的太阳同步卫星星座（POES）搭载了先进甚高分辨率辐射计（AVHRR）。在与 NASA 的合作过程中，NOAA 正将其卫星系统转变为联合极地卫星系统（JPSS），该卫星系统位于下午（13：30）过境的轨道，同时搭载有 22—波段

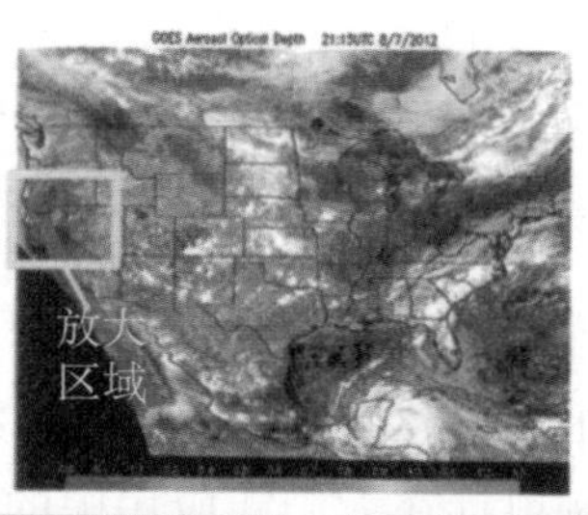

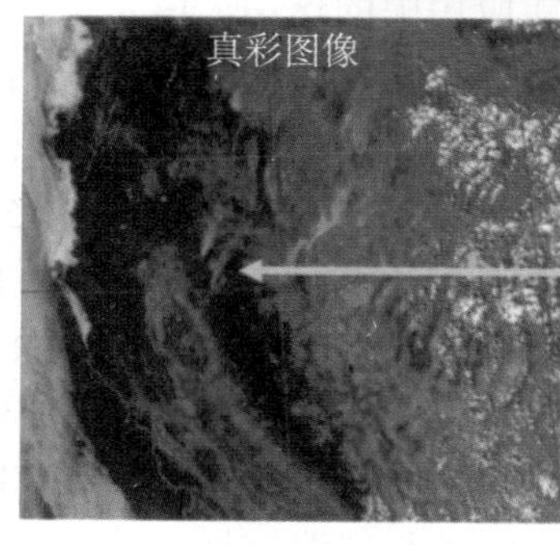

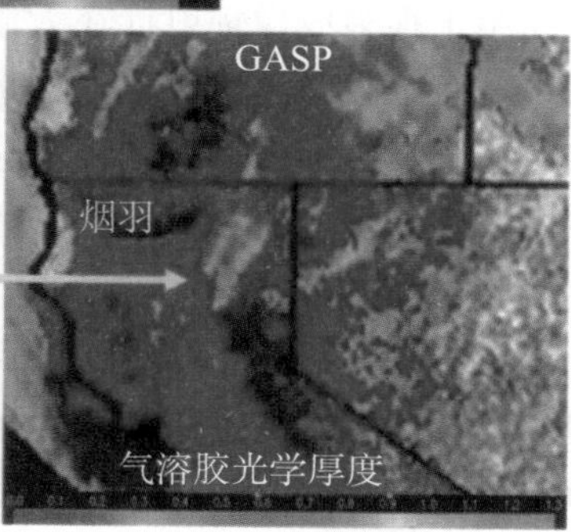

图3.6　GOES的气溶胶/烟雾产品（GASP）与真彩卫星图像的对比，2012年8月7日21：15（UTC时间）加利福尼亚州北部出现的烟羽。

的可见光/红外成像仪/辐射计套件（VIIRS）。通过使用NASA提供的研究级中等分辨率成像分光辐射度计（MODIS）（表3.1中已列出），VIIRS具备多种空间和光谱性能。美国于2011年10月发射的米索国家极地轨道伙伴卫星（Suomi NPP）可以降低JPSS的运行风险。EUMETSAT组织的极地项目与JPSS互补，后者的气象运行（MetOp）卫星位于上午（09：30）过境的轨道。在近晨昏圈轨道（当地时间早上06：00），国防气象卫星（DMSP）搭载的线性扫描系统（OLS）进一步完善了极地卫星的数据。表3.1展示了这些光学传感器（请注意MetOp搭载了一台AVHRR传感器）的光谱套件。到2020年，气象卫星MetOp项目将会过渡到Post-EUMETSAT极地系统（Post-EPS），并搭载与VIIRS性能相似的METImage传感器。下一代国防气象卫星系统也正在研究之中，该系统在实施后可以辅助已有的极轨卫星，并提供理想的更新频率。

静止卫星同样会在未来几年内装置先进的遥感技术。第二代欧洲气象卫星搭载有12-光谱带扫描增强可见光和红外成像仪（SEVIRI），在已有的标准‖GOES 5-通道套件（可见光、近红外、水蒸气和两个位于11 μm附近的热红外窗口频带）基础上取得了重大进步。2014年，日本航天局发射的第一颗搭载有先进基线成像仪（ABI）的向日葵系列卫星，其中ABI的性能可与计划在2017年发射的下一代GOES-R系列卫星相媲美（例如，Schmit等人2005）。现行的GOES成像仪在欧洲范围内每30min更新一次，每3h可提供全球影像，而ABI完成相同的覆盖效果分别只需5min和15min。除了改进光谱和时间分辨率之外，可见光的空间分辨率将从1 km

提高到0.5 km，红外的空间分辨率将从4 km提高到2 km。

按照这一趋势，第三代气象卫星系统（MTG）和Post-EPS极地系统一样将于2020年投入使用。第三代气象卫星系统将搭载一台“灵活的组合成像仪”（FCI）16-波段辐射计和一个大气探测专用平台，可用于估计温度、湿度剖面和云顶高度。加拿大、俄罗斯、中国、韩国、印度和巴西等国已经完成或即将完成与全球地球观测系统互补的环境卫星项目。下一代传感器将会考虑改进第3.5节中介绍的工具。

本章已经介绍了很多成像辐射计在太阳能应用中的作用。由定义可知，这种—被动‖观测系统既可以收集反射的辐射，也可以收集发射的辐射，与先发射后接收辐射的—主动‖系统截然不同。例如，雷达和激光雷达就是主动系统，尽管这些传感器很少用在太空观测平台上，但是它们也逐渐出现在太空应用中。此外，它们在观测云层和气溶胶方面的能力也值得一提。目前著名的系统有：NASA的云层探测卫星CloudSat（Stephens等人，2002）和云层气溶胶激光雷达和红外探路者卫星观测（CALIPSO；Winker等人，2003）系统科学探路者计划（ESSP）。CloudSat搭载的94 GHz雷达可以在240 m垂直分辨率上进行气象云层性能分析，CALIPSO搭载的532 nm（主要）激光雷达可以在30 m分辨率上进行气溶胶性能分析。这些传感器在云层、气溶胶和降水的敏感性方面具有很大的互补性。飞行在1330太阳同步轨道上的NASA“A-Train”星座传感器连同Aqua-MODIS和其他几颗卫星的传感器，为下一代云层和气溶胶遥感运算提供了强有力的测试平台。

CloudSat和CALIPSO搭载的均为天底观测模式的非扫描传感器，因此它们只能提供沿着地面轨迹上穿过大气的截面（或“窗帘观测”）。最近，包括Barker等人（2011）和Miller等人（2012）等在内的研究人员尝试通过A-Train卫星编队主动/被动协同观测建立云层的三维分布，并将窗帘观测与局部云区相关联。尽管主动系统的覆盖范围有限，但却能提供某些被动系统无法提供的关键信息，图3.7详细地展示了内部结构信息。目前，欧洲航天局（ESA）计划在2016年发射EarthCARE卫星。在不远的将来这些主动系统的应用将会提高我们对云层物理过程的理解及其在NWP模型中的属性。在未来的几十年中，搭载有扫描主动式传感器的卫星将会首次完全描绘出气溶胶和水汽凝结体分布的三维结构，进而建立新的NWP分析范例及云层和气溶胶预测能力。

3.7 研究的关键需求

尽管当前的系统具备多种能力，未来技术的发展前景光明，但在将卫星信息用于太阳能预测的发展过程中，仍然存在许多基本的科学难题。通过引入更高级的观测系统、改进辐射传输计算的细节，以及向NWP模型输入更多信息等手段确实能够解决某些难题。但仍有一些难题迫使我们不得不承认，在观测和可预测性方面存在局限性，使我们将研究重点放在不断开发更多观测和预测技术上。对此，可能还需要一本书的内容才能充分讨论这一主题，我们在此仅有选择地介绍一些短期到长

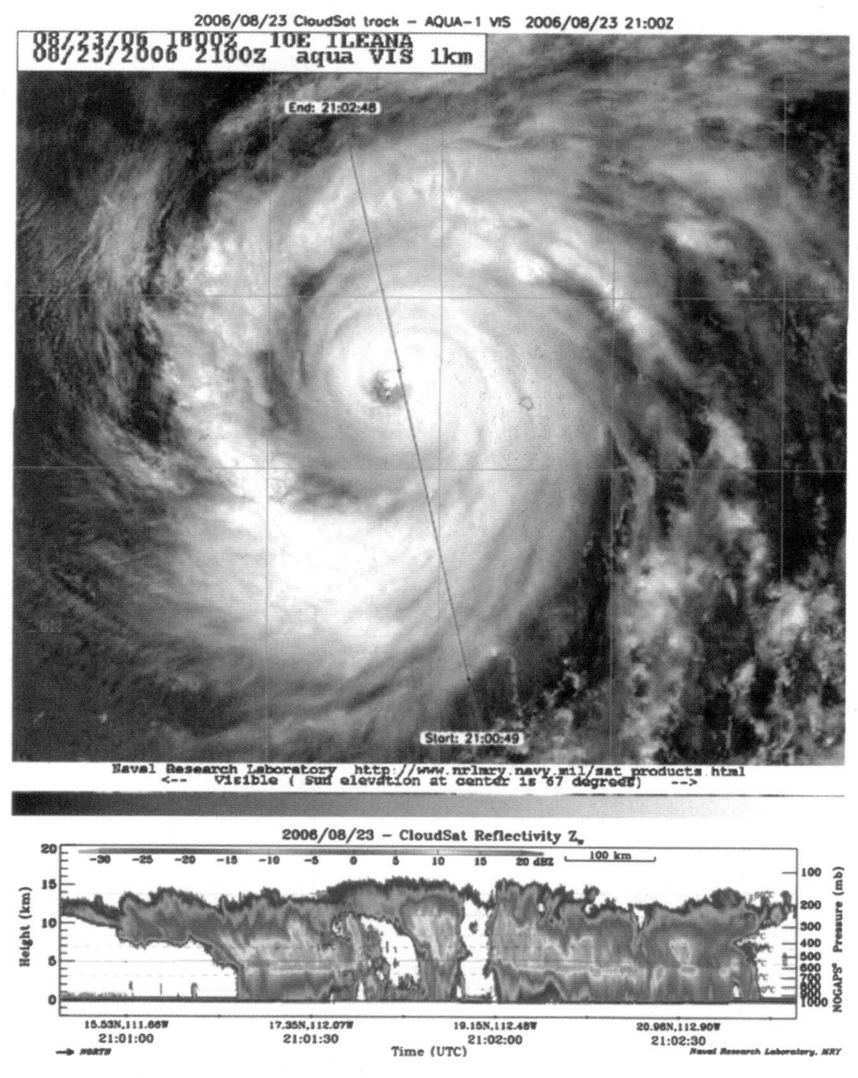

图3.7　2008年8月23日，云层探测卫星CloudSat经过飓风Ileana风眼时的截图。图中详细显示了风暴的内核结构。

期的太阳能预测中的研究需求。

3.7.1　短期预测的三维效应

超短期太阳能预测需要对向下辐射场中小尺度的细节进行预测，包括捕捉由于云阴影遮挡造成的高频突变；云阴影还会使局部云区影响天空中的散射辐射，很明显这是一个难题，要解决好这一难题需要了解精确的云层分布（水平和垂直）和运动趋势，以及完整描述观测系统和太阳的几何结构。

图3.8和图3.9举例说明了云层高度在确定当前和未来的云层对地表辐射影响

中的重要性。在没有说明卫星视差和太阳几何位置的前提下，在卫星原始图像上表示云层对地面的辐射影响是不够的。同理，单个风向指标也不能解释所有高度云层的变化速度和方向。此时，有关云层高度的卫星信息有助于修正云层阴影分布和短期的水平运动。

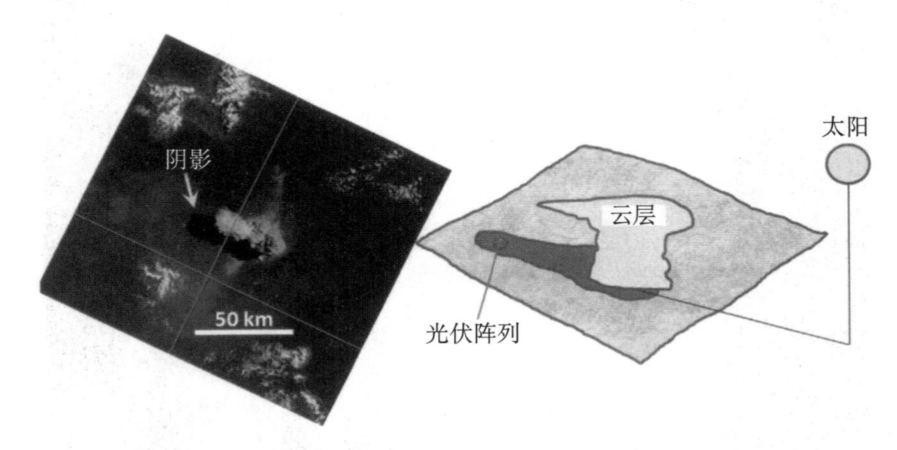

图 3.8　在地面站预测太阳辐射时，了解云层高度和日照几何位置的重要性。阴影可能会从云层下的位置延伸几十千米远。

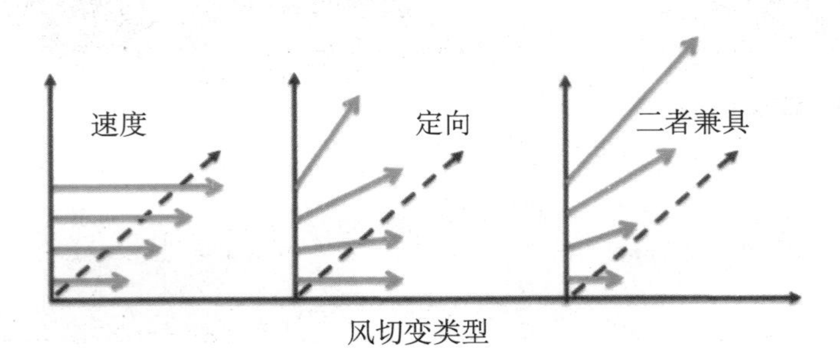

图 3.9　大气风场的速度和定向风切变—云层水平运动的一项重要考量，需要详细了解云层的垂直分布。

即使是考虑了所有的几何校正，某个位置的辐射场并不仅仅是一个单一云像素的函数，而是多云和晴空像素的邻近区域的函数，它们组成了地面站点的视场。局部有空隙的云层会影响天空中散射辐射，例如这类云层常常会使下行辐射照度超过预测值。解释清楚这些多相云场需要在三维辐射传输模型的基础上进行参数化。

3.7.2　卫星反演云产品在 NWP 分析中的改进使用

图 3.10 展示了当前 NWP 模型在表现观测云场的真实水平。二者的天气尺度相似，但是在宏观和微观尺度上的分歧却越来越大。尽管 1 ~ 3h 短期预测（参见第 13

章）本身就存在问题（约束过少），但是为了更好地在微观尺度上表现云层，使用卫星观测初始化NWP-模型云场是解决这一难题关键的第一步。简单说来，多种系统状态均可影响卫星测量的反射比和亮温，如果模型假设其中一种状态时没有适当的约束，则会导致严重的歪曲。另一种极端情况是，当分析观测某位置的云层水分含量时，如果未将云层状态更改为适应当前云层的状态，则会出现云演变不当或快速消散等无效预测。

多云资料同化普遍会遇到一个难题，即如何在修改模型环境状态的过程中做出合理假设，从而支持当前云层并避免模型在目标预测窗口内出现严重的错误循环。从卫星云层反演中可以了解云层顶部的高度和综合的水路径。例如，卫星云层反演可以修改指定的大气-湿度剖面，从而使模型的环境状态与观测值一致，并支持云层随后的演化以提升短期预测效果。

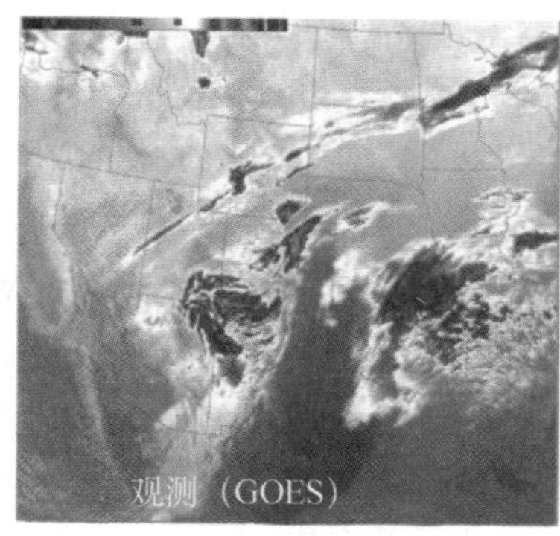

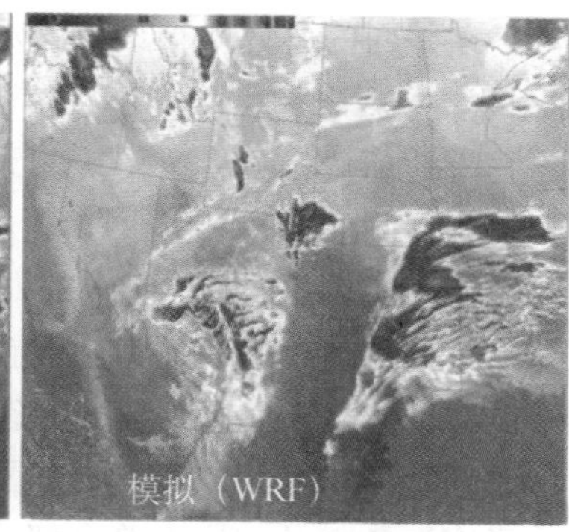

图3.10 观测和模拟的云场（由一名观测人员得出的天气研究和预测（WRF）模型数据）。

3.7.3 模拟与观测的融合

虽然云层具有复杂的视觉表现，但本质上是一种大气流通，它涉及温度、湿度、动力学和其他气团特征。目前，虽然人们对云层知之甚少，但它仍是最重要的NWP要素之一（Arakawa，1975；Stephens，2005）。NWP模型可以预测环境的实际状态，但是仍会歪曲云场的某些细节。在超过几天的时间尺度中，NWP模型表现云层的能力限制了它本身的预报能力。这时采用混合方法可能更加有效，即在常规NWP预测的流动模式指导下，利用卫星观测的云量统计数据做出预测。图3.11举例说明了卫星局部云层气候是如何随着不同的大气流动状态而急剧变化的。

3.8 结论

可再生能源配额制和能源补助可以加快可再生能源技术的部署。太阳能是主要的可再生能源之一，但一般的可再生能源资源，尤其是太阳能本身就具有多变性。因此，在将其整合到电网的过程中，这种多变性对电网运营商和公共设施都是一个

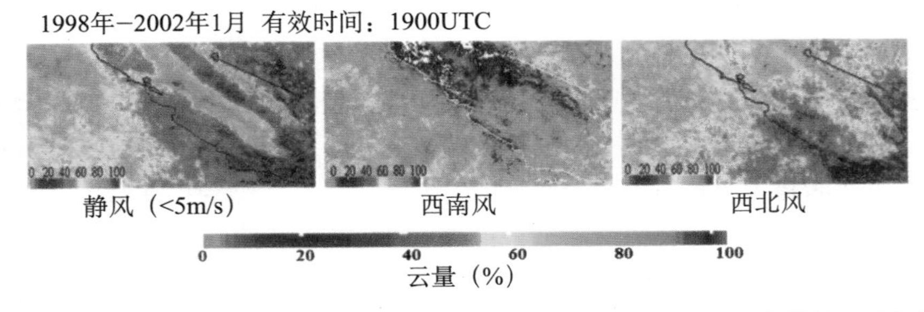

图 3.11 加利福尼亚州中部地区 1 月份（19：00 UTC），以气象状况为条件的云层气象学。在无风条件下，大面积的吐尔雾覆盖在圣华金河谷（San Joaquin Valley）。西南风的锋前通过特征表明云量较大，而锋后西北风则表现出地形增强作用和云遮挡的迹象。

巨大的挑战。随着综合成本的降低和电网平价的来临，预计太阳能技术的市场份额会进一步增大。在并网的过程中，最大的难题之一就是将预测太阳能的能力提前到 1h 内到数天之间。

由于缺乏主要的利益相关者，传统的天气预报未将太阳辐射作为优先预测的内容。如今，太阳能预测的需求不断增加，一些实质性投入正在进入天气预报领域。包括国家可再生能源实验室（NREL）的西部风能和太阳能集成研究（WWSIS）在内的一些研究项目，发现改进后的太阳能预测能够减少 14% 的综合成本，从而使西部电力协调委员会（WECC）每年最多节省 50 亿美元的运行成本。2011 年 1 月，美国国家海洋和大气管理局（NOAA）与美国能源部在天气依赖型和海洋可再生能源资源方面签署了谅解备忘录，标志着多部门正式展开合作。

对于 NOAA、EUMETSAT、日本气象局（JMA）等国家气象机构和其他国际合作伙伴来说，卫星云层探测和云层属性遥感技术一直是一项热门的研究和应用领域。上述技术在太阳能预测，尤其是 0 ~ 3h 内的短期预测方面具有广阔的前景。我们在本章中概述了多种通过卫星辐照度反演云层属性的方法，以及由这些属性反演地表太阳辐射的方法。我们引导读者在这些物理方法的基础上选择地表辐射数据集，我们描述了未来增强后的卫星性能，预计这些性能能够显著改善太阳能预测。在本章末尾我们指出，要解决当前研究和发展的需求，需利用这些新型观测系统，并且这些系统应当能够在未来 10 年内显著提升太阳能预测能力。

参考文献

[1] Arakawa, A., 1975. Modeling clouds and cloud processes for use in climate models. In The Physical Basis of Climate and Climate Modelling. GARP Publications Series No. 16. ICSU/ WMO, Geneval81-197.

[2] ASHRAE, 1972. Handbook of Fundamentals. American Society of Heating, Refrigerating and Air-Conditioning Engineers, Atlanta.

[3] Barker, H. W., Jerg, M. P., Wehr, T., Kato, S., Donovan, D. P., Hogan, R. J., 2011. A 3D cloud- construction algorithm for the EarthCARE satellite mission. Q. J. Roy. Meteorol. Soc. 137, 1042-1058.

[4] Berk, A., Bernstein, L. S., Robertson, D. C., April 1989. MODTRAN.: A Moderate Resolution Model for LOWTRAN 7, GL-TR-89-0122. Geophysics Directorate, Phillips Laboratory, Hanscom. AFB. ADA214337.

[5] CalISO, 2010. Integration of Renewable Resources - Operational Requirements and Generation Fleet Capability at 20% RPS. www.caiso.com/2804/2804d036401f0.pdf.

[6] Cano, D., Monget, J. M., Albuisson, M., Guillard, H., Regas, N., Wald, L., 1986. A method for the determination of the global solar radiation from meteorological satellite data. Sol. Energy 37, 31-39.

[7] Chandrasekhar, S., 1960. Radiative Transfer. Dover, Mineola, N. Y.. iSBN 0-486-60590-6. Darnell, W. L., Staylor, W. F., Gupta, S. K., Denn, M., 1988. Estimation of surface insolation using sun-synchronous satellite data. J. Climate 1, 820-835.

[8] Dedieu, G., Deschamps, P. Y., Kerr, Y. H., 1987. Satellite estimation of solar irradiance at the surface of the earth and of surface albedo using a physical model applied to Meteosat data. J. Climate Appl. Meteor. 26, 79-87.

[9] Diabate, L., Demarcq, H., Michaud-Regas, N., Wald, L., 1988. Estimating incident solar radiation at the surface from images of the earth transmitted by geostationary satellites: the Heliosat project. Int. J. Rem. Sens. 5, 261-278.

[10] Diak, G. R., Gautier, C., 1983. Improvements to a simple physical model for estimating insolation from GOES data. J. Climate Appl. Meteor. 22, 505-508.

[11] Frey, R. A., Ackerman, S. A., Liu, Y., Strabala, K. I., Zhang, H., Key, J., Wang, X., 2008. Cloud Detection with MODIS, Part I: Recent Improvements in the MODIS Cloud Mask. JTECH 25, 1057-1072.

[12] Gautier, C., Frouin, R., 1984. Satellite-derived ocean surface radiation fluxes. Proceeding of the Workshop on Advances in Remote Sensing Retrieval Methods. Williamsburg, VA. Oct. 30-Nov. 10.

[13] GE, 2010. Western Wind and Solar integration study: Executive summary. NREL-Technical Report, www.nrel.gov/docs/fy1Oosti/47781 .pdf.

[14] Gueymard, C. A., 2001. Parameterized Transmittance Model for Direct Beam and Circumsolar Spectral Irradiance. Sol. Energy (71: 5), 325-346.

[15] Gueymard, C. A., 2008. REST2: High performance solar radiation model for cloudless-sky irradiance, illuminance and photosynthetically active radiation—validation with a benchmark dataset. Sol. Energy 82, 272-285.

[16] Gueymard, C. A. , 2011. Clear-sky irradiance predictions for solar resource mapping and large-scale applications: Improved validation methodology and detailed performance analysis of 18 broadband radiative models. Sol. Energy 86, 2145-2169. http://dx. doi. org/10. 1016/ j. solener. 2011. 11. 011.

[17] Hansen, J. E. , Travis, L. D. , 1974. Light scattering in planetary atmospheres. Space. Sci. Rev. 16, 527-610.

[18] Hasler, A. F. , Strong, J. , Woodward, R. H. , Pierce, H. , 1991. Automatic analysis of stereoscopic satellite image pairs for determination of cloud-top height and structure. J. Appl. Meteorol. 30, 257-281.

[19] Heidinger, Andrew K. , Pavolonis, Michael J. , 2009. Gazing at Cirrus Clouds for 25 Years through a Split Window. Part I: Methodology. J. Appl. Meteor. Climatol. 48, 1100-1116.

[20] Heidinger, Andrew K. , Evan, Amato T. , Foster, Michael J. , Walther, Andi, 2012. A Naive Bayesian Cloud-Detection Scheme Derived from CALIPSO and Applied within PATMOS-x. J. Appl. Meteor. Climatol. 51, 1129-1144.

[21] Ineichen, P. , 2008. A broadband simplified version of the Solis clear sky model. Sol. Energy 82, 758-762.

[22] Iqbal, M. , 1983. An Introduction to Solar Radiation. Academic Press, Toronto.

[23] Joseph, J. H. , Wiscombe, W. J. , Weinman, J. A. , 1976. The Delta-Eddington Approximation for radiative transfer. J. Atmos. Sci. 33, 2452-2459.

[24] Kaufman, Y. J. , Tanre, D. , Nakajima, T. , Lenoble, J. , Frouin, R. , Grassl, H. , et al. , 1997. Passive remote sensing of tropospheric aerosol and atmospheric correction for the aerosol effect. J. Geophys. Res. 102, 16815-16830.

[25] Kerschegens, M. , Pilz, U. , Raschke, E. , 1978. A modified two-stream approximation for computations of the solar radiation in a cloudy atmosphere. Tellus 30, 429-435.

[26] Key, J. , Schweiger, A. J. , 1998. Tools for atmospheric radiative transfer: Streamer and FluxNet. Computers & Geosciences 24 (5), 443 -451.

[27] Kidder, S. Q. , Vonder Haar, T. H. , 1995. Satellite Meteorology: An Introduction. Academic Press, San Diego.

[28] Knapp, K. R. , Frouin, R. , Kondragunta, S. , Prados, A. , 2005. Toward aerosol optical depth retrievals over land from GOES visible radiances: determining surface reflectance. Int. J. Rem. Sens. 26 (18), 4097-4116.

[29] Miller, S. D.. Hawkins, J. D. , Kent, J. , Turk, F. J. , Lee, T. F. , Kuciauskas, A. P.. Richardson, K. , Wade, R. , Hoffman, C. , 2006. NexSat: Previewing NPOESS/VIIRS Imagery Capabilities. Bull. Amer. Meteor. Soc. 87 (4), 433-446.

http：//dx. doi. org/10. 1175/BAMS-87-4-433.

[30] Miller, S. D. , Forsythe, J. , Partain, P. , Haynes, J. , Bankert, R. , Sengupta, M. , Mitrescu, C. , Hawkins, J. D. , VonderHaar, T. , 2012. Three-dimensional cloud structure from statistically blended active and passive satellite observations. Submitted to J. Appl. Meteor.

[31] Mlawer, E. J. , Clough, S. A. , 1998. Shortwave and longwave enhancements in the rapid radiative transfer model, in Proceedings of the 7th Atmospheric Radiation Measurement (ARM) Science Team Meeting. U. S. Department of Energy, CONF-970365.

[32] Mlawer, E. J. , Clough, S. A. , 1997. On the extension of rapid radiative transfer model to the shortwave region, in Proceedings of the 6th Atmospheric Radiation Measurement (ARM) Science Team Meeting. U. S. Department of Energy, CONF-9603149.

[33] Mlawer, E. J. , Taubman, S. J. , Brown, P. D. , Iacono, M. J. , Clough, S. A. , 1997. RRTM, a validated correlated-k model for the longwave. J. Geophys. Res. 102, 16, 663-16, 682.

[34] M. ser, W. , Raschke, E. , 1983. Mapping of global radiation and cloudiness from Meteosat image data. Meteorol. Rundsch. 36, 33-41.

[35] Nakajima, T. , King, M. D. , 1990. Determination of optical thickness and effective particle radius of clouds from reflected solar radiation measurements. Part I：Theory J. Atmos. Sci. 47 (15), 1878-1893.

[36] Pavolonis, M. J. , Heidinger, A. K. , Uttal, T. , 2005. Daytime global cloud typing from AVHRR and VIIRS：Algorithm description, validation, and comparisons. J. Appl. Met. 44, 805-826.

[37] Pinker, R. T. , Ewing, J. A. , 1985. Modeling surface solar radiation：model formulation and validation. J. Clim. Appl. Meteorol. 21, 389-401.

[38] Pinker, R. T. , Laszlo, I. , 1992. Modeling surface solar irradiance for satellite applications on global scale. J. Appl. Meteorol. 31, 194-211.

[39] Pinker, R. T. , Frouin, R. , Li, Z. , 1995. A review of satellite methods to derive surface shortwave irradiance, Rem. Sens. Environ. 51, 105-124.

[40] Platnick, S. , 2000. Vertical photon transport in cloud remote sensing problems. J. Geophys. Res. 105, 22919-22935.

[41] Raschke, R. , Preuss, H. J. , 1979. The determination of the solar radiation budget at the earth surface from satellite measurements. Meteorol. Rundsch. 32, 18.

[42] Ricchazzi, P, Yang, S. R. , et al. , 1998. SBDART：A research and teaching software tool for Plane- parallell radiative transfer in the earth's atmosphere. Bull. A-

mer. Meteorol. Soc. 79 (10), 2101-2114.

[43] Rigollier, C., Lefevre, M., Wald, L., 2004. The method Heliosat-2 for deriving shortwave solar radiation from satellite images. Sol. Energy 77, 159-169.

[44] Rossow, W. B., Schiffer, R. A., 1999. Advances in Understanding Clouds from ISCCP. Bull. Amer. Meteor. Soc. 80, 2261-2288.

[45] Schiffer, R. A., Rossow, W. B., 1983. The International Satellite Cloud Climatology Project (ISCCP): The first project of the World Climate Research Programme. Bull. Amer. Meteorol. Soc. 64, 779-784.

[46] Schillings, C., Mannstein, H., Meyer, R., 2004. Operational method for deriving high resolution direction normal irradiance from satellite data. Sol. Energy 76, 475-484.

[47] Schmetz, J., 1989. Towards a surface radiation climatology: retrieval of downward radiances from satellites. Atmos. Res. 23, 287-321.

[48] Schmit, T. J., Gunshor, M. M., Menzel, W. P., Gurka, J. J., Li, J., Bachmeier, A. S., 2005. Introducing the next-generation advanced baseline imager on GOES-R. Bull. Amer. Meteor. Soc., August. http://dx. doi. org/10. 1175/BAMS-86-8-1079, 1079-1096.

[49] Simpson, J. J., Mclntire, T., Jin, Z., Stitt, J. R., 2000. Improved cloud top height retrieval from arbitrary viewing and illumination conditions using AVHRR data. Rem. Sens. Env. 72, 95-110.

[50] Stackhouse Jr., Paul W, Whitlock, C. H., Chandler, W. S., Hoell, J. M., Zhang, T., 2004. Solar renewable energy data sets from NASA satellites and research. Proceedings of SOLAR 2004, National Solar Energy Conference, 279-283. July 9-14, Portland, Oregon.

[51] Stackhouse Jr., P. W., et al., 2006. Supporting energy-related societal applications using NASA's satellite and modeling data. NASA Technical Report, 2006027796, NASA Langley Research Center.

[52] Stamnes, K., Tsay, S., Wiscombe, W., Jayaweera, K., 1988. Numerically stable algorithm for discrete-ordinate-method radiative transfer in multiple scattering and emitting layered media. Appl. Opt. 27, 2502-2509.

[53] Stephens, G. L., et al., 2002. The CloudSat Mission and the A-Train: A new dimension of space- based observations of clouds and precipitation. Bull. Amer. Met. Soc. 83, 1771-1790.

[54] Stephens, G. L., 2005. Cloud feedbacks in the climate system: a critical review. J. Climate 18, 237-273.

[55] Stuhlmann, R., Rieland, M., Raschke, E., 1990. An improvement of the IGMK

model to derive total and diffuse solar radiation at the surface from satellite data. J. Appl. Meteor. 29, 586-603.

[56] Tarpley, J. D., 1979. Estimating incident solar radiation at the surface from geostationary satellite data. J. Appl. Meteor. 18, 1172.

[57] Velden, C. S., Hayden, C. M., Nieman, S., Menzel, W. P., Wanzong, S., Goerss, J., 1997. Upper tropospheric winds derived from geostationary satellite water vapor observations. Bull. Amer. Meteor. Soc. 78, 173-195.

[58] Walther, A., Heidinger, A. K., 2012. Implementation of the Daytime Cloud Optical and Microphysical Properties Algorithm (DCOMP) in PATMOS-x. J. Appl. Meteor. Climatol. 51 (7), 1371-1390.

[59] Winker, D. M., et al., 2003. The CALIPSO mission: a global 3D view of aerosols and clouds. Bull. Amer. Meteor. Soc., September, 1211-1229. http://dx. doi. org/10. 1175/2010BAMS3009. I.

第4章 太阳能项目融资中的资源风险评估

Andrew C. McMahan 与 Catherine N. Grover

Luminate

Frank E. Vignola

俄勒冈大学太阳辐射监测实验室

章节纲要

4.1 简介

太阳能发电市场规模已日趋成熟，其项目（无论是单独项目还是小型项目的组合）规模已经达到要采用传统电力和基础设施项目的融资方式。因此，大型太阳能项目的融资需要进行严格的评估并分散技术和商务风险，其中主要的风险之一就是对太阳能资源的评估。在本章中探讨的太阳能技术通常限于光伏（PV）和聚光太阳能（CSP）。

由于太阳辐射在各个小时、各天、各月、各季、各年之间都存在着自然变化，因此某一地点的太阳辐射不能“按需取得”。同时，太阳辐射还受极端自然事件（火山爆发、森林火灾）和人为因素（城市空气污染）的影响。太阳能资源的间歇性使我们需要对太阳能项目的长期绩效和融资收回情况而进行评估。有经验的贷款方会逐渐认识到项目资金回收的年际变化在较窄的范围内（大约为10%），而月度或季度变化会更大一些。

因此，太阳能发电项目“燃料”的间歇性和变化性会导致收入的不确定性。如果存在短期（例如每季）的偿债要求，这种不确定性则会更加严重。收入的变化使项目的整体财务绩效存在不确定性。为了保证融资的安全性，必须以项目交易各方能够接受的方式明确、量化，并分散因太阳能资源不确定所产生的风险。

随着太阳能行业的成熟和太阳能技术规模和数量的扩大，评估和量化太阳能资源不确定性的重要性也随之增大。虽然可再生资源发电量在北美和世界总发电量中所占的比例不高，但是高度利用间歇性可再生资源的电力系统还是需要更好地预测这些资源，从而确定基准负载、储电量和这些资源的灵活性。这些物理要求将会影响技术开发和项目合同责任，并且将太阳能资源与项目的财务绩效联系在了一起。

本章讨论了项目融资中评估太阳能资源风险的基础、关键的技术和商务方面的问题，以及用于量化和管理风险的方法。

第4.2节概述了无追索权项目融资，并讨论了在资源风险方面各个投资者的观点。在量化和评估风险时，明确承担风险的责任人和如何降低风险是很重要的。

第4.3节提出了用于太阳能资源评估的多个数据源，以及数据的有益属性和局限性。太阳能资源评估中所使用数据的质量和数量是导致整体不确定性和运营风险的重要因素。

在第4.4节当中，我们讨论了太阳能资源变化的商业意义。太阳能项目的经济效益受太阳能资源变化的影响，反过来太阳能项目的经济效益会影响项目承担销售协议项下责任的能力。

在第4.5节当中，我们提出了量化和分散太阳能资源风险的方法。虽然资源不确定性风险不能消除，但是这些风险能够被管理、量化和分散，使典型融资安排当中的参与人按照其能力承担风险。

4.2 项目融资中的资源风险研究

项目融资一般是指基础设施和电力项目中经常使用的一种融资方式。它建立在债务的基础之上，而债务的保障是融资所使用的资产（这种债务被称之为“无追索权”）。这与更加传统的企业融资方式截然不同，因为企业融资的债务是用于某一特定用途，并且债务的保障是整个组织的经济实力。这一定义也包括有限的资源，即债权人仅拥有有限的或者预先设定的向项目业主追索的权利。在这种项目融资中债权人缺乏追索权，因此比起其他类型的借贷，这种融资的技术可靠性要求标准更高。从资产角度来说，无追索权项目融资的吸引力在于，它提供了一种途径，使指定项目的负债可以与母公司的资产负债表分离。

能够成功获得无追索权融资的设备具有许多关键特征，其中一个是为了项目生产的电力能源与信誉良好的实体签订长期包销协议。当然，债权人会经常要求第三方确认和核证相关的电力生产状况，它不仅取决于项目的设计和位置，还与可用资源密切相关。

一个项目融资交易涉及许多参与者（发起人、股权投资人、债权人、承包商、设备供应电等），他们对风险的容忍度和承受能力各有不同。因此，对于一个太阳能项目，关注的重点应该在于太阳能资源以及对该资源的评估定性和自然条件变化所带来的风险。

项目业主是最终承担大部分太阳能资源风险的实体。因为债权人希望有固定的回报，他们会努力通过尽职调查和财务结构调整从而尽量减少资源风险的影响。在采取保守的措施，增加债务储备账户，以及在生产量低的年份使用所有可用资金来支付债务等的基础上，财务结构可以根据债务规模确定。另外，如果太阳能资源高于预期值，也可以大幅增加股本。

本章中提出的风险评估主要针对无追索权项目融资的要求，讨论的方法适用于所有太阳能项目。

4.3 数据源、质量及不确定性

每个地点的太阳能资源变化曲线都有所不同，并会随着每日、每季、每年不断发生变化。遗憾的是，大部分拟建的太阳能电站却没有相关的具体数据。因此，开发商、融资人及项目受益人只能依赖已发布的辐照度数据集。这些拟建的发电站数据是由政府机构制定并发布的。虽然基于卫星图产生的大量专有数据集比较容易获取，但是它们通常会受到记录长度的限制。

辐照度数据集通常包含总辐射（水平总辐射，或 GHI），它相当于太阳法向直接辐射（DNI）投影到水平面的直接辐射及水平散射辐射（DHI）的总和。据准确预测，电气发电的数据集还包含其他关键气象数据，例如干球温度、风速及露点温度。但是，对于大多数太阳能系统，与辐照度数据相比，温度和风速数据仅是第二级数据。

虽然聚光太阳能发电系统（CSP）仅依赖于 DNI，但是光伏（PV）系统通常会用到 DNI 和 DHL，必须采用转换模型来计算 PV 系统的阵列面板上可用的总辐照度（POA）数据。该转换系统包含所有太阳辐射因素，除此之外也有其他（取决于模型）会影响到 POA 辐照度的因素，包括地面反射辐照度、太阳周边散射辐照度及地平线增光效应。如果可以的话，该模型也会对系统设计参数做出解释，包括陈列朝向、倾斜及1-轴、2-轴跟踪。在行业内，常规使用的各种转换模型都在文献里有明确的记载，尤其是Hay和Davies模型、Perez模型（Duffle and Beckman，1991），虽然Perez模型通常更为复杂，但是具有地平线增光（horizon-brightening）功能（Hay和Davies模型忽略了这一点）。Hay和Davies模型会根据POA辐照度的实际数据分析支持项目投资，从而规避任何的不确定因素和潜在的风险，而新的模型通常会高估这些风险和不确定性（尽管不同种类的模型之间的差异通常很小）。

大部分历史数据集所提供的辐照度信息都是以平均每小时为基础的。每小时的数据通常可以对太阳能系统的平均性能做出充分的预测，但是高分辨率的数据更适用于精确地分析系统的瞬态性能。

为了支持项目的严格评估和筹措资金，评估太阳能资源风险的最关键因素就是年度太阳能资源，通常用总辐照度（kWh/m^2）或者日平均辐照度［$kWh/(m^2 \cdot d)$］表示，详细数据参考CSP中的DNI数据和光伏发电（PV）中的POA辐射量。但是，根据第4.4节中所讨论的内容，太阳能资源在每日、每月、每季度的不同分布将会影响到项目的收益。

太阳能资源和其相关的风险的评估通常涉及不同时期的多种数据集。重复时间段的数据采集有助于提高数据集的延续性和一致性。为筹措资金而展开的全面风险评估必须建立在全面详细的数据分析基础上，任何相关的探究和质疑都有助于将太阳能资源项目选址的风险降到最低。

4.3.1　地面测量、地面建模及卫星数据源

有效的太阳能资源数据通常有3种来源：地面测量、地面建模及卫星图。技术的细节和每种数据来源的不确定因素会在第5章进行探讨。在本节中，我们将重点讨论在评估太阳能资源风险时，数据来源选择的原则和重点注意事项。

地面测量数据源

利用地面仪器直接测量太阳辐射照度是获取数据源的首选。采集数据的仪器需要良好的维护以及严格的校准。虽然推荐使用这种高质量的地面测量数据，但是这类数据在项目工程地点附近很少被采用。而且在为支持PV项目融资对太阳能资源进行分析时，也没有规定要强制使用这种方法。但是，CSP项目的贷款人通常会要求使用地面检测数据。

测量数据的质量至关重要。没有经过妥善维护的仪器和未经妥当处理的测量数据都会造成误差，进而影响评估。如果没有充分了解测量仪器的质量、校准、清洁和维护历史，那么测量出的太阳辐照数据就很难值得信赖。然而，一个有限的高质量的地面测量数据也可以验证和/或完善一个长期的地面建模数据和卫星导出的数据记录。同理，质量较差的地面测量数据会导致太阳能资源数据预计结果偏低（由污物和传感器偏移造成），这会导致在很多情况下项目潜在的价值被低估。

地面建模数据源

大多数的太阳能资源数据集，特别是在北美洲地区，包括一些地面建模辐照数据都是基于对云量的观测。大多数长期的数据集都是以这些数据为基础的。地面建模数据的质量会因不同的站点以及特定站点的不同年份而发生很大变化。数据输入或者计算生成数据集本身的局限性会带来一些问题。正如第 5 章及其他（Vignola 等人，2012）更多细节所探讨的内容一样，识别和消除数据中的系统性错误和显著不确定性具有重要的意义。

卫星数据源

大多数研究的太阳能开发站点，其卫星数据源都具有高时空分辨率（大多数数据会分布在 10 km × 10 km 网格上，但是某些区域的高分辨率数据可以通过网络传输，详见第 2 章和第 10 章）。卫星可以提供很多站点附近的数据信息，这要比只能提供最近站点信息的地面监测和地面建模方法更有价值。但是，高分辨率的卫星数据直至 1998 年才开始应用，模型在应用这些数据时存在相当高的不确定性，而且模型也很难考虑到积雪、地表反射等其他影响造成的偏差。能够与卫星导出的数据相比的是二手数据源，这类信息可以大大增加可靠性，避免重大误差的产生。

4.3.2 记录年限和变化性

一个长期的（20 ~ 50 年）太阳能资源数据集是相对较为理想的，因为它可以为太阳能资源长期变化提供较好的指示，并且能够确保所研究的数据充分包括捕捉到的火山喷发和气候学动态的影响。

虽然火山爆发属于例外事件，但是它会对系统性能产生重大影响，因此将火山喷发时的太阳能资源定义为“最坏情况”。在评估太阳能资源时，过去 30 年中主要有两次火山爆发显得尤为重要，它们分别是 1991 年的菲律宾皮纳图博火山喷发以及 1982 年的墨西哥的埃尔奇诺（ElChichon）火山喷发。在皮纳图博火山喷发期间，一些地区的 GHI 减少了 10%，DNI 减少了 15% ~ 20%。这次火山喷发还使 1992 年加利福尼亚太阳能发电系统的 CSP 设施严重减产（Kearney，2006）。

一些分析家并没有将火山喷发列为评估长期太阳能资源要考虑的因素，他们认为火山喷发并不能代表太阳能资源自然发生的变化。虽然这在气象学观念里是显而易见的事实，但是谁也无法预测下一次火山爆发的时间以及火山爆发对太阳能系统性能的影响程度。对于贷款人而言，在进行项目分析时，应全面考虑到所有可能发生的事件，因为这会对其财务状况产生影响。

从 1998 年开始，北美洲地区的资源评估仅使用基于卫星的数据集，原因是这类数据集具有很强的实用性和高分辨率。但这些理由都存在如下问题：①2000—2010 年对于大部分光照充足的地区都是太阳能资源的“好”年头；②这些数据集中没有包括任何火山喷发事件。

4.3.3　对比和校准不同时空的太阳能数据集

除了一个长期的数据集之外，从多种渠道获得的、在时间记录上重叠的数据信息也有利于资源风险评估。在协调好的情况下，这类信息也为识别一个甚至多个数据集中存在的偏差提供了机会，同时还可以增强数据的可靠性，避免重大偏差。

在晴空条件下，通过一系列的模型可以相当准确地评估入射辐射。在多变或者阴天的条件下，建立太阳能资源的模型则充满了不确定性。在阴天的月份，这种不确定性所占的比例要比晴天的月份的不确定性所占的比例大很多。由于晴天时段的太阳能资源数量要比其他时间段多，所以年度的不确定性大部分取决于晴天时段的偏差。因此，在使用两个太阳能数据集进行对比校准时，要着重修正晴天时段的数据偏差。

为了有效识别特定站点的数据偏差和质量问题，可以比较临近的和区域测量站的数据信息。通常，那些拥有最长记录的站点却没有安装太阳能设施。因此，为了确认站点的太阳能资源，评定中包括了资源的长期变化性，有必要和具有最长记录的邻近站点进行比较，并且研究出一种方法，将长期太阳能资源数据集的变化性纳入到实际的太阳能设施的数据集中，这可能会用到简单的比率或者复杂的统计方法。

4.3.4　数据不确定性

从太阳能资源风险评估的角度看，资源数据的不确定性难以进行量化。项目贷款最重要的一点就是对数据中潜在的负面偏差错误进行评估。不过，权益投资者也会对正面偏差感兴趣，因为这类信息有助于理解项目的潜在优势。

对于为特定工程地点编辑的长期数据集，要评估这些数据中的不确定性，是一个细致的过程，需要详细的分析和工程评价。对特定地点的资源评价很可能涉及多个来源的数据，并且每个数据源都有它的不确定性。此外，与每个数据源（地面测量、地面建模或卫星反演）有关的不确定性会在不同时间段（时间尺度）或者特定的气象条件下发生明显的变化。因此，在这里不可能提出一个标准的方法，但在第5章中，我们会对不同辐照数据资源的不确定性进行详细的讨论。

4.4　资源变化性的商业影响

在所有时间尺度中，太阳能资源的变化性会影响到太阳能发电系统的技术性能。此外，这一变化性还会影响到系统的财务绩效和商业业绩，而这正是太阳能项目投资人主要考虑的方面。通常，联接到公用电网的太阳能发电系统都会签署一份长期购电协议（PPA）和互联协议（IA），前者规定了发电量的销售，后者规定了太阳能发电系统如何才能获准并入公用电网并与之相互作用。这些长期协议中常常规定了系统的收入，从而能够确保项目获得融资。在评估太阳能资源变化性对项目业绩的影响时，这些条款具有重要的意义。

4.4.1 价格的波动

许多购电协议（PPA）会依据一天和一年中的不同时间段制定不同的价格。例如，加利福尼亚州南部地区的太阳能电价在夏季下午要远高于冬季的傍晚（高出3倍）。此类定价的波动反映出了电力批发市场的调节功能，在用电高峰期间，市场的电价更高。在荒凉的美国西南部地区，夏季下午时分的空调负载常常导致用电量达到高峰。其他电力市场出现用电高峰的时段各不相同，批发电价也随之波动。相反，购电协议则要求任何时候联网输入的电力都有相对固定的价格。这些条款直接影响了项目收入的计算过程，最终影响支持融资的风险评估。

浮动定价的购电协议取决于电力交付时间，这不仅需要详细地审查全年太阳能资源和发电量的变化趋势，还需要审查在出现明显变化期间价格发生的变动。由于夏季月份同时具有较高的电力价格和充沛的太阳能资源，因此太阳能项目在夏季的收入要明显高于冬季。在付款义务（债务偿还、运行成本）中必须评估收入的季节性波动，因为付款义务是不可能存在季节性波动的。

此外，还可以采用一种不常见的方式建立一种没有购电协议的项目方案。这种情况中的资源和资源风险分析与常见的方式大体相同。然而，未来可能出现的市场定价和法规（例如，削减）变化会使这种情况更具风险性。

储存

在CSP系统中可以储存大量的热能，可以随时通过太阳能设施转换成电能交付和调度。虽然电池存储不具备经济性的吸引力，且其应用部署也十分有限，但是与光伏系统项目有关的电池储存仍是一种可能的方案。储存电力会增加资源和收入分析的复杂性，因为这样的系统有能力（或部分具备这种能力）选择何时向公用电网交付其所收集的电力。根据合同条款，这种灵活性可使目标项目在价格最高期间通过调度实现最佳收入。在分析此类情况时，需要更加充分地了解资源在特定地点的季节性波动和每日波动。

4.4.2 交付要求和容量电价

在太阳能项目合同中，可以规定特定时期交付的电量和输出功率（容量）的上下限。这些要求可能会随季节发生进一步变化。如果能源企业未能满足上述要求，买方可以减少付款额或索取其他经济赔偿。因此，在太阳能资源和项目业绩评估中必须评估项目是否具备切实满足此类要求的能力。

容量

虽然目前的太阳能项目大多只能收到输出电力的费用，但是未来的项目可能还会装备大量电力储存材料。届时在与公用电网系统的供电合同中，除了规定供电量之外，还需要规定蓄电的容量。

公用电网系统的容量是指系统在用电高峰时可以提供的供电量。大多数地区的太阳能资源和用电高峰之间存在必然的联系，考虑到用电高峰期常常会延续到傍晚，因此难以保证太阳能项目在此期间的发电能力。然而，在装备了充足的蓄电设备后，还可将太阳能项目视为一种容量资源，从而克服电量供应的可靠性问题（Dinkel，2008）。

在评估装备有大量蓄电设备的太阳能项目时，需要从收入假设和项目能否满足合同的容量要求这两方面评估太阳能资源的变化性。

4.4.3　预测要求

某些购电协议可能会要求项目预测出不同时间尺度（例如，每日、每周、每月、每季）交付的电量。不同的协议可能在预测精确度和预测错误（如果存在）的处罚方面存在显著不同。为了理解项目面临的风险，必须要在太阳能资源数据及其变化性的背景中理解协议的上述要求。

例如，某个项目要求提前1季度预测出每季度输出的电量，所以必须在太阳能资源分析中评估每季度的历史变化性，并与合同要求的允许限值对比，以了解受到处罚的概率。此类要求会使部分贷款方变得更加谨慎。他们通常不希望项目的债务偿还能力受到天气风险的影响。

除了评估历史变化性之外，还可以使用预测技术增加预测的可信度。然而，在技术（包括预测）得到市场验证和应用之前，贷款方通常不会很快提供资金。因此，在预测技术更加成熟并取得商业业绩之前，投资人在预测风险的评估方面可能会持保守的态度，而这将不利于融资条款。

4.5　量化和管理资源风险的技术

到目前为止，我们讨论的重点一直是项目评估所用的太阳能资源数据集要素，以及太阳能资源对商业和合同影响的多样性。为了支持项目的尽职调查和融资，为了更好地理解项目面临的风险，并让投资者相信项目风险得到了合理的控制并最终消除，必须组合并量化所有上述要素。本节从技术和商业角度介绍了管理项目风险的方法。

4.5.1　超越概率统计

超越概率统计是一种统计学指标，描述的是某个特殊值等于或超出的概率。例如，90%超越概率（通常用“P90”表示）值等于某个总体的概率密度函数值，低于和高于该值的概率密度分别为10%和90%。在对称分布中，P50值则与平均值相等。图4.1展示了在平均值为50，标准差为10的正态分布群体中的P50和P90值。P50值为50（等于平均值），P90值约为37（偏离平均值的标准差为1.3）。

超越概率常用于表示与发电相关的风险，并在根本上与太阳能发电项目的收入相关。太阳能资源的变化性是导致项目预期业绩发生变化的主要因素。虽然项目收入最终决定了太阳能项目的财务业绩，但最常见的情况是超越概率仅限于发电生产，以及在年度发电量的基础上使用财务模型统一计算收入。尽管这样限制了在项目业绩统计分析中整合复杂支付结构，但却整合了大多数关键因素并简化分析。在一些实例中，贷款方（或请第三方执行）可能会进一步分析支付结构，然而这种做法仅限于个别交易的特殊要求。

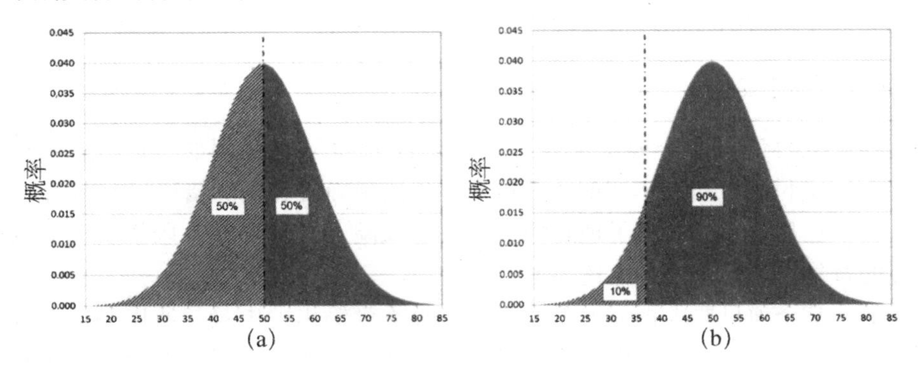

图 4.1　平均值为 50，标准差为 10 的正态分布群体中 P50（a）和 P90（b）的超越概率。

在考虑超越概率时，重要的一点是弄清楚统计的变化因素以及这些来源在统计分布中的比例。在太阳能资源评估中，最常见的变化因素有：年际变化、与太阳能资源基础数据相关的不确定性、发电生产建模相关的不确定性或太阳能电厂的收入。

虽然没有必要将所有的要素整合进一项统计分析中，但是这些要素都能产生实际的影响，因此必须在项目整体分析中处理这些影响。例如，只在年际变化的基础上评估超越概率，并将不确定性看作是了解项目财务模型对变化的敏感度。同理，在不确定性的建模以及基本产量评估的项目融资过程中，最常见的就是要反映出提供业绩保证的承包人所允许的不确定性。例如，如果某个承包商设定了测试不确定性的“限额”（例如，考虑到仪器的不确定性，设定业绩在预期水平的 3% 以内），同一“限额”也常常会降低基本情况的形式假设。类似的，承包商通常会将绩效价值设定的比预期水平低，从而为一些发生的意外事件留有余地；然而，无追索权的贷款方常常基于承包商的保证提出基本情况的形式假设，而承包商只在保证业绩水平的条件下履行某些义务（或是缴纳违约金降低债务）。在选择建模假设时这些保证水平消除了歧义和不确定性。

在此类分析中并没有形成一个统一的行业标准，市场上存在许多观点和方法。从项目融资的风险评估角度来说，最重要的一点是在项目的整体财务分析中，考虑影响项目电力输出（最终表现为收入）的变动因素和不确定性。

4.5.2 能源预测的变化因素

能源预测的变化因素包括：年际变化、数据不确定性、建模的假设和方法。以下小节中将讨论这几种变化因素。

年际变化

年际变化（IAV）是指某地的天气在每年间的自然变化。虽然IAV包括随机要素，但还是会遵循与多种气候循环相关的宏观的长期天气趋势。资源分析中的IAV常表现为正态随机分布，因此在多数情况下都可使用这一假设，而且还很简单。但这不能准确地代表特定地点真正的IAV情况。正如第5章详细讨论的，虽然可通过多种技术分析IAV，但关键是要使用至少包括一种极端气象情况在内的长期太阳能资源数据集。

数据不确定性

资源数据的不确定性是指为某个项目地点编辑的数据集的不确定性。正如前文和本卷其他章节所讨论的，多种因素均可推导出资源数据不确定性，包括获取数据所用的方法（卫星、地面测量、地面建模）、基本仪器的质量或输入模型的数据。

建模的假设和方法

建模的假设和方法可能会为最终的发电量和收入评估带来额外的不确定性。不论具体的技术和规模如何，在PV和CSP系统层面建模的过程中需要数以百计的输入值。这些输入值（在某种程度上）是建立在现场特征、系统设计、系统布局和制造商的技术参数的基础上。在多数情况下，只能获得对多数参数做出适当或合理假设的通用指南。

在理想情况中，EPC承包商和/或O&M供应商提供的保证会完全约束系统性能，并在超概率评估中将太阳能资源的年际变化作为主要考虑的因素。在缺乏这一定义的情况中，必须做出假设。

一种方法是评估关键输入参数以及确定波动的预期值和潜在范围。在实际情况下，可以在输入假设（通常将系统层面的电力输出描述为标准差在2%～3%之间的正态分布）的基础上计算出发电量的整体不确定性。然而，这仍然会忽略掉模拟方法可能引入的系统偏差。该技术的另一问题是评估单个参数变化过程中的不确定性会为整个过程引入新的不确定性。

另一种方法是在更加保守的假设（例如，模块输出基于制造商的最小公差而非平均值）基础上评估输入参数，并将某些可能引起系统性能发生实质性变化的事件视为制约条件。为了达到债务融资目的，该方法的优势在于能够为筹划中的电厂性能提供一个可靠的依据，以及能够将列为制约条件的具体事件分离，而这种制约条件可能是某个具体项目在设计中最关注的问题。

4.5.3 敏感度和压力/不利情况

对于超越概率分析中未包含的风险和不确定性，正如在第4.5.1节中所讨论的，可以在项目财务分析中加入敏感性分析，以考虑上述风险和不确定性的潜在影响。

贷款方可以在多种场景中通过不利情况验证项目是否具备偿还债务的能力。这些不利情况通常包括太阳能资源（和发电量）的减少量，用以说明项目评估的太阳能资源数据中任何可能存在的偏离偏差。不利情况还可能包括由电力输送或其他限制引起的项目削减，以及发生预测误差或低于合同要求发电量等适用的收入处罚条款。

对于希望了解在不同情况下收益是如何变化的权益投资人来说，他们也可以进行敏感性分析。这种情况也包括太阳能资源或系统业绩高于预期的有利情况。

4.5.4 债务规模和偿债能力比率

正如前文所讨论的，与项目投资人不同，贷款方在项目绩效方面所持的观点最为保守，因为他们的收入没有上涨潜力，最好的情况也仅是根据债务条款得到还款。因此，贷款方仅会提供他们认为对方能够偿还的资金。

贷款方大多有一套要求对方必须满足的标准，并依据借款的多少和条款作出调整。偿债能力比率（DSCR）是指在一定时期内，项目的现金流（剔除所有运行成本）与偿还债务的比值。对于太阳能发电项目来说，债务规模标准常常依据某个预期业绩水平（P50、P90等）的最小DSCR值确定。例如，①在P50发电量时，最小DSCR为1.4；②在P99发电量时，最小DSCR为1.0。

最低的DSCR会受到几个因素的影响：项目赞助商、关键设备供应商、工程承包商和O&M承包商等的质量、经验和信誉。在尽职调查中发现的风险越多，DSCR的要求可能就越高。然而，可以使用其他手段减轻技术或合约方的风险，例如应急费用（大于预期资金成本的可用资金），或有权益（例如，提供额外权益的承诺或信用证）、公司保证和担保。

在某些太阳能项目中，主要评级机构还看重相关信用风险（惠普评级和标准普尔在太阳能领域最为常见）。评级机构确定信用风险所使用的方法与主要债务贷款人所使用的方法类似。

在为偿还贷款进行的融资过程中，太阳能资源数据的质量会影响到相关的条款和条件，从而影响到太阳能项目的经济业绩。

4.6 结论

太阳能资源是影响太阳能项目业绩的决定性因素，因此太阳能资源的评估与评价是项目融资成功的关键。为了了解贷款方偿还能力和项目能否满足投资人回报要求，项目投资人必须充分认识太阳能资源及其不确定性和预期波动。

项目的电力销售条款（例如，按一天中用电时间确定收费标准）和技术设计（例如，蓄电）可能会增加太阳能资源评估的复杂程度。在支持项目融资的太阳能资源整体分析中，必须考虑这些商业问题。

太阳能发电项目的融资从根本上是基于太阳能资源的统计量化及其预期波动和相关的不确定性。建模的多种场景与压力情况涉及了许多不利的场景，可以评估项目满足不同投资人对风险和回报要求方面的能力。分析的质量通常受制于有效资源数据的质量和数量。较差的数据会导致分析的精确度不足，因此更加保守的分析才能使贷款方满意。

随着太阳能行业的不断发展成熟，项目设计和交易结构也在持续完善。随着市场完善和太阳能发电技术份额的不断增加，太阳能资源评估和不确定性管理的重要性只会随之增加。市场在成熟过程中，竞争将变得更加激烈。随着整个价值链上的利润降低，行业将重点关注尽可能准确的预期业绩。

参考文献

[1] Dinkel, P. , 2008. APS Perspective on CSP, Proceedings of SolarPACES 2008. Las Vegas, NV. Duffle, J. , Beckman, W. A. , 1991. Solar Engineering of Thermal Processes, second ed. John Wiley & Sons.

[2] Kearney, D. , 2006. Concentrating Solar Power Plants in Operation or Construction in the U. S. Southwest. APPA/NRECA Web Seminar.

[3] Vignola, F. , Grover, C. , Lemon, N. , McMahan, A. , 2012. Building a Bankable Solar Radiation Dataset. Solar Energy 86, 2218-2229.

第5章　可获利的太阳辐射数据集

Frank E. Vignola

俄勒冈大学太阳辐射监测实验室

Andrew C. McMahan 与 Catherine N. Grover

Luminate

章节纲要

5.1　简介

稳健的太阳辐射数据集是竞争性太阳能项目融资的关键。如第4章中关于融资的详细说明，与其他可再生资源相比，融资方通常认为每一年的太阳能资源都是稳定的，并将太阳能资源在评估时的计算错误视为太阳能项目中最大的风险。因此贷款方和信用等级评定机构会要求对太阳能资源数据集进行验证，从而预测每个项目地点的电力产能与收益。历史太阳能数据所表现出的太阳能资源的变化性，以及数据集的准确度，都在预测未来业绩概率方面发挥着重要的作用。同时它们也影响着可能与项目有关的财务合同。

虽然越来越多的专项太阳能资源数据集被编制出来并在市场上出售，但是大部分数据集均来自于公开可用数据。大部分新数据集基于卫星图像的模型，并经过地基测量数据的验证。虽然评述的内容与较新的商业数据集有关，但是本小节将重点介绍现有公开可用太阳辐射数据集的优势与劣势。

为了建立一个可靠并能够获利的数据集，了解太阳能资源的变化性以及不同数据组份中不确定性具有重要意义。本文将分析两个广泛应用的数据集，分别是国家可再生能源实验室（NREL）和美国桑地亚国家实验室联合推出的美国国家太阳能辐射数据库（NSRDB），以及加拿大环境部提供的加拿大气象资源与工程数据集（CWEEDS）。在讨论数据集中的数据的过程中，本文将介绍获得数据的方法，以及在数据集基础上编制的典型气象年（TMY）数据文件。虽然TMY数据文件可能适合初步评估，但是它们通常并不构成可获利的数据集。文中将提供的具体实例说明TMY数据文件的有限价值，并解释为什么必须利用创建这些数据文件的长期数据集。

随着卫星反演数据在资源评估中的应用日益广泛，尤其是在发展中国家，因此本文将对这类数据进行讨论。由于发展中国家没有长期地面测定数据集，或可获得的数据集非常有限，因此需要将卫星图像数据应用于资源评估中。此外，文章中NSRDB数据库1998—2005年间的数据来自于使用卫星图像的模型。本文还对地基测定辐照度数据值及其准确性进行了检验，并说明测定数据与长期数据集相连的重要性。最后，还描述了通过NSRDB数据库及其他可用数据集建立和使用可获利数据集的情况，并总结可获利数据集的主要特点、不确定性及其对确定融资条款的影响。

5.2 太阳辐射数据集：特征、优势与劣势

为建立可获利的太阳辐射数据集，必须了解所用数据的特征、优势与劣势。要考虑的重要因素包括数据对未来太阳能发电系统所在位置的适用性、记录年限、准确度与不确定性，特别是当数据集中存在系统误差与离差误差时，以及记录中是否包括极端情况使其能够更全面地预测系统性能（详见表5.1）。首先文中将介绍NSRDB数据库的发展与特征，然后举例说明创建可获利数据集时需要关注的问题；评估CWEEDS数据集，并进一步说明如何检查潜在数据集；审核TMY数据文件，虽然该数据文件并非是专门用于提供太阳能长期变化性的必要信息，但是相关实例说明某些TMY数据文件可提供少量的长期平均辐照度。文中涵盖了卫星数据集的优势和劣势，并介绍测定辐照度数据的准确性与效用。

表5.1 现有数据库的特征、优势与劣势

数据集	时间跨度	数据源	观测站数量	评价
SOLMET	1951—1975年	数字化图表记录	26个	太阳时条件下的分析值；仪表设备问题
ERSATZ	1951—1975年	建模数据	222个	开发模型所用数据存在的问题
NSRDB	1961—1990年	主要建模数据	239个	采用METSTAT模型；重新分析了一些SOLMET数据
NSRDB	1991—2010年	全部建模数据	1454个	可用的辅助测定数据；直到1998年一直在使用METSTAT模型；1998—2010年使用纽约州立大学（SUNY）奥尔巴尼分校的卫星数据
纽约州立大学奥尔巴尼分校的卫星数据	1998—2005年	根据卫星图像建模	欧洲、美国0.1°网格	目前几个组中均可用的卫星数据；可获得最新数据
CWEEDS	1953—2005年	四分之一的观测站有测定数据	143个	一些建模数据的系统问题
NSAS/SSE	1983—2005年	在用的物理模型	全球范围1.0°网格	每3h的数据；创造时值，缩小网格尺寸
TMY	—	建模值	1454个	为便于使用，从数据集中选出12个月份

5.2.1　SOLMET/ERSATZ数据库

1951—1975年间，美国国家气象局共有约60个测量水平总辐照度（GHI）的观测站。这一批观测站虽然有各自名称，但通常被称为SOLRAD网络。一些观测站在记录仪纸带上进行连续记录，而其他的观测站则仅记录接收到的日总能量（日射量）数据。根据多年来修订的操作说明，其中许多数据在观测站经数字化处理后发送至地区中心（之后集中发送至国家气候数据中心，简称NCDC）（1995年版的《1961—1990年NSRDB数据库用户手册》、2007年4月发布的《1991—2005年NSRDB数据库（更新版）用户手册》）。虽然这些记录也采取了一些质量控制措施，但是其中却包含了多种多样因若干仪器问题和校准问题而导致的系统误差。评估这些数据时，仅有26个观测站提供的数据适合存储在国家数据库内。

20世纪70年代中期，人们开始创建一个用于评估的太阳能系统性能的数据集，即后来的NSRDB数据库。1977年，根据26个SOLRAD观测站（测量1951—1975年的水平总辐照度数据）的数据创建了太阳气象（即SOLMET）数据库，并根据另外222个观测站（拥有大量的气象数据，可用于评估太阳能）的数据创建了ERSATZ（建模或综合）太阳数据库。大多数SOLMET/ERSATZ数据库的数据记录期均为1952年7月1日至1975年12月31日。

SOLMET将所有可用太阳辐射数据和气象数据合并，并统一用国际标准单位（即SI单位）表示。数据的时间为真太阳时或当地标准时间，并提供气象观测的时间，以便用户能够选择距离他们所选太阳时或当地标准时间最近的气象观测站。为反映1956年国际直接日射表标尺（IPS）的变化，人们对SOLMET数据做出了调整，并增加了2%的太阳辐射测量工作。这样的改变使欧洲辐照度测量表与美国辐照度测量表相一致。在1976年以前，用于SOLMET数据库分析的GHI数据中存在的校准误差和其他相关误差也已采用晴空—太阳—正午（CSN）技术进行了校正。对CSN值进行模型计算旨在创建标准年辐照度（SYI）值集。利用长期月均可降水数据和浊度数据（1978年SOLMET；1979年SOLMET）进行计算。每当太阳正午时，都可以观测到晴空，可将测定的太阳辐照度数据与建模的SYI值进行对比，二者之差用于确定总日射强度计的综合校准（校正）系数。利用线性插值获得CSN之间出现的校正系数。虽然这种方法有助于去除数据集中的系统校准误差，但是也剔除了数据集中可能存在的长期趋势。利用观测到的气象值，通过模型填补了空白的或缺失的数据。填补SOLMET数据库中的空白数据或缺失数据所用的模型也可用于估算ERSATZ站点的太阳辐照度。对ERSATZ数据库内的所有辐照度值建立的模型都来源于气象观测值。在SOLMET/ERSATZ数据库内，DNI和DHI主要是建模数据。利用来自5个观测站（新墨西哥州的阿尔伯克基、德克萨斯州的胡德堡、加利福尼亚州的利弗莫尔、马萨诸塞州的梅纳德和北卡罗来纳州的罗利）的GHI数据和DNI数据建立回归方程，从而通过水平总辐射值计算出直射辐射值（Randall和E

Whitson Jr.，1977 年 12 月 1 日）。

5.2.2 美国国家太阳能辐射数据库

随着人们对太阳能资源认识的深入，以及对太阳能资源信息的需求日益增多，美国国家可再生能源实验室（NREL）更新并完善了国家太阳能辐射数据库（NSRDB）。该数据库在 20 世纪 90 年代中期首次进行了更新，更新范围涵盖了 1961—1990 年间 239 个地点的太阳辐射数据与气象数据（1995 年版的《1961—1990 年 NSRDB 数据库用户手册》）。虽然某些站点有一定数量的辐照度测定数据，但是 NSRDB 数据库主要包含利用 METSTAT 模型确定的建模值（Maxwell，1998 年 4 月）。METSTAT 利用云量数据、气溶胶数据和其他气象数据计算入射的 GHI 值和 DNI 值。在统计上，入射 GHI 值和 DNI 值与实际测定小时辐照度数据类似。METSTAT 模型存在一些小问题，影响多云时段内的辐照度评估（Vignola，1997 年 4 月）。然而，该模型产生的辐照度数据集与实测辐照度数据在统计学上相匹配。

NSRDB 数据库重新分析了一部分 SOLMET/ERSATZ 数据，并将其存储至更新的数据库中。考虑到报告气象均值时，通常使用一个涵盖 30 年气象数据的数据库就足够了，因此无需对 1961 年之前的数据进行重新分析。某些 SOLMET 站点提供的实测数据也进行了重新分析，并将时间转换为当地时间，但分析需要大量的时间投入，而且数据的质量在某种程度上受到仪器及其校准的影响。因此，许多 SOLMET 站点并没有对图表数据进行重新数字化和调整，而是利用气象数据建立太阳能资源模型。SOLMET 数据集中的美国西海岸站点包含大部分建模数据。还有一些 SOLMET/ERSATZ 观测站因已不复存在或无充分的记录数据，故未包含在已更新的 NSRDB 数据库内。

所有气象数据与气溶胶数据均可获得时，月均 METSTAT 数据在 95% 的置信水平上具有 ±9% 的不确定性。在一些时段上，NSRDB 数据库中气象值必须暂时从现有数据中推测得出，并且这些时段具有更高的不确定性。NSRDB 数据库中最大的不确定性约为 24%，且会出现在某些站点处。这些站点的记录来自不同的时间段以填补空白的记录。

1991—2005 年 NSRDB 数据库中的许多站点均包含了图 5.1 和图 5.2 中的变化周期情况。对凤凰城、亚利桑那、达盖特和加利福尼亚在 1961—1994 年间的 GHI 值进行追踪，发现结果相当一致。但在 1995—1997 年间，凤凰城的 GHI 与达盖特的 GHI 之间突然出现了巨大的差异。对不确定性数据的检测表明，这两地之间的 GHI 的差别大幅度增加，说明利用其他时段数据填补的文件之间依然存在差距。较多不确定性标记的时段会造成数据偏离，因此无法用于创建评估数据集。

METSTAT 模型的统计特性以及用于生成模型中所用气溶胶的假设条件，掩盖了辐照度数据中的长期气候变化趋势。此外，气象数据中的不确定性导致的系统误差、用于验证模型的辐照度数据中出现的系统误差也掩盖了这种趋势。用 METSTAT 模

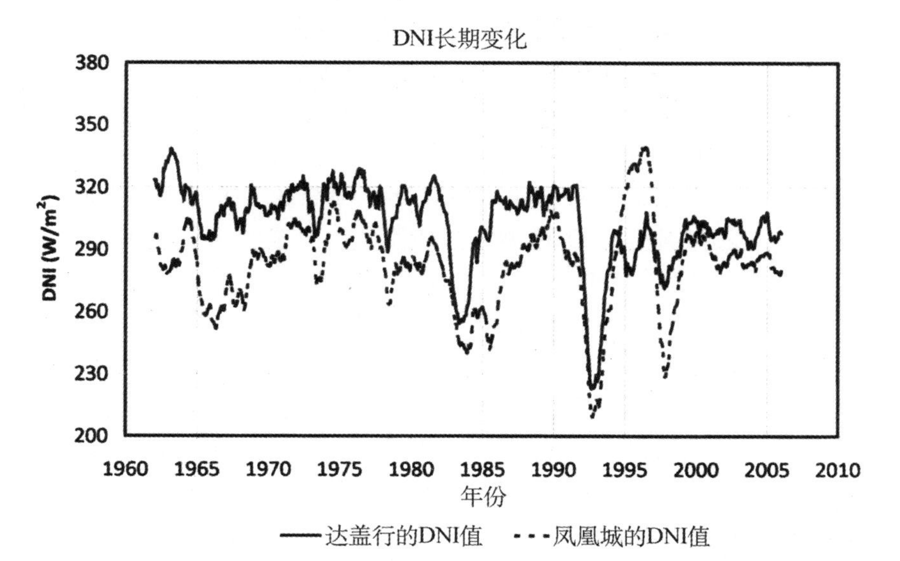

图 5.1　达盖特、加利福尼亚、凤凰城、亚利桑那的 DNI 值长期变化图。

（资料来源：NSRDB 数据库）

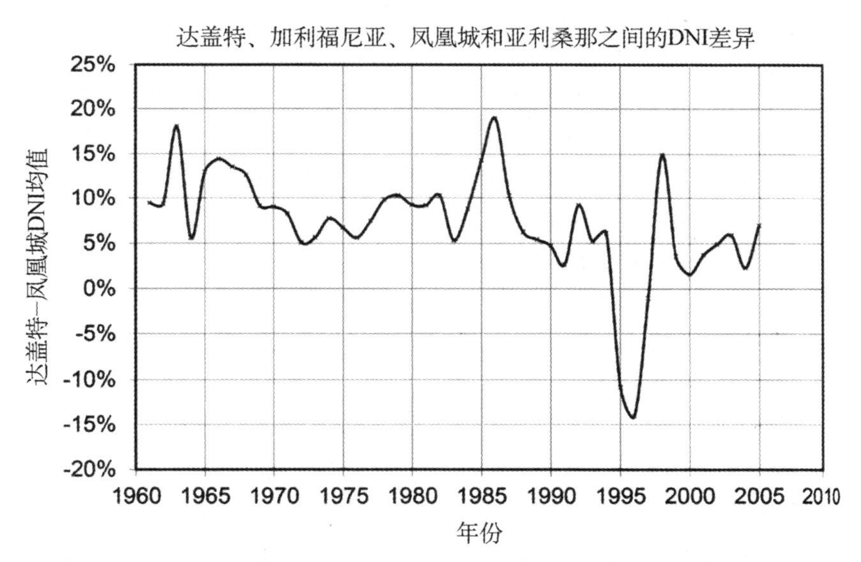

图 5.2　达盖特与凤凰城的年 DNI 之间的百分数差。一般情况下，达盖特的 DNI 比凤凰城的 DNI 高约 7%。95%年份中，百分差数一般都在 ±10%的范围内。

型得出的 GHI 值，其不确定性范围为 ±9%。这意味着在 95% 的时间内，相似条件下，几次测量得出的真平均 GHI 必须在 9% 建模值的范围之内（2007 年 4 月发布的《1991—2005 年 NSRDB 数据库（更新版）用户手册》）。

2007 年，NREL 利用气象数据和卫星图像扩充了 NSRDB 数据库，旨在生成

1991—2005年1454个观测站的辐照度值。从1998—2005年，辐照度数据均来自利用卫星图像及其他气象数据和辅助数据（2007年4月发布的1991—2005年NSRDB数据库（更新版）用户手册）完成的模型。大多数1991—1994年的数据值来自于Vignola建议改良的METSTAT模型（Vignola，1997年4月），从而可以在多云天气时段内生成更好的统计数据。从1994—1998年，辐照度值来自于改良的METSTAT模型。该模型没有采用METSTAT模型之前所用的肉眼观测到的云量百分数，而是使用地面自动气象观测站（ASOS/AWOS）的云高数据和其他数据。ASOS/AWOS是位于机场或机场附近的自动化气象观测站。

从人类观测到自动气象观测站进行观察的转变中，有时会发生记录不全或记录缺失的情况。如果发生记录缺失，为了保持数据集的连续和完整，可采用其他类似时段（长达1年）的数据替换。在数据缺失的前后，利用气象数据，选择相关数据填补缺失的部分。缺失的部分越多，这种方法便越不可靠。使用其他时段的输入气象数据所产生的数据具有较高不确定性，GHI的某些不确定值为24%，而DNI的某些不确定值则为27%。不确定性高的数据，不足以预测大规模太阳能项目的效能，而且有可能造成结果偏差。因此，必须不断地检查与每个数据点相关的不确定性，并排除较高不确性时段内生成的数据。

从1998年开始，NSRDB数据库中所有站点均可用卫星辐照度值，而且相关记录也非常完整。因此，1998—2005年，卫星辐照度数据用于NSRDB数据库中的所有地点。NREL在近期更新了2010年的数据文件，并且这些文件也可用于1998—2005年的NSRDB数据库（包含METSTAT建模数据以及在ASOS/AWOS气象观测站或其附近的站点所用的一些高质量的实测数据）。

纽约州立大学（SUNY）奥尔巴尼分校提供的卫星数据来自于每小时一次的卫星图像（Vignola和Perez，2004），而图像来自于GOES气象卫星上的可见光通道。SUNY卫星数据位于1°网格上，网格范围约为10km。GOES-West卫星图像与SUNY数据集均为某一整点时刻的内容，代表当前时间之前和之后0.5h的辐照度平均值。GOES-East卫星图像为当前时间之后15min的图像内容，代表当前时间前15min和后45min的数据。（GOES卫星现在每半个小时生成一次图像。）SUNY Albany模型为协助数据建模，采用格网化气溶胶数据（该数据由NREL为NSRDB数据库开发）。为了将卫星数据合并至NSRDB数据库，必须将卫星图像平移0.5h或15min，以便和数据集中的气象数据保持一致。NSRDB数据库用户手册对平均过程进行了详细的介绍（2007年4月发布的《1991—2005年NSRDB数据库（更新版）用户手册》）。时间平移增加使数据中的随机不确定性增加了1%～2%。在95%的置信水平下，卫星图像呈现的月均日GHI不确定性为8%，而DNI则为15%。这再一次说明了相似情况下GHI或DNI几个测量值平均数具有不确定性。用户手册详细介绍了NSRDB数据库的数据中存在的不确定性（1995年版的《1961—1990年NSRDB数据库用户手册》、2007年4月发布的《1991—2005年NSRDB数据库（更新版）用户手册》)。本文在5.4小节中介绍了卫星数据的不确定性。

出于研究的目的，NREL官方网站上为1991—2005年间的NSRDB数据库提供了太阳辐射数据文件，网站上包含METSTAT建模数据、地基实测辐照度数据及卫星辐照度数据（自1998年可用)。含有METSTAT模型生成值和卫星值的文件可用于说明辐照度值的不确定性。对比发现，METSTAT值和卫星值均与测量值相同，但是全国范围的所有位置均有卫星值，因此选定卫星辐照度数据做为依据。

随着可以导出卫星辐照度值模型的不断改进，新的卫星数据集也已经发布。大多数新版卫星辐照度值在原始数据集的不确定性范围之内。

5.2.3　加拿大气象资源与工程数据集

加拿大气象资源与工程数据集（简称CWEEDS）是由计算机生成的加拿大143个观测位置的数据集。其中包括小时气象数据，以及用于风能系统和太阳能系统设计并协助节能建筑物设计的小时太阳辐射数据［CWEEDS文件、加拿大气象能源计算（CWEC文件)］。最早的数据文件始于1953年，直到2005年才用于大多数地点。在记录时段内，有35个观测站存有一些实测数据。在部分记录时段，有21个观测站的日射观测点与小时气象观测点的数据相一致。其他的14个太阳监测地点通常位于距离气象观测站40km的范围内。另外的108个观测站包含模型生成的太阳辐射数据。这些数据的形成来自于云量数据和其他气象数据。

按照太阳时记录太阳辐照度测量值，并利用Perez（Morris等人，1992年7月4—8日；Perez等人，1990）发明的算法将测量值调整至当地标准时间。太阳正午是指太阳位于地方子午线且在天空最高位置的时间。在北半球，正午时太阳位于正南方，而在南半球，则位于正北方。当地标准时间是为当地时区界定的时间，在整个时区内是一致的，且不随夏令时进行调整。

根据CWEEDS用户手册，在地基测量值无法从其他35个观测站获得时，则利用108个地点的观测站估计GHI值（Davies等人，1984；Canada 1985)。在缺失气象数据的时段，特别是缺失云层观测值的时段，利用WON统计模型或线性插值估计GHI。与每个地点相关的数据标记可表明是否已观测到太阳辐照度数据，或是否建立了太阳辐照度数据模型。在任何给定的小时时间内，每小时GHI的估计均方根误差（简称RMSE）一般约为30%（Morris和Skinner 1990年6月18—20日)。然而，长期平均RMSE估计为5%或更低。METSTAT模型的目标是生成一个具有实际值统计特征的太阳辐射数据集，而不是为了和任何特定天和特定小时的GHI精确匹配。

如果有太阳辐照度测量数据的观测站位置与有小时气象观测数据的观测站位置不同，则要注意：在任何给定的小时时间内，测量的GHI可能受云量或不透明度的影响。

当地基GHI测量数据无法获得时，利用MAC3模型估计DNI值；如果小时地基GHI测量值可用，则利用Perez（Morris等人，1992年7月4—8日；Perez等人，

1990；Perez 等人 1991）的算法，根据 GHI 值估计 DNI 值。

评估一个太阳数据集时，根据晴空指数（k_t）描述太阳成分是一种有用的方法。GHI 除以地外辐照度等于晴空指数，这种标准化公式便于对全天或全年的数据进行对比。图 5.3 为渥太华地区在 1998 年的数据，数据来源为 CWEEDS。小时散射比（DHI/GHI）在图上标为 k_t。下图为典型的散射比平面图，其中带有较多的数据分散点。1998 年渥太华数据中除了包含少量的建模数据值，其余的几乎都是观测数据。在没有直射太阳的地方，散射辐照度与 GHI 相等，且散射比为 1。在最晴朗的时段内，DHI 是 GHI 的 10% ~20%，因此散射比较低。晴空时段集中出现在平面图 k_t 区的左下方，在 0.6 ~ 0.8 之间，而 DHI/GHI 则在 0.1 ~ 0.3 之间。注意：主分布区的左侧几乎没有数据点。

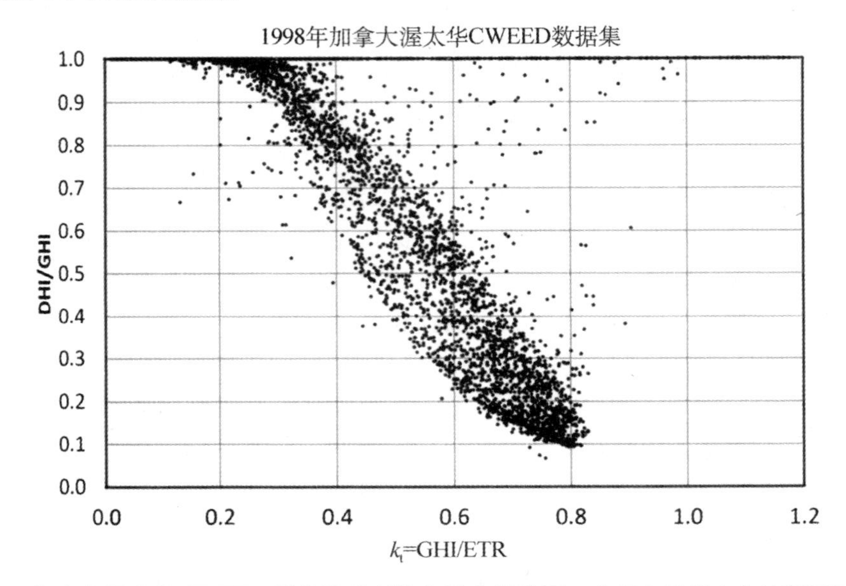

图 5.3　加拿大渥太华 CWEED 数据集散射比与晴空指数图。大部分数据来自地基测量数据。

图 5.4 为类似的 2005 年渥太华数据图。2005 年所有数据都建立了模型。图中存在两个问题。许多小时 k_t 值大于 1，而这种情况是不应该出现的。小时 k_t 值过高，可能是由于地面出现了积雪，在多重散射规则下对 GHI 值估计过高导致的。

图 5.4 中的数据点范围表明，MAC3 模型得出的 DNI 值和 DHI 值范围比地基观测数据得出的范围更大。通常根据 GHI 值对 DNI 值和 DHI 值建立模型是很困难的（Vignola 等人，2012）。一般情况下，散射比是合理的，但是其分布与图 5.3 中实测数据的分布不同。由于许多散射比 GHI 值不会自然而然地产生，因此利用这些值可能会导致预测异常，或是干扰性能预测。一个简单的例子就是最佳 PV 系统的设计（从字符串大小到逆变规范）取决于其接收到的最大辐照度。如果过高估计最大辐照度，则设计就不是最佳的。因此，利用数据预测系统效能之前，最好的做法是先查看数据的分布。

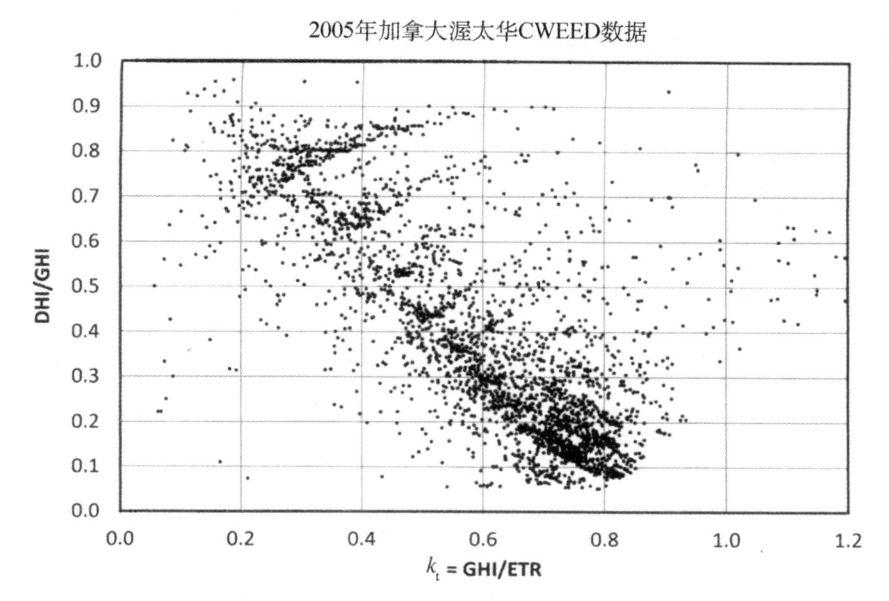

图5.4　加拿大渥太华CWEEDS数据集散射比与晴空指数图。数据均来自于模型数据。

注：图5.3和图5.4中的数值范围不同。

5.3　典型气象年（TMY）数据文件

典型气象年（简称TMY）数据文件最早根据NSRDB数据库中的长期数据文件创建而成，以便用于对建筑性能进行分析。在当时，计算机的运行速度比今天的计算机慢得多，内存也比今天的计算机小。用户需要记录期为1年的数据集，可以利用NSRDB数据库中30年可用数据得出仿真结果。许多气象数据参数对建筑性能的影响要大于入射太阳辐射对建筑性能的影响，并且TMY数据集被创建为NSRDB数据库中的典型气象数据。

每一个TMY数据文件是由数据库年份中挑选出的最具代表性的12个月份的数据所组成的。美国桑迪亚国家实验室根据9个日常指标，选定一个典型月份创建原始文件。这9个日常指数包括最大干球温度和露点温度、最小干球温度和露点温度、平均干球温度和露点温度、最大风速、平均风速、水平总辐照度（详见表5.2）。月份的最终选定需考虑9个指数的月均值和月中值（如表5.2所示），以及天气模式的持久性（Marion和Urban，1995年6月）。挑选出的12个月份形成了具有代表性的TMY文件。每个月的月初和月末需对文件进行修改，以消除从不同年份中选择临近月份而造成的过渡性数据。

表 5. 2　Weighting of Meteorological Parameters for TMY

Index	Sandia method	NSRDB TMY
Maximum dry bulb temperature	1/24	1/20
Minimum dry bulb temperature	1/24	1/20
Mean dry bulb temperature	2/24	2/20
Maximun dew point temperature	1/24	1/20
Minimum dew point temperature	1/24	1/20
Mean dew point temperature	2/24	2/20
Maximum wind velocity	2/24	1/20
Mean wind velocity	2/24	1/20
GHI	2/24	5/20
DNI	Not used	5/20

原始 TMY 数据文件是根据 1952—1975 年间实测 GHI SOLMET 数据和 ERSATZ 模型数据创建而成。TMY2 数据文件是根据 1961—1990 年的 NSRDB 数据库创建，其中 93% 的数据值已经建立了模型。TMY3 数据文件是根据 1991 年—2005 年的 NSRDB 数据库以及 1961 年—1990 年的 NSRDB 数据库（若包含该位置的数据）创建。在 TMY2 数据文件中，将 DNI 添加到加权指数中，这使文件中的年均 DNI 与 NSRDB 数据库文件中的长期平均 DNI 的比较值增加了约 2 倍。风速加权降低，而 TMY2 数据文件和 TMY3 数据文件中的持久性标准也略有变化（Wilcox 和 Marion 2008 年 5 月）。表 5. 2 说明了美国桑迪亚国家实验室（TMY）方法和国家可再生能源实验室（TMY2 和 TMY3）方法所用的加权差。要注意的是，对于 TMY2 数据集和 TMY3 数据集来说，一半加权为太阳辐照度值，而另一半则是气象变量。在原始 TMY 数据文件中，根据实测 SOLMET 数据获得的月平均日总 GHI 和 DNI 值的估计不确定性分别为 ±7. 5% 和 ±10%。同样，根据 ERSATZ 模型数据获得的月平均日总 GHI 和 DNI 的估计不确定性分别为 ±10% 和 ±20%（1978 年的 SOLMET）。

在 TMY2 文件中，由于墨西哥埃尔齐琼火山（El Chichon）喷发产生的气溶胶与典型值之间具有显著的差异，因此 1982 年 5 月至 1984 年 12 月之间的各月份均未列为分析对象。而对于 TMY3 文件，由于菲律宾皮纳图博火山喷发产生的影响，所以 1991 年 6 月至 1994 年 12 月之间的各月份均未包括在内。因此，TMY3 文件中 83% 的数据是从 11. 5 年的数据中得出的。

5. 3. 1　TMY2 和 TMY3 文件的局限性

创建 TMY 文件旨在反映典型气象年和非典型太阳年的情况。由于大多数 TMY3 数据文件中涵盖的年数有限，因此无法保证文件能够准确反映整个历史数据集的平均 GHI 或 DNI 测量值。例如，图 5. 5 和图 5. 6 表明 GHI 和 DNI 的 TMY 年均值不同于 NSRDB 数据库的平均值；在美国康涅狄格州的格罗顿—新伦敦，年均 TMY 的 GHI 值低于 NSRDB 数据库中每一年的年均 GHI 值。而在加利福尼亚州的帕索罗布斯，情况却刚好相反。每 12 个月的 GHI 要低于 TMY3 的年均 GHI。

图5.5和图5.6还显示了格罗顿—新伦敦和帕索罗布斯的DNI。这两个例子均说明，即使当50%的指标加权是GHI和DNI，仍旧无法保证TMY文件中获得的年均辐照度值接近真正的长期平均太阳辐照度。这种极端情况是罕见的，但是如果利用TMY文件估计太阳能系统的效能，则必须对长期数据集与TMY平均值进行比较，尤其是与仅根据11年的数据而创建的TMY3数据文件进行比较。

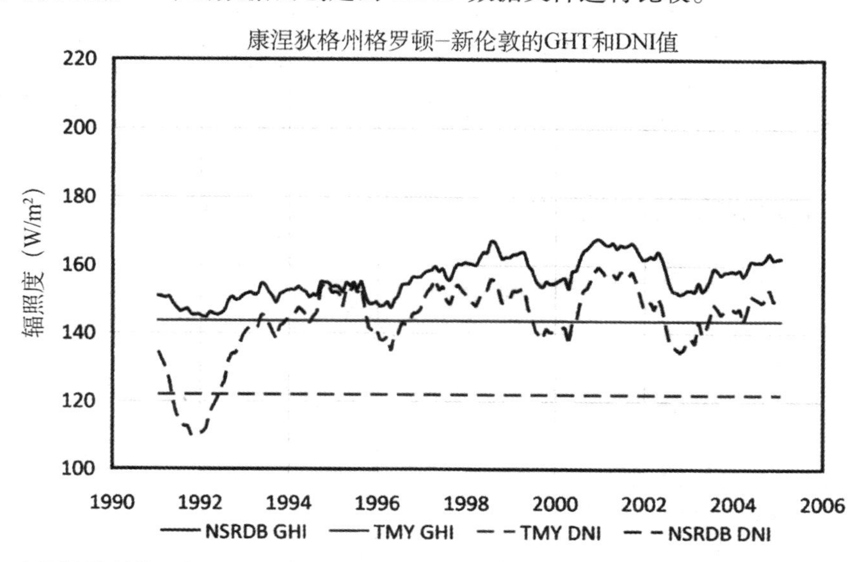

图5.5 康涅狄格州格罗顿—新伦敦的GHI和DNI值：TMY3数据文件中的年均GHI为实直线；NSRDB中的年移动平均GHI为实波动线；TMY3文件中的年均DNI为虚直线；NSRDB中的年移动平均DNI为虚波动线。

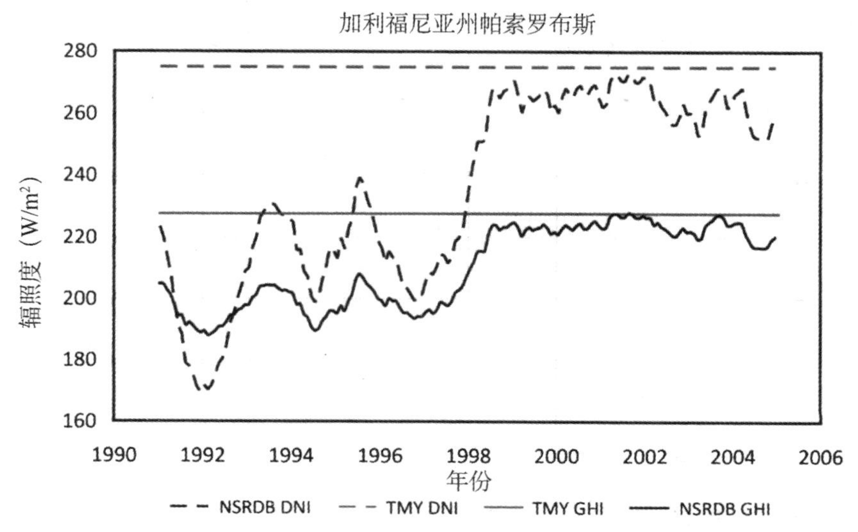

图5.6 加利福尼亚州帕索罗布斯的GHI和DNI图：TMY3数据文件中的年均GHI为实直线；NSRDB中的年均GHI为实波动线；TMY3文件中的年均DNI为虚直线；NSRDB中的年移动平均DNI为虚波动线。

TMY 数据集特意排除了极端情况。因此，在试图了解资源变化性时（如本章结尾处所述，实际上是在试图获得 P90 或 P99 置信水平时），几乎无可用数据。

就气象变量而言，大约需要 30 年的数据信息才能充分描绘出某个地点太阳辐照度的特征。所有短期天气变化情况均包含在 30 年的数据内，如厄尔尼诺现象和拉尼娜现象，甚至是 11 年或 22 年的太阳黑子周期导致的短期天气变化情况。可持续几年的短期气象事件一定会影响到观测结果。而对于短期数据集而言（如 15 年），天气循环（如厄尔尼诺现象）可能会扭曲较短数据集的统计特征，而受到这些偶发事件影响的总记录百分比会增加（Vignola 和 McDaniels，1993 年 4 月）。

5.4　卫星反演太阳辐射值

NSRDB 数据库中的观测点范围有限，许多潜在的太阳能发电厂的附近并没有好的气象观测站。通常，一定区域内的平均太阳能资源是相对不变的，但是由于小气候的影响以及局部的天气系统，在相对较短的距离内，平均太阳能资源也会有十分大的差异。例如，一个太阳能发电厂的位置可能相当接近 NSRDB 中的一个气象观测站，但却被水域或山体分开，或与水域或山体处于不同的方向，因此实际上该地拥有的太阳能资源是不同的。

修建足够多的地基气象观测站或太阳监测站，覆盖每一个可能具有丰富太阳能资源的地点是不可能实现的。模型中估计太阳辐照度的主要因素是云量。与地基气象观测站相比，气象卫星图像也能够在通用的尺度上估计云量。NSRDB 中始于 1998 年左右的太阳辐照度值也是利用卫星图像从模型中反演出的（详见 2.2 小节）。从 1998 年到 2010 年，通过国际气候数据中心（NCDC）和 NREL，美国大陆和领土范围能够在 0.1°网格上使用来自卫星图像的小时太阳辐射值。由于卫星勘测的范围大，并为长期太阳能资源研究提供连续数据，因此卫星辐照度值扩大了地基测量范围。卫星数据和卫星图像可用于生成特定时间和特定地点的辐照度数据，以及太阳辐射的高分辨率（10 km×10 km 或更小）地图。如果无法获得邻近的高质量地基辐照度测量值，那么依据卫星辐照度数据就可以准确地描述太阳能资源。

已有证据表明，如果目标观测点与测量值的距离超过 25 km，与高品质地面观测站的推测数据相比，卫星太阳辐射数据能够更好地估计小时太阳能资源（Zelenka 等人，1999 年）。此外，卫星太阳能资源勘测结果可用于描述太阳能资源的逐年变化特征，并用于调查太阳能设施安装的最佳位置所在地的情况；而地基监测站在准确量化特定地点的太阳辐照度、测量太阳能资源短期变化性、提供卫星数据值对应的地面实况方面所起的作用也是至关重要的。

5.4.1　源自卫星图像的辐照度

许多模型是根据卫星数据中的辐照度值而建立的。关于卫星模型的更完整的表述，详见本书第 2 章和第 3 章内容、国家可再生能源实验室最佳实践指南第 4 章

(Stoffel 等人，2010)、或 Vignola 等人于 2012 年编写的附录 B（Vignola 等人，2012)。两类模型都利用卫星图像估计地表辐照度。物理模型利用卫星图像和其他大气数据计算太阳穿过大气层的辐照度，并对辐射—传输过程（详见第2章）进行了说明。经验卫星模型从卫星可见光通道反射光测量值中获得云消光系数（简称CI)，并用其调节太阳能资源的晴空水平总辐照度模型（详见第3章)。

虽然物理模型花费了大量的计算时间，但如果组成大气的气体、气溶胶和颗粒的浓度与空间分布是已知的，并且知道每一种成分对入射辐射的影响，那么物理模型是相当准确的。Pinker 与 Ewing 于 1985 年建立的物理模型便是一个很好的例子(Pinker 和 Ewing，1985)。该模型将太阳光谱分为 12 个间隔带，将辐射—传输模型应用在三层大气中，其输入的内容主要是云光学厚度。Pinker 和 Laszlo 于 1992 年改进了该模型（Pinker 和 Laszlo，1992)，他们利用国际卫星云气候计划（简称 ISCCP)（Schiffer 和 Rossow，1983）中的云数据为地表辐射收支数据集开发辐照度数据。地表辐射收支数据集由 Whitlock 等人于 1995 年在 2.5° × 2.5°网格上创建(Whitlock 等人，1995)。ISCCP 项目气候学中的云被分为具有三种不同的光学厚度的低云、中云和高云。低云和中云也被归类于水云和冰云，而高云始终是冰云，因此形成了 15 种不同的云。ISCCP 项目的气候学用于许多模型的云输入（Stoffel 等人，2010)。该数据用于开发 NASA SSE 数据集。

经验模型运行所需的计算时间较少，易于应用，且与物理模型相比，其对详细信息的细节层次的要求较低。该模型建立在卫星观测值与地基仪器观测值之间的回归关系的基础上，利用云消光指数以及与其他气象数据的回归关系估计太阳辐照度。由于云消光指数调整了晴空值，因此建立准确的晴空模型对于所有模型来说都是非常重要的。良好的大气浊度值对于准确的晴空估计来说是必需的。经验模型一般采用平均浊度和光学厚度测量值，但往往忽略了由气溶胶类型变化与浓度变化导致的太阳能资源发生的变化。这就意味着，根据长期平均气溶胶得出的太阳辐射经验值，在确定气候变化趋势方面的作用是有限的。

5.4.2 静止卫星

极轨卫星距离地表较近，可以提供多种可转换为地表太阳辐照度值的测量值。但是由于地轨卫星一天之内仅经过一个特定区域一次，因此它们的时间覆盖率是有限的。静止气象卫星在可视范围内的空间分辨率约为 1km，并能以 30min 的时间分辨率监测大气状态和云量（详见图 5.7)，因此最适合建立太阳辐照度模型。静止卫星位于赤道上方 35，880 km（合 22，300mile）的地球同步轨道上。

地球的曲率限制了 -66° ~ +66°纬度之间的可用图像。美国的 GOES-West（西经 135°）和 Goes-East（西经 75°）卫星覆盖了北美和南美区域。欧盟的 Meteosat-9 (0°）和 Meteosat-7（东经 57.5°）卫星覆盖了欧洲、非洲和中东地区。日本 MTSAT（东经 140°）卫星覆盖了亚洲和澳洲地区（详见图 5.7)。俄罗斯的 GOMS 地球同步

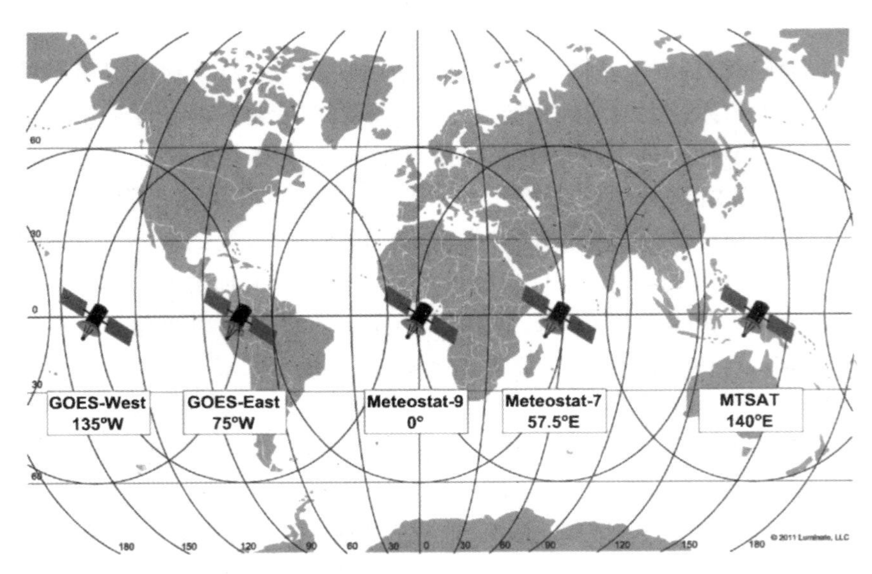

图 5.7　静止气象卫星提供的图像覆盖了南纬 60°～北纬 60°的范围。图片上显示了来自美国、德国、印度和日本的卫星。其他国家也有静止气象卫星，但是其记录周期不如上述国家卫星的记录周期完整。

卫星、中国的 FY-2 系列静止卫星和印度的 InSat 和 KALPANA 静止卫星也能提供气象数据和气象图像。因此，即使一颗卫星出现问题，它本该观测到的数据和图像也会包含在其他卫星的观测结果内，也就是说，不同卫星的观测结果会发生重叠。

5.4.3　卫星建模辐照度模型准确性

表 5.3 对比了 NASA 建模 1°网格化数据与高品质基线地表辐射观测网（简称 BSRN）之间不确定性。应该注意的是，由于观测区域存在巨大差异，因此很难将 1°网格上的卫星数据与地基 BSRN 地点实测数据相比较。然而，总的来说，平均偏差（简称 MBE）似乎较小。观测位置的不同，MBE 可出现几个百分比的变化。例如，DNI 的 MBE 从北纬 60°以上的 －15.7% 变为北纬 60°以下的 2.4%。注意：DNI 和 DHI 的 RMSE 和 MBE 都比 GHI 的估计值大，而 DNI 的 RMSE 是 GHI 估计值的两倍。DHI 的 RMSE 比 DNI 略高几个百分数。

表 5.3　NASA/SSE 建模卫星数据月均值的不确定性

测量值	MBE（%）	RMS（%）
GHI	－0.0	10.3
DHI	7.5	29.3
DNI	－4.1	22.7

注：在 ±60°纬度之间测得的辐照度值，其 RMS 误差较小；而距离两极较近的位置测得的辐照度值，其 RMS 误差较大。

卫星建模反演值与地基测量值之间的 RMSE 随着平均时间的增加而减少。在逐时比较方面，与地基测量值相比，GHI 的 RMSE 为 20% ~25%。日均 RMSE 降至 10% ~12%时，月均 RMSE 则在 5% ~10%范围之间或更低（Zelenka 等人，1999；Perez 等人，1987 年7 月；Renne 等人，1999）。最新 SoIar Anywhere 数据集分别将小时 GHI 数据、日 GHI 数据和月 GHI 数据的 RMSE 降至了 17% ~22%、8% ~13%和 4% ~7%。红外卫星通道的信息提高了冬季的估计值（Hoff 和 Perez 2012）。一般情况下，MBE 的范围为 ±5%，而大多数研究内容中，MBE 的范围则为 2% ~3%。表 5.4 对比了纽约州立大学奥尔巴尼分校卫星数据和 NSRDB 数据库 METSTAT 建模反演数据的 RMSE 与地基实测数据。数据由 Myers 等人于 1989 年测得（Myers 等人，1989），并将德克萨斯州的地基数据从对比地点内剔除①。

表 5.4 卫星实测数据与 NSRDB 中的建模数据对比

全球总计	SUNY	METSTAT
月均日总计（%）	MBE	MBE
平均值	1.19	2.63
标准偏差	3.59	6.0
最小值	-2.29	-5.0
最大值	5.43	10.7

5.4.4 NASA/SSE 数据库

国家可再生能源实验室为美国观测点创建 NSRDB 数据库时，NASA 则正在为全球观测点开发地表气象与太阳能（SSE）数据库。NASA 并未选择经验模型，而是选择了根据 Pinker 和 Ewing 的工作成果建立的物理模型（Pinker 和 Ewing 1985）。原始数据库位于 2.5° × 2.5°网格上，在 1983 年至 1993 年间运行。目前，随着方法的改进，网格的大小降至 1.0° × 1.0°，数据库的运行时间也从 1983 年延长至 2005 年（2012 年 3 月 1 日的 SSE 数据库）。NASA 计划在未来进一步改进方法，并缩小网格。

虽然 1.0°的网格对于观测点分析来说过大，但是网格内的观测点大致遵循太阳能资源的变化情况。图 5.8 对比了达盖特和凤凰城的观测点（详见图 5.1 和图 5.2）以及这两个观测点的 1.0°网格。NASA/SSE 均密切追踪 NSRDB 的数据，但所获得的数据是由其他时段数据替换的年份除外（尤其是 1996—1997 年）。

5.4.5 卫星数据准确性与状态的讨论

关于大气成分的准确信息，在晴空无云的条件下，总辐射、直射辐射和散射辐

① 由于德克萨斯的三个观测点校准和三种组分对比不一致性（GHI、DNI 和 DHI）导致结果发生扭曲，因此取消了位于德克萨斯的所有观测点，并根据更加连续的数据集对 RMSE 重新计算。本章关于实测数据的小节详细介绍了误差的情况。

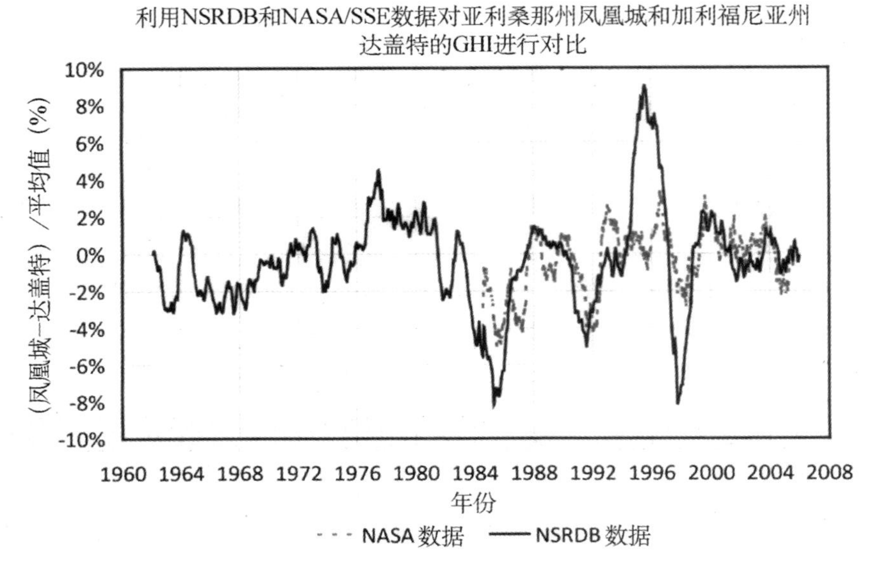

图 5.8　利用 NASA/SSE 数据集（灰色虚线）和 NSRDB（黑色实线）对加利福尼亚州达盖特和亚利桑那州凤凰城的 GHI 值进行对比。NASA/SSE 数据值减少了约 4%，目的是为了与同一时段的 NSRDB 数据库平均数据相匹配。

射的计算结果均具有较高的准确度。例如，计算散射辐射与实测散射辐射之间的差异约为 10 W/m^2，这导致热补偿从而扭曲了高质量的热电堆总日射强度计测得的 DHI 测量值（Cess 等人，1993）。虽然利用辐射传输模型产生了这种差异，但是还有许多晴空模型成功地计算出晴空辐照度，并且无需详细了解辐射传输模型内的气溶胶分布情况。因此，利用卫星图像获得辐照度数据的模型在晴空时段表现非常出色，还能够提供足够的气溶胶输入数据，尤其是 GHI 计算结果。这是因为许多气溶胶优先向正前方散射光线，而且计算中与气溶胶分布偏差相关的 DNI 估计误差通过估算 DHI 上的逆效应进行了补偿。还有一个原因是 GHI = DNI × cos（SZA）+ DHI，其中 SZA 表示太阳天顶角。

由于卫星观测到的天空范围比地基仪器观测到的天空范围更大，因此多云时段或部分多云时段内的计算更加复杂。同时，云盖的多层性和不同混浊度使建模更加复杂，这意味着多云时段或部分多云时段的年份，其模型无法像晴空时段的模型一样准确。因此，阳光充足的观测点和月份，其 RMSE 较小，MBE 也可能较小。

正如任何建模研究一样，建模人员必须注意建模所需数据的准确性，并进行验证。由于大多数引用的卫星数据 RMSE 和 MBE 均未考虑实测数据的不确定性，因此应当考虑到地基测量数据（RMSE 或 MBE）与卫星数据正交的不确定性。正交是指取两数平方和的平方根。

例如，卫星 GHI 数据 RMSE 的不确定性为 10%，而地基实测的 GHI 的不确定性为 5%，在正交后的误差之和为 11.2%。

目前，基于图像原始分辨率（美国约为1 km，英国约为3 km）且位于网格上的卫星数据集是可以获得的。验证这些模型，并证明空间特异性并非随着辐射值不确定性的增加而增加（例如，地面覆盖反射率指向精度问题或变化性问题）需要更多的工作。

由于卫星图像并非集中于整点时刻，要使地基数据与卫星数据始终对应并不容易。例如，当一个图像取自09：15时的位置时，必须调整使图像数据与气象数据匹配，气象数据通常为前一个小时数据的平均数。NSRDB数据库中的卫星数据是转移辐照度值，相当于小时平均气象数据。这种转移可能包含光滑度数据（如果在连续卫星帧之间进行插值，以便更好地与特定小时条件匹配），会降低某些计算值的变化性。但是，当采用辐照度数据与其他气象数据值计算系统性能时，在整体上是一种更好的表现方式。

接近日出和日落时获得的卫星值具有较高的不确定性，有以下两个方面的原因：①入射角大；②当获取卫星图像时太阳正好处于地平线以下，而这时仍存在太阳辐照。例如，如果日出时间为早上6：30，而获取卫星图像的时间为6：15，则没有7：00太阳辐照度的记录，而6：30—7：00这一时段之间已经可以测得GHI。虽然辐照度值相当小，而且较大的不确定性并未显著地影响数据的有用性，但是了解所用数据值的限制因素确是非常重要的。

5.5 辐照度测量值与不确定性

高质量的长期辐照度测量值是判断太阳辐射数据集是否可以获益的标准。然而，除了太平洋西北地区少数的几个观测站能够提供长达30多年的高质量总辐射和太阳直射辐照度数据（详见图5.9）之外，几乎没有能够用于准确评估太阳能资源变化性的长期高质量数据。美国境内的1400多个观测点以及全球的许多观测站都有实测的辐照度数据，但是这些数据在质量和时长方面差异较大。其中极少有观测站的辐照度数据和相关记录保存完好。只有少数的观测站用来测量太阳辐射，为潜在的太阳能发电设备提供数据。本小节将讨论观测站提供的包含GHI和DNI测量值的数据，并集中讨论生成最可靠数据所必须的步骤。

5.5.1 高质量DNI、GHI和DHI测量值

利用总日射强度计和直接日射强度计可以分别测量出GHI和DNI，利用总日射强度计和一块遮光板可获得DHI的测量值。绝对空腔辐射计测量的DNI值最准确，其国际标准为95%置信水平、±0.3%的不确定性；且绝对空腔仪器根据国际标准校准之后的不确定性为±0.4%。但是，空腔辐射计的价格非常昂贵，而且并不是为了连续场测量而设计的。热电堆直接日射强度计的不确定水平为95%，并在±0.7%～±2.0%之间变化（取决于所用的仪器）。如果没有空腔日射强度计，可以使用符合二级标准、绝对精度超过±2%的总日射强度计。对于太阳天顶角小于

70°，可采用绝对精度为±3%的一级热电堆日射强度计。散射辐射的测量最好采用二级黑白日射强度计，将强度计安装在一台自动太阳追踪器上，并避免阳光直射。Vignola等人（2012）对太阳辐射仪器进行了详细深入的讨论。

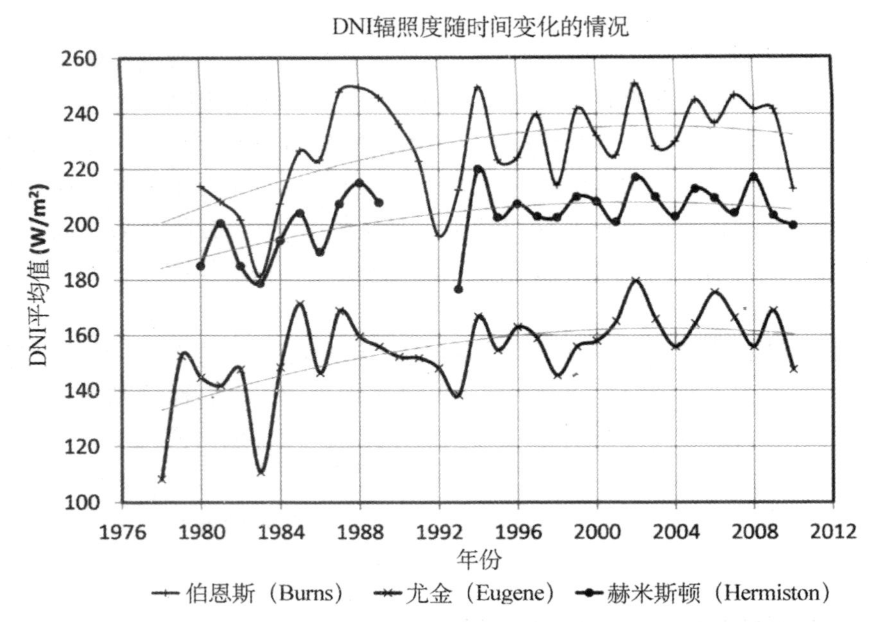

图5.9　1978—2009年太平洋西北地区地基DNI测量值，在30多年的时间里，DNI测量值增加了约10%。GHI仅增加了几个百分比，且在不确定性估计的范围内。

上述不确定性代表了校准期间测量值的准确性。在运行正常、仪器设备得到了良好的维修保养时，GHI、DNI和DHI的测量不确定性在95%置信水平条件下分别为±5%、±3%和±7%。为了不超出上述不确定性，必须做到：定期清洁设备的导流罩和窗口，将测量DNI的直接日射强度计对准太阳；测量DHI时使用遮光板；定期校准仪器。如果对设备进行定期维修和日常养护，则测量站测得的数据质量和准确性会大大降低。总日射强度计的响应率一般每年降低0.5%～1.0%，因此建议每年对其进行现场校准。

高质量DNI测量值能够更准确地评估系统性能。DNI是一种太阳成分，主要为太阳能发电系统提供能源，并为聚光系统提供所需能量。

在没有DNI测量值的情况下，必须从卫星模型估计值（DNI的年均RMSE的不确定性为15%）或从GHI值的相关性中获得DNI成分。如前文所述，根据相关性获得的DNI中存在的误差，可利用DHI中的相对误差进行补偿，而且总辐照度建模（朝南地表）的不确定性非常接近GHI值中的不确定性。对于DNI来说，这两种方法平均不确定性都较高，而且还存在偏差。因此，实测DNI值大大增强了建模系统性能估计中的置信水平。

三种辐照度成分（即GHI、DNI和DHI）是相互关联的，因此可用于检查数据的准确性、识别数据存在的问题。NREL有一个名为SERIQC的软件项目，能够帮助评估包含两种或三种成分的太阳数据的质量。

5.5.2 旋转遮光带辐射计

旋转遮光带辐射计（简称RSR）也可用于收集三种主要辐照度测量值。该仪器包括一个装有遮光带的总日射强度计，其中遮光带可进行旋转，能够每隔一定时间经过总日射强度计。通过一系列的校正和相关分析，可以测量GHI、DNI和DHI。相关文献资料显示，如果旋转遮光带辐射计经过适当的校准和维护，其测得的DNI的不确定性为±5%（Myers等人，2005），GHI也具有相似的不确定性（Stoffel等人，2010；Wells等人，1992）。

旋转遮光带辐射计的优势在于，在无法进行日常维护的位置，旋转遮光带辐射计的远程应用更加稳定（Meyers等人，2009年9月）。考虑到旋转遮光带辐射计系统的稳定性和价格差，许多开发人员选择该设备用于评估太阳能资源开发地点。

大部分旋转遮光带辐射计都采用基于光电二极管的总日射强度计。最常用的是型号是LI-COR LI-200。光电二极管与太阳能电池类似，对入射太阳辐射的光谱分布敏感。GHI和DHI在晴空时段具有不同的光谱分布。由于需要经常校准仪器以便提供准确的GHI，因此必须对记录的DHI进行调整，以说明不同GHI和DHI光谱分布导致不同响应率的原因。在一些搭建了相关仪器并进行测试的地方，DHI的校正工作进行得很顺利。然而校正是否适用于具有不同气溶胶浓度的观测点，这个问题仍在研究中。气溶胶是分布于大气中的微粒，影响入射太阳辐射的光谱分布。对光谱进行调整主要影响DHI数据和经计算获得的DNI值。DHI的校正系数可能取决于上述观测点空气中气溶胶的浓度和成分。

RSP仪器的校准非常重要，原因在于无法将三种太阳成分全部检查出来。DNI是根据GHI和DHI成分计算获得。早期的RSP采用工厂校准过的LI-COR Li-200总日射强度计。工厂校准的误差可以达到8%。因此，在仪器安装到现场之前，对其进行严格的校准是非常重要的，同时要进行定期校准检查。

例如图5.10中绘出的德克萨斯州科珀斯克里斯蒂的RSP数据。仪器采用LI-COR工厂校准，观测站没有关于仪器的其他校准记录。利用气候气溶胶光学厚度数据，将陆基测量值与NREL生成的晴空条件下的建模辐照度对比。在晴空指数高的晴空时段，数据与模型应当是匹配的（图右上角）。

虽然晴空模型只是偶尔无需输入气溶胶数据，但不能整年都不进行数据输入。已有证据表明，具有高质量气溶胶输入数据的晴空模型，其误差较小（约为±2%）。因此科珀斯克里斯蒂的RSP数据误差很有可能要低6%左右。如果在实地应用之前或在现场对仪器进行高质量的校准后，就会发现这种情况。

5.5.3 维护与校准的重要性

在确定陆基实测数据的有用性方面，仪器的保养维护与校准具有重要的意义。

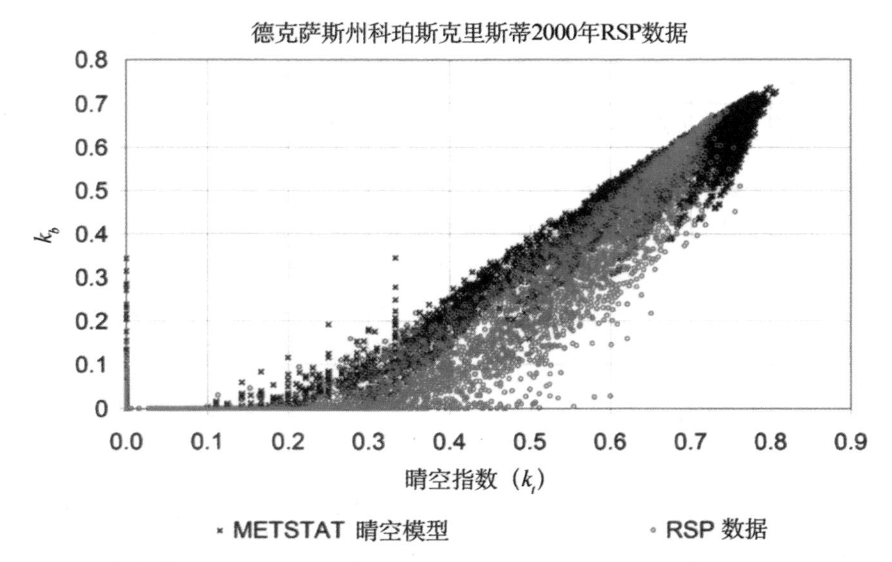

图 5.10 为德克萨斯州科珀斯克里斯蒂（图中圆圈）旋转遮光带日射强度计（简称 RSP）数据的小时 DNI 晴空指数和 GHI 晴空指数（kt），以及利用 NREL 的 METSTAT 模型（×'s）计算得出的晴空值。晴空指数是指太阳入射辐射和天文辐射之比。晴空值假定无云量并与晴空时段的旋转遮光带日射强度计数据值相匹配。

如果建立了一座太阳监测站，但却未对其进行任何保养维护，则该监测站测得的数据的不确定性会显著增加。由于资金随着时间波动，因此很难找到长期数据。但是，为了获得较好的监测结果，在监测工作过程中需要时刻保持警觉。

由于长期趋势变化很小，而且在整个数据库时段内都必须进行校准，因此往往很难对其进行验证。所有总日射强度计都趋向于随着时间改变，因此需要对仪器的响应率或校准情况进行监测，并适当更新，以便剔除仪器诱发的趋势。图 5.9 展示了在统计上较为显著的长期趋势实例。在过去 30 年时间内，太平洋西北地区三个观测站的 DNI 增加了约 10%。由于一直对仪器进行校准，该趋势内的置信度也随之增加。观测具有统计确定性的趋势需要很长一段时间，是因为约有 ±5% 的同比变化。需要注意的是，建立趋势置信度要花费近 30 年的时间，而这一趋势仅仅在统计上对 DNI 成分有意义。与 GHI 相比，DNI 对云量的变化和气溶胶光学厚度的变化更加敏感，原因是散射光添加了散射成分（总日射强度计测得 GHI 值）。

5.5.4 卫星数据和地基数据融合值

虽然获得地基辐照度数据很难，但是将并行卫星数据和历史数据集与 1 ~ 2 年的数据结合在一起，能够极大地提高太阳能资源的整体置信度。高质量实测数据中存在的不确定性远小于模型数据的不确定性，而实测数据与卫星数据之间的比较，可用于确定模型数据中系统误差或系统偏差的大小与特性。

5.5.5　其他重要的气象测量值

辅助气象测量值也具有重要的意义，并对预计的系统性能产生影响。太阳能系统的气象测量值通常与环境温度、风速、风向、降水量、相对湿度和气压有关。用于估计 PV 系统性能的模型至少要用到环境温度（2 m）和风速/风向（3 m）的测量值。这类信息剔除了系统偏差，因此可将温度和风速引入系统性能中。对于 CPV 和 CSP 系统而言，可利用 10 m 的风速测量值评估装载损耗的估计值。相对湿度对太阳能电池板略有影响，而降水量影响污垢与尘土在太阳板上的堆积。气压测量值可用于系统运行期间的短期预测。

5.6　建立可获利的数据集

本章的前几节重点介绍了公开可用辐照度数据集的特性，利用这些特性可建立一个用于分析太阳能发电设施性能的数据集。在接下来的两小节内容中，我们将介绍如何将这些信息组合在一起，从而建立一个能够对太阳能项目进行财务分析的数据集。理想情况下，从高质量的特定观测点处的太阳监测站得到的数据集可获得的效益最大，并且要求监测站维护良好，并从事监测工作长达 30 年或以上。但是，这类时段内的数据集数量是极少的，而拥有大规模数据的观测点和大型太阳能设备所在的位置也不同。所幸仍有多种太阳数据集与方法可用于描述太阳能资源的特征，并用于详细描述每小时、每月和每年的入射能量。

虽然世界各地都有太阳辐射数据集，但本文以美国的太阳辐射数据集为例。假设某人想在加利福尼亚的沙漠中建立一个大型的太阳能项目，他必须考虑许多因素，如项目场地的电力如何向外输送，是否有足够的土地用于修建电厂和扩大设备，项目所在地是否具备充足的太阳能资源。NREL 官方网站上的太阳能地图可以确定具有充足太阳能资源的区域。一旦选定了项目位置并获得了相关的土地使用权，必须全面彻底地描述太阳能资源的特点，以便预测产能，并以最佳的方式设计太阳能发电厂，以及获得项目所需的资金。在美国，公共可用的太阳能资源数据存档于 NC-DC 的 NSRDB 数据库中。国家可再生能源实验室还建立了一个在线 NSRDB 数据库（http：// www. nrel. gov/rredc/solar_ data. html）。数据库中包含了 1961—1990 年美国 239 个观测点的数据，以及 1991—2010 年美国 1454 个观测点的数据。其中 239 个观测点的 1961—1990 年的数据可由 1991—2010 年的数据库中的相关观测点代表（详见 5.2 小节）。

5.6.1　可获利数据集的目标

创建可获利数据集的目标是将不同数据组合起来，从而为项目场地建立一个长期可靠的太阳辐照度记录。一个可靠的太阳辐照度记录是指数据集中的不确定性与偏差是已知的且其特征已被详细地描述。一般情况下，根据建模卫星数据可知项目所在地的太阳能资源情况。大多数位于0.1°网格上的美国观测点，均可利用NREL的NSRDB数据库（1998—2005年）中SUNY-Albany卫星的太阳辐照度数据。在纬度为25°~50°之间的区域，0.1°网格上大致为一个1万m的网格。在纬度为±66°范围内的大多数观测点，存有或可以获取类似的卫星数据集。1998—2010年间甚至是1998—2012年间获得的卫星数据都不足以创建一个可获利数据集，原因在于这些数据并未包含所有情况下（即发电设备在其使用寿命中可能会遇到的所有情况）的数据，尤其是出现火山喷发的年份。因此，必须利用附近的观测点获得的数据集，而且这些观测点已经记录了受火山喷发影响年份的太阳辐照度数据，或具有能够在受火山喷发影响时段内用于建模太阳能资源的气象数据。所幸在美国，NSRDB数据库涵盖了受火山喷发影响时段的数据，即1982—1984年间的墨西哥埃尔齐琼（El Chichon）火山喷发和1991—1994年的菲律宾皮纳图博火山喷发。在最新版本的NSRDB数据库的1454个观测点中，通常存在一个或多个观测点位于潜在太阳能发电厂附近，可以提供评估发电厂产能变化情况所需的长期必要数据。

5.6.2 创建可获利数据集的步骤

由于太阳能发电厂所在位置的太阳资源和NSRDB数据库观测点的太阳能资源可能不同，因此必须调整数据库中的数据，以便数据能够更近似目标观测点的太阳辐照度。调整计算数据的步骤如下：

（1）从NREL官方网站或其他数据源上下载卫星数据，并从附近的NSRDB数据库观测点下载数据。

（2）为选定的项目地点和附近的NSRDB数据库观测站绘制日GHI和DNI图。选择最能够近似地模仿观测点（正在接受评估的观测点）太阳能资源的NSRDB数据库观测站（Perez等人，2008）。

（3）卫星数据提供的NSRDB数据库观测点与项目地点之间的太阳辐照度平均差可以对数据库中的数据进行修改或调整，从而仿真项目地点的太阳辐照度。由于NSRDB数据库观测点与目标地点之间观测的月份可能存在人造云，因此应当保证能够按月（或更短的时间间隔）进行对比和推断。

如果NSRDB数据库观测点与目标地点之间的差异仅为几个百分点，则简单的比率就可能满足调整的需要。然而，若是差异显著，那么必须考虑太阳辐射的统计特征。如后来Liu、Jordan及许多研究人员（Vignola和McDaniel 1991年8月；Liu和Jordan 1960；Vijayakumar等人2005）所发现的一样，日均晴空指数的分布与月均晴空指数有关。如果在某一规定月份内，太阳能发电厂的月晴空指数平均比选定的NSRDB观测点的月晴空指数高10%，那么必须修改NSRDB观测点获得的数据，以便调整多出的10%晴空指数。通过对比记录重叠地点的数据分布差异，可以绘制一个图案以指导未重叠地点的数据修改。重点是确保该月份调整的数据与期望的晴空指数数据分布相匹配。

5.6.3 NASA/SSE 数据与地基测量值

由于 NASA/SSE 覆盖的区域（在 1°网格上）不同，数据会产生较大的差异，但除非是数据出现问题，下载的 NASA/SSE 卫星数据与 NSRDB 数据的长期变化应当是匹配的。如图 5.8 所示。当用于创建 NSRDB 数据的气象数据中存在的空白被填补后，NSRDB 和 NASA/SSE 数据库之间往往存在较大的差别。此类 NSRDB 数据也会被标记为具有较大的不确定性。

为了增加数据集的置信度，降低不确定性，地基实测数据对建立可获利数据集大有益处。虽然，通常情况下卫星数据的 MBE 较小，近似于 GHI 的几个百分点（Zelenka 等人 1999；Perez 等人 1987 年 7 月；Renne 等人 1999；Hoff 和 Perez 2012；Myers 等人 1989；Nottrott 和 Kleissl 2010）。但是，可以利用地基实测数据验证卫星建模数据，帮助识别积雪覆盖地区或地表反照率变化较大的地区出现的任何系统问题。从仅有总日射强度计（未受到系统维护）的观测点获取的地基测量值，一定具有相当大的不确定性。原因在于验证数据的方式有限，有时还会因污垢、水分或其他因素而降低数据的准确性。所以，至少应保证地基数据在一年时间内的准确性和有效性，以便为观测点验证卫星数据，并为之提供更严格的不确定性限制（详见 5.5 小节中关于数据质量的要求）。在太阳能发电厂的设计和未来运行中，这些数据同样具有价值。但是，如前文中关于 NSRDB 和卫星数据的说明，一年的地基实测数据出现了同样的推测问题。因此，必须购买该地点的并行卫星数据。此外，必须将当前的卫星数据模型与 NSRDB 中的历史卫星数据值对比。这二者间的一些记录重叠的数据也具有十分重要的意义，这类重叠数据可以帮助调整数据集，使其满足一个标准的要求。一般情况下，这个步骤被称为测试相关预测（Measure-Correlate-Predict MCP）。

NASA/SSE 数据集是互联网上唯一可免费获得的、最新的数据集。该数据集可覆盖世界各地。无论是世界上某个地区的某个观测点，还是未包含 NSRDB 或类似数据集中的最近时段，其历史数据主要都来自 NASA 数据集。在这种环境下，将地基数据加入到资源分析中是首要任务，这样可以提高与卫星结果相关的置信度。NASA/SSE 数据集为 P95 和 P99 计算提供长期最坏情况下的数据场景。如没有这类数据场景，那么就采用以分析为主、确定性其次的方法。

5.7 P50、P90 和 P99 条件下的太阳辐射数据集统计分析

如第 4 章所述，太阳能发电系统的年度效能变化是项目财务分析的重要组成部分。最大的财务利益是发电设备在规定的年份中生产电量的超越概率，这也是能够满足或超过规定发电量的概率。例如，一个系统超过规定发电量的概率为 90%（通常表示为 P90），而这一数值是根据预测发电量的概率密度确定的。预测发电量与入射太阳辐射的年际变化直接相关。因此，具有一个能够覆盖发电设备所在地的年入

射太阳辐射范围，且可以估计不同太阳辐射水平出现概率的长期太阳辐照度数据集是非常重要的。

5.7.1　P50、P90 和 P95 的用途

图 5.11 为 1961—2008 年亚利桑那州凤凰城 43 年间 GHI 历史数据的柱状图。数据集包括 NSRDB 的地基建模数据（2007 年 4 月发布的《1991—2005 年 NSRDB 数据库（更新版）用户手册》）和 SolarAnywhere 数据集的卫星建模数据（来源：https：//www. solaranywhere. com/Public/About. aspx. ）。

进行概率统计时，即使是 43 年的数据，其价值仍是有限的。当必须使用较小的数据集时，那么就有必要采用合理的数学方法扩大数据集，从而计算所需的预期资料。通过一个被称为自举法的过程，可将这些数据作为更大数据集的基础。P50 和 P90 的产能可根据更大数据集计算得出。自举法从小数据中生成数以千计的数据，假定数据遵循规定的分布规则，这些信息有助于对小数据集进行统计分析（Efron 和 Tibshirani 1993）。

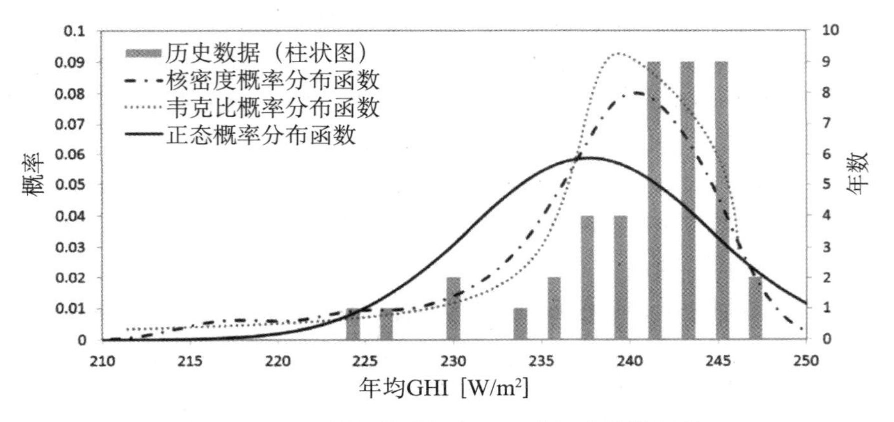

图 5.11　亚利桑那州凤凰城 GHI 年际变化柱状图，其中为 43 年间的观测数据及适合数据的不同分布函数。

5.7.2　年辐照度分布

自举法不仅需要一个初始数据集，而且还要求具有多个数据集，并且该数据集应具有分布类型的基本信息。尤其是对于无法表现出高斯分布或正态分布却呈现出更加偏斜分布的太阳辐射。自举模型利用该信息生成囊括充足数据的大数据集，从统计上推导出合理可靠的 P50、P90 和 P99 估计值。当然，初始数据集越大，自举模型越好。由于初始模型应当涵盖事件发生范围的年份，因此其中至少应包含一个火山气溶胶影响太阳能资源的年份，这一点至关重要。没有包含极端事件，那么就不能算是包含全部事件，这样得出的自举数据集仅能看做是包含可能事件的一个子集。虽然这并不会对 P50 值造成特别的影响，但却能够导致 P90 值或 P99 值高估了

产能较低的年份（可能发生在系统的使用周期内）。

图 5.11 为利用正态分布，即韦克比分布（Rao 和 Hamed 1999）以及与历史 GHI 数据集相对应的核密度估计（简称 KDE）（Sheather 等人 1991）生成的最佳概率分布函数（简称 pdfs）。可使用统计技术选定韦克比分布，从而确定与不同分布类型的潜在数据的匹配度。

由于 KDE 能够快速定义对任意数据集的概率分布函数，而任意数据集可能会、也可能不会与常见的统计分布相对应，因此描绘太阳能资源变化所具有的特征较为便利。

需要注意的是，没有分布函数能够与数据的分布严格匹配。原因在于数据完整或包含了非标准事件，如受火山喷发影响的年份。可能两种不同分布的结合能够更好地代表包含了非标准年份的数据。

事实上，应当采用自举法预测年能量性能，而非预测太阳辐射数据。这会减少评估设备性能所需的程序运行的数量，而太阳能集热器或 PV 太阳能电池板上的入射能量与发电量预测不存在精确的线性相关。

5.7.3　长期数据的要求

数据集中包含的年份需要足够长，才能够以统计上合理可靠的方式获得数据信息。年数据集必须包含全部可能事件。此外，数据集必须足够长，以便充分表示各种数据的分布情况。利用 30 年的数据形成气象标准，而极端情况和变化情况均来自于完整的数据记录。对于太阳辐射数据而言，需要花费 30 年的时间确立具有高置信水平的标准。有时只有含 8 年或 15 年数据的较小数据集可用。

总之，统计上准确估算 P50、P90 和 P99 以上概率需要以下三个要素：

- 10 ~ 15 年数据，能够为自举模型提供足够数据，生成统计上可靠合理的结果。数据集越长越好。
- 包括至少 1 年受极端事件影响的数据，如因火山喷发而导致太阳辐照度降低。
- 了解年太阳辐照度典型分布。

5.8　现状与前景

太阳资源数据以及预测太阳能系统性能的模型中存在的不确定性，会令贷款方或投资方认为是财务上的风险，而且也会极大地影响项目成本和项目可行性。目前研究人员正努力了解和提高太阳辐射仪器的性能，并对用于估计太阳能资源的卫星模型进行验证和改进。此外，他们正在收集改良数据，以便更好地描述太阳能集热器入射太阳辐射的模型中不确性的特征，从而减少这种不确定性。

研究人员正在对测量太阳辐射所用仪器展开越来越详细的评估，目的是识别并描述与仪器相关的系统误差，如温度位移、与真正余弦响应的偏差、测量值的光谱依赖度（Vignola 等人 2012）。同时，他们还在实地检验并改进仪器的校准与维护步骤；详细检查旧数据集中出现的问题和不一致性，并进行更正；开发用于校正特定仪器相关系统误差的模型，并对其进行测试。所有工作的目的是将不确定性降低几个百分点。

国家可再生能源实验室（NREL）于2010年展开的一个项目创建了高质量的数据集，用于测试或改良预测光伏系统性能的模型。NREL在美国不同地区设立了光伏模型测试设备，旨在测试和评估创建所需的数据集。此外，它还利用最新的辐照度测量仪器获得了最高质 量的GHI、DNI和DHI测量值，并同时对PV模型性能进行测试。这一系列测试所获得的数据集将用于验证不同太阳能系统性能模型（用于估计倾斜地表上的太阳辐照度）的准确性。在这之前，NREL已经根据校准的仪器所收集的数据对这些模型进行了验证。项目将对用于评估模型中存在的不确定性具有更准确的了解，使建模人员能够改良其模型（Vignola等人，2013）。

目前正在建立的大型太阳能设备，使人们发现了现有数据集的优势和劣势，从而确立更好的系统性能估计值，以及努力降低预测系统性能中存在的不确定性，从而降低项目出资人可感知的风险。而这反过来能够减少项目的总成本。第5章中所述的内容概括了创建可获利太阳辐射数据集的过程。目前，人们已了解了创建这些数据集的过程，接下来有可能改良数据集的创建过程，并提高数据质量。

参考文献

[1] National Solar Radiation Data Base User's Manual 1961—1990, 1995. Technical Report NREL/TP- 463-5784.

[2] National Solar Radiation Database 1991—2005 Update: User's Manual, April 2007. Technical Report, NREL/TP-581 -41364.

[3] SOLMET, Vol. 1 (1978). User's Manual - Hourly Solar Radiation-Surface Meteorological Observations. TD-9724. Asheville, NC: National Climatic Data Center.

[4] SOLMET, Vol. 2 (1979). Final Report - Hourly Solar Radiation-Surface Meteorological Observations. TD-9724. Asheville, NC: National Climatic Data Center.

[5] Randall, C. M., E Whitson Jr., M., 1 December 1977. Hourly Insolation and Meteorological Data Bases Including Improved Direct Insolation Estimates, Aerospace Report No. ATR-78 (7592) - 1. The Aerospace Corporation, El Segundo, CA.

[6] Maxwell, E. L., April 1998. METSTAT—The solar radiation model used in the production of the National Solar Radiation Data Base (NSRDB). Solar Energy 62 (4), 263-279.

[7] Vignola, F., April 1997. Testing of the METSTAT Model, Proceedings of the 1997 Annual Conference of the American Solar Energy Society. Washington, D. C., pp. 287-292. Vignola, F., Perez, R., 2004.

[8] Solar Resource GIS Data Base for the Pacific Northwest using Satellite Data. Final Re-

port, 2004, DOE Report DE-PS36-0036-00GO10499 (2004). Canadian Weather Energy and Engineering Datasets (CWEEDS FILES) and Canadian Weather for Energy Calculations (CWEC FILES) Updated User's Manual ftp://arc-dm20. tor. ec. gc. ca/pub/ dist/climate/CWEEDS_ 2005/ZIPPED% 20FILES/ENGLISH/CWEEDS% 20documentation_ Release9. txt

[9] Morris, R. J., Brunger, A. P., Thevenard, D., July 4-8, 1992. A Solar Building Energy Digital Resource Atlas for Canada. 18th Annual Conference of the Solar Energy Society of Canada. Alberta, Edmonton, 123-128.

[10] Perez, R., Ineichem, P., Maxwell, E., Seals, R., Zelenka, A., 1990. Making full use of the clearness index for parameterizing hourly insolation conditions. Solar Energy vol. 45 (No. 2), 111-114.

[11] Davies, J. A., Abdel-Wahab, M., McKay, D. C., 1984. Estimating Solar Irradiation on Horizontal Surfaces. International Journal of Solar Energy vol. 2, 405-424.

[12] Canada, Environment, 1985. Solar Radiation Analyses for Canada 1967—1976. Volumes 1-6. Environment Canada, Canadian Climate Centre, Downsview, Ontario. M3H 5T4.

[13] Morris, R. J., Skinner, W. R., June 18-20, 1990. Requirements for a solar energy resource atlas for Canada. Proc. 16th annual conference of the Solar Energy Society of Canada, Inc., Halifax, NS, 196-200.

[14] Perez, R. P., Ineichem, R. P., Maxwell, E., Seals, R., Zelenka, A., 1991. Dynamic models for hourly global to direct irradiance conversion. Proceedings of the 1991 Biennial Congress of the International Solar Energy Society, Denver, 951-956. August 19-23, 1991.

[15] Vignola, F., Michalsky, J., Stoffel, T., 2012. Solar and Infrared Radiation Measurements. CRC Press, Boca Raton, Florida.

[16] Marion, W., Urban, K., June 1995. User's Manual for TMY2 Datasets, NREL.

[17] Wilcox, S., Marion, B., May 2008. User's Manual for TMY3 Datasets. Technical Report NREL/ TP-581-43156. Revised.

[18] Vignola, F., McDaniels, D. K., April 1993. Value of Long-term Solar Radiation Data. Proceedings of the American Section of the International Solar Energy Society. Washington, D. C.

[19] Zelenka, A., Perez, R., Seals, R., Renné, D., 1999. Effective accuracy of satellite-derived irradiance. Theoretical and Applied Climatology 62, 199-207.

[20] Stoffel, T. D., Renné Myers, D., Wilcox, S., Sengupta, M., George, R., Turchi, C., 2010. Concentrating Solar Power Best Practices Handbook for the Collection and Use of Solar Resource Data. Technical Report NREL/TP-550-47465. Sep-

tember (2010).

[21] Pinker, R., Ewing, J., 1985. Modeling surface solar radiation: Model formulation and validation. Journal of Climate and Applied Meteorology 24, 389-401.

[22] Pinker, R., Laszlo, I., 1992. Modeling surface solar irradiance for satellite applications on a global scale. Journal of Applied Meteorology 31, 194-211.

[23] Schiffer, R. A., Rossow, W. B., 1983. The International Satellite Cloud Climatology Project (ISCCP): The first project of the World Climate Research Programme. Bulletin of the American Meteorological Society 64, 779-784.

[24] Whitlock, C. H., Charlock, T. P., Staylor, W. F., Pinker, R. T., Laszlo, I., Ohmura, A., Gilgen, H., Konzelman, T., DiPasquale, R. C., Moats, C. D., LeCroy, S. R., Ritchey, N. A., 1995. First global WCRP shortwave surface radiation budget dataset. Bulletin of the American Meteorological Society 76, 905-922.

[25] Surface meteorology and Solar Energy (SSE), March 1, 2012. Release 6.0 Methodology Version 3.1. http://eosweb.larc.nasa.gov/sse/documents/SSE6Methodology.pdf.

[26] Perez, R., Stewart, R., Barron, J., July, 1987. An Approach to Developing a Versatile Climato- logical/Real Time Radiation Data Base. Proc. of ASES Annual Meeting, 412—416. Portland, Oregon.

[27] Renne, D. S., Perez, R., Zelenka, A., Whitlock, C., DiPasquale, R., 1999. Use of weather and climate research satellites for estimating solar resources, Chapter 5. Advances in Solar Energy vol. 13. American Solar Energy Society.

[28] Hoff, T. E., Perez, R., 2012. Evaluating Satellite Derived and Measured Irradiance Accuracy for PV Resource Management in the California Independent System Operator Control Area. Draft.

[29] Myers, D. R., Emery, K. A., Stoffel, T. L., 1989. Uncertainty Estimates for Global Solar Irradiance Measurements Used to Evaluate PV Device Performance. Solar Cells 27, 455-464 (1989).

[30] Cess, R. D., Nemesure, S., Dutton, E. G., DeLuisi, J. J., Potter, G. L., Morcrette, J., 1993. The impact of clouds on shortwave radiation budget of the surface-atmosphere system: Interfacing measurements and models. Journal of Climate 6, 308-316.

[31] Myers, D. R., Wilcox, S., Marion, W., George, R., Anderberg, M., 2005. Broadband Model Performance for an Updated National Solar Radiation Database in the United States of America, ISES 2005 Solar World Congress. Orlando, Florida August 6-12, 2005.

[32] Wells, C. V., 1992. Measurement Uncertainty Analysis Techniques Applied to PV

Performance Measurements. Proceedings Photovoltaic Performance and Reliability Workshop, National Renewable Energy Laboratory, Golden, CO 80401.

[33] Meyers, R., Beyer, H. G., Fanslau, J., Geuder, N., Hammer, A., Hirsch, T., Hoyer-Klick, C., Schmidt, N., Schwandt, M., September 2009. Towards Standardization of CSP Yield Assessments. SolarPACES, Berlin.

[34] Perez, R., Kmiecik, M., Wilcox, S., Stackhouse, P., 2008. Enhancing the Geographical and Time Resolution of NASA SSE Time Series Using Microstructure Patterning. Proc. ASES Annual meeting, Cleveland, OH.

[35] Vignola, F., McDaniel, D. K., August 1991. Direct Normal Beam Frequency Distribution. Proceedings of the Eleventh Biennial Congress of the International Solar Energy Society, Denver, Colorado.

[36] Liu, B. Y. H., Jordan, R. C., 1960. The Interrelationship and Characteristic Distribution of Direct, Diffuse and Total Solar Radiation. Solar Energy vol. 4, 1.

[37] Vijayakumar, G., Kummert, M., Klein, S. A., Beckman, W. A., 2005. Analysis of short-term solar radiation data. Solar Energy 79 (5), 495-504.

[38] Nottrott, A., Kleissl, J., 2010. Validation of the SUNY NSRDB global horizontal irradiance in California. Solar Energy 84, 1816-1827.

[39] Efron, B., Tibshirani, R. J., 1993. An Introduction to the Bootstrap. Chapman and Hall/CRC, Boca Raton, FL.

[40] Rao, R., Hamed, K. H., 1999. Flood Frequency Analysis. CRC Press, Boca Raton, FL. S. Sheather, J. and M. C. Jones, A reliable data-based bandwidth selection method for Kemal Density Estimation, Journal of the Royal Statistical Society Series B 53, no. 3, 1991. pp. 683-690.

[41] Vignola, F., Kessler, R., Lin, F., Peterston, J., Marion, B., 2013. Providing High Quality Data to Develop and Validate PV Models, Proceedings of the American Solar Energy Society, 2013. Baltimore, Maryland.

第6章　太阳能资源的多变性

Richard Perez
奥尔巴尼大学大气科学研究中心
Thomas E. Hoff
清洁能源研究

章节纲要

6.1　前言

天气和云的运动在较短的时间尺度内（几秒到数十分钟不等）会引起太阳能资源的波动。在本章中，我们将重点讨论并举例说明太阳能资源的短期波动，见图6.1。

太阳运动和云层变化是造成多变性的主要原因。我们可以对因太阳运动导致的多变性进行精确预测，但却无法预测由云的运动导致的多变性。太阳几何学为我们的预测提供了依据：太阳在天空中的运动引起了资源的变化。这些变化在很短的时间（几秒到几分钟）中并不明显，但在长时间下，则会产生显著的影响，特别是在日出和日落前后。云层移动和变化所造成的“影响”是多变性中难以预测的部分，这也正是本章的重点。

短期多变性与太阳能电站的运行有关，还对太阳能电站及与之相连的电网产生影响：即使一小片云从太阳前经过，也会在极短的时间内导致太阳光电系统负荷的剧烈震荡，从而严重损坏系统，这一问题让电网运营商十分担忧。有一种观点认为，

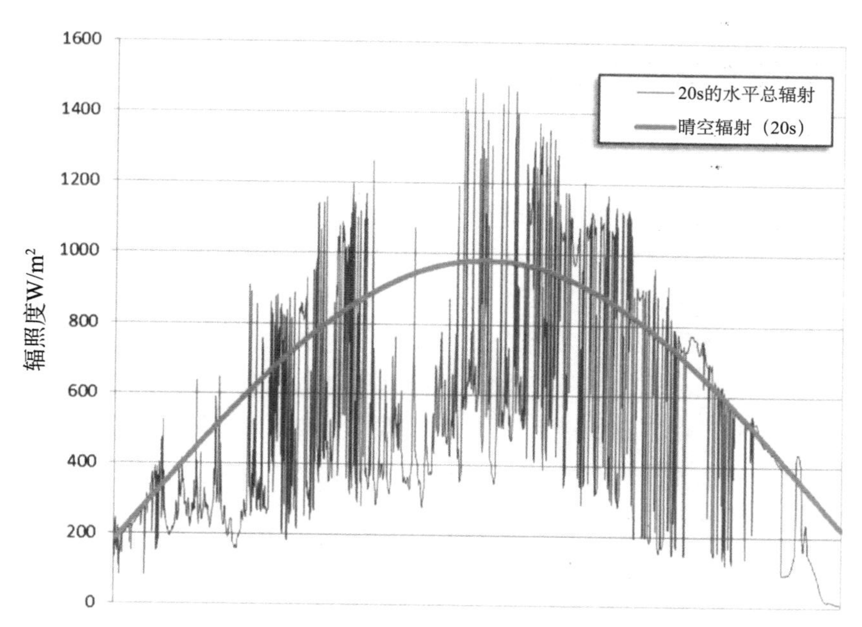

图6.1　选取的水平总辐射（GHI）和晴空辐射（GHI_{clear}）为多变性较高的一天，时间尺度为20s（数据来自俄克拉荷马州的ARM扩展设施网络）。

图6.1所示的太阳能发电多变性会导致电量分配和输送网络产生严重的问题。Skartveit和Olseth（1992）对短期多变性进行了研究。长期以来，他们对短期多变性的认识和参数设置，为这个课题提供了为数不多的参考文献。直到光伏课题的研究日益普及（最初在欧洲），这种情况才有所改善（Wiemken等人，2001，Woyte等人，2007）。在过去的几年里，这一课题已催生了大量的新研究（如Frank等人，2011；Hinkelman等人，2011；Hoff和Perez，2010、2012；Hoff，2011；Jamaly等人，2012；Kankiewicz等人，2011；Kuszamaul等人，2010；Lave和Kleissl，2010、2013；Lave等人，2011、2012；Mills和Wiser，2010；Mills等人，2009；Murata等人，2009；Norris和Hoff，2011；Perez和Hoff，2011；Perez等人，2011a、2011b；Perez和Fthenakis，2012；Sengupta，2011；Stein等人，2011）。

我们经常使用缓变率来描述太阳能的多变性。它来源于电力行业，用于描述发电厂根据需求（增加或减少）而进行的离网和并网运行。它广泛应用于风力发电产业，用来描述因风速的局部变化（例如由锋面造成的变化）而导致的大量装置不可控的突然并网或离网运行。与风力发电缓变率相类似，它适用于本章节中所涉及领域的上限较长时间尺度，即在锋面的影响下，局部的电力输出可能在1h甚至更长的时间里上升或降低。然而，要描述图6.1中所示的几秒到几分钟内的短期变化，波动一词可能更为合适。

6.2 太阳能多变性的量化

对多变性进行合理的量化需要确定：①变化的物理量；②量变的时间间隔；③所涉及的变动时间段。

太阳能系统或太阳能系统组合的功率输出的物理量（P）是能源制造商和电网供应商最关注的问题。P 是太阳能发电机规格和太阳能资源的一个函数。我们通常使用水平总辐照度（GHI）对非聚焦平板式[①]太阳能系统结构的太阳能资源进行测量。短期 GHI 可变性是因太阳位置变化导致的可预测因素和由天气/云层导致的不可预测的因素的影响。我们用晴空指数（kt^*）（GHI 与 GHI_{clear}[②]的比值）来表示不可预测因素的影响。由于我们能从 kt^* 和太阳位置推断出 GHI，进而推断出 P，因此该参数需要我们重点关注。时间间隔是指选定的物理量（$\Delta kt^*_{\Delta t}$）的变化时间（Δt）。它的范围从几秒钟到几小时不等，主要取决于用户具体关注的方面。如下所示，相关的时间间隔与所研究的太阳能资源的地理印痕密切相关，即与太阳能资源对配电线路上的变压器和局部控制区的电网产生的影响相关。

时间周期是指我们所界定的多变性的时间间隔数量；也就是说，它是 Δt 的倍数。单一地点的多变性度量是指电源输出变化的标准偏差。这一多变性与所有特定时间周期内，特定时间间隔（$\Delta kt^*_{\Delta t}$）的地点的晴空指数变化成正比（Hoff 和 Perez，2010 年）。也就是说，（电源输出）多变性与之成正比。

$$\sigma(\Delta kt^*_{\Delta t}) = \sqrt{VAR(\Delta kt^*_{\Delta t})} \tag{6.1}$$

6.3 色散平滑效应

人们很早就已经发现，并联太阳能发电机（或风力发电机）的总（相对）变化性比单个系统产生的变化性要小（如，Wiemken 等人，2001；Murata 等人，2009）。例如，图 6.2 中 1 个地点的变化性与 4km × 4km 范围内 25 个地点的变化性进行了对比。

当不同位置所产生的波动具有可比性但并不相关时，相应位置的区域性表现可以平滑精确量化（Mills 和 Wiser，2010；Hoff 和 Perez，2010）。在这种情况下，各独立的系统组成一个系统组合的可变性 σ_{fleet} 可表示为：

$$\sigma_{fleet} = \frac{1}{\sqrt{N}}\sigma_i \tag{6.2}$$

---

① 若将集中技术考虑在内，那么直接标准辐照度（DNI）将是一个相关量。

② 随着太阳高度的降低，总辐射指数的范围也随之减少，这是因为在晴空条件下，散射辐射的相对权重增加造成的。

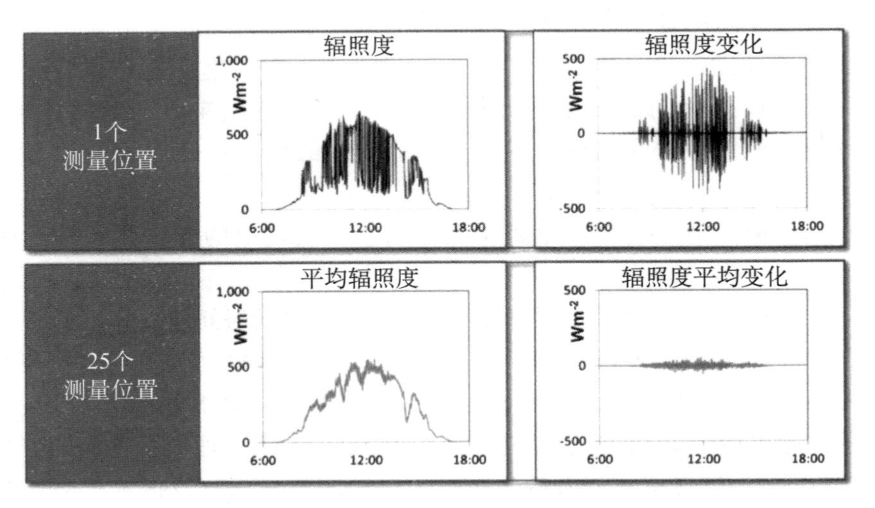

图6.2　4km×4km范围内25个地点的色散平滑效应

（数据来源：加利福尼亚州旧金山海湾地区 Cordelia Junction 城市网络）。

其中，σ_i 是单个地点产生的变化性，N 是地点的数量。由强大数定律可直接得出变化性的结果。根据该定律，随着观测次数趋近于无限，独立同分布随机变量序列平均值以概率为1收敛于该同分布的平均值（Ross，1988，346）。

对于部分位置相关，我们可直观地理解为：①如果两个系统的位置正好相邻，它们的波动几乎会同时发生，并且相对而言，波动所导致的变化与每单一位置的多变性基本相同；②如果两个系统的位置相距甚远，那它们便会独立产生波动，并随之出现平滑效应［等式（6.2）］。

当介于两个极值之间时，将会发生平滑效应，但与 $1/\sqrt{N}$ 趋势相比，其程度较低：

$$\sigma_{pair} = \frac{\sqrt{\rho + 1}}{\sqrt{2}}\sigma_i \tag{6.3}$$

其中，ρ 代表位置的成对相关性，其值在0～1之间。因此，

- 我们需要确定成对位置的相关性如何随影响因素的变化而变化，这一点至关重要。其中影响因素包括：①地点间的距离（D）；②所研究的时间间隔（Δt）；③产生波动的云层速度（CS）。通过上述讨论，我们可以这样理解距离的影响：同位置的地点的相关性等于1，随着地点间距离的增加，相关性逐渐减少，直到其间距足以独立产生波动时，相关性为0。
- 界定波动的时间间隔（Δt）具有相关性，因为它与造成波动的云层扰动强度有关。云场（例如，小型单个云层）的精细结构会产生高频波动。这些波动的相关性随着距离的增加而锐减。低频波动是由整个云场或天气峰面等大尺度结构导致的。在较长的时间尺度中，两个处于小型结构层次的不相关的位置可能会出现几乎一样的同步变化性。因此，在该时间尺度下，它们具有高度相关性。

● 云层速度同样对成对位置的相关性产生影响，因为它是造成多变性的根本原因：简单地说，只有移动的云才会引起波动。为了论证这一点，假设在我们所研究的时段内移动的云结构大致保持不变。这样一来，云结构移动越快，①两个地点间的信号时间迁移就越小，而地点间的相关性就越大（当云层规模远大于传感器间距时）；并且②沿着云层移动的方向、在给定的时间间隔内产生相同波动的两个地点之间的距离越大，则它们表现出的既定相关性的时间就越长。

注意：给定的云层大小和云层速度决定了相关波动的时间间隔。

我们以多种来源的经验证据对 σ_{pair}、Δt、CS、和 D 之间的关系进行研究。例如，Mills 和 Wise（2010 年）分析了 ARM 网络（Stokes 和 Schwartz，1994）中的数据，其中还包括在 20s 的速度下测量 32 个地点的 GHI。他们指出，随着地点间距离的变化，σ_{pair} 呈现指数式衰减。并且，他们还观察到，该指数式衰减的速率是我们所研究的时间间隔 Δt 的一个连续函数。然而，由于 ARM 网络中任意两个位置之间的最短距离为 20km，因此他们无法观测到 Δt 小于 10min 时的动态。（见图 6. 3. ）

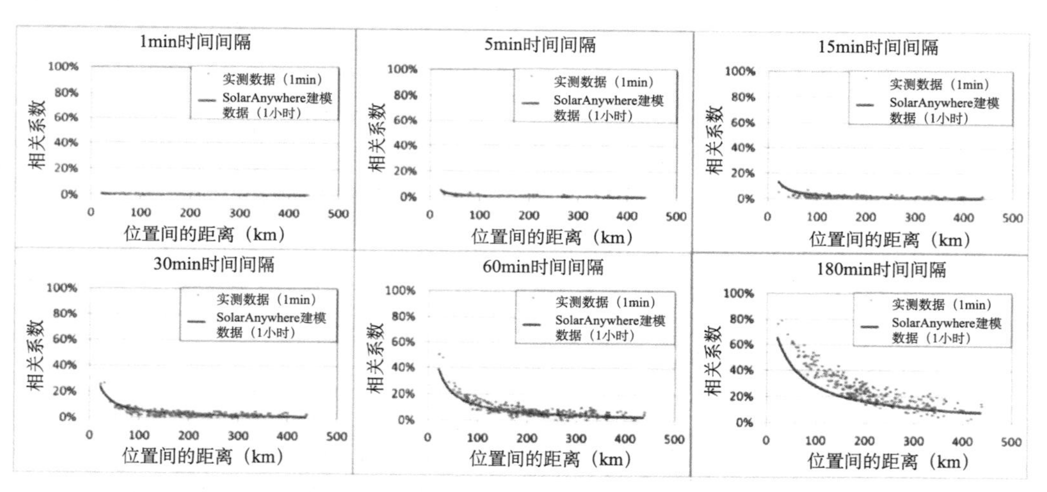

图 6.3　随着距离（D）和时间间隔（Δt）变化，ARM 网络中 m 个地点的成对相关性

Hoff 和 Perez（2012 年）使用标准分辨率（10km）每小时卫星辐照度重复了这一实验。在实验中，他们观察到了类似的指数式衰减，并且，在时间间隔为 1h、2h、3h 的情况下，根据 Δt 对距离关系进行预判。他们还指出，不同的研究区域存在着不同的指数式衰减。他们将这些差异归因于该区域普遍的云层速度。（见图 6. 4. ）

Perez 等人（2012）对 20s 的 ARM 数据进行分析，在假设云层结构保持不变的条件下，通过卫星反演的云导风推断出每个观测点的辐照度，得到了每一个 ARM 观测站周围的单维网格数据。这样一来，他们就能在高频（Δt = 20 s）和短距离的

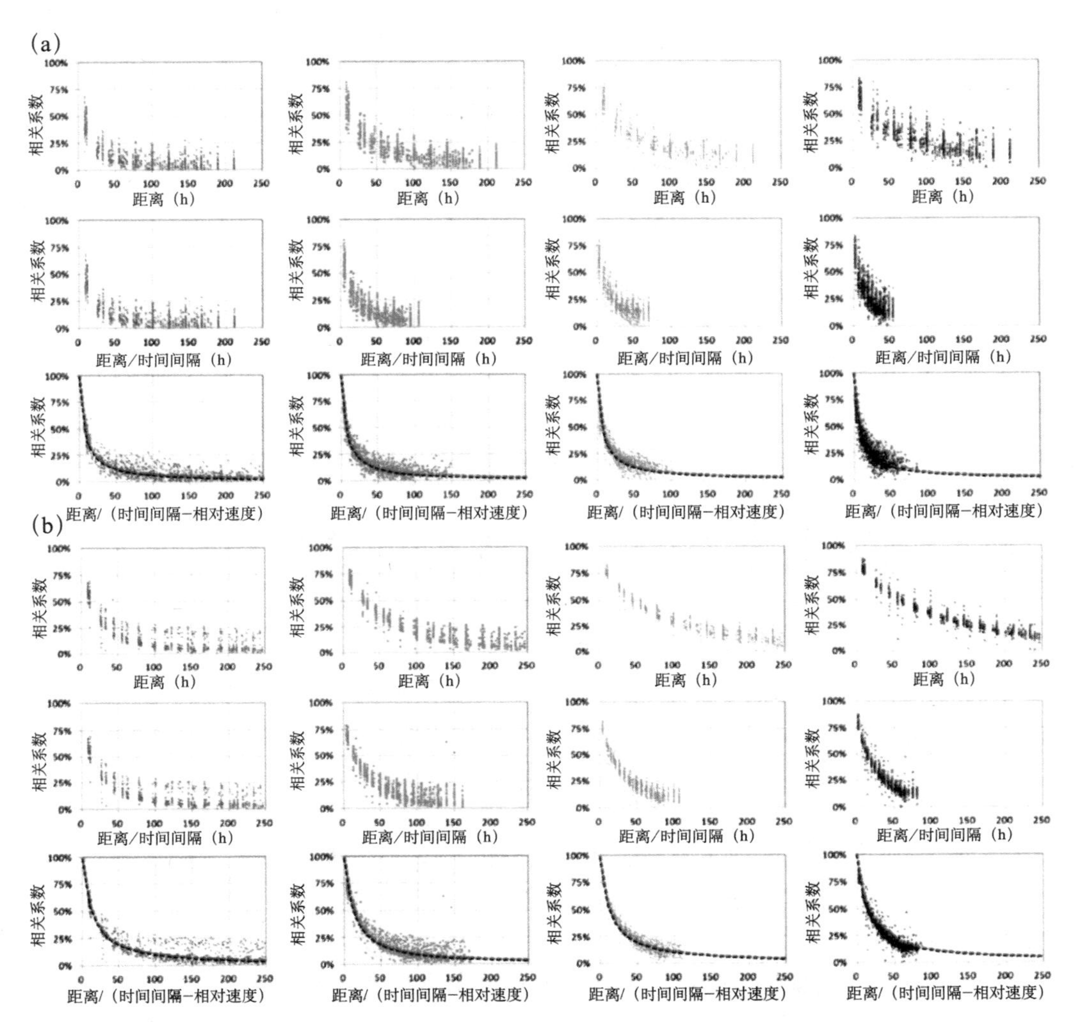

图6.4　数据来源于加利福尼亚（a）和北美大平原（b）每小时10km分辨率的卫星数据，图中描述的就是随着距离的变化，位置的成对多变性的相关性。每一例中，上一行代表不同距离下σ的变化情况。下一行将这一关系表示为D和$\Delta t\times$所示CS之间的一个比例函数，而该函数显示，根据Δt和CS，我们可以对距离关系进行预判。

条件下分析出数据。他们对随着距离和Δt衰减的相关性进行了量化，并将两个地点的波动变得不相关时的点定义为不相关的临界点。他们还观察到，距离与Δt呈线性相关。需要注意的是，他们的研究结果必须通过分析真实的二维、高密度网络数据来验证，特别是在图6.4中很明显的负相关峰值。它是未发生变化的云层结构，从真实位置经过下游的虚拟位置所产生负相关的结果。在二维网络中，这些负峰值仅有部分是明显的。

Hoff和Norris（2010年）对由25个位置构成的模块网络中的数据进行了分析，其覆盖范围从400 m×400 m到4 km×4 km不等（图6.5）。他们观察到了与单维虚拟网络中相同的趋势，其中包括云层速度方向的负相关性。通过定性观察，他们发现单独从卫星云层移动中获得的云层速度会影响衰减速率。

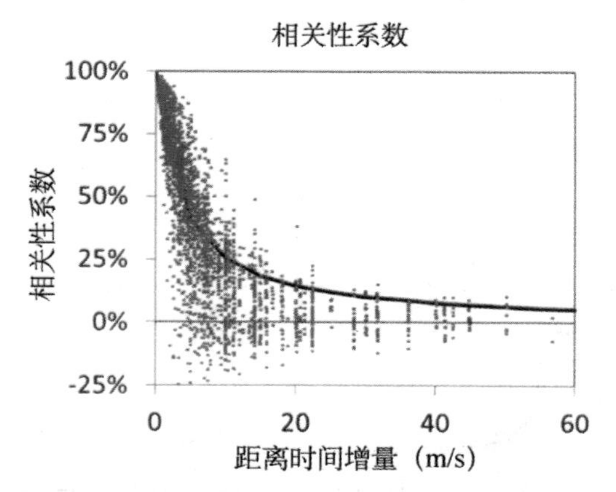

图 6.5 在加利福尼亚的 Cordelia Junction，随着距离的变化，10s 到 5min 的时间间隔下成对位置相关性。数据来自于 400m×400m 网络中 25 个地点。

注意：虚拟网络中观察到，一些成对的位置（可能与云层运动方向一致）会显示出负相关峰值。

Perez 等人（2011 年）在美国一些地区内通过使用（真实的二维）高分辨率（1km，1min）卫星观测数据，对因 Δt 和 CS 的变化而出现的距离趋势 σ_{pair} 进行系统量化（图 6.6），并提出下列实验性公式，其变量为 σ_{pair}、Δ_t、CS 和 D：

$$\sigma_{pair} = e^{Ln(0.2)D/1.5\Delta tCS} \tag{6.4}$$

由 Perez（2012 年）等人提出的非相关性临界距离和所研究的时间间隔之间的线性关系得到了验证，但系经过调整后以反映此种关系对云层速度的依赖性。详见图 6.7。

在占地面积约 200km² 的萨克拉门托市政事业部（SMUD）的区域范围内，Bing 等人（2012 年）从 66 个新建的测量站网络中挑选了变化性较高的 30 天进行研究 。在时间变化率为 1min 的情况下，对每个位置的辐射度进行测量。研究者通过卫星图像获得高空中的云层速度，其结果证实了 σ_{pair}、Δt、CS 和 D 之间的初步经验关系。(图 6.8)

有趣的是，Perez 等人指出，有证据表明，图 6.7 中所描述的从几秒到几小时的 Δts 趋势可维持几天的时间间隔。(2012 年；图 6.9)。

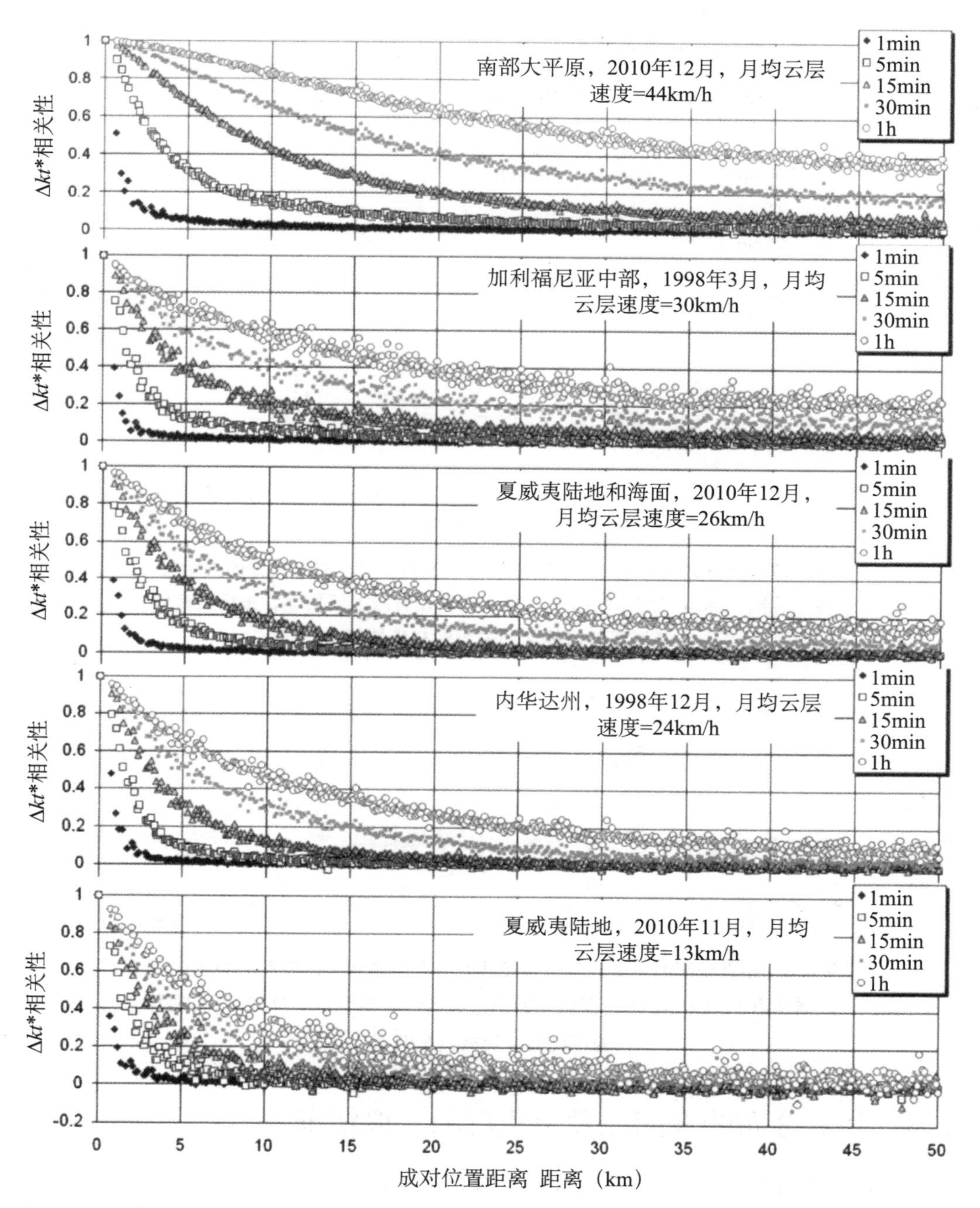

图 6.6　在美国的一些地区，以 1min 1km 分辨率的卫星探测辐照度观察到的成对位置的相关性，并对 Δt、D 和 CS 各自的影响进行图解说明。

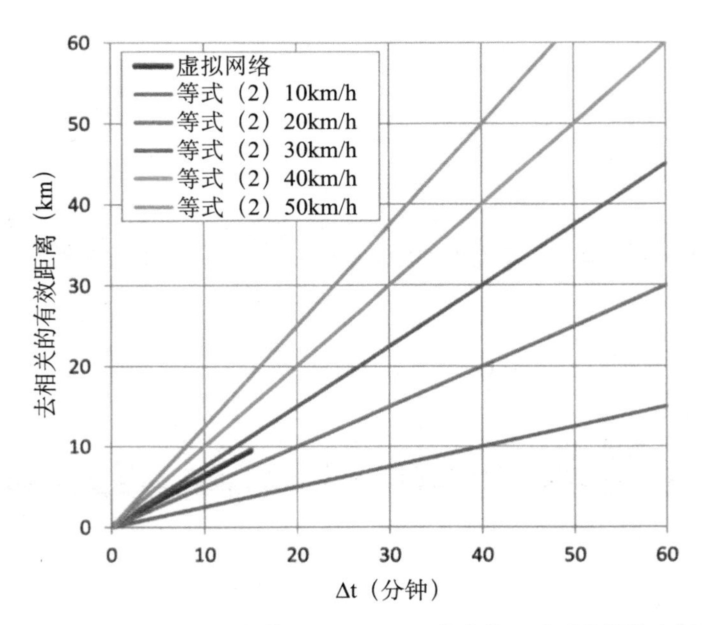

图 6.7　用等式（6.4）估算随着 Δt 和 CS 的变化，成对位置的去相关有效距离。标示“虚拟网络”的短线代表在有限的证据下，去相关有效距离与时间之间关系的初步估算。

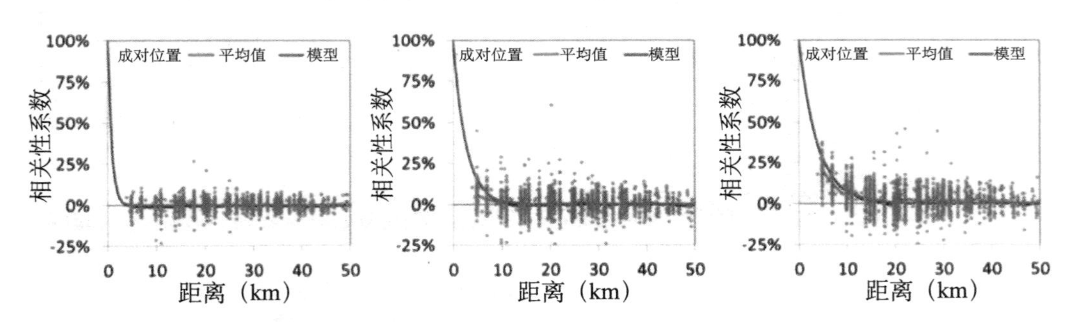

图 6.8　站点观测的多变性与三种波动时间尺度条件下的距离的相关分析。数据来自 SMUD 的 66 个观测站网络。实线代表基于 Δ_t、D 和 CS 的模型的平均值［等式（6.4）］。

6.4　任意分布的太阳能发电集群的一般情况

我们已经讨论了具有相同变异性 σi 的 N 个相同系统在不相关状态下的理想情况，结果，集群的相对变异性等于单独安装系统的 $1/\sqrt{N}$。此外，我们还展示相关性不等于 0 时对这一关系的影响，以及这一相关性是如何根据距离、时间间隔和云速等因素演变的。

一般而言，发生色数平滑的情况主要分为集中式和分散式太阳能（PV）发电两大类。集中型太阳能发电近似一些按一定的距离、规则排列的等同点系统。分散式

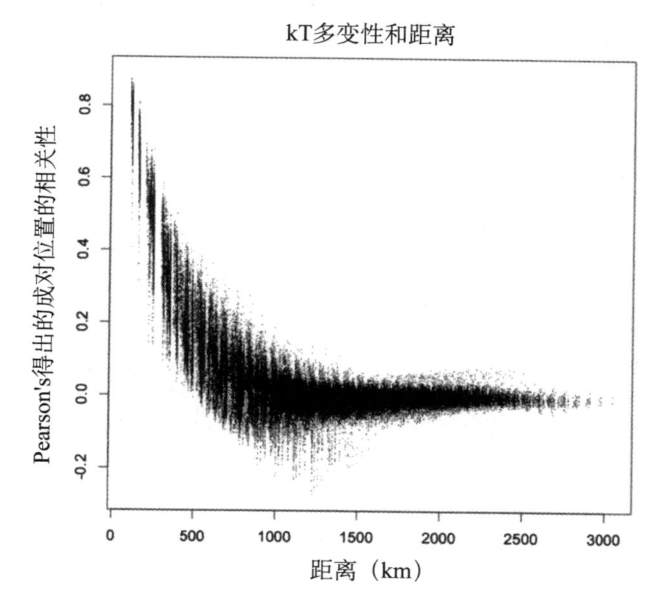

图 6.9　根据 NASA/SSE（2012 年）日总辐照度，随着距离的变化，成对位置的多变性的相关性，$\Delta t=24\mathrm{h}$ 为已知量。

（节选自 Perez 和 Fthenakis 2012）

太阳能发电作为一种更为普遍的类型，它的各个系统不完全相同，而且间距是任意分布的，因此具有不同程度的成对地点相关性。

由于各系统并不总是完全相同，发电集群的输出及其变异性可能会受到单个系统规模和各系统变异性的影响，其本身可能是大型阵列内部空间平滑的结果。因此，我们有必要返回到在各系统功率输出基础上建立的变异性公式σ^{i}（$\Delta P_{\Delta t}^{i}$），其中 i 表示集群中的第 i 个系统。

集群的变异性是指集群功率输出变化的标准差，等于各单个系统功率变化总和的方差平方根。而总和的方差等于所有可能组合的协方差之和。

$$\sigma_{\Delta t}^{\text{fleet}} = \sqrt{\mathrm{VAR}\left[\sum_{n=1}^{N} \Delta P_{\Delta t}^{n}\right]} = \sqrt{\sum_{i=1}^{N} \sum_{j=1}^{N} \mathrm{COV}(\Delta P_{\Delta t}^{i}, \Delta P_{\Delta t}^{j})} \tag{6.5}$$

任意两个电站之间的协方差均等于各位置的标准偏差乘以两位置之间的相关系数（例如，COV（$\Delta P_{\Delta t}^{t}$，$\Delta P_{\Delta t}^{j}$）$=\sigma_{\Delta t}^{i}\sigma_{\Delta t}^{j}\rho_{\Delta t}^{ij}$）。如公式（6.6）所示：

$$\sigma_{\Delta t}^{\text{fleet}} = \sqrt{\sum_{i=1}^{N} \sum_{j=1}^{N} \sigma_{\Delta t}^{i} \sigma_{\Delta t}^{j} \rho_{\Delta t}^{ij}} \tag{6.6}$$

我们在公式（6.6）中应当特别注意，集群功率输出变化的标准偏差是基于各位置电站的功率输出和各位置之间的相关性得出的，采用诸如公式（6.4）中提出的经验公式，可以测量出各位置之间的相关系数。

6.5　多变性对配电和传输系统的影响

尽管本章中所呈现的一些证据是实验性的（即，基于对有限的时间跨度和有限的气候范围进行的不完全测量），但其结果却明显指出：①在确定了时间尺度、空间尺度和造成多变性的云层结构的速度的情况下，我们可以对太阳能资源的多变性进行预测；②我们可对任何太阳能发电装置的多变性进行充分估计，从单一小型系统到任意空间分布和规模的系统群，包括占地广阔的私人太阳能电厂。

特别是，我们可以相当确定：对于分布超过 500m 的太阳能发电厂（即使云层速度达到 50 km/h）20s 的波动并不会存在问题。图 6.10 比较了纽约城变化性较高的一天测得的单个地点的多变性与整个城市范围的发电网络。

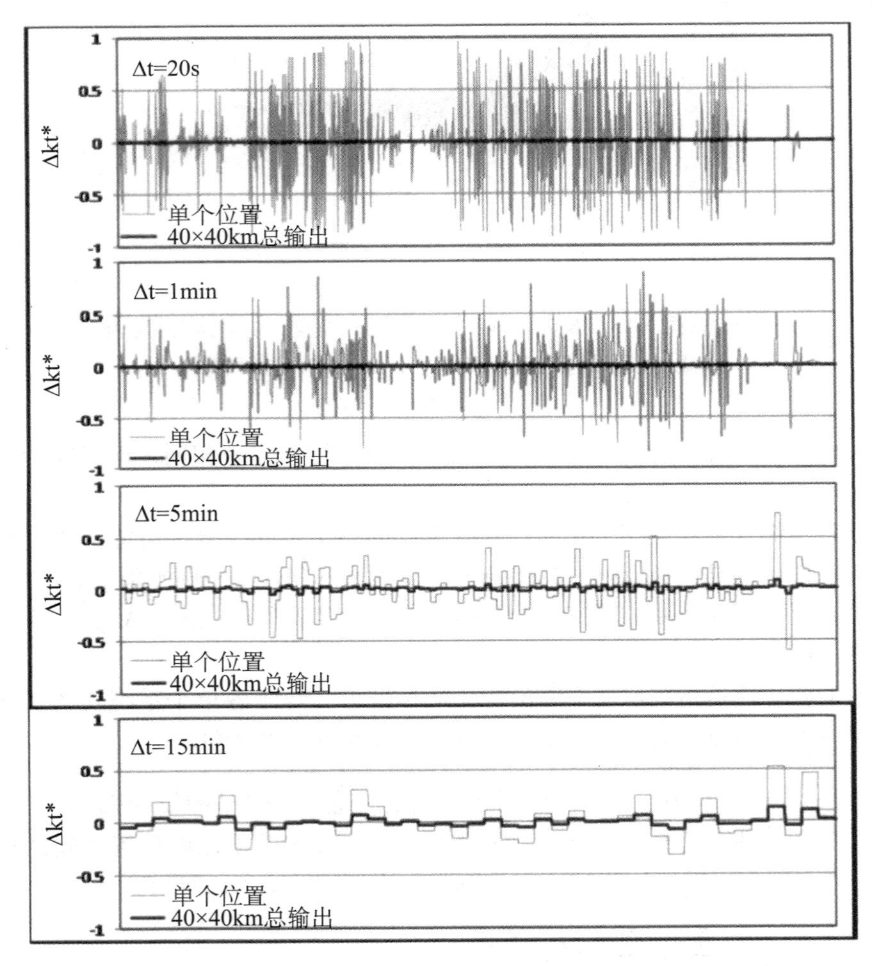

图 6.10　大规模城市区域的平滑效应，将单个站点与不同时间尺度下模拟的 40km×40km 扩展波动进行对比。

图 6.11 对公共设备多变性的时间和空间特征的含义进行了说明。

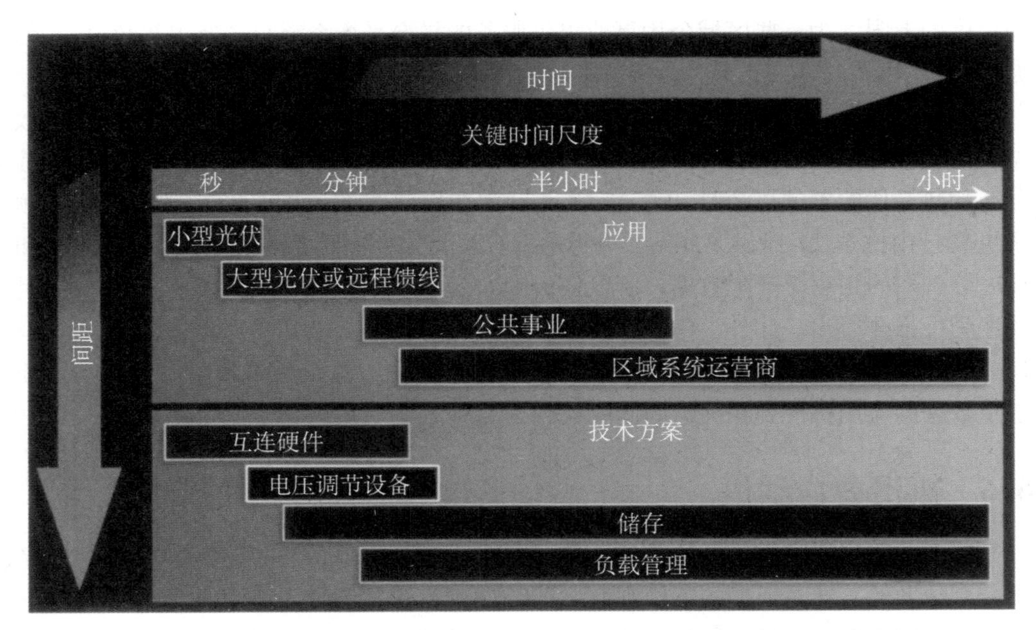

图6.11　时间和空间波动尺度与光伏电网互联问题的关联性以及技术解决方案，从小型馈线中的单机系统到公共事业平衡区域内的分布式发电。

小于20s的短期波动和缓变率将影响小型个体系统，但当系统群的占地面积达数平方公里时，这种影响将降到最低。在系统层面，这些波动会（但极少）导致局部的电压干扰并可能导致系统离网。解决这些问题的最好方法是达到互连硬件级别，包括使用适当的缓冲器来增加系统的电气惯性并消除以上风险。就好比是一辆汽车，如果拥有合适的悬挂系统，那它便可以在崎岖的道路上畅通无阻，无需预测可能产生的每一次颠簸，也无需考虑此类颠簸会产生什么影响。

对于一个由变电所或一个超大型中央发电厂（数百兆瓦）伺服的几平方公里的分布式系统群，在这个大小的区域内发生大约几分钟的波动足以引起我们的重视。尽管如此，如果是分布式系统群，这些波动对实用范围广的发电机的影响应该极小。这种程度的缓冲涉及上文提到的互连缓冲器和一定程度的电压和功率调节，包括在大型集中列阵中持续几分钟的短期存储。通过向输电网输入大量功率以便为相关的联合循环燃气轮机的斜坡上升和下降调整“争取时间”，目前其可容纳的斜坡上升时间接近5min。在这种时间-空间尺度的上限中，预测这种多变性的准确时间极具价值，尤其是当这个区域为单独的电网时（比如在一个小岛上）。如果继续用汽车进行类比，即当经过较短的斜坡时，司机必须全神贯注调节功率输入以保持车速。

0.5~1h甚至更长时间的波动会对应用系统产生影响。这种情况下，我们需要根据储备（或最坏情况，意外事件）发电、负荷管理和存储进行负荷跟踪。幸运的是，所涉及的时间和空间尺度（超过半小时和数十千米）以及在这些尺度上可用的太阳辐射（预测）资源的准确性，使我们能够有效地对这些波动进行管理。基于时间尺度的上限，为一些区域公用事业提供服务的局部平衡系统只需要关注超过1h的波动。

在实践中，通过结合本章节所给出的结果，以及历史的太阳能资源卫星探测数据，公共设施或开发人员可以预估任何拟建的1km甚至更大范围内集中分布或分散分布的热光伏配置的可变性。等式（6.4）为在所研究的范围（范围越小、所需频率更高）内挑选 Δt 提供了指导。由于目前卫星探测辐照度模型能在接近1min和1km分辨率的频率下产生数据，所以任何1km范围以外的可变性均可从卫星数据时间序列中推测得出。此外，Hoff（2011年）提出了一种从已知参考点（例如，1km/1min）出发，推测任何时间和空间尺度下的可变性的方法，并申请了专利，从而使卫星数据的应用扩展到相关时间间隔大约为几秒的单一系统。

6.6 平滑效应结语

鉴于一系列研究结果是如此的一致，此时对平滑效应的作用进行总结性评论是十分有帮助的。在对云场的不规则性进行长期观察后，我们发现其在所有的尺度上都具有自相似性，而将云层造成波动的空间和时间尺度相连的关系与这种不规则性具有明显的相关性（Mandelbrot，1982年）。换句话说，一个会造成大约几秒波动的细云结构与相当大的云结构具有自相似性。这个更大的云结构会导致类似的波动，但只要两者之间的云速不发生改变，波动只会产生在更大的时间和空间尺度上。有趣的是，在太阳能资源评价的其他方面，这些时空特征具有等价性。例如，众所周知的卫星遥感和预测模型（MAE或RMSE）的精度会随着所研究的太阳能资源的范围从单一的点扩大到区域水平而增加（Hoff和Perez，2012；Lorenz等人，2011）。同样，最近研究表明，随着太阳能资源分散程度的增加，分散的太阳能资源的峰值负荷抑制能力会增加，负荷损失概率会下降（Perez和Hoff，2012）。

参考文献

[1] Bing，J.，Krishnani，P.，Bartholomy，O.，Hoff，T.，Perez，R.，2012. Solar Monitoring，Forecasting，and Variability Assessment at SMUD. Proc. World Renewable Energy Forum，Denver，CO.

[2] Frank，J.，Freedman，J.，Brower，M.，Schnitzer，M.，2011. Development of High Frequency Solar Data. Proc. Solar 2011，American Solar Energy Society Conf.，Raleigh，NC.

[3] Gueymard，C.，Wilcox，S.，2011. Assessment of spatial and temporal variability in the US solar resource from radiometric measurements and predictions from models using ground-based or satellite data. Solar Energy 85（5），1068-1084.

[4] Hinkelman，L.，George，R.，Sengupta，M.，2011. Differences between Along-

Wind and Cross- Wind Solar Variability. Proc. Solar 2011, American Solar Energy Society Conf. , Raleigh, NC.

[5] Hoff, T. E. (2011). U. S. Patent Applications: Computer-Implemented System and Method for Determining Point-to-Point Correlation of Sky Clearness for Photovoltaic Power Generation Fleet Output Estimation (Application Number 13/190, 435); Computer-Implemented System and Method for Estimating Power Data for a Photovoltaic Power Generation Fleet (Application Number 13/190, 442); Computer-Implemented System and Method for Efficiently Performing Area-to-Point Conversion of Satellite Imagery for Photovoltaic Power Generation Fleet Output Estimation (Application Number 13/190, 449).

[6] Hoff, T. E. , Perez, R. , 2010. Quantifying PV power Output Variability. Solar Energy 84 (2010), 1782-1793.

[7] Hoff, T. E. , Perez, R. , 2012. Modeling PV Fleet Output Variability. Solar Energy 86 (8), 2177-2189.

[8] Hoff, T. E. , Perez, R. , 2012b. Predicting Short-Term Variability of High-Penetration PV. Proc. World Renewable Energy Forum, Denver, CO.

[9] Hoff, T. E. , Norris, B. , 2010. Mobile High-Density Irradiance Sensor Network: Cordelia Junction Personal Communication.

[10] Jamaly, S. , Bosch, J. , Kleissl, J. , 2012. Aggregate Ramp Rates of Distributed Photovoltaic Systems in San Diego County. IEEE Transactions on Sustainable Energy, in press.

[11] Kankiewicz, A. , Sengupta, M. , Li, J. , 2011. Cloud Meteorology and Utility Scale variability. Proc. Solar 2011, American Solar Energy Society Conf. , Raleigh, NC.

[12] Kuszamaul, S. , Ellis, A. , Stein, J. , Johnson, L. , 2010. Lanai High-Density Irradiance Sensor Network for Characterizing Solar Resource Variability of MW-Scale PV System. 35th Photovoltaic Specialists Conference, Honolulu. June, 2010.

[13] Lave, M. , Kleissl, J. , Stein, J. , 2012. A Wavelet-based Variability Model (WVM) for Solar PV Powerplants. IEEE Transactions on Sustainable Energy 99, 1-9.

[14] Lave, M. , Kleissl, J. , 2010. Solar Intermittency of Four Sites Across the State of Colorado. Renewable Energy 35, 2867-2873.

[15] Lave, M. , Kleissl, J. , 2013. Cloud speed impact on solar variability scaling - Application to the wavelet variability model. Solar Energy 91, 11-21.

[16] Lave, M. , Kleissl, J. , Arias-Castro, E. , 2011. High-frequency fluctuations in clear-sky index. Solar Energy 86 (8), 2190-2199.

[17] Lorenz, E. , Scheidsteger, T. , Hurka, J. , Heinemann, D. , Kurz, C. , 2011. Re-

gional PV power prediction for improved grid integration. Progress in Photovoltaics 19 (7), 757-771.

[18] Mandelbrot, B., 1982. The fractal Geometry of Nature. WH Freeman and Co, New York, 1982.

[19] Mills, A., Alstrom, M., Brower, M., Ellis, A., George, R., Hoff, T., Kroposki, B., Lenox, C., Miller, N., Stein, J., Wan, Y., 2009. Understanding variability and uncertainty of photovoltaics for integration with the electric power system. Lawrence Berkeley National Laboratory Technical Report LBNL-2855E.

[20] Mills, A., Wiser, R., 2010. Implications of Wide-Area Geographic Diversity for Short-Term Variability of Solar Power. Lawrence Berkeley National Laboratory Technical Report LBNL-3884E.

[21] Murata, A., Yamaguchi, H., Otani, K., 2009. A Method of Estimating the Output Fluctuation of Many Photovoltaic Power Generation Systems Dispersed in a Wide Area. Electrical Engineering in Japan 166 (4), 9-19.

[22] NASA/SSE, 2012. Surface meteorology and Solar Energy, http://eosweb.larc.nasa.gov/sse/.

[23] Norris, B. L., Hoff, T. E., 2011. Determining Storage Reserves for Regulating Solar Variability. Electrical Energy Storage Applications and Technologies Biennial International Conference, San Diego, 2011.

[24] Perez, M. Fthenakis, V., 2012. Quantifying Long Time Scale Solar Resource Variability. Proc. World Renewable Energy Forum, Denver, CO.

[25] Perez, R., Hoff, T., 2012b. Dispersed PV Generation Solar Resource Variability. George Washington Solar Institute 2012 Symposium. GW University, Washington, DC.

[26] Perez, R., Hoff, T. E., 2011. Solar Resource Variability: Myth and Fact. Solar Today. August/ September 2011.

[27] Perez, R., Kivalov, S., Schlemmer, J., Hemker Jr., C., Hoff, T. E., 2011b. Parameterization of site- specific short-term irradiance variability. Solar Energy 85 (2011), 1343-1353.

[28] Perez, R., Kivalov, S. Schlemmer, J., Hemker Jr., C., Hoff, T. E., 2012. — Short-term irradiance variability correlation as a function of distance. || Solar Energy 86 (8), 2170-2176.

[29] Perez, R., Hoff, T., Kivalov, S., 2011a. Spatial and temporal characteristics of solar radiation variability. Proc. of International Solar Energy (ISES) World Congress, Kassel, Germany.

[30] Ross, S., 1988. A First Course in Probability. Macmillan Publishing Company.

[31] Sengupta, M. , 2011. Measurement and Modeling of Solar and PV Output Variability. Proc. Solar 2011. American Solar Energy Society Conf. , Raleigh, NC.

[32] Skartveit, A. , Olseth, J. A. , 1992. The Probability Density of Autocorrelation of Short-term Global and beam irradiance. Solar Energy 46 (9), 477-488.

[33] Stein, J. , Ellis, A. , Hansen, C. , Chadliev, V. , 2011. Simulation of 1-Minute Power Output from Utility-Scale Photovoltaic generation Systems. Proc. Solar 2011. American Solar Energy Society Conf. , Raleigh, NC.

[34] Stokes, G. M. , Schwartz, S. E. , 1994. The atmospheric radiation measurement (ARM) program: programmatic background and design of the cloud and radiation test bed. Bulletin of American Meteorological Society 75, 1201-1221.

[35] Vignola, F. , 2001. Variability of Solar Radiation over Short Time Intervals. Proc. Solar 2001, American Solar Energy Society Conf. , Washington, D. C.

[36] Wiemken, E. , Beyer, H. G. , Heydenreich, W. , Kiefer, K. , 2001. Power Characteristics of PV ensembles: Experience from the combined power productivity of 100 grid-connected systems distributed over Germany. Solar Energy 70, 513-519.

[37] Woyte, A. , Belmans, R. , Nijs, J. , 2007. Fluctuations in instantaneous clearness index: Analysis and statistics. Solar Energy 81 (2), 195-206.

第7章　利用辐照度数据量化并模拟太阳能电站的多变性

Matthew Lave
加州大学圣地亚哥分校机械与航空航天工程系，美国阿尔伯克基桑迪亚国家实验室
Jan Kleissl
加州大学圣地亚哥分校机械与航空航天工程系
Joshua Stein
美国阿尔伯克基桑迪亚国家实验室

章节纲要

7.1　光伏发电多变性的原因与影响

与煤炭、核电站等使用传统能源发电的方式不同，光伏电站的发电量具有变化

性。由于光伏发电功率的意外变化会增加电网负荷，因此这种变化是电网企业需要关心的问题。在较短的时间尺度内（以秒为单位），功率输出的剧烈变化会导致局部电压发生闪变。而在较长时间尺度内（以分钟为单位），实际光伏发电量低于预期发电量可保持功率平衡，如果电力负荷超过发电量，便会导致电网频率的问题。光伏发电的多变性可由其他因素抵消，如快速增加的发电来源（如燃气轮机）和储能系统（如电池），但是这两种因素的价格都相当昂贵，会大幅增加电站的成本。

造成太阳资源多变性的主要原因是太阳在天空中的运动（即发电量在晚上降为零）以及云层经过光伏组件上空暂时地减少了发电量。图 7.1 介绍了这两种情况的影响。根据粗略的判断，发电量与太阳在天空中的高度有关；太阳正午时发电量最大，而在日出和日落时发电量最小。而从较细致的角度看，有许多因云层或锋面云系导致的短时波动情况。此外，其他因素，如大气含量、组件温度和特定系统条件，也会导致电站的发电量出现变化，但是一般情况下这些因素的影响较小。

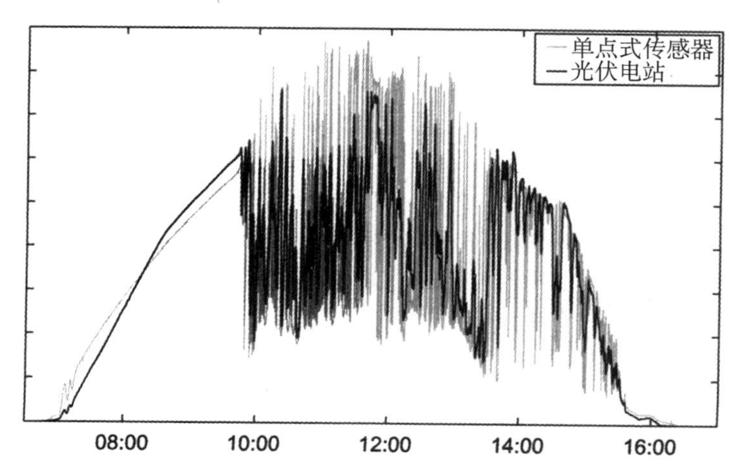

图 7.1　单点式传感器（淡灰色）和光伏电站（黑色）的相对变率对比。光伏电站的输出功率于 2011 年 12 月 17 日在铜山（Copper Mountain）实测得出，单点式传感器的辐照度在光伏电站范围内根据参比电池实测获得。*Y* 轴的单位是任意的，因此可以对点式传感器和功率输出（具有不同的组件）进行对比。

虽然能够精确预测太阳运动导致的多变性，且这种多变性仅使分钟-小时的时间尺度发生明显变化，但是云层运动导致的多变性则难以预测，而且这种多变性会使发电量在短时间内发生显著变化。所幸，由于光伏电站所处的地理位置具有多样性，虽然一些组件可能被云覆盖，但其他组件可能处于晴空条件下，从而减少了云引起的多变性。从图 7.1 中我们可以看出，光伏电站输出功率的波动程度要小于单点式传感器的波动程度，表明光伏电站的相对变率减少。由于平滑效果取决于电站的布局、时间尺度和日常气象条件，因此电站之间的变动性在日复一日地减少。

在本章中，我们将介绍太阳能光伏电站发电量多变性的度量，并举例说明（详见 7.2 小节）。其中特别关注通过地理平滑效应从而减少多变性的情况。基于这些度量，本章还介绍了基于小波变换的变异模型（简称为 WVM）模拟相对变率减少的情况。光伏电站通过单点式传感器便可实现多变性的降低（7.3 小节）。之后，根据电站的实际情况，对 WVM 模型进行验证，并利用 WVM 模型模拟潜在光伏电站的多变性（详见 7.4 小节）。

7.2 多变性度量

任何单一的度量方法是无法全面综合地量化太阳的多变性。相反地，我们需要根据所关注的问题而采用不同的度量（闪变、负荷平衡等）。在本小节中，我们介绍了量化和模拟太阳多变性和空间平滑的有用度量方法。

7.2.1 缓变率

为量化太阳多变性，缓变率（简称 RR）统计是最常见，也是实际工作中相关性最好的度量。由于功率输出的极端变化会不均衡地影响电网运营，因此缓变率是光伏电站和电网企业所关注的问题。将功率输出时间序列值 $P(t)$ 差分，然后除以时间尺度，从而计算得出光伏电站发电量的缓变率，公式为：

$$RR_P^{\Delta t}(t) = \frac{1}{\Delta t}\left(\sum_{t}^{t+\Delta t} P - \sum_{t+\Delta t}^{t} P\right) \tag{7.1}$$

定义时间步长 Δt 非常重要。一般来说，根据短时时步计算的缓变率将小于长时间时步的缓变率，原因是根据短时时步计算的缓变率与前值产生偏差的时间少。

为了了解缓变率的分布情况，可绘制累积分布图。由于电网企业关心最坏的情况，所以要特别关注大多数极端缓变率。由于正负缓变率之间常常出现类似的趋势和影响，因此通常的做法是绘制其绝对值的累积分布图。累积分布可以显示大多数极端百分位缓变率—第 95、第 99 等缓变率，同时可以对不同位置之间，或同一位置不同日期之间的缓变率进行对比。

图 7.2 为铜山电站同一天内的 1min 的缓变率。在这一天，$RR_P^{1\,min}(t)$ 表明 1min 发电量最大变化出现在 10：00—14：00 点之间。1min 的缓变率累积分布表明超过每分钟 100 任意单位的缓变率，其出现概率约为 10%，但是超过每分钟 500 任意单位的缓变率，几乎从未出现。

7.2.2 晴空指数

地球-太阳位置以及所有辐照度和功率输出时间序列中所固有的大气影响，会导致预测数据发生季节性变化和每日的变化，晴空指数 kt 可用于剔除这种变化因素。对于多变性应用，晴空指数将多变性限定为仅由云层导致的多变性，这一点至关重要，原因是云层引发的多变性可能会对输电网络带来更大的问题。此外，晴空指数为无量纲值，因此可以对单点式传感器辐照度和功率输出进行直接对比。

kt 由实测太阳辐射量除以相应理论晴空值获得。例如，晴空指数，即 kt_{GHI} 的公

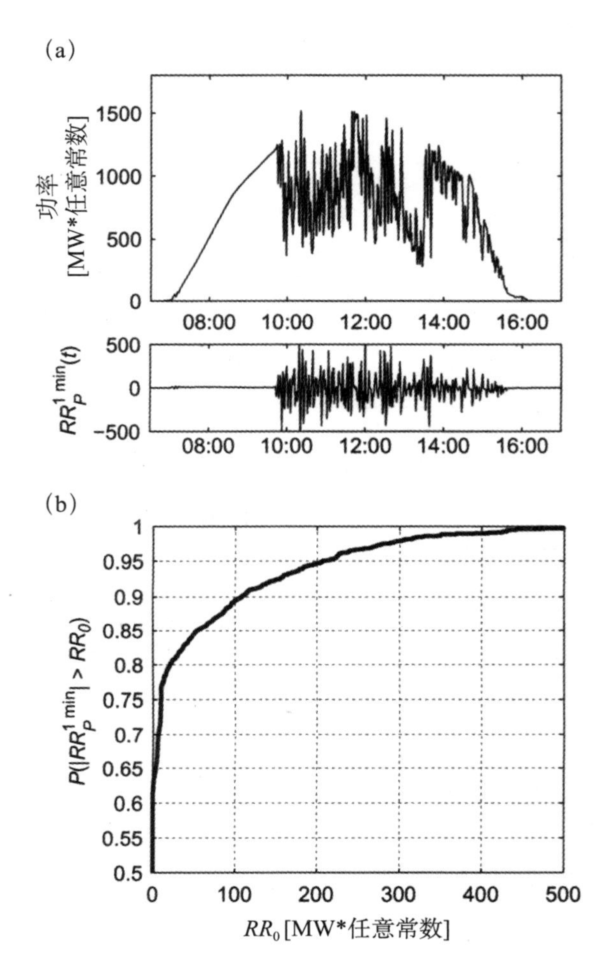

图 7.2　2011 年 12 月 17 日于铜山测量的图：(*a*) 发电量（上）和（*t*）（下）；(b) 累积分布。

式为：

$$kt_{GHI}(t) = \frac{GHI(t)}{GHI_{clear}(t)} \tag{7.2}$$

GHI_{clear}表示晴空条件下理论的 GHI，可利用天文公式和大气浊度计算获得（如 Perez 等人于 2002 年提出）。如果某一倾角/方位角处的平面阵列（简称 POA）辐照度或光伏发电中采用了适当的晴空模型，那么也会出现晴空指数。需要利用公式将 GHI 转换为 POA 的（如 Page 于 2003 年提出），并将辐照度转换为电量（如 King 等人于 2004 年提出）创建 POA_{clear}和 P_{clear}。由于 GHI 和 POA 辐照度均在一个点上测得，因此 kt_{GHI}和 kt_{POA}具有相似的时空多变性特性。但是 kt_p 代表整个电站的发电量，会比 kt_{GHI}更加平滑，原因是电站的布局具有空间平滑效应。

不论采用的太阳辐射量是多少，在晴空条件时，$kt = 1$；多云条件时，$kt < 1$；而云层增厚时，$kt > 1$。

图 7.3 为基于铜山参比电池测得的 kt_{POA}（t）实例。在这天，约上午 10 点之前的早晨晴空时间段内，$kt=1$。则这一天其余时间内 kt 便在高低值之间波动。kt 常常超过 1，因此这一天云层增厚的情况很普遍。

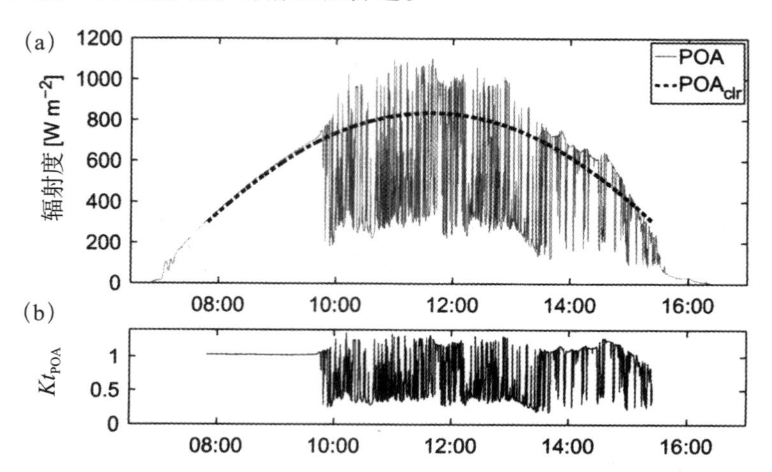

图 7.3　实测的以及晴空模型导出的 POA 辐照度（a）和晴空指数（b）。在 20°倾斜和南方位角的条件下（与光伏组件相同），POA 根据电站安装的参比电池测得。由于在较小的太阳高度角上，辐照度传感器和晴空模型均会出现显著误差，因此仅当太阳高度角大于 10°时，可以得出 POA_{clear} 和 kt_{POA}。

7.2.3　小波分解

为了了解不同时间尺度内出现波动的时间和振幅，可利用小波变换对太阳辐照度时间序列进行分解。小波变换在平稳信号上表现最好，因此采用晴空指数 kt（t）。离散固定小波变换 kt 的方程式为：

$$w_{\bar{t}}(t) = \sum_{t'=t_{start}}^{t_{end}} kt(t')\frac{1}{\sqrt{\bar{t}}}\Psi\left(\frac{t'-t}{\bar{t}}\right) \tag{7.3}$$

其中小波时间尺度（波动持续时间）为 $\bar{t}$，t_{start} 和 t_{end} 为 GHI 序列的开始和结束的时间（如日出和日落），t'是总和距平变量。对于离散小波变换，有两个因素会使 $\bar{t}$ 增加，因此 $\bar{t}$ 值由 $\bar{t}=2^j$ 决定。当出现波动时，小波变换会及时提供保护。例如，如果从上午 10：00—10：30 云层遮挡辐照度传感器长达 0.5h，那么小波变换会在 30min 时间尺度小波的中间，即在 10：15 时出现一个峰值。而其他 30min 波动情况可能在其他时间进行解决。这与傅里叶转换不同。傅里叶转换会记录 30min 波动的强度，但并不会记录出现波动的时间和次数。

与傅里叶分解相比，小波分解的另一个优点在于，可以选择小波基函数模拟太阳辐射波动（与傅里叶转换必须利用正弦波不同）。顶部小波很好地与太阳辐射波动匹配，其公式为：

$$\Psi(T)=\begin{cases}1, & \frac{1}{4}<T<3/4\\ -1, & 0<T<\frac{1}{4}\parallel\frac{3}{4}<T<1\\ 0 & else\end{cases} \tag{7.4}$$

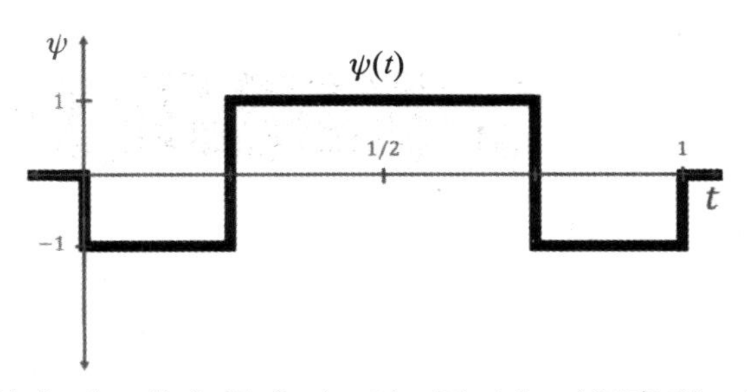

选择适当的小波之后，将方程式（7.3）用于 *kt* 时间序列。图7.4（a）介绍了两个小波分解实例，其中一个用于POA单点式传感器，而另一个则是用于铜山电站功率输出。单点式传感器表现出了所有时间尺度条件下的多变性。单点式传感器和电站在早晨均是清楚的。在多变的正午时段，单点式传感器和电站在长时间尺度（>256s）条件下具有相似的小波振幅谱，但是在短时间尺度条件下，二者却截然不同。对于电站而言，其在16s和16s以内的小波振幅近乎为0。在图7.4（a）中，我们专门定义了最长（=4096s）小波模态。该定义考虑到了使所有小波模态总和回归至原始 *kt*（t）时间序列，而这是运行WVM模型（7.3小节）所必须的。

为了量化每个时间尺度的多变性，可以计算在每个小波时间尺度 $\bar{t}$ 中出现波动的小波功率，即 *Wpc*。计算 *Wpc* 的公式为：

$$Wpc(\bar{t})=\frac{\sum_{t=t_{start}}^{t_{end}}|w_{\bar{t}}(t)|^2}{t_{end}-t_{start}} \tag{7.5}$$

Wpc 可用于比较两个时间尺度之间的小波波动功率。在大多数情况下，*Wpc* 随时间尺度增加而增加，但是这也取决于云型。当短时间尺度存在高度变化性时，较短时间尺度的 *Wpc* 将大于较长时间尺度的 *Wpc*。图7.4（b）展示了POA点式传感器的 *Wpc* 实例以及铜山电站功率输出的Wpc实例。

7.2.4　变率减少

光伏电站的空间平滑效应会使电站功率输出的相对变率小于单一点处的相对变率。为了量化该差别，我们将变率减少（简称VR）量定义为某一点的 *Wpc* 与聚合光伏系统 *Wpc* 之比。公式为：

$$VR(\bar{t})=\frac{Wpc_{point\ sensor}(\bar{t})}{Wpc_{PV_{power\ plant}}(\bar{t})} \tag{7.6}$$

某一点的多变性始终等于或大于电站的多变性，因此VR≥1。如果VR较大，则表明空间平滑效应较大。在短时间尺度内，我们预计 VR 的值会更大，原因是空间平滑极大地抑制了短时间尺度波动。而在较长时间尺度内，VR 将接近于 1。在完全晴朗的时间内，单点式传感器和整个光伏发电系统将具有清晰光滑的剖面，因此 VR 并不具备任何含义。图 7.4（c）为铜山选取的某一日的 VR 情况。

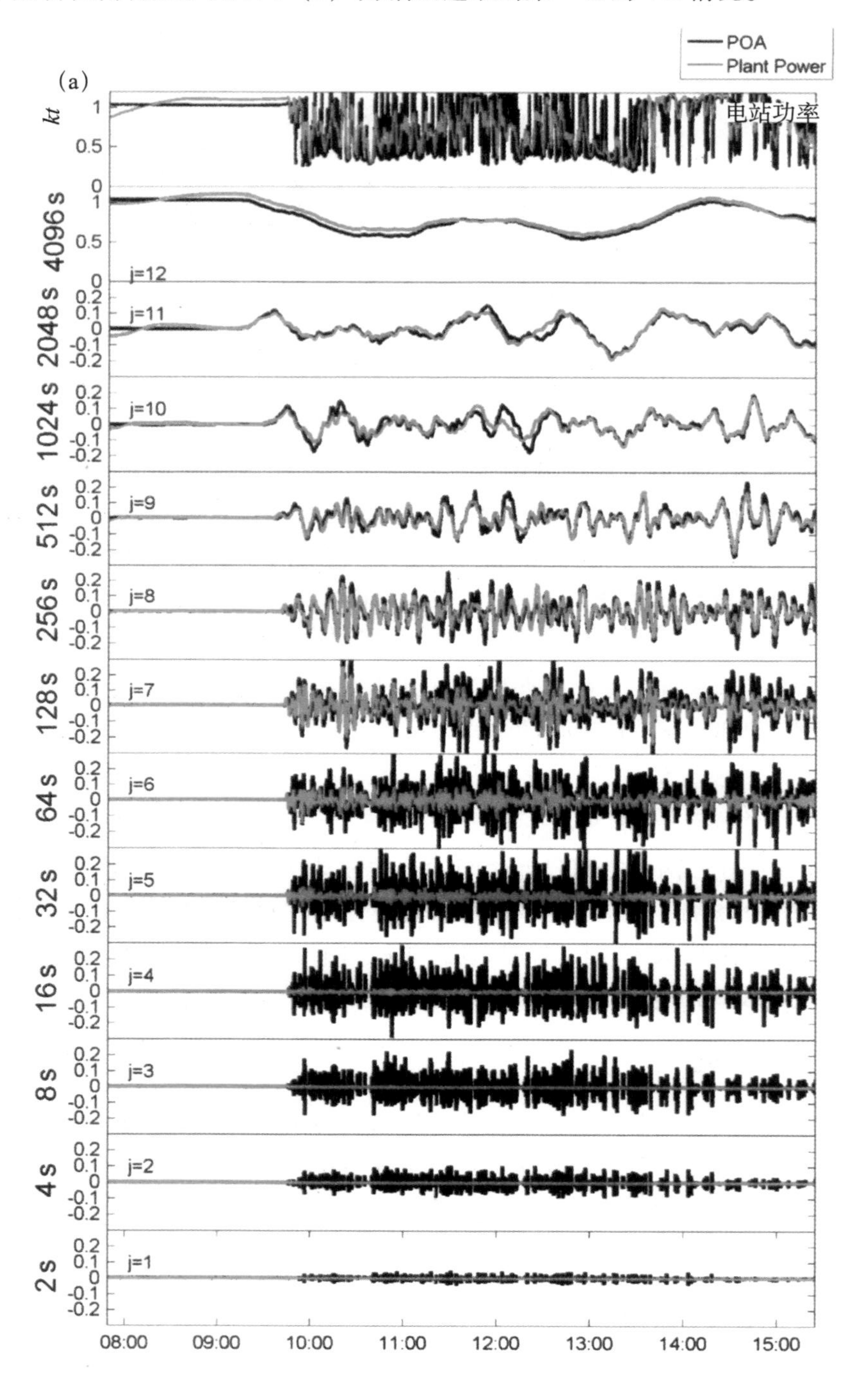

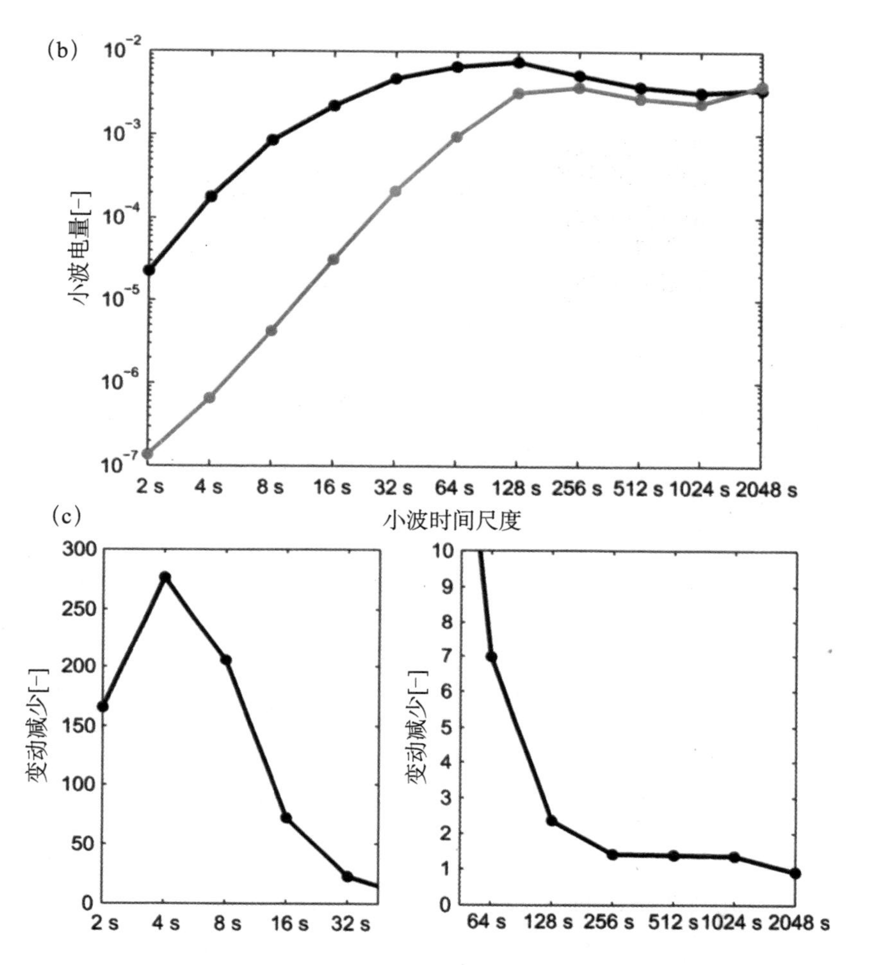

图 7.4　（a）2011 年 12 月 17 日测得的 2～4096s 时间尺度条件下 POA 单点式传感器（黑线）和铜山电站功率输出（红线）的（a）晴空指数时间序列（上）和小波模式（下 12 图）；（b）POA 单点式传感器每一个时间尺度的小波电量，以及全部电站供电；（c）从单点式传感器到整个电站每一个时间尺度的变动减少情况。

7.3　基于小波变换的变异模型

根据①单点式辐照度传感器的测量值；②发电站占地面积和光伏密度（每平米装机容量，单位：W）；③每日云速，基于小波变换的变异模型（简称 WVM）可模拟电站输出功率。WVM 模型利用这些输入值可估算电站范围的 VR（详见图 7.5）。模拟电站可能具有任何光伏覆盖密度，可以是低光伏密度的分布式发电（即屋顶光伏发电），或是安装在具有高光伏密度的公共事业规模的电厂中心的光伏系统，或是二者的结合。在 WVM 模型中，我们假设当天在时空上存在一个统计上不变的（即稳定的）辐射场，同时我们假设观测点之间的相关性是各向同性的，仅取决于距离，而非方向。

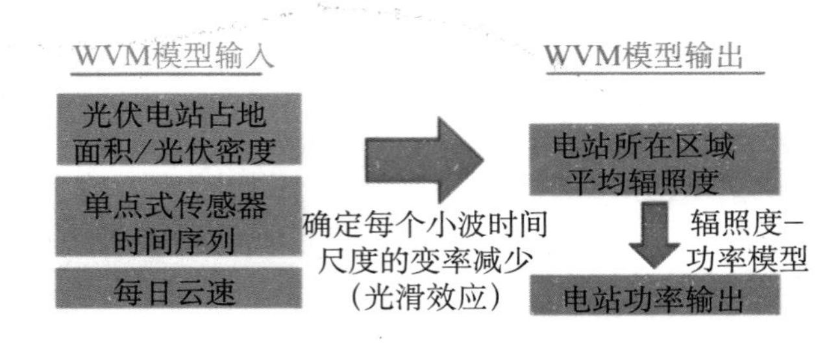

图 7.5　WVM 模型输入和输出。

在与输入辐照度单点式传感器相同的时间分辨率条件下，WVM 模型模拟了电站的输出功率（即 1s 辐照度时间序列将产生 1s 模拟输出功率）。

7.3.1　WVM 模型流程

已有文献具体全面地介绍了 WVM 模型（Lave 等人，2012），简化的 WVM 模型流程如下：

第 1 步：利用小波变换将原辐照度时间序列（kt_{GHI}或 kt_{POA}）的晴空指数分解为不同时间尺度 $\bar{t}$ 条件下的小波模态 $w\bar{t}$（t）。这代表每个时间尺度条件下的云引发的波动情况。

第 2 步：确定光伏电站中所有成对的组件之间的距离 $d_{m,n}$，其中 $m = 1, \cdots, N$，$n = 1\cdots, N$。

第 3 步：确定每个组件的小波模态之间的关联性 ρ（$d_{m,n}$，$\bar{t}$）。每日云速与关联性成比例（详见 7.3.2 小节中的内容）。临近的组件具有较高的关联性，对于相同的成对组件，较短的时间尺度将导致较高的关联性。

第 4 步：利用 ρ（$d_{m,n}$，$\bar{t}$）找到每个时间尺度条件下的多变性减少，即 VR（$\bar{t}$），公式为：

$$VR(\bar{t}) = \frac{N^2}{\sum_{m=1}^{N}\sum_{n=1}^{N}\rho(d_{m,n,\bar{t}})} \tag{7.7}$$

第 5 步：用相应 VR（$\bar{t}$）的平方根除以每一个 $w_{\bar{t}}$（t），目的是创建整个电站的模拟小波模态 $w_{\bar{t}}^{p}$（t）。将小波逆变换应用于上述小波模态上，以便生成整个电站的“面积平均”辐照度对应的模拟晴空指数 kt_{GHI}。

第 6 步：将该“面积平均”晴空指数乘以晴空功率 P_{clear} 转换为输出功率 $P(t)^{sim}$。对于缓变率模拟来说，由于短时间尺度变化由辐照度变化控制，因此可根据简单线性辐照度-功率模型获得 P_{clear}。但是为了获得更加准确的功率模拟，必须根据一个更加复杂的辐照度-功率模型确定 P_{clear}，例如，控制板类型和温度。

7.3.2　观测点之间的相关性

估计不同位置观测点小波模态之间的相关性（详见上一节第 3 步）是 WVM 模型流程中最重要的一步。根据之前的著作（Mills 和 Wiser，2010；Hoff 和 Perez，2010；Perez 等人，2012；Perez 等人，2011）；很明显，观测点之间的相关性取决于距离 $d_{m,n}$ 和时间尺度 $\bar{t}$。但是，相同时间尺度条件下同一成对观测点之间的相关性会逐日改变。我们发现这种日变化源于每日云速 CS。

在 WVM 模型中，不同观测点的小波模态之间的相关性可利用公式表示：

$$\rho(d_{m,n},\bar{t}) = \exp\left(-\frac{d_{m,n}}{\frac{1}{2}CS\bar{t}}\right) \tag{7.8}$$

图 7.6 实际测量了铜山的不同单点式传感器小波模态之间相关性，以及利用公式（7.7）模拟的成对观测点的间距和时间尺度条件下的相关性，并对二者的相关性进行了比较。总的来说，二者非常一致。

云层速度衡量了相关性中的指数式衰减，表明了空间平滑效应的强度。云速越慢，观测点之间的相关性越低，导致更多的空间平滑。

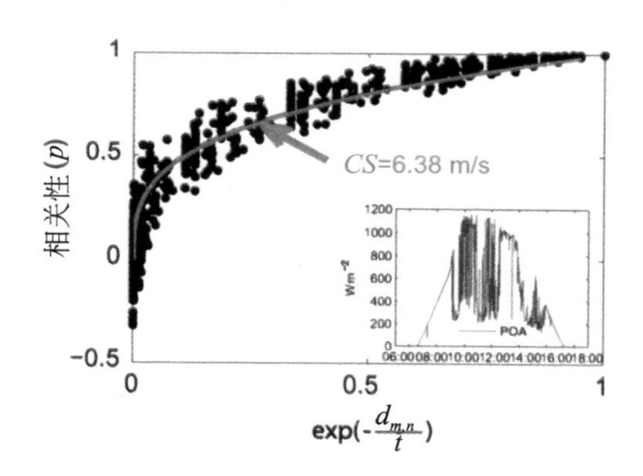

图 7.6　2012 年 2 月 19 日于铜山单点式辐射传感器网络实测的晴空指数小波模态（实线圈）之间的相关性。*X* 轴表示相关性的指数行为（距离和时间尺度的函数）。红线表示利用方程式（7.7）模拟的相关性，此处云速 =6.38 m/s⁻¹适合。图片右下角为当天的 POA 辐照度剖面。

方程式（7.7）假设相关性是各向同性的，即相关性并不取决于方向，而仅取决于观测点间距的大小。因此，方程式必须代表电站中所有成对的观测点的平均相关性。虽然方程式可能在估计特定观测点之间的相关性方面存在较大误差，但是对 WVM 模型方法中的第 3 步具有良好效果，如图 7.6 中所示的相关性建模的偏差。

确定某位置的云速非常困难。理想情况下，地面辐照度传感器网络应安装在模拟的电站所在的位置。利用后向求解方程式（7.7）可推断在该位置的云速。但是实际上，极少有拟建的光伏电站所在位置安装有传感器网络。当没有传感器网络时，我们利用数值天气预报确定云速。相比于其他用于测定云速的方法（如无线电探空仪），数值天气预报具有更大的时空分辨率（一般为几千米和1h）。

7.3.3 WVM模型应用

WVM模型利用数值天气预报确定的云速，因此可在任何位置运行该模型。在这里所说的“任何位置”是指存在单点式辐射传感器测量云量值的代表区域。对于拥有高频单点式辐射传感器现场测量值的太阳能开发商，他们可利用WVM模型估计电站将会出现的缓变率。在电站建立之前，可对模块设置、电站大小、预测要求和存储要求进行模拟，这对于安装在对缓变率有限制要求的位置（一般为岛屿）的光伏电站来说尤为重要。在并网研究方面，WVM模型模拟的功率输出也十分有帮助。并网研究测试了将光伏电站并入现有供电线路的效果。这些研究考虑了电源线的电力负荷和潜在光伏发电量，并说明了光伏多变性对电网的影响。

WVM模型的一个特殊应用是将小型光伏电站的功率输出提高到较大型光伏电站的水平。这种情况其实较为常见，只要获得电力传输、电站运营人员、许可证和土地（土地所有者为同一人）等信息，在现有太阳能容量附近进行扩容会更加经济。在单点式传感器测量和小型光伏电站的功率输出的前提下，为了模拟较大电站的多变性，可反向运行WVM模型，以便确定小型电站的变率减少。不考虑云速信息，WVM模型在正常方向上运行，以便模拟较大型电站的功率输出。

7.4 WVM模型及其在波多黎各的应用

7.4.1 验证：铜山48MW电站

为了验证WVM模型，我们在内华达州巨石城铜山（简称CM）的公共事业光伏电站应用了这一模型。我们将POA参比电池上每秒测量一次的辐照度作为WVM模型的输入值，同时每秒测量一次电站的整体输出功率，并与WVM模型的输出功率进行对比。铜山包含了一个由15块参比电池组成的网络，因此地面云速值可利用图7.6中所示的后向求解方程式（7.7）确定。我们对2011年8月1日至2012年7月31日长达一年之久的情况进行了分析。考虑到会出现辐照度测量误差、功率误差或这两种误差的同时出现，因此剔除掉这一年中的30天时间，剩余的335天仍然可以很好地代表全年趋势。

缓变率的累积分布函数

WVM模型在铜山运行了一年。该模型的输入包括电站占地面积、光伏密度（每平方米的AC额定装机容量，单位：W）、单点式辐射传感器时间序列和日云速值。铜山电站的占地面积和光伏密度始终是固定的。辐照度时间序列来源于同一台单点式传感器的观测，并用于所有模拟过程。每一天运行三种云速值，即地面测定值、取样自 NAM 数值天气预报季节分布的云速值（关于这种方法的详细介绍，详见 Lave 和 Kleissl 于 2013 年的论述）、云速值为∞。第三种云速值并未引起空间平滑效应，因此代表线性放大的单点式传感器。虽然包含在计划中，但最后一种情景是不切合实际的，其目的是与实测和模拟的功率输出进行对比，从而说明单点式传感器的相对变率。由于输入辐照度时间序列是在 1s 分辨率时测得，因此为三种情景各自创建了 1s 分辨率的日功率输出剖面图。

WVM 模型的目的是准确模拟实际电站功率输出的多变性。由于单点式传感器初始时刻观测的云层，与在不同于电站初始时间观察的云层不同，因此波动的准确时间并非完全匹配，但是多变性的统计结果具有匹配性。为了对这种情况进行测试，我们将缓变率的累积分布函数（cdf）作为度量。图 7.7 表明了实际发电量和三种 WVM 模型方案的大（ >90 个百分位数）缓变率。

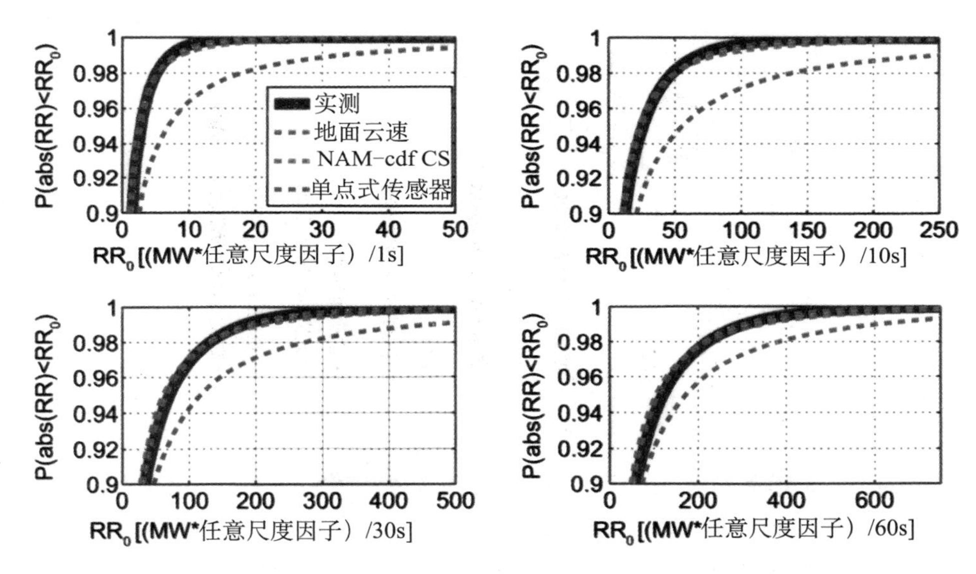

图 7.7　2011 年 8 月 1 日至 2012 年 7 月 31 日，一年时间内输出功率缓变率的累积分布情况。图中表现了不同时间尺度条件下的缓变率，即 1s（左上）、10s（右上）、30s（左下）和 60s（右下）。在每一个时间尺度，显示的是实测输出功率缓变率（蓝色粗线）、以地面云速值运行的 WVM 模型（绿色虚线）、以 NAM- cdf CS 值运行的 WVM 模型（红色虚线）和无平滑的单点式传感器（洋红色虚线）。*X* 轴为 MW/时间尺度缓变率乘以任意尺度因子，目的是保护电力数据的机密性。

缓变率的累积分布函数在实测输出功率与地面云速 WVM 模型方法和 NAM-累积分布函数云速（NAM- cdf CS）WVM 模型方法之间匹配良好。对于最极端缓变率的估计稍微过高（也就是说，最极端缓变率在图 7.7 中稍微向右移，大于 98 个百分位数），意味着两种 WVM 模型方法均在出现缓变率时对相关性的估计稍微过高。定量评价（图 7.8）表明，地面云速 WVM 模型方法在模拟所有时间尺度上输出功率的缓变率方面最为准确。但是采用 NAM- cdf CS 的 WVM 模型会造成较大的误差。简单地增加单点式传感器（云速 = ∞）是不准确的：增加传感器需假设观测点始终具有完全相关性，那么相关性也完全匹配，因此缓变率将始终处于高估的状态。在较长的时间尺度（如 10min）条件下，由于电站范围内的所有光伏组件在长时间尺度条件下均具有良好互相关的输出，因此三种方法之间的误差变得可以比较，增加的单点式传感器也变得更加准确。

总的来说，WVM 模型模拟（独立于云速来源之外）中的误差较小。在短时间尺度条件下（48MW 电站，1 ~ 5min），WVM 模型是对线性放大单点式传感器的重大改进。一般情况下，电站的占地面积越大，缓变的时间尺度越小，则应用 WVM 模型放大单点式传感器就变得更为重要。在日本大田市 2.1MW 的住宅屋顶光伏设备上对 WVM 模型进行验证时，也发现了相同的情况（Lave 等人，2012）。基于这次成功的验证，我们能够继续将 WVM 模型作为一种预测工具，估算光伏观测点的缓变率统计结果。

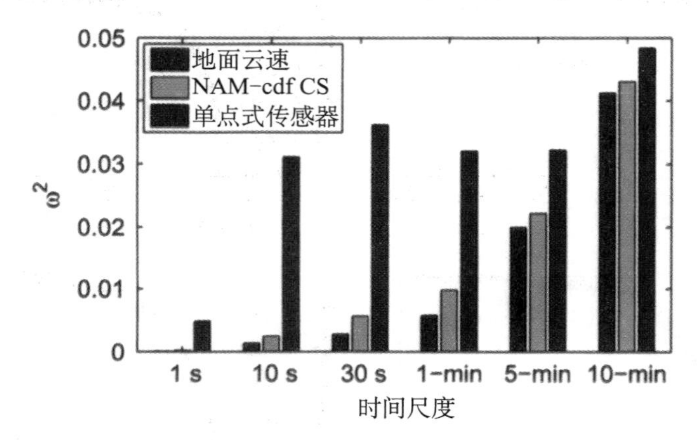

图 7.8　Cramer-von Mises 标准（ω^2）表明利用地面云速值（蓝色）、NAM 云速值（绿色）和非平滑单点式传感器（A = inf，红色）发现的实测缓变率累积分布和 WVM 模型缓变率累积分布之间的差别。由于每一个时间尺度条件下的最大缓变率均不同，因此 Cramer-von Mises 标准用于比较相同时间尺度条件下不同方法之间的误差好于用于比较不同时间尺度的误差（也就是未经时间尺度的标准化）。

7.4.2　波多黎各电力局（PERPA）10%缓变率技术要求

波多黎各电力局（简称 PREPA）发布了一项要求。根据该要求，波多黎各所有光伏电站的缓变率不得超过每分钟产能的 10% [PREPA 关于光伏发电（简称 PV）项目的最低技术要求]。因此，对于当地正在安装或处在研究中的光伏电站，要估计它们的缓变率，WVM 模型是完成这项工作的最佳工具。

数据可用性

2012 年 8 月，加州大学圣地亚哥分校的 Kleissl 实验室在马亚圭斯波多黎各大学的屋顶（2012 年由 DOE 资助的波多黎各急需的太阳多变性模型）安装了三台辐照度传感器。这三台传感器相互靠近（间距为几米），不仅为WVM模型提供了高频辐照度输入，而且可以根据Bosch和Kleissl（于2013年）介绍的方法测量云速分辨率。利用这一云速，WVM模型能够模拟马亚圭斯的电站缓变率。

编写本书时，位于马亚圭斯的辐照度传感器仅提供了2012年9月当月的数据。图7.9显示了每日的GHI。在马亚圭斯，大部分时间都是早上天气晴朗，而中午天气情况变化较大（1min辐照度的变化超过50%）。但是由于仅有一个月的数据可用，因此这可能无法代表全年的趋势。此外，该数据可能无法准确地代表波多黎各其他观测点的情况。马亚圭斯位于西海岸。由于不同的天气模式，深入内陆的地区或其他海滨地区可能具有不同辐照度统计数据。此处的分析意在进行解释说明，并使读者更多地了解波多黎各光伏电站的多变性。

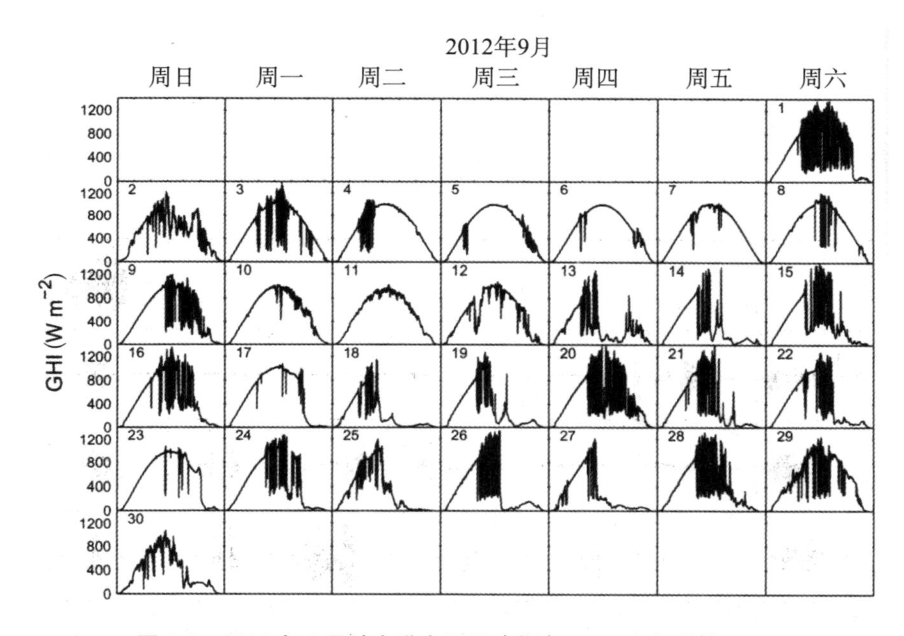

图7.9　2012年9月波多黎各马亚圭斯每日GHI剖面的日历。

WVM模型模拟结果

为了获得一个月的数据，WVM模型模拟了马亚圭斯5MW、10MW、20MW、40MW和60MW正方形光伏电站厂区。这些电站可达到标准的公共事业规模，其光伏密度为30W/m^2。由于PREPA的要求，因此特别注意了超过产能10%的缓变率（违规缓变率）的数量。表7.1为WVM模型模拟的不同规模的光伏电站违规缓变率的数量。增加电站的规模（提高了地理多样性）使违规缓变率的数量显著减少：5MW电站的违规缓变率为1322个，而60MW电站的违规缓变率为737个。但是，这种减少并不是线性的。在所有情况下（5~60MW），违规缓变率的数量是显著的，平均每天至少出现44个。

表 7.1 2012 年 9 月超过 10%产量的缓变率（违规缓变率）

电站规模	5 MW	10 MW	20 MW	40 MW	60 MW
违规缓变率数量	1，322	1，192	1，051	873	737

违规缓变率的数量每日都有所不同。图 7.10 表明缓变率时间序列和 60MW 电站每天的违规缓变率数量。每天的违规缓变率数量变化幅度很大，从 9 月 1 日的最多 110 个违规缓变率到另外 6 天无任何违规缓变率。这表明每日的气象条件对缓变率数量会产生剧烈的影响。为了对比不同规模光伏电站之间出现的违规缓变率，我们可以检测多少天才能每天出现一定数量的违规缓变率。图 7.11 表明了这些分布情况。5MW 电站每天最多有 160 个违规缓变率，而 60M 电站每天最多仅有 110 个违规缓变率。除了 60MW 电站，其他所有电站有 5 天以上的时间，其违规缓变率会超过 50 个。

不仅要看到发生了多少个违规缓变率，而且要看到 1min 缓变率是多大，这是十分重要的，因为这会影响到电量存储，而控制方法也需符合 PREPA 的要求。

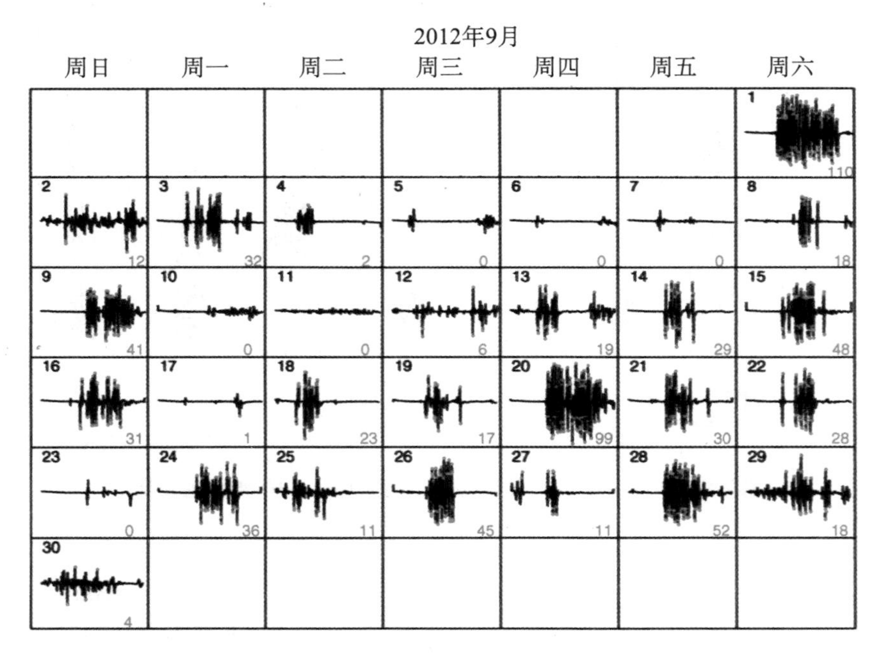

图 7.10 60MW 电站的缓变率情况：违规缓变率（红点）、每天违规缓变率总数（底部，红色粗体）。

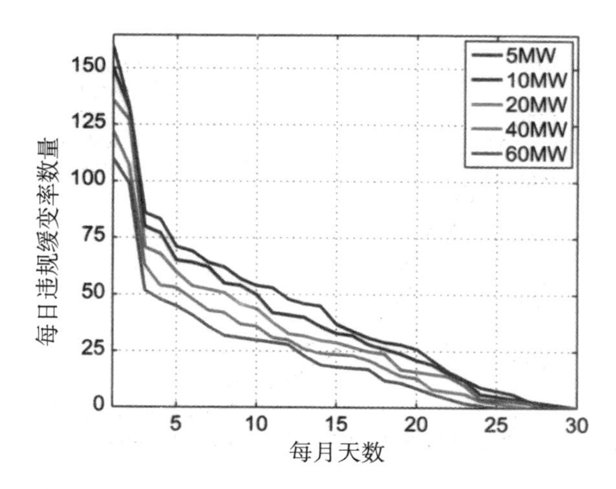

图 7.11　分布图表明一个月中每天都会出现一定数量的违规缓变率的天数。例如，5MW 的电站有 5 天每天都是出现 70 个或 70 个以上违规缓变率。

为简单起见，假设必须始终符合技术要求，则：

（1）存储容量是能量的函数。它可以将最大违规缓变率数量减少至每分钟 10% 的缓变，并且减少最极端事件序列。由于充电功率的限制，最极端事件序列限制了在连续事件之间对电池进行充电。

（2）存储系统的寿命由充电过程/放电过程的次数决定。这也是违规缓变率总数的函数。

如果公共设施设定了一个合规的阈值（如 98% 的时间），那么电量存储要求的经济性得到改善，并且可以根据复合系统，即 WVM 模型 + 电量存储 + 控制器的年度模型推断出最佳的存储规模。图 7.12 为 1min 缓变率发生的数量。在 2012 年 9 月，60MW 电站没有超过 30% 产量的缓变率，而 5MW 电站却有 272 个。5MW 电站的最大缓变率超过产量的 50%。但应注意的是，在兆瓦级的电站中，60MW 电站的最大缓变率仍比 5MW 电站中的最大缓变率大得多，如 18MW 和 2.5MW。因此，即使 60MW 电站的违规缓变率减少，并且在产量百分比的情况下违规缓变率也没有那么严重，但是仍要求它的存储系统（在 MWh 能量容量方面）要超过 5MW 电站的水平。

此处所示的结果对波多黎各有重要意义：马亚圭斯的光伏电站经常产生超过产量 10% 的缓变率。每一天的违规缓变率数量就能超过 100，或每 5min 左右发生一次违规缓变率。这限制了在新事件发生之前电池再充满电的能力。为了符合 PREPA 的要求，电站必须具有大量电池或其他存储系统。此外，存储系统应能在 1 年或小于 1 年的时间里进行大量的充电/放电循环。电池系统可能无法经济地减少缓变情况，因此可能需要具有快速充电以及能够经受成百上千（或更多）次充电循环（如飞轮或超级电容）的技术。无论如何，存储硬件及其控制设备都会大幅度增加波多黎各光伏发电的成本。

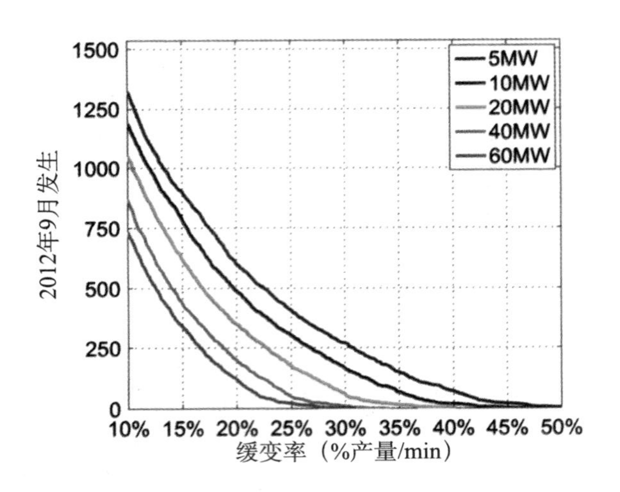

图 7.12 2012 年 9 月发生的 1min 缓变率。

7.4.3 圣地亚哥、瓦胡岛和波多黎各之间的多变性对比

2012 年 9 月出现了至少 737 个 10% 产量的缓变率。7.4.2 小节中介绍的 WVM 模型结果表现出了显著的多变性。从图 7.9 我们可以看出，马亚圭斯的天气常常在上午是晴天，下午阴天。在具有不同典型天气模式的地区，这些缓变率分布是如何变化的呢?

为了回答这个问题，除马亚圭斯外，我们还在加利福尼亚、圣地亚哥和夏威夷瓦胡岛的 Kalaeloa 地区利用 WVM 模型模拟 15MW 电站。由于来自马亚圭斯的数据仅有 9 月份可用，因此在 9 月份，我们仅在上述三个地点运行 WVM 模型。此外，这些结果可能无法代表全年趋势，但是却能够对特定月份的数据进行对比。根据辐照度时间序列，Kalaeloa 地区 9 月份的每一天都存在很大的变数。圣地亚哥 9 月份的每天都是晴天，而马亚圭斯则是上午晴天、下午多变的情况较常见。

图 7.13 表明，9 月份中有多少天每天、每分钟有 10% 产量的缓变。三个观测点之间存在着明显的差异：Kalaeloa 的缓变率比马亚圭斯的缓变率多 10%，而圣地亚哥的缓变率则更少。这与辐照度剖面的观测结果一致。根据辐照度剖面，Kalaeloa 的天气最多变，而圣地亚哥的天气则比较稳定。Kalaeloa 天气最多变的一天具有近 180 个超过 10% 容量的缓变率。而圣地亚哥天气最糟糕的一天仅有 60 个此类缓变率。更为重要的是，在圣地亚哥，超过 10 天的时间内，缓变率均不超过 10% 容量；而在 Kalaeloa 却没有这样的记录。这意味着，如果将 PREPA 的 10% 规则应用在圣地亚哥和 Kalaeloa，那么圣地亚哥的违规缓变率便会少于马亚圭斯的水平，而 Kalaeloa 会有更多的违规缓变率。为了应对这一情况，Kalaeloa 的 15MW 电站需要的电能存储量要远大于圣地亚哥需要的水平（至少在 9 月份）。

根据产量的变化，WVM 模型模拟缓变率，表明圣地亚哥的天气最为稳定，而

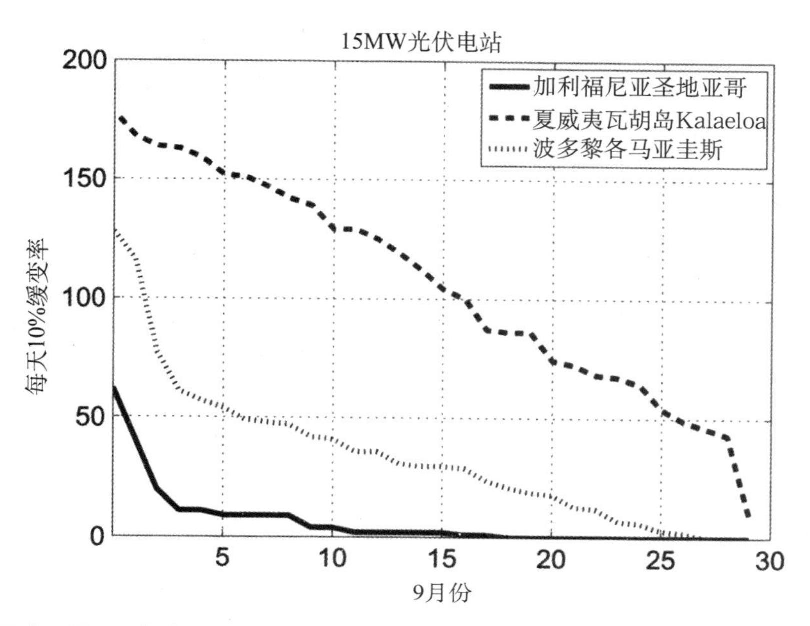

图7.13　圣地亚哥、瓦胡岛的Kalaeloa和马亚圭斯WVM模型模拟15MW电站超过每分钟10%产量的缓变率数量在每月每天的分布情况。

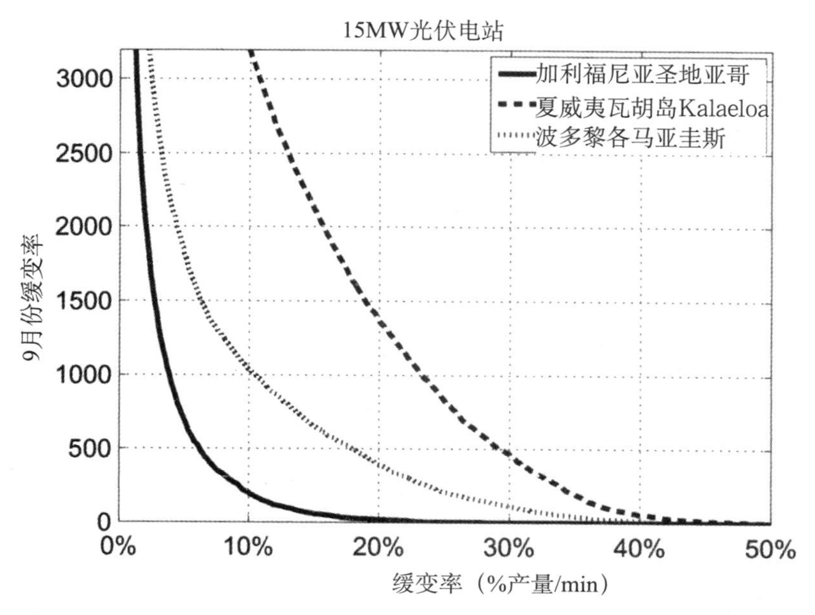

图7.14　加利福尼亚圣地亚哥、夏威夷瓦胡岛和波多黎各马亚圭斯WVM模型模拟15MW电站在9月份出现1min缓变率的情况。

Kalaeloa 的天气最为多变的，详见图 7.14。虽然在圣地亚哥的 9 月份几乎从未出现每分钟 20% 容量的缓变率，但是在马亚圭斯出现了大约 400 次，在 Kalaeloa 出现了近 1400 次。为圣地亚哥 9 月份模拟的最大缓变率，约为 1min 25% 产量，而马亚圭斯（40%）和 Kalaeloa（近 50%）具有更大的最大缓变率。

7.5 小结

本章的重点是量化并模拟光伏电站的多变性。为了表示多变性，线性放大单点式传感器的多变性会高估多变性，尤其是 3min 和较短时间的缓变率。相反，必须采用能够消除单点式传感器多变性的放大模型，如 WVM 模型。WVM 模型生成了综合功率时间序列。利用该时间序列可检验潜在光伏电站区域较大缓变率的数量和程度，也能够模拟减小措施，如能量存储和太阳能预测。

参考文献

[1] Bosch, J., Kleissl, J., 2013. Deriving cloud velocity from an array of solar radiation measurements, submitted to Solar Energy 87, 196-203.

[2] DOE-Funded Solar Variability Model in High Demand in Puerto Rico, 2012. SunShot Initiative High Penetration Solar Portal, https://solarhighpen.energy.gov/article/doe_funded_solar_variability_model_in_high_demand_in_puerto_rico?print.

[3] Hoff, T. E., Perez, R., 2010. Quantifying PV power Output Variability. Solar Energy 84, 1782-1793.

[4] King, D., Boyson, W., Kratochvil, J., 2004. Photovoltaic Array Performance Model. Sandia National Laboratory, SAND2004-3535.

[5] Lave, M., Kleissl, J., 2013. Cloud speed impact on solar variablity scaling - application to the wavelet variability model. Solar Energy 91, 11-21.

[6] Lave, M., Kleissl, J., Stein, J. S., 2012. A Wavelet-Based Variability Model (WVM) for Solar PV Power Plants, Sustainable Energy. IEEE Transactions on PP 99, 1-9.

[7] Mills, A., Wiser, R., 2010. Implications of Wide-Area Geographic Diversity for Short-Term Variability of Solar Power., Lawrence Berkeley National Laboratory. LBNL-3884E.

[8] Page, J., 2003. The Role of Solar Radiation Climatology in the Design of Photovoltaic Systems. Practical Handbook of Photovoltaics: Fundamentals and Applications. Elsevier, Oxford, 5-66.

[9] Perez, R., Ineichen, R, Moore, K., Kmiecik, M., Chain, C., George, R.,

Vignola, F. , 2002. A new operational model for satellite-derieved irradiances: description and verification. Solar Energy 73, 307-317.

[10] Perez, R. , Kivalov. S. , Schlemmer, J. , Hemker Jr. , K. , Hoff, T. , 2011. Parameterization of site- specific short-term irradiance variability. Solar Energy 85, 1343-1353.

[11] Perez, R. , Kivalov, S. , Schlemmer, J. , Hemker Jr. , K. , Hoff, T. E. , 2012. Short-term irradiance variability: Preliminary estimation of station pair correlation as a function of distance. Solar Energy 86, 2170-2176.

[12] Puerto Rico Electric Power Authority Minimum Technical Requirements for Photovoltaic Generation (PV) Projects, http://www.fpsadvisorygroup.com/rso_request_for_quals/PREPA_Appendix_E_PV_Minimum_Technical_Requirements.pdf.

第8章　太阳能预测方法与准确性评估标准概述

Carlos F. M. Coimbra 与 **Jan Kleissl**
加州大学圣地亚哥分校机械与航空航天工程系可再生资源与集成中心
Ricardo Marquez
SolAspect

章节纲要

8.1　太阳能预测方法分类

数十年来，负荷预测始终是电力市场与电力基础设施管理方面不可分割的一部分。因此，公共事业部门与独立系统运营商（ISO）的经验、规定和计划是该行业研究与商业发展需要考虑的主要问题。由于 ISO 建立的规则会影响到预测对其他利益相关人（如，业主经营人）的经济回报，因此在短期内，预测需求与计划的主要利益相关人是 ISO，其次便是公共事业部门。公共事业部门在城市配电线路上的分布式光伏发电的占比更高。此外，对于因太阳能产能变化而导致的电压波动，目前仅有少数公共事业部门，具有利用太阳预测方法进行局部自动响应的机制。

太阳预测方法的选择主要取决于所涉及的时间尺度，其范围从几秒钟前或几分钟（1h 内）前、几小时（1 天内）前或几天前（1 周内）不等。根据预测应用，不同的时间范围是相关的。例如，加利福尼亚独立系统运营商（CAISO）组织采用以下预测方法：一天前（DA）的预测应当在运行日之前的 05：30 交提，预测的时间应从提交日的午夜开始，覆盖（以小时计）运行日的 24h。因此，应在预测运行日之前的 18.5 ~42.5h 之间进行 DA 预测。绝大多数传统发电都采用 DA 预测。提前 1h（HA）的预测应在每个运行小时之前 105min 提交，并在运行小时之后的 7h 时间提供咨询性预测。CAISO 每隔 5min 进行 1h 内预测。中西部地区的 ISO 已执行了一个类似的 1h 内预测。联邦能源管理委员会（FERC）已发布了《建议规则制定公告》。委员会要求公共事业传输服务供应商，为所有客户提供每 15min 可自行安排传输服务的机会，同时要求采用可再生能源发电的供应商进行产能预测。总之，目前，1 天内预测方法的经济价值小于 DA 预测方法的经济价值。但是，随着太阳能占比的增加，以及随着 1 天内预测准确性的提高，将会产生大量的市场机遇。

因此，中期（小于 48h）太阳能预测对能源资源的规划和调度具有十分重要的意义。反之，1 天内预测则对负荷跟踪和预调度非常有用，减少了实时频率控制（即管理）的需要。

待预测的太阳能资源的类型取决于采用的太阳能技术（详见表 8.1）。对于聚光太阳能系统（聚光太阳热能或聚光 PV，即 CPV），则必须预测太阳直射辐照度（DNI）。由于聚光太阳热能效与 DNI 为非线性依赖关系，且通过热能存储（若有）可以控制发电，因此 DNI 预测对于聚光太阳热能发电厂的管理与运行非常重要。DNI 会受到异常难以预测的现象的影响，如卷云、野火、沙尘暴及偶发的空气污染事件。相比于晴空条件，这些现象能够使 DNI 降低 30%。

表 8.1　太阳预测中的重要变量

预测变量	应用	主要决定因素	市场重要性	当前的预测水平
GI	PV	云量、太阳几何学	高	中等
电池温度	PV	GI、空气温度、风	低	高
DNI	聚光太阳能	云量、气溶胶、水蒸气	中等	低

对于非聚光太阳能系统（即大部分的 PV 系统）来说，首先须测量倾斜表面上的总辐照度（GI = 散射 + 直射）。由于晴空 DNI 的降低通常会导致散射辐照度增加，因此 GI 对 DNI 误差不太敏感。为达到较高的准确性，需要预测 PV 电池板温度，从而说明太阳能转换效率对 PV 电池板温度的（弱）依赖性（详见表 8.1）。

对于6h左右及以上相对较长时间范围，一般采用基于物理原理的模型（详见表8.2；Hammer等人，1999、2001和2003；Perez等人，2010；Lorenz等人，2009）。在2~6h的时间范围内，可以将不同的方法组合在一起，利用数值天气预报模式（NWP）获得云量观测值或预测值（详见图8.1；Lorenz等人，2009），尤其是“快速更新”模式内获得的云量观测值或预测值，也可以利用具有云光学厚度和云运动矢量信息的卫星图像（Hammer等人，1999、2001和2003）。对于超短时间范围（小于30min），通过将云层定位信息转化为确定性模型，有几项地基天空成像仪的若干技术已被开发出用于测量GHI和DNI（Chow等人，2011；Marquez和Coimbra，2012；Marquez等人，2013）。在较短的时间范围内（小于2h），预测应用程序趋向于更加依赖统计方法，如自回归滑动平均模型（ARIMA）和人工神经网络（ANN）建模（Sfetsos和Coonick，2000；Cao和Lin，2008；Crispim等人，2008；Reikard，2009；Paoli，2010；Mellit等人，2010；Marquez和Coimbra，2011；Pedro和Coimbra，2012）。由于不同方法之间的交接时间并非恒定不变，因此不同方法的动态（基于制度）混合最终形成了准确性最大的结果（Chen等人，2011；Marquez和Coimbra，2011）。例如在较短的预测时间范围内，在总误差方面，基于时间序列的ANN预测与卫星模型相比更具竞争力（Marquez等人，2012）。最终，包含随机学习技术、动态组合或预测值的统计订正后处理方法提高了预测的准确性。例如，为了提高特定观测点预测的准确性，可以利用模型输出统计（MOS）来修正NWP模型的预测（Mathiesen和Kleissl，2011；Lorenz等人，2009）。

表8.2 太阳能预测技术的特性与输入值

技术	采样率	空间分辨率	空间幅度	合适的预测期	应用
持久性	高	1个点	1个点	分钟	基线
天空成像	30s	10s~100min	2~5m半径	数十分钟	短期斜坡管理
GOES卫星成像	15min	1km	美国	5h	负荷跟踪
NAM天气模型	1h	12km	美国	10d	机组组合

本书中关于太阳能预测的章节对预测技术进行了全面概述。在短期预测方面，提出了全天空成像方法（详见第9章）和随机学习方法（详见第15章）。虽然某一观测点的太阳辐射计或功率输出内未包含任何关于未来输出的直接信息（例如，一大片云即将经过电厂上空，但是测量显示仍为晴空），但是全天空成像能够实现太阳能发电厂上空云区和云速的可视化。可为云指定运动矢量和光学厚度，以便提前30min获得预测结果。随机学习方法最简单的实施方式要求不包含任何辅助（外源）数据，但是能够学习功率输出的模式，并将其用于推测未来可能的行为。例如，利用随机模型研究了夏末早晨加利福尼亚海岸海雾消散的情况。通过训练可了解更先进的模型，学习更加复杂的未来情况。

现代的卫星太阳能预测工具依靠半经验方法（详见第2章）和基于物理原理的

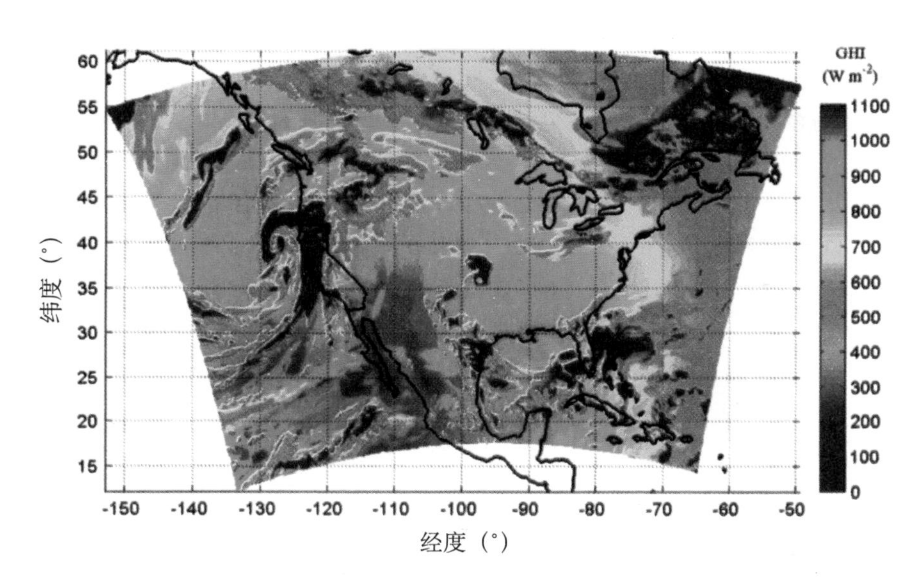

图 8.1　2010 年 4 月 10 日正午，来自北美 Mesoscale 模型（NAM）的 GHI（W m^{-2}）预测值。

方法（详见第 3 章）估计太阳能资源，并将这些方法与云运动矢量（详见第 10 章和第 11 章）结合起来。假设云层光学厚度与云速的持久性能够用于未来云位置预测和太阳能预测。半经验方法将大气层看作一个层，测量每个像素的反射率，且每个相关的云指数均与根据经验校准获得的地基 GHI 测量值相关。基于物理原理通过大气内不同层模仿辐射传输，并利用现代卫星遥感功能确定诸如云高、云型、气溶胶光学厚度、水蒸气等方面的情况。但是，卫星观测值中的误差和辐射传输的复杂程度会影响物理方法的效果。

数值天气预报是基于物理原理的首要预测工具（详见第 12 章、13 章和 14 章）。利用物理模型描述所有的物理过程（压力、风力、温度、水蒸气冷凝与蒸发、太阳辐射与长波辐射的辐射传输）及其反馈。NWP 模拟程序包含着经几十年研究而形成的成千上万条代码。NWP 模型具有适当的初始条件（即三维大气特性），其运行情况良好，足以决定物理过程（微米），并能够准确地模拟大气。但是，在初始状态的可用测量值中，以及较高分辨率运行的计算资源中都存在着大量的不足（详见第 13 章中关于资料同化的内容）。因此，NWP 预测在短期时间范围内的表现不佳。在操作方面，由政府机构，如 NOAA、ECMWF 和 GEMS，提供 NWP 预测。这些机构通常利用具有不同参数设定和测量输入值的不同模型。一般情况下，这些模型非未针对特定观测点或太阳能预测进行优化，而是针对极端气候事件、温度和航空气象进行优化。所以，可以通过使用本地运行的 NWP 模型［如天气研究与预测（WRF）模型］提高准确性，这为用户提供了选择优化预测准确性所需适当模型分辨率、参数设定和后处理工具的机会。

基于时间序列的方法，包括回归法（如 ARIMA）和非线性模型模拟器（如

ANN），均被归类为随机法。研发这些方法时，假设存在一个函数，能够根据之前研究的时间序列值和/或其他的时间序列变量预测未来值。随机的太阳能预测方法包括数据驱动方法。这种方法是为了使训练阶段模型函数的参数、输入数据与目标数据相匹配。可以在文献中找到相关实例的介绍（Cao 和 Liu，2008；Crispim 等人，2008；Mellit，2008；Bacher 等人，2009；Reikard，2009；Paoli，2010；Sfetsos 和 Coonick，2000；Mellit 和 Pavan，2010；Chen 等人，2011；Marquez 和 Coimbra，2011；Pedro 和 Coimbra，2012）。这些数据驱动方法的基本原理是，存在于模型中的历史数据可用于预测。此外，这些方法为未来模型开发人员根据需要加入更多预测变量，为提高预测能力提供了方便。

Schroedter-Homscheidt 等人（2009）对最佳太阳能预测方法提出了以下建议：

- 应用日前市场的确定性 NWP 方案，以及全部 GHI 和 DNI 预测技术。
- 根据前一日预测的空气质量，应用程序建立气溶胶光学厚度模型（主要用于测量 DNI）。
- 根据卫星资料对云场和辐射照度进行即时预测。云运动矢量预测，包括可见光通道和红外通道，必须用于 1 ~ 5h 预测时间范围（为测量 DNI，使用卫星测量气溶胶）。
- 小时内预测应用地基测量值。

理想状态下，利用随机学习技术优化不同输入值衍生出的每一种预测模型。随机学习技术能够在数据采集与预测评估进行的过程中，剔除确定性模型中的偏差与可学习误差。

根据不同的时间范围和应用情况，不准确的预测会产生不同的经济结果。因此，形成适用于每一个（或全部）预测时间范围的预测衡量标准，并能根据随时可计算出的量反映出预测技术的适当措施是非常重要的。此外，为了对一般用于不同地点或至少是不同时间段的预测方法进行相互比较，理想的预测技术衡量标准必须不受观测点特定气象特征或气候特征的影响。在 8.4 小节中，我们介绍了一套能够用于对比不同预测方法有效性的简单衡量标准。

8.2 确定性和随机性预测方法

8.2.1 物理预测方法的关键性评价

为了实现高精度的太阳预测，基于物理的确定性（PB）预测和随机性预测，是两个非常重要的太阳能预测方法，两者的有机结合将大大提高预测结果的准确性。物理性预测更是引起了业界人士的注意，因为此类预测可呈现并分析流体、热动力和传热过程信息。例如，一个三维的辐射传输模型可以非常精确地模拟出散射与直射辐射辐照度的分布情况，而且还可以针对测量或基本原理进行测试。物理预测方法（PB 预测方法）有助于“掌控全局”，研究人员可直接向预测模型中输入信息，比如，根据可识别的输入/输出关系，确定模型组分、探测和追踪预测误差。原则上讲，PB模型的性能和应用与当地条件之间不存在依赖性，而且对训练的要求不高。因此，此类模型更适合进行共享（例如在WRF共用模型中共享）。

然而，PB预测方法也有缺点，主要因为输入模型中的关键数据不足，以及按基本原理精确建模过程中的计算资源不足。太阳能预测方法通过对气溶胶粒子或云滴等微米级颗粒进行测定（初始条件），完成对整个地球大气层的测量和建模。但是，这在实际操作中是不可能实现的。原因是地面测量网络过于稀疏，绝大部分装置仅可对大气表层或大气综合性状（如气溶胶光学厚度）进行取样，但无法对大气实现垂直分布取样（如尘埃云）。对地静止卫星的空间分辨率几乎为0（公里）。因此，数值天气预报（NWP）模型无法获得充足的初始条件信息，这主要归咎于大气进程中的扰动作用。此外，对0分辨率（10km）的NWP模型粗略参数化，得出了云层的模糊显示。一般的，我们假设网格单元内被至少1-模型-层厚度的块状云层填充或是未被填充。采用独立云模型将所有云特性参数化，转换成各个云层的光学厚度和反照率。光学厚度和反照率只取决于水混合比（主要是液体和冰）、温度和压力。通常也使用气候预测表中的臭氧和其他痕量气体的浓度。为了提高计算效率，随后对假设的平行均匀大气层的辐射传输进行了逐小时计算。换言之，此类模型是严格的一维模型，GHI值只受网格点正上方的大气柱条件的影响。物理变量无法显示出足够的精确度。

此外，PB预测模型是相对静态的，但由于物理模型本身及其描述的基本物理现象具有复杂性，使得模型各组分间发生强烈的交互作用和复杂的变化。因此，PB预测模型不会自动修正先前的偏差，因而对偏差和系统误差非常敏感。

8.2.2　卫星预测

卫星预测是一种典型的将PB预测与随机预测相结合的预测方法。与NWP模型相比，卫星预测仅采用几种相对简单的建模假设便可推测反演太阳能资源，可直接提供（反映）太阳辐射情况（见第2章，从卫星数据中反演精确的长期资源分布图的复杂性）。实际上，由于云运动速度与方向（由两份最新图像推导得出）的持久性都是假定的，卫星云运动矢量模型大多是随机性的。云量分布可在30min内发生实质性的变化，因此通常将云图的刷新时间设为30min。由此可见，云的动态性对云运动矢量方法而言是一个挑战。因此，要解释云的对流、形成、扩散和变形也有一定的困难。然而，因为大型云系（如，冷锋云系）持久性更长，所以，卫星预测模型明显比NWP预测模型更准确，而且预测时间较后者可提前6h，这主要是因为启用NWP预测模型需要进行信息输入、数据同化以及演算。

利用NWP预测与卫星预测间的协同作用，可提高卫星的预测水平。更长时间的超前预测可利用NWP中的风场提高来自最近两幅图像的稳态云平流矢量数据（Miller等人，2011），但此方法的优势尚未得到广泛证实。目前主要采用通过卫星获取运动矢量数据，提高 NWP 的预测水平。例如，Velden 等人（1998）指出，GOES 卫星的多光谱大气风场信息，对预测热带气旋路径的数值模型有着显著的积极影响。

传统的卫星预测方法只采用可见光谱（即，只在白天起作用），缺少夜间数据，使得黎明时的预测准确性较低。为了提高黎明预测的准确程度，将红外光谱（昼夜均起作用）整合到卫星云图运动的预测中具有重要意义（见第 10 章、第 11 章）。

8.2.3 全天空成像仪预报

全天空成像仪（简称 SI）的优势在于能够提供预报当时已有云层的范围、结构及运动情况的详细数据信息。利用这些数据可对太阳能发电设备附近的未来云层类型进行超短期（提前几分钟）预测。但是，与人造卫星预报方法类似，SI 预报方法目前还不能解释云层的形成、消散及几何结构出现显著变化的原因，仅限于对 SI 视场范围内的空间云层类型进行推断，因此狭窄的视场范围严重影响了云层的预报。由于云速与云高的比值与 SI 的角速度近似（这一角速度决定了云层位于 SI 视场范围内的时间），因此 SI 预报的实际超前时间，即 SI 的重要性能，主要取决于云高和云速。通过视距除以典型云速，将 SI 预报的最大时间范围确定为 30min 左右，而最大预报性能则出现在第 5 ~ 10min 的时间范围内。此外，即使能够精准确定云层尺寸和云速，预报的准确率还取决于云场脱离由云层运动矢量（云层的形成、消散等）定义的静态平流的速度。

对于小时内预报，SI 的下限（一般为 0 ~ 3min）受到近太阳侧传感器饱和度（对云图清晰度有影响）以及图像处理延迟时间的影响；而上限则是受到基于天空成像技术的确定性模型的视场范围、云速和云层寿命的影响。加州大学圣地亚哥分校近来开发了专门用于太阳预报的 SI 成像技术。该技术具有高分辨率、高动态范围的特点，同时具有高稳定性成像芯片。这种芯片能够以前所未有的空间细节绘制云阴影图并进行太阳能预测（见第 9 章）。它的摄像头能够更好地对近太阳侧和地平线附近的云层进行分辨，从而提高预报准确率，尤其适用于超短期预报和超长期超前时间预报。

8.2.4 随机学习方法的数据输入

一般来说，随机学习方法更易于体现不同时间尺度上不同现象的相关信息。因此，时间范围限制则主要取决于训练阶段的可用历史数据，但同时也取决于输入变量的时间自相关函数。如第 15 章所述，太阳辐射的随机方法可利用以下任意一个或几个输入变量，即晴空辐照度模型、日—地时间变量、NWP 输出的云量和其他气象场、卫星数据、全天空成像仪、历史太阳辐射值及其他地面测量气象数据。由于随机方法并不一定依赖于闭合式模型，因此，具备选定模型中相关输入值是一项非常重要的能力。通常情况下，虽然云层对地面上太阳辐照度的影响作用最强，但是气象输入值，如气溶胶（Breitkreuz 等人，2009）以及地面红外传感器（Marquez 等人，2013）测得的天空红外测量值能够为预测模型提供有用数据。尤其是，测出的太阳辐射时间序列的滞后值或延时值通常包含在随机模型方法的输入值内（Mellit，2008）。现已证明，温度、相对湿度以及根据 NWP 模型得出的降水概率等其他气象输入值，可为改善的太阳辐射照度预报提供有用信息（Mzrquez 与 Coimbra，2011）。第 15 章介绍了有可能提高太阳预报准确率的各种不同预报模型输入值。

现场测量为提高太阳能预报准确率提供了有用信息。Sfetsos 与 Coonick（2000）在 ARIMA 和 ANN 基础上提出了时前太阳单变量与多变量预报模型。多变量模型将诸如温度、压力、风速及风向等额外的气象变量作为预报过程的输入值。然而，他们依据基于自相关函数和互相关函数的输入选择方案发现，只有温度和风速是有用的变量指标。Mellit 等人（2010）利用 ANN 和自适应模型（即所谓的 α-预测模型）将相对湿度、日照时间、空气温度与太阳辐射（散射、GHI 和 DNI）用于预报每小时太阳辐射随时间变化的趋势。这两种模型均用于散射、GHI 和 DNI 组分。Reikard（2009）分别在 5min、15min、30min 和 60min 的预报时间内，利用不同的随机建模方法将地面气象输入值输入太阳能预测模型。Marquez 等人（2013）则提出了一种处理地面测量值的新方法，衍生出了云量指数这一概念。这些指数源自于一台全天空成像仪、由 GHI 和一台温度 IR 传感器得到的辐射测量值及其历史时间序列。该指数用于变量预测，进行时前 GHI 预测。

Perez 等人（2007 年）以及 Marquez 和 Coimbra（2011）将 NWP 中的云层遮挡时间序列作为随机学习模型的输入值。Cao 和 Lin（2008）将分类的云层遮挡情况（如阴、晴、多云、多云转晴等信息）作为预测算法的预处理阶段使用的模糊集的一部分。Chen 等人（2011）也采用了这种云分类方法。在此过程中，依据网上气象服务提供的输入值，利用自组织映射（简称 SOM）对当地天气情况进行分类，随后将 ANN 用于未来 24h 的预测。

ANN 预测的优势之一是，可使模型开发人员选择多个输入值，提高预测准确率。然而，由于多维输入数据集更易受严格外推法的影响，并且可能需要大量的训练数据和计算时间。因此，输入无关的变量通常会导致预测的不稳定性。为了避免出现泛化性能欠佳的情况，必须对有用信息、冗余信息和无关信息进行甄别。因此，就随机性预测方法而言，预处理输入值的选择是一项非常关键的工作，需要重点关注，并需要大量的时间资源（Cao 和 Lin，2008）。

通常，在对候选输入值之间的自相关函数和互相关函数进行观察后，才选择预测模型输入值（Sfetsos 和 Coonick，2000）。采用自相关函数和互相关函数的一个缺点是：这些方法均源自于线性假定。在其他的应用中，均以非线性方法为基础，利用迭代程序（如 GA）选择输入值。而非线性方法则直接对输入值进行测试，删除对输入集最佳性能影响较小的输入值（Crispim 等人，2008；Mellit，2008；Mzrquez 和 Coimbra，2011）。结果预测的准确率能够促进输入值选择方法的优化（Crispim 等人，2008；Mellit 和 Pavan，2010）。Marquez 和 Coimbra（2011）年提出了一种基于伽马测试（简称 GT）的非模型方法。作者将 ANN 与涉及 GT 评价与遗传算法（简称 GA）（Jones，2004）的输入值选择过程相结合，证明最高温度和降水概率等额外的 NDFD 气象变量可提高当天的预测准确率。

8.2.5 小结

PB 模型有助于我们全面了解太阳能预测中涉及的动态过程，但同时，其在数据收集、误差传播和实际应用模型的复杂性等方面存在着固有的限制。然而，仅用这些模型不可能在统计学上涵盖解空间具有代表性的部分，即它们还不够分散。例如，几种不同 NWP 变量常常在爬坡时间预测时全部出现错误。一方面是由于建模图谱出现问题。在建模图谱上，模型是确定且相当复杂的，但却限制了其涵盖全部具有大气现象特点的非线性关系和无序关系的能力。而图谱的另一端则是纯粹的随机方法，这种方法本身并没有任何物理模型（变量之间只有非线性交互作用）。然而，数学方法灵活性强，能够涵盖自动纠正过程中解空间内具有重要统计意义的部分。这一自动纠正过程能够表现物理过程的复杂度，但未必能将所有涉及的关系通过模型表达出来（复杂代数表达式一般均可用）。由于随机学习方法需要向过程学习，直观的确定性 PB 模型对高质量的历史数据需求较少，而随机学习方法都需要相当长时期内的高品质历史数据。在这两种极端情况下，还有一种混合模型。这种模型利用随机学习方法和 PB 模型的优势，并最大限度地降低二者存在的缺陷产生的影响，包括上文所述预测范围内的基本约束条件。

8.3 太阳能预测模型准确性评价标准

在找到一种用于评价太阳能预测方法的度量标准之前，确定所研究的参数量是非常重要的。晴空指数作为标准化太阳辐射照度时间序列的常用示例，用于从确定组份中将太阳辐射时间序列去趋势。如公式（8.1）所示：

$$k_y(t) = \frac{y(t)}{y_{cs}(t)} \tag{8.1}$$

如果研究的变量为 GHI，则结果为实际辐射与晴空辐射 GHI 之比（以下简称 I）。

$$kt = \frac{I(t)}{I_{CS}(t)} \tag{8.2}$$

8.3.1 太阳能资源的变化性

地面太阳辐照度的变化通常由几种因素引起，如大气中气体组分（如水、臭氧等）、气溶胶、云量和太阳的位置（Badescu，2008）。同时，这种可变性也在很大程度上取决于局部小气候条件以及所用的平均时间尺度。然而大多数太阳能变化则归因于云量和太阳位置这两个因素。由太阳位置导致的太阳可变性是可以完全确定的；然而，由于无法实现云动力学精确模型，由云量导致的太阳可变性通常视为是随机性的。因为与预测模型关系最为密切的太阳变化性为云感应成分（或随机组份）（Rodriguez，2010；Hoff 和 Perez，2010；Mills 和 Wiser，2010），所以我们将太阳能的变化性定义为实测太阳辐照度与晴空太阳辐射照度之比的阶段变化标准偏差。通过这种方法，便可忽略昼夜差异性。

$$V = \sqrt{\frac{1}{N}\sum_{t=1}^{N}\left(\frac{I(t)}{I_{clear}(t)} - \frac{I(t-1)}{I_{clear}(t-1)}\right)^2} = \sqrt{\frac{1}{N}\sum_{t=1}^{N}(\Delta kt)^2} \tag{8.3}$$

除了 Mills 和 Wiser（2010）的公式修正纳入了确定性变化（Δkt），该公式的变化性在本质上与 Hoff 和 Perez（2010）以及 Lave 和 Kleissl（2010）提出的变化性是相同的。由于确定性变化（取决于太阳位置）很小，该修正在小于 5min 的时间间隔内不具有重要意义。图 8.2 列出了 Δkt 在晴空与阴天条件下的变化曲线。晴天条件下，时间序列信号中的 Δkt 出现明显的大斜坡。因此，Δkt 在晴空条件下的波动幅度小于阴天条件。

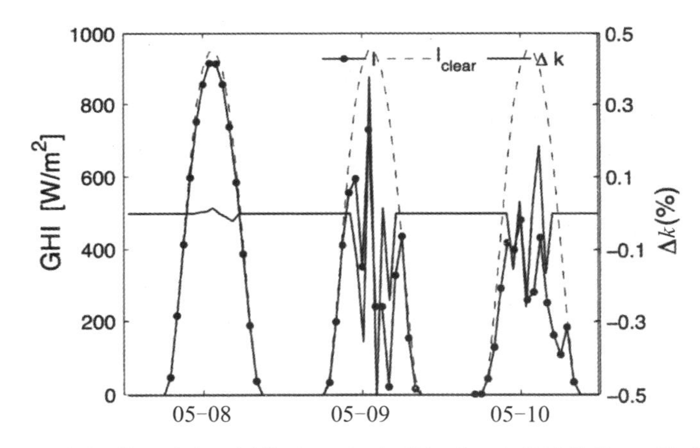

图 8.2　GHI（I）值、晴空预测值（I_{clear}）与随机阶跃变化计算值 Δk 的时间序列。逐小时数据来源：加利福尼亚州默塞德地区，2010 年 5 月 8—10 日。

8.3.2　常见模型评价的标准

目前，可采用多种模型评价标准量化反映太阳能预测的准确度。用户的需求也是决定某种度量标准是否适用的一种因素：系统运营商要求度量标准能够准确反映出预测误差造成的损失；研究人员则需要不同的预测模型或同一模型在不同条件下的相关性能指标。此外，在选择某一度量标准时，设置适当的测试数据集和分析过程也非常重要。首先，为使模型评价的数据具有独立性（样本外检测），测试数据集应排除训练模式和改进后处理方法中使用的所有数据。应通过合适的质量检验程序筛选数据，确保预测评估的精确度，而不是使用观察法检查预测的准确性（Beyer 等人，2009；Pelland 等人，2013）。

依据偏差、方差和相关性等三类预测误差，可将几种常见评价预测模型的方法进行分类。Hoff 等人（2012 年）提出了几种统计预测误差的绝对与相对方法，并指出，即使在最佳条件下，也需要大量的度量标准来确定某种方法的预测性能。在不同微气候、季节、时间段等条件下，各类预测模型准确性的比较是一个重要问题。在解决这个问题之前，我们在 8.3 部分总结出了几种相关性最高且最常见的度量标准。

偏差是指测定值高于或低于预测值的平衡程度。最常用的偏差是平均偏差（MBE），如公式（8.4）所示。

$$MBE = \frac{1}{N}\sum_{t=1}^{N}[I(t) - \hat{I}(t)] \tag{8.4}$$

公式（8.4）中，$I(t)$ 是指 t 时刻太阳辐照度测量值，$\hat{I}(t)$ 是指 t 时刻太阳辐照度预测值，N 是指该组数据点的个数。预测为理想值时，$(\hat{I}(t) = I(t))$ 的值为 0，即正反误差可认为是 0，忽略不计。由于某种预测方法经常固定在某一地点使用，在同一传感器输出条件下，可在后处理过程中通过偏差修正，使平均偏差处于固定状态。因此，在比较多种预测模型时，平均偏差（MBE）通常不是主要考虑的问题。太阳辐射建模的目的是预测无传感器地区的太阳辐照强度。由于太阳辐射模型用于评估长期的太阳能资源，平均偏差显得十分重要。

对于测定值的发展趋势，判定系数 R^2 反映出预测值的参考价值。通过比较测定值误差的方差与模型预测值方差确定，如公式（8.5）所示。

$$R^2 = 1 - \frac{\sigma^2(\hat{I} - I)}{\sigma^2(I)} \tag{8.5}$$

σ^2 指的是数据集的变化，而非方程式（8.3）［$\approx \sqrt{\sigma^2(\Delta k)}$］中定义的可变性。更符合要求的预测公式为 $R^2 = 1$，其中 R^2 的值与 RMSE［公式（8.6）］有直接关系，即公式

$$R^2 = 1 - \frac{RMSE^2}{var(I)} \tag{8.6}$$

评价预测误差时，常用的度量标准有两种：标准差（RMSE）与平均绝对误差（MAE）。RMSE 与误差的标准偏离程度有关。MAE 与 RMSE 二者都可反映误差的分散程度，可在某种程度上表示范数 1 与范数 2 中的误差。注意：不可使用平均绝对百分误差（MAPE）与 RMSE 判断预测值是否偏高或偏低。然而，偏差会自动增加 MAE 与 RMSE 的大小。为排除 RMSE 的随机分量，通常采用相对标准偏差。RMSE 计算公式如（8.7）所示：

$$RMSE = \sqrt{\frac{1}{N}\sum_{t=1}^{N}[\hat{I}(t) - I(t)]^2} \tag{8.7}$$

上文中 R^2 与 RMSE 在计算过程中均不包括夜间测定值。总和应包括所有测定值。因此，对于全部测定值的综合预测质量来说，可采用某个数值进行评价。

标准化情况的发生与产生的能量或容量有关。后者在实践中使用较多（因子 4

更有利），而科学家则常常更倾向于前者。此外，任何一种度量均未在辐射时间序列数据内嵌入可变性的概念。例如，Perez 等人（2010）以及 Muller 和 Remund（2010）分别发现，在天气较晴朗（天气变化较小）的地方，RMSE 预测误差出现得较少。同样，Lorenz 等人（2009），以及 Mathiesen 和 Kleissl（2011）、Pelland 等人（2011）分别提出，对 NWP 输出值进行空间平均时（即减少可变性时），RMSE 会呈降低趋势。

其他度量可将模型量化而重现频率分布（详见第 10 章）。经计算求得模型 $\varphi(\hat{I})$ 与实测 $\varphi(I)$ 累积频率分布之差的绝对值积分，从而得出柯尔莫戈洛夫-斯米诺积分（简称 KSI）度量［公式（8.9）］。利用柯尔莫戈洛夫-斯米诺临界值 V_c 将结果标准化，而这则取决于现有数据样本的数量（实验数据样本的数量越多，模型分布便越接近实际分布）。

$$KSI = \frac{\int_0^{I^{ref}{}_{max}} |\varphi(\hat{I}) - \varphi(I)| dI}{V_C} \tag{8.8}$$

KSI 值接近或超过 100% 时，通常认为是可接受的，表示测定值与模型预测值之间的平均绝对差相等或低于临界差值。依据理想数据点的数量确定某一临界值，除了整合大于该临界值的累计频率分布间的唯一性差异外，OVER 度量标准的建立基础是 KSI 值［参见第 10 章中的公式（10.5）］。OVER 值为 0% 时，表明模型预测值与测定值之间的差异永远小于该临界值。无论计算时是否包括夜间测定值，MAE 和 MAPE 对较大误差的敏感性较小。因此，在选择模型评价度量标准时，二者都具有实用价值。

8.3.3　固定时效（THI）的评价标准

设某一时间窗口内的数据点个数为 N_w，我们将晴天条件下模型预测误差的标准偏差与该时间窗口内太阳辐照度预测值（I_{clear}）的比值定义为不确定性 U。

$$U = \sqrt{\frac{1}{N_w}\sum_{t=1}^{N_w}\left(\frac{\hat{I}(t) - I(t)}{I_{clear}(t)}\right)^2} \tag{8.9}$$

平均辐照度经归一化后计算出的 RMSE 与该定义相关。在上述定义进行归一化时，采用三阶多项式 $I_{clear,poly}$ 拟合 I_{clear}（参见马克斯和与科英布拉于 2013 年发表的文章《晴空条件下影响不同模型近似度因素的研究》）。除此之外，该定义与标准误差（RMSE）基本类似。

采用 V 值与 U 值的差值与 V 值的比值作为度量标准，有效地减小了预测模型的可变性。

$$S = \frac{V - U}{V} \tag{8.10}$$

采用同一数据集计算 V 值和 U 值，通过不确定性 U 值与变异性 V 值的比值可更简单地计算出该度量标准。

$$S = 1 - \frac{U}{V} \tag{8.11}$$

上述预测性能的定义是：当 $S = 1$ 时，说明预测模型是理想的。当 $S = 0$ 时，说明预测的不确定性与可变性一样大。按照定义，评价持续模型的预测性能时，$S = 0$。因此，当 V 值经过晴天指数修正后（即，将每日晴天变化考虑在内），U 值与 V 值的比值（$\frac{U}{V}$）可作为改进持续性预测的一种方法。当 S 值为负数时，表明该模型的预测性能劣于修正后的持久性预测。当 S 值处于 0 和 1 之间时，说明该预测模型的持续性得到了提升，S 值越大，预测性能越高。另外还应注意，当 V 值很小时，U 值也很小（易于预测），当 V 值增大时，U 值也随之增大。尤其是排除其他已明确因素后，公式 8.11 可反映整体预测性能。

由于 V 值与 U 值为随机变量，S 值也为随机变量。为使 S 值具有代表性，采用 S 的平均值［S］评价预测性能。平均值［S］由多个时间窗口内的 V 值与 U 值子集计算得出。通过确定数据点个数 N_w（时间窗口大小）选择某些时间窗口，以时间为横坐标，计算第 j 个时间窗口内的 U 值（U_j）和 V 值（V_j），（图 8.3 中，N_w = 500）。在图 8.3 及下文的计算中，均未包括夜间测定值。若某时间窗口内包括大量晴天，则该时间窗口内的 U 值（预测误差）与 V 值（太阳辐射照度变化）均会很小。因此，与变异性有关的误差相对数量得以保留。同样，若平均预测时间步长较小（1min 与 1h 预测对比）或考虑空间平均预测变量（如变位预测）时，U 值与 V 值均会变小，但二者比值作为度量标准，基本保持不变，或者变化较小。

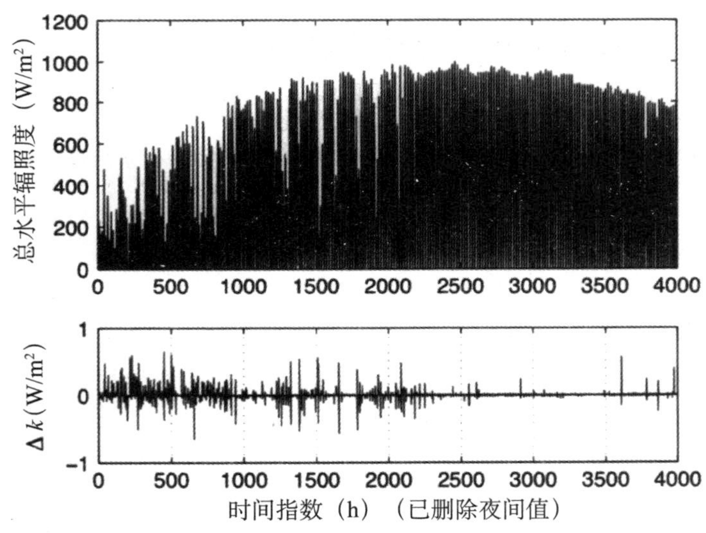

图 8.3　加利福尼亚州默塞德 2011 年 1 月 1 日至 10 月 31 日太阳辐照度 I 和 Δk 的时间序列（h）。时间序列分割为 N_w = 500h 的窗口大小。第二张图表中的每一条垂直线均代表 500h 时间窗口（注：已删除夜间值）的分界线。因 5 月和 7 月存在电功率问题，因此已删除不符合要求的实验值。

8.4　利用 THI 衡量标准评估持续性，以及非线性自回归预测模型

8.4.1　NAR 预测模型和 NARX 预测模型

为了进行说明，基于 ANNs 的两个随机太阳预测模型目前采用的是 THI 衡量标准。我们采用前馈 ANN 并利用时间序列的滞后值粗略估计未来小时值 $I(t)$。根据传统的衡量标准（详见 8.3.2 小节）和建议的衡量标准（s）评估预测性能，目的是对比模型的品质。第一个预测模型仅包含小时平均 $I(t)$ 时间序列作为输入值，被称为非线性自回归（NAR）预测模型。第二个包含额外输入值的模型被称为非线性含输入的自回归（NARX）预测模型。用于提前一小时预测的 NAR 模型可用以下数学公式表示，即

$$I(t+1) = f[I(t), I(t-1), \cdots, I(t-n)] \tag{8.12}$$

其中 $n+1$ 表示时间序列 $I(t)$ 中时间延误的量（0 表示预测 $I(t+1)$ 的输入值）。此处，我们将时间延误的量设定为 2（即 $I(t)$ 和 $I(t-1)$ 仅用于预测 $I(t+1)$）。函数 f 基于前馈 ANN 结构，在这一结构中，将该实例中的隐层神经元数量设置为 10。利用 ANN 模型训练的“提前停止”方法确定网络权值。在 ANN 训练中，数据被分为三个集，即用于计算权空间内方向导数的训练集、用于确定停止训练时间的测试集、验证集（在训练过程中根本不会用到）（Bishop，1995）。2010 年 10 月 15—31 日的数据用于验证，而余下的数据，即 2010 年 1 月 1 日至 10 月 14 日的数据则被随机分配，其中 80% 用于训练集，而 20% 则用于测试集。利用 MATLAB 神经网络工具箱 7.0 版执行 ANN 模型。

除了在预测方案中采用更多时间序列信号之外，NARX 与 NAR 模型相似，公式为：

$$I(t+1) = f[I(t), I(t-1), \cdots, I(t-n), u_1(t), u_2(t-1), \cdots u_m(t-n)] \tag{8.13}$$

其中 m 表示外源输入值的数量。在这种情况下，u 表示 30min 和 6min 的反向移动平均值（MA）以及晴空指数值的标准偏差（SD）。MA 和 SD 均根据 30s 间隔的数据计算获得，且表示为 k'，为了与 k 进行区分。k 表示 I 小时平均的晴空指数。通过这些输入值，试图利用当前时间最后时刻的趋势情况预测下一小时时间步长的情况。NARX 模型包含的输入神经元多于 NAR 模型包含的输入神经元，且每个信号时间延误的数量设定为 2。隐层神经元的数量也设定为 10，并利用提前停止的方法调整权值。

8.4.2　预测模型与持续性对比

对 2010 年 1 月 1 日至 10 月 31 日收集的数据集的预测质量进行评估（Marquez

和 Coimbra，2013）。图 8.4 为 U_j 对 V_j 的散点图，当 N_w 分别等于 50h、100h、150h 和 200h，可用该图计算数据集的每个 *jth* 时间窗分区。这些散点图使我们能够形象化地预测含不同变量的不同时间窗子集。同时散点图表明，如预期一样，由于 $U_j=V_j$ 适用于所有窗口，因此持久性模型产生了 $s=0$ 的结果。从落在 1∶1 线下的散点中我们可以清楚的看出，NAR 模型的预测质量几乎与持续性模型的预测质量一样，而 NARX 模型确实展现出了一些重要的预测技术。

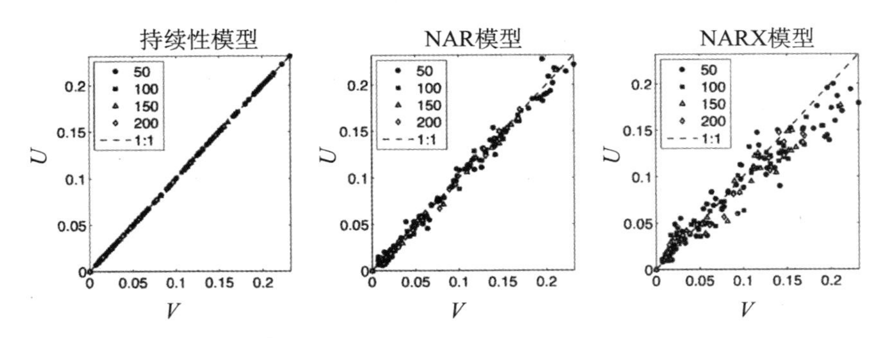

图 8.4　持续性模型、NAR 模型和 NARX 模型的 *U* 与 *V* 散点图。三种模型利用多项式拟合作为标准化晴空模型。浅灰色虚线为标志线（1∶1）。（Marquez 和 Coimbra，2013）

预测技术数据 s 为随机变量，并取决于 $\frac{U}{V}$ 的比值。由于每一种模型的散点图都形成了一种近似线性关系①，因此可以通过计算图 8.4 中散点坡度而粗略估计该比值的统计平均值。利用 $N_w=10, 11, \cdots 200$ 的公式评估坡度（详见图 8.5）。随着 N_w 的增加，［s］平均值收敛于某个值。对于持续性模型，其［s］$=0$；NAR 模型，$2\%<$［s］$<5\%$；而 NARX 模型，$10\%<$［s］$<15\%$。采用不同的标准化晴空模型，这些值都是不变的（详细的讨论见 Marquez 和 Coimbra，2013）。

根据表 8.3 中给出的 $N_w=200$，以及更加常见的预测质量衡量标准 R^2 和 RMSE，可获得［s］的数值。R 的值（验证数据集的 R 值范围从 0.964 到 0.977）令人以为 $N_w=200$ 的持续性预测已经非常准确，而这强调了一个事实：由于持续性模型明显未能捕获任何关于未来太阳辐射照度变化性的信息，因此性能测量（R^2）并不充分。同样地，如与参考文献中的其他 RMSE 相比，并且不考虑其中的太阳辐射照度变化条件，则范围从 48.8 W/m^{2}到 59.4 W/m^{2}的 RMSE 似乎较低。关键问题是，R^2 和 RMSE 这两种衡量标准均未直接转化为预测技术。另一方面，［s］衡量标准表明，由于［s］$=0$，因此持续性模型的预测技术为 0，而这则意味着 $U=V$（所有不确定性均由变化性导致）。下文中我们将说明，利用持续性 RMSE 将表格中的 RMSE 值标准化会产生类似于［s］的衡量标准。

① 纵观本章内容，我们利用 U 和 V 之间的线性关系对衡量标准进行了说明。考虑 U 和 V 之间的非线性关系和分段关系是相对比较简单的。

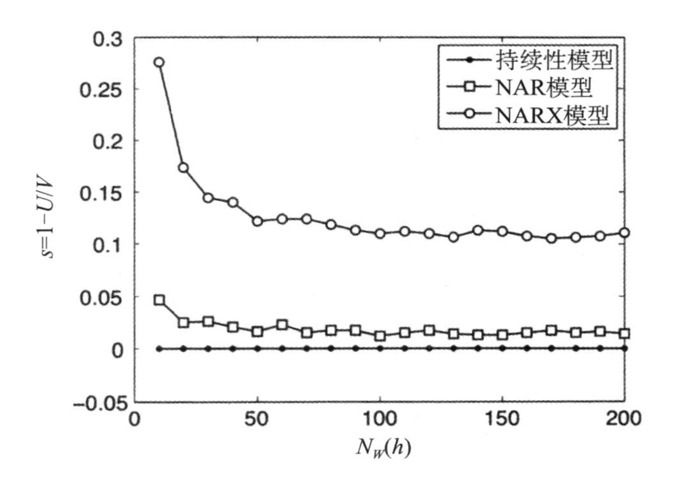

图 8.5　用于持续性、NAR 模型、NARX 模型的 THI 预测质量衡量标准，可根据小时时间内的时间窗大小，验证数据集和训练数据集。为了进行比较，基于多项式的衡量标准公式 $s=1-\frac{U}{V}$ 基于多项式适于晴空条件件。NARX 由所有平面图上的顶点曲线表示，而持续性则由扁平线表示，公式为 $s=0$。

表 8.3　不同预测模型的误差测度评估 $=1-\frac{U}{V}$

模型	R^2	RMSE（W/m^2）	$s=1-\frac{U}{V}$（%）
持续性模型	0.934	56.5	0.00
NAR 模型	0.924	60.2	−2.56%
NARX 模型	0.949	49.4	16.12%

注：所有值仅符合验证集。

观察持续性的改善情况，从而对比 NAR 模型和 NARX 模型。持续性近似于提议的度量标准，即 $\frac{U}{V}=\frac{RMSE}{RMSE_p}$，其中 $RMSE_p$ 表示持续性模型的 $RMSE$。为了表示这种关系，利用 $N_w=200\text{h}$ 再次计算持续性模型、NAR 模型和 NARX 模型的 $RMSE$，然后绘制 NAR 与 NARX 预测的 $RMSE$ 与持续性模型的 $RMSE$ 之间的关系图，如图 8.6 所示。根据回归拟合获得的坡度等于比值平均数的坡度。根据坡度值估计［s］，于是我们得到［s］$=1-0.979=2.1\%$ 和［s］$=1-0.880=12.0\%$，分别近似于表 8.3 中 NAR 模型和 NARX 模型的值。同时，通过 U、V 和 $RMSE$ 的定义以及通过获得 $\frac{U}{V}$ 比值时有效取消标准化因数的方法，可以建立 $\frac{U}{V}$ 和 $\frac{RMSE}{RMSE_p}$ 之间的密切关系。通过计算估计 $\frac{U}{V}$ 比值的方法比生成图 8.4 所示图形用的步骤更加简单，因此建议采用前者。但是，我们在此强调建议衡量标准的论据，即对有效降低随机变化性进行测度［公式（8.11）］。

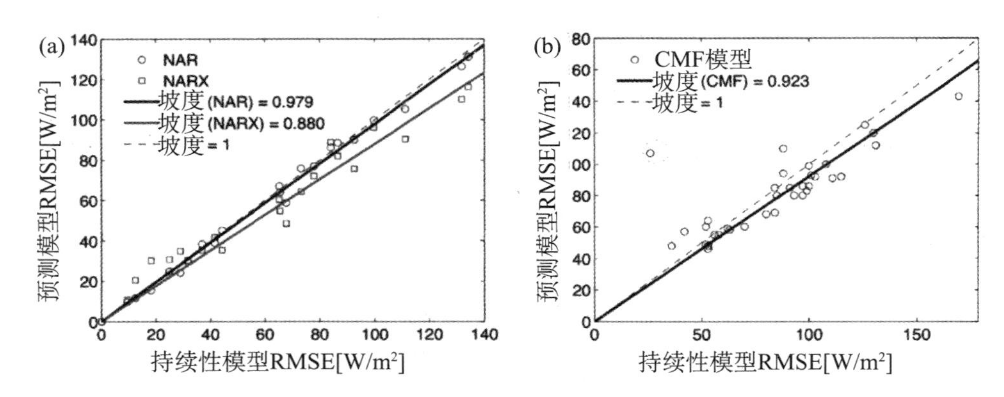

图 8.6　不同预测模型与持续性模型的 RMSE 对比。（a）NAR 和 NARX 模型；（b）CMF 模型。在计算 CMF 模型的回归线时，并没有考虑虚线圈突出表示的点（Marquez 和 Coimbra，2013）。

8.4.3　卫星云图运动预测模型对比

在本小节内容中，我们介绍了如何将 NAR 模型和 NARX 模型与 Perez 等人（2010）的模型进行比较。Perez 模型建立在云运动预测（CMF）的基础上，并用于验证2008 年8 月23 日至2009 年8 月31 日之间几个特定气候观测点提前1 ~5h 的太阳辐照度预测情况。在 CMF 技术中，卫星图像用于提取 t 时间时的晴空指数 kt 的像素值，然后预测云的运动情况，并利用预测情况确定未来图像。最后，根据未来图像推断出 $k(t+1)$ 值，从而获得太阳辐照度预测。CMF 方法与晴空模型和 NAR/NARX 模型的对比相关，原因是两种研究中的持续性模型均利用当前的晴空指数值预测未来的太阳辐照度值。

第 10 章的表 10.2 介绍了 CMF 模型和持续性模型提前一小时预测的 RMSE，再根据这些值绘制图 8.6。在图 8.6 中，我们先设定拦截值为 0，然后计算了回归线。正如图 8.4 中显示的 NAR 模型和 NARX 模型的［s］值一样，CMF 模型的［s］值估计为 $1-0.923\approx8\%$。这与此处所述的利用 NARX 模型获得的值接近。因此，NARX 方法获得的提前 1h 预测性能似乎与 CMF 模型方法相差无几。

8.5　总结

从物理方法到随机方法，太阳能预测的方法取决于可用的数据和资源，并且在很大程度上取决于目标的预测时效。如前文所述，物理方法和随机方法各有优劣。要克服这两种方法的缺点，可能的方式是结合物理和随机两种方法的优势开发出综合方法，从而最终形成稳健、灵活、准确的预测系统。

由于太阳能预测应用程序的开发和评估发生在不同的时段和位置，同时由于在误差衡量标准方面缺乏共识，因此通常很难判断规定方法的相对优势或相对劣势。

随着人们越来越关注太阳能占比的提高所产生的影响，未来需要更加稳健的衡量标准。本章中介绍的评估算法提供了一种基于太阳能资源变化性的测量方式，有可能成为太阳能预测评估的基准衡量标准之一。

参考文献

[1] Bacher, P., Madsen, H., Nielsen, H. A., 2009. Online short-term solar power forecasting. Solar Energy 83, 1772-1783.

[2] Badescu, V., 2008. Modeling Solar Radiation at the Earth Surface. Springer-Verlag, Berlin Heidelberg.

[3] Bishop, C. M., 1995. Neural networks for pattern recognition. Oxford University Press, Oxford. Breitkreuz, H., Schroedter-Homscheidt, M., Holzer-Popp, T., Dech, S., 2009. Short-range direct and diffuse irradiance forecasts for solar energy applications based on aerosol chemical transport and numerical weather modeling. Journal of Applied Meteorology and Climatology 48, 1766-1779.

[4] Cao, J., Lin, X., 2008. Application of the diagonal recurrent wavelet neural network to solar irradiation forecast assisted with fuzzy technique. Engineering Application of Artificial Intelligence 21, 1255-1263.

[5] Chen, C., Duan, S., Cai, T., Liu, B., 2011. Online 24-h solar power forecasting based on weather type classification using artificial neural networks. Solar Energy 85 (11), 2856-2870.

[6] Chow, C. W., Urquhart, B., Lave, M., Dominquez, A., Kleissl, J., Shields, J., et al., 2011. Intrahour forecasting with a total sky imager at the UC San Diego solar energy testbed. Solar Energy 85, 2881-2893.

[7] Crispim, E. M., Ferreira, P. M., Ruano, A. E., 2008. Prediction of the solar radiation evolution using computational intelligence techniques and cloudiness indices. International Journal of Innovative Computing Information and Control 4 (5), 1121-1133.

[8] Hammer, A., Heinemann, D., Lorenz, E., Ckehe, B. L., 1999. Short-term forecasting of solar radiation: a statistical approach using satellite data. Solar Energy 67, 139-150.

[9] Hammer, A., Heinemann, C., Hoyer, C., Lorenz, E., 2001. Satellite based short-term forecasting of solar irradiance-comparison of methods and error analysis. The 2001 EUMETSAT Meteorological Satellite Data User's Conference, 677-684.

[10] Hammer, A., Heinemann, D., Hoyer, C., Kuhlemann, R., Lorenz, E., Miller, R., et al., 2003. Solar energy assessment using remote sensing technologies. Remote Sensing of Environment 86, 423-432.

[11] Hoff, T. E. , Perez, R. , 2010. Quantifying PV power output variability. Solar Energy 84 (10), 1782-1793.

[12] Hoff, T. E. , Perez, R. Kleissl, J. , Renne, D. , Stein, J. S. , 2012. Reporting of irradiance model relative errors, Proceedings of the 2012 ASES Annual Conference. Rayleigh, NC.

[13] Jones, A. J. , 2004. New tools in non-linear modelling and prediction. Computational Management Science I (2), 109-149.

[14] Lave, M. , Kleissl, J. , 2010. Solar variability of four sites across the state of Colorado. Renewable Energy 35 (12), 2867-2873.

[15] Lorenz, E. , Hurka, J. , Heinemann, D. , Beyer, H. G. , 2009. Irradiance forecasting for the power prediction of grid-connected photovoltaic systems. IEEE Journal of Selected Topics in Applied Earth Observations and Remote Sensing 2 (1), 2-10.

[16] Marquez, R. , Coimbra, C. EM. , 2011. Forecasting of global and direct solar irradiance using stochastic learning methods, ground experiments and the NWS database. Solar Energy 85 (5), 746-756.

[17] Marquez, R. , Coimbra, C. F. M. , 2013. Intrahour DNI forecasting methodology based on cloud tracking image analysis. Solar Energy (91), 327-336.

[18] Marquez, R. , Coimbra, C. F. M. , 2013. A proposed metric for evaluation of solar forecasting models. ASME Journal of Solar Energy Engineering (135). Art. #0110161.

[19] Marquez, R. , Pedro, H. T. C. , Coimbra, C. F. M. , 2013. Hybrid solar forecasting method uses satellite imaging and ground telemetry as inputs to ANNs. Solar Energy (92), 172-188.

[20] Marquez, R. , Gueorguiev, V. G. , Coimbra, C. F. M. , 2013. Forecasting solar irradiance using sky cover indices. ASME Journal of Solar Energy Engineering (135). Art. #0110171.

[21] Mathiesen, P. , Kleissl, J. , 2011. Evaluation of numerical weather prediction for intra-day solar forecasting in the continental United States. Solar Energy 85 (5), 967-977.

[22] Mellit, A. , Pavan, A. M. , 2010. A 24-h forecast of solar irradiance using artificial neural network: application for performance prediction of a grid-connected PV plant at Trieste, Italy. Solar Energy 84 (5), 807-821.

[23] Mellit, A. , Eleuch, H. , Benghanem, M. , Elaoun, C. , Pavan, A. M. , 2010. An adaptive model for predicting of global, direct and diffuse hourly solar irradiance. Energy Conversion and Management 51 (4), 771-782.

[24] Mellit, A. , 2008. Artificial intelligence technique for modelling and forecasting of solar radiation data: a review. International Journal of Artificial Intelligence and Soft

Computing 1, 52-76.

[25] Mills, A., Wiser, R., 2010. Implications of wide-area geographic diversity for short-term variability of solar power. Technical report, Lawrence Berkeley National Laboratory Technical Report LBNL-3884E.

[26] Paoli a, C., 2010. Forecasting of preprocessed daily solar radiation time series using neural networks. Solar Energy 84 (12), 2146 – 2160.

[27] Pedro, H. T. C., Coimbra, C. F. M., 2012. Assessment of forecasting techniques for solar power output with no exogenous inputs. Solar Energy (86), 2017-2028.

[28] Pelland, S., Galanis, G., Kallos, G., 2011. Solar and photovoltaic forecasting through postprocessing of the Global Environmental Multiscale numerical weather prediction model. Prog. Photovolt. Res. Appl. http://dx.doi.org/10.1002/pip.1180.

[29] Pelland, S., Remund, J., Kleissl, J., Oozeki, T., de Branbadere, K., 2013. Photovoltaic and Solar Forecasting: State of the Art, International Energy Agency (IEA) Photovoltaic Power Systems Programme, Task 14. Subtask 3.1 Report IEA-PVPS, T14-01.

[30] Perez, R., Moore, K., Wilcox, S., Renne, D., Zelenka, A., 2007. Forecasting solar radiation - Preliminary evaluation of an approach based upon the national forecast database. Solar Energy 81, 809-812.

[31] Perez, R., Kivalov, S., Schlemmer, J., Hemker, K., Renne, D., Hoff, T. E., 2010. Validation of short and medium term operational solar radiation forecasts in the US. Solar Energy 84 (5), 2161-2172. Reikard, G., 2009. Predicting solar radiation at high resolutions: A comparison of time series forecasts. Solar Energy 83 (3), 342-349.

[32] Rodriguez, G. D., 2010. A utility perspective of the role of energy storage in the smart grid. April 2010 IEEE Power and Energy Society General Meeting. New Orleans.

[33] Schroedter-Homscheidt, M., Hoyer-Klick, C., Rikos, E., Tselepsis, S., Pulvermiiller, B., September 2009. Nowcasting and forecasting of solar irradiance for energy electricity generation, SolarPACES. Berlin, Germany.

[34] Sfetsos, A., Coonick, A. H., 2000. Univariate and multivariate forecasting of hourly solar radiation with artificial intelligence techniques. Solar Energy 68 (2), 169-178.

[35] Velden, C. S., Olander, T. L., Wanzong, S., 1998. The impact of multispectral GOES-8 wind information on Atlantic tropical cyclone track forecasts in 1995. Part i: dataset methodology, description, and case analysis. Monthly Weather Review 126, 1202-1218.

第9章　基于全天空成像仪的短期预测

Bryan Urquhart、Mohamed Ghonima、Dung（Andu）Nguyen、Ben Kurtz、Chi Wai Chow 与 Jan Kleissl

加州大学圣地亚哥分校机械与航空航天工程系可再生资源与集成中心

章节纲要

9.1　短期太阳能预测所面临的挑战

由于天气系统是动态非线性的，这使得预测在时间上和空间上都面临着挑战，尤其是提前 0 ~ 30min 的太阳辐射预测。卫星天气预测与数值天气预测的高分辨率模型能够发出预测。这种预测在 1 km 网格中具有 5min 时间步长（详见第 10 章和第 14 章内容；Mathiesen 等人，2012），而最好的操作模型往往在空间和时间上具有较低的分辨率（Dupree 等人，2009；Rogers 等人，2012；Mathiesen 等人，2012）。但是，在数值模型中，云同步与云定位的误差都是不可避免的。对于卫星而言，稀少的图像捕捉、导航偏差、视差现象都会导致云层地理定位不准确，从而难以获得准确的高分辨率短期预测。同时，这也刺激人们对其他预测工具与观测方法的需求。在大面积地理数据收集方面，卫星是最佳观测工具；但在本地信息收集方面，还有其他的陆基方法可供选择，如传感器网络和天空成像系统。

本章主要介绍了最先进的短期太阳能预测方法，即全天空成像系统。与大型地面传感器网络相比，全天空成像观测方法的优点在于，仅在目标区域周围设置一台仪器或几台仪器便能够提供高分辨率的当前云量分布情况。成像系统能够追踪云层运动情况，并能够用于重建云层的三维特性。利用当前的云层分布情况和运动场，在 0 ~ 30min 预测窗口范围内以高时空分辨率预测未来的云层结构。相比之下，传感器网络的配置在整个周边地区内必须具有足够的密度间隔，这样在云层运动的方向才会有提前时间。然而，由于土地利用和成本方面的考虑，大多数情况下这种方式是不可行的。地面传感器可在某些条件下提供长期、高品质太阳能资源数据，如资源特性描述和性能模型。但是对于短期预测，天空成像系统可以发挥更为重要的作用（Chow 等人，2011；Marquez 和 Coimbra，2012）。

第 9.2 小节探讨了短期全天空成像仪预测的应用。9.3 小节中介绍了全天空成像系统的硬件要求、组成部件、现有系统。9.4 小节详细介绍了加州大学圣地亚哥分校开发的预测算法。9.5 小节为个案分析，即利用 2 台天空成像仪为一家 48MW 的大型太阳能光伏发电厂提供预测。本章最后展望了未来的短期预测工作和相关概念。

9.2　应用程序

随着太阳能发电系统的普及以及智能电网技术的发展，关于太阳能电能输出的预测信息对电网的经济可靠运行将是必不可少的。最迫切的需要之一就是对公共事业规模的太阳能设施进行准确预测。

9.2.1　公共事业规模的太阳能设施

对于 20MW 以上的太阳能设备，提高其 0 ~ 30min 的太阳预测准确性将使电力系统更为经济可靠。增加短时间范围内的市场灵活性（例如，将可调度的间歇资源纳入到美国中西部 ISO 组织的实时 5min 市场调度中），能够使市场参与者和 ISO 获得小时内更新预测所带来的经济效益。准确的 0 ~ 30min 全天空成像仪预测还具有以下两个优点：①发电厂所有者/经营者、市场参与者将能够在市场中进行更准确的投标，并且降低因发电量导致的削减所引发的处罚和损失。②总能量中较大的部分可在成本较低的电力批发市场进行交易。第 9.5 小节为个案分析，即利用两个天空成像系统预测内华达州巨石城附近一家 48MW 电厂的发电量。

9.2.2 分布式光伏系统

配电系统中存在许多屋顶较大的建筑物，其屋顶上可安装 100kW 以上的光伏系统，能够为供电线路提供相当部分的电力负荷。使电压分布保持在可接受的范围内是公共事业需要关注的问题。Smith 和 Key（2012）指出光伏系统的变化性会增加稳压设备的运行，这是因为电压会出现大幅度而短暂的波动。因此。在短期预测应用中，需要对网络通信和控制系统供电线路进行更多的研究部署，更好地控制变电站变压器上的有载分接开关、内联稳压器和电容器组合，从而减少损耗。短期预测能够帮助确定是否会更好地承受电压的波动。最近，研究人员在加利福尼亚雷德兰兹地区的 10.5MWAC 屋顶光伏系统上安装了两个天空成像系统，用以研究该环境中的预测情况。

9.2.3 光伏与蓄电池联合

虽然蓄电池储能具有较高的效率，但成本昂贵。大型蓄电池系统的总体投资回报率与系统的使用寿命直接相关。如果蓄电池系统与 PV 系统一起作为联合装置使用，则智能充放电算法可利用太阳能资源的未来可用性（或不可用性）以及负荷定价信息和市场价格信息。采用优化算法，从而利用太阳能预测，能够大大增加系统的使用寿命（Nottrott 等人，2012）。增加的使用寿命能够使蓄电池系统更加经济，同时推进全天空成像仪技术的应用。目前，加州大学圣地亚哥分校与三洋电器（现为松下电器）智能能源系统部的联合项目将 30kW 的光伏系统、30kWh 的蓄电池和天空成像预测结合在一起，形成了一个集成系统。

9.3 天空成像系统硬件

本节将回顾天空成像系统硬件的相关内容，以及众多重要概念，并介绍短期太阳预测天空成像系统的发展情况。本书并未详尽介绍天空成像硬件组件，仅为读者提供一个简短的概述。

9.3.1 基于地面图像预测的组件

历史上，天空成像仪用于记录如云量等气象条件。为此，记录太阳周围区域的影像并非关键步骤。所以，许多系统均配有太阳遮挡设备，这就导致在预测期前几分钟所需的重要信息也同时被剔除了。例如，尽管天空半球的14%被遮挡（大多数遮挡部分位于太阳附近），但是全天空成像仪（简称TSI，详见图9.1）仍然广泛应用。虽然遮挡阻断了关于太阳附近云层的大量信息，但能够提高图像质量。当太阳未被遮挡时，进入光学器件的光子中，有超过90%的来自直射太阳光束。在太阳周围的少数像素处于饱和状态，这样直射光束信号强度超过了饱和阈值，因此无法提供有用的信息。天空中剩余的99.98%光线经云层、大气气体和气溶胶反射，为预测提供了所需信息。事实上，未受阻挡的直射光束会通过内部反射、可变光阑片衍射、饱和等降低图像品质，并有可能造成传感器损坏。如果遮挡装置阻断的图像与精度程度最低，则利用该装置对预测准确度并无不利影响。

图9.1　美国一个太阳能发电厂中安装于逆变器外壳上的TSI。

位于直射光束外面（下文称为太阳周边）的区域恰好是前向散射集中的区域。云滴、冰晶、灰尘和气溶胶主要在正向对直射光束进行散射，这增加了太阳周围可令天空图像饱和的地区数量。适宜的设计使成像硬件能够对太阳附近区域进行成像，并收集太阳周边很多地区的数据信息。太阳周边地区成像的能力增加了预测系统可用的信息，同时这也是短期（小于5min）预测所必须的能力，而且能够逐渐提高预测的总体准确度。

鱼眼镜头

20 世纪期间，人们就开发出了天空成像系统的硬件。Wood（1905）利用空气水分界面的折射作用描述了从一个池塘内看到的视图，介绍了如何在水下一个 97°的圆锥体内看到 180°的视野。一年之后，Wood（1906）在一篇论文中创造了术语“鱼眼视角”。这篇论文介绍了水下视界，同时介绍了利用充水猪油桶制成的仪器进行试验的情况。Wood 利用这样的仪器首次获取了近 180°天空照片。真正的现代鱼眼镜头由 Hill（1924）首次设计成功。他采用大号前组负弯月型透镜，使整个天空都在焦距范围内。需要注意的是，在太阳天顶角较大时，镜头的色射（折射率随波长变化）引起的色差会造成图像模糊，因此必须利用带通滤光片限制波长范围。为了更正可见光波长范围内的色差，可利用双胶合透镜（燧石玻璃凸透镜与冕牌玻璃凹透镜合用）消除色差，从而获得清晰的全彩色天空图像。众所周知，鱼眼透镜的特点是畸变，必须在有限区域内绘制半球的平面图。两种最常见的畸变模型是等距投影和等立体角投影。详细内容见 Miyamoto（1964）。

图像传感器

焦平面阵列是由光电探测器矩阵组成的，可用于记录天空半球的数字测量结果。传感器在单次曝光内测定多种不同强度的能力被称为动态范围。动态范围与一个像素中有多少电荷有关，称为全井深（单位为电荷量 e），同时与噪声降低的程度有关（单位为电荷量 e）。高质量的传感器，其每个像素电荷量可超过100, 000 e，但是大多数商业照相机更接近 10, 000 e。在冷却传感器系统的帮助下，噪声可降至 1 ~ 2e RMS，而质量较低的照相机，其读出噪音可能会达到 25 e RMS。动态范围可表示为全井深与传感器噪声之比的 $20.\log_{10}$，通常在 50 ~ 80dB 范围内。图像传感器的灵敏度（或量子效率）即能产生载流子的光子所占的百分比。灵敏度是高速成像或低光照条件下成像需考虑的一个重要问题。白天的天空成像并不缺少光子，而且在像素饱和之前，高灵敏度也不及线性响应重要。像素的响应越是呈线性，辐照度的校准就越容易。当累积在像素上的电子数量超过全井深时，像素处于饱和状态，响应也不再与曝光时间或辐照度成线性关系。最重要的是，入射的量已经超过了亮度阈值（或辐射照度，如果系统经过适当校准）。单个像素饱和也会影响到邻近像素（光晕膨胀现象），可以将这一现象看做是过剩的电子溢出到邻近的像素中。在电荷耦合元件（简称 CCD）中，光晕膨胀以条纹或带状的形式出现在包含了一个饱和像素每一列像素上，这是因为 CCD 结构允许电荷在读取像素的方向上更容易地流动。互补金属氧化物半导体（简称 CMOS）传感器本身具有复原光晕膨胀的能力，其原因在于可直接读取每个像素。

9.3.2 天空数码摄影历史回顾

可以捕捉全天空图像的折射型透镜的问世开创了许多研究领域，包括植被冠层研究（例如，Harry E. Brown于1962年发明的植被冠层相机，详见图9.2。）。20世纪80年代，人们开始利用计算机和半导体传感器开发数字系统。一些研究工作由从事植被冠层研究的林业团体完成（Chazdon和Field，1987）。与此同时，美国斯克里普斯海洋学研究所（简称SIO）的海洋物理实验室（简称MPL）正在开发一种云层成像系统（Johnson等人，1988、1989）。本文对这种系统及其随后开发出的几种著名系统进行了介绍。本文并未全部列出相关林业团体所做的研究，仅列出了几项具有代表性的工作。云层的全天空成像历史的回顾详见McGuffie和Henderson-Sellers（1989）的文章。

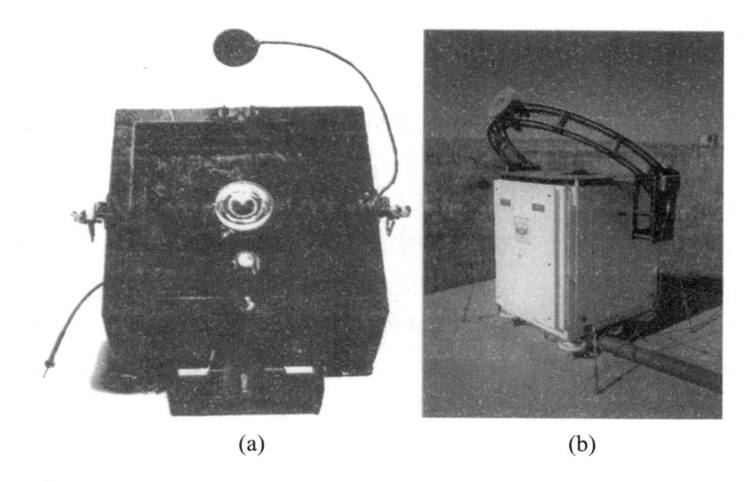

(a)　　(b)

图9.2　植被冠层相机（a）与SIO-MPL机构研发的全天空成像仪（b），现位于美国俄克拉荷马州拉蒙特能源大气辐射测量项目部勘查现场。

全天空成像仪（Whole-Sky Imager）

全天空成像仪（简称WSI，详见图9.2b）由美国SIO-MPL开发，在20世纪80年代到90年代早期，WSI主要用于美国的军事领域（Shields等人，2013）。该系统具有512 × 512像素温度控制、低噪音单色CCD照相机。通过尼康鱼眼镜头可将光线聚集，使其经色轮直接（等距）投射到CCD元件上。研究人员在实验室内对仪器进行了多次更正，以调整不一致和f-theta镜头畸变（偏离等距投影）、光线缺陷相关等问题。通过对孔径、选定的滤波片和曝光时间进行调整，系统获得了较宽的动态范围，且能够捕获高准确度的白天和夜间影像。经过几十年的努力，研究人员开发出的云层检测算法极其复杂精密，能够准确检测烟雾、薄云和不透明云（Shields等人，1993a、1993b、1998a；Feister和Shields，2005）。

TSI天空成像仪（TSI）

由于TSI天空成像仪已得到广泛的应用，因此可以通过洋基环境系统（简称YES）在市场上购得（如图9.1所示）。Long和DeLuisi（1998）首先将该系统称为半球天空成像仪（简称HSI），随后同意将ARM项目授权给洋基环境系统，帮助推进设备的开发，并最终开发出了适合商业销售的设备。该设备利用一面球面镜将HSI成像反射至一台向下的照相机。该设备具有相对较低的分辨率，且几乎无法控制照相机的捕获设置。一条抗反射的遮光带固定在镜面上，防止太阳直射光进入光学器件内并损坏传感器。光学器件能够提高图像的质量。遮光带覆盖半球的约0.70球面度，占图像区域的约14%（小于80°天顶角）。

其他系统

西班牙赫罗纳大学（Long 等人，2006）开发的全天空照相机（简称 WSC）采用小型的1/3in CCD（752 ×582 像素）、1.6mm 焦距鱼眼镜头和一条遮光带。西班牙格拉纳达大学（Cazorla 等人，2008a）开发的全天空成像仪采用 QImaging RETIGA 1300C 制造，装有索尼 ICX085AK 2/3in 温差制冷 CCD。该仪器采用富士 FE185C057HA 鱼眼镜头，能捕获36位图像（每通道12位）；其中 shadowball 使光学器件免于阳光直射。将照相机系统装入能够追踪太阳的防风雨箱体内。对系统进行校准以测量天空辐射照度（Roman 等人，2012），并介绍大气的光学性质（Cazorla 等人，2008b；Olmo 等人，2008）。德国基尔大学莱布尼茨海洋科学研究所（IFM-GEOMAR）研制开发的高分辨率照相机无遮挡装置，可专门在船上进行天空摄影（Kalisch 和 Macke，2008）。该系统 CCD 像素为3648 × 2736，能够捕获30位（每通道10位）JPEG 格式的彩色图像。来自丹佛自然科学博物馆的 Klebe 研制开发的 ASIVA 是少数长波红外线（LWIR）、基于折射的全天空设计的系统之一（Sebag 等人，2008）。该系统利用一个640×480 未冷却微测热辐射计阵列，该阵列安装有定制的锗鱼眼镜头，对8~12μm 范围的光线敏感。系统带有一个滤波片转盘（包含两个带通滤波片），可进行双频段 LWIR 测量。有了高分辨率、可见光 CMOS 相机，这种双摄像系统就有了独一无二的拍照能力。美国地质调查局已研发出了基于 CMOS 的照相机（被称为 HDR-ASIS：高动态范围全天空成像系统）。它能够利用多重曝光形成高动态范围（HDR）合成图像（Dye，2012）。研发定位是对生态系统和植被冠层的研究，但是 HDR 技术与加州大学圣地亚哥分校研制的用于 USI 系统的 HDR 技术相似（详见9.3.3小节）。

新系统的开发速度日益加快，从中国开发的 ASI 系统（Yang 等人，2012）和法国电力集团（EDF）开发的系统（Gauchet 等人，2012）过程中我们可以证实这一点。

9.3.3 加州大学圣地亚哥分校天空成像仪的光学系统与成像系统设计

为了利用基地观测结果说明短期太阳预测的具体成像需要，加州大学圣地亚哥分校与三洋电气公司智能能源系统部门合作设计了一种高性能的相机系统（图9.3）。

表9.1中介绍了加州大学圣地亚哥分校开发的天空成像仪（USI）相关规范。

(a)　(b)　(c)

图 9.3　加州大学圣地亚哥分校特别开发了用于太阳预测的 USI：（a）冷却器的外壳，上面装有半球摄像机和白色太阳辐射防护屏；（b）外壳内的元件；（c）去掉外壳后的系统。

以下小节详细调查了系统的设计要素。其中关键的组件是一台高质量传感器、镜头和捕获软件。镜头位于热控紧凑型环保外壳内，而捕获软件则采用 HDR 成像技术。该系统可用于炎热沙漠环境中，即公共事业规模的太阳热装置所在的主要场所。该系统能够在空间维度和密度维度方面以高分辨率检索图像。

表 9.1　USI 技术规范

光学系统与成像系统			
相机	Allied Vision 技术 CE－2040C	镜头	Σ4.5mm 圆形鱼眼，修正光圈
CCD	柯达 KAI－04022	半球摄像机	紫外线涂层中性密度光学级丙烯酸
	每通道 12 位（36 位 RGB）	位深度	每通道 16 位（48 位 RGB）
	72 dB（3.6 logs）动态范围	动态范围	84dB（4.2 logs）－系统 HDR 输出
	40 000e－全井深，9e-RMS 读出噪声	像圈	1 748 × 1 748 像素（3.1 MP）
	2 048 × 2 048 像素（4.2MP）	压缩	png 格式（无失真）
	15.15mm × 15.15mm		
	电气		通讯
功率	630 W	供电的最大理论数据提取	RJ－45 吉比特以太网接口（首选）
	350 W	最大实测提取	无线蜂窝数据（可选）
	100－200 W 标准型	接口	SSH 与 VPN
电压	85－264 VAC		

续表

光学系统与成像系统			
相机	Allied Vision 技术 CE－2040C	镜头	Σ4.5mm 圆形鱼眼，修正光圈
频率	47～63 Hz		
	机械		环境
重量	18 kg（40 lbs）[a]	工作温度	0～60℃
尺寸	59×54×33cm （24×22×13 in.）[a]		

a. 未包含顶部特定结构要求。

成像组件

在太阳直射区域以外，太阳光经分子气体、气溶胶和云层发生散射，图像的整体质量必须提高。为获得高品质的图像，传感器必须具备较高的质量且能够对天空半球的宽波段光照进行成像。大像素尺寸增加了全井深，为日间天空摄影提供了所需的较大动态范围。然而即使对于高端传感器而言，其动态范围也不足以覆盖全部的天空状态。为了解决这一局限性，必须采用 HDR 成像。

USI 采用 Allied VisionGE-2040C 摄像机。该相机采用 15.15mm×15.15mm 的柯达 KAI-04022 CCD 传感器。由于较大的 7.5μm 像素提供了大全井深和低噪声（表 9.1），传感器可记录 72dB 的动态范围。CCD 具有一层拜耳马赛克滤镜，因此无需采用色轮。设备的整个外壳采用两台热电冷却器，从而实现了热稳定。而附加的铜散热器和风扇使外壳可以保持环境温度。USI 采用具有等立体角投影的 Σ4.5mm 焦距圆形鱼眼镜头。镜头中标准的可变光阑孔径由一个针孔所取代，目的是利用可变光阑片的直棱剔除光线相互作用导致的强度峰值（如衍射）。USI 上半球圆顶的厚度为 1/16in，由中密度丙烯酸制成。半球外采用紫外线涂层，以减少对光学器件不必要的短波热负荷，并减少入射高能光子的数量，以防镜头和相机组件性能的降低。

外壳与数据采集系统

光学系统需要一个防护罩和支持电子设备（图 9.4）。USI 相机由一台运行 Linux 系统的嵌入式计算机控制。图像可本地存储于内置驱动器上和 USB 硬盘驱动器上，或可通过网络转移。对于 1 748 ×1 748 像素×48 位的图像而言，即使经（无失真）png 格式压缩之后，文件仍然很大，且带宽速度要求超过 0.75 Mbits/s。嵌入式计算机的使用，使系统能够在提前部署的基础上灵活地定制配置，而且能够轻松地对捕获软件进行远程重新配置、重新编程和调试。

在太阳预测方面，通常会遇到恶劣的环境条件，如炎热且尘土飞扬的沙漠。USI 设计采用两台 NEMA 4X 等级、功率为 80W 的热电冷却器，能够在 60℃ 的环境气温条件下工作。冷却器不进行内部空气和外部空气交换，因此可以防止灰尘和湿气进入冷却器内部。系统的密封情况良好，从而防止内表面出现冷凝的情况。为了监测系统的环境健康情况，采用一套温度和相对湿度传感器测量照相机、电源、内外环

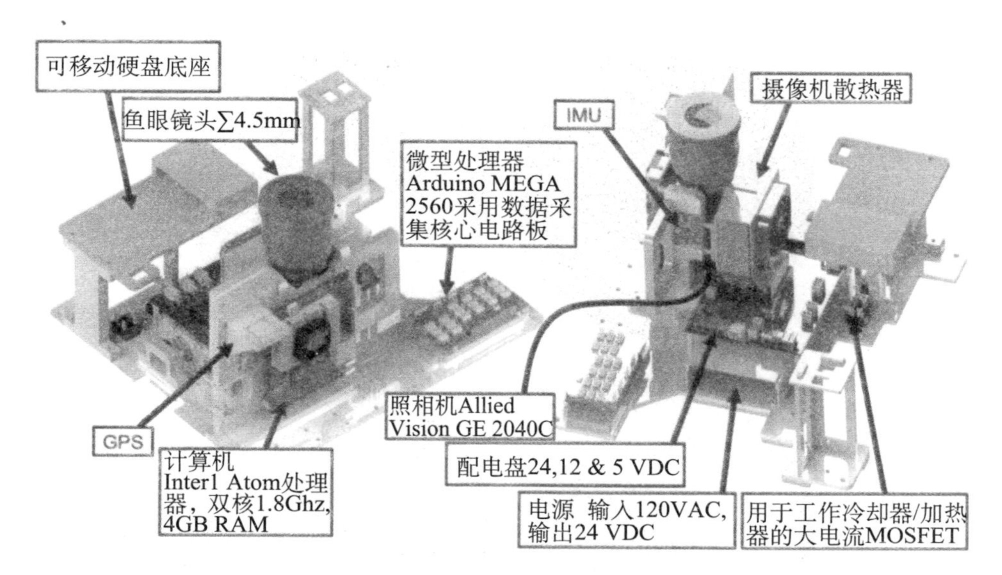

图 9.4　加州大学圣地亚哥分校天空成像仪照相机系统元件平面图。

境和圆顶条件。温度传感器对冷却器和圆顶加热器进行反馈控制。冷却器和圆顶加热器均可进行工作负载循环。

9.3.4　高动态范围成像

获取高质量天空图像面临的最大挑战是照相机必须同时捕捉广泛的光照强度。从太阳附近的直接辐射和前向散射，到雨天或阴天厚云层的暗部，都可以导致光源发生变化。图像传感器能够同时捕获不同照明度的能力被称之为动态范围。天空的动态范围（不包括太阳盘面）要比当前大多数能够捕获单一场景的照相系统大。而利用 HDR 成像技术能够扩大商业照相系统的动态范围。HDR 成像是指使用不同曝光的图片，然后将它们合成一张图片，从而使最终获得的图像的动态范围要大于传感器本身能够捕获的动态范围。

云层探测无需具有测量太阳本身强度的能力，但最好应在尽可能靠近太阳的位置成像。直射光与微光之间的动态范围超过 140dB。一定程度范围内的太阳成像要求约 90dB 的动态范围（动态范围值的变化取决于最低辐射测量要求）。单次曝光的实测 USI 动态范围为 58dB，在理论上需要两次曝光才能涵盖 90dB 的天光范围。由于需要明确 HDR 合成过程中的一些情况，因此进行三次曝光。图 9. 5 为三种不同曝光时间（5ms、20ms、80ms）的图像以及最终的合成图像。

HDR 合成过程包括 3 个基本步骤：①去除个别曝光图像中存在的曝光过度和曝光不足的部分；②利用曝光时间区分像素强度，以便获得相同的参照物；③利用第 1 步中因不当曝光而未做标记的像素数据计算出曝光的平均值。

第 1 步：将每一张图像曝光不足的部分舍弃，剔除具有较低信噪比的像素。当一个像素在接近饱和时，其光响应度是非线性的，因此将曝光过度的部分也剔

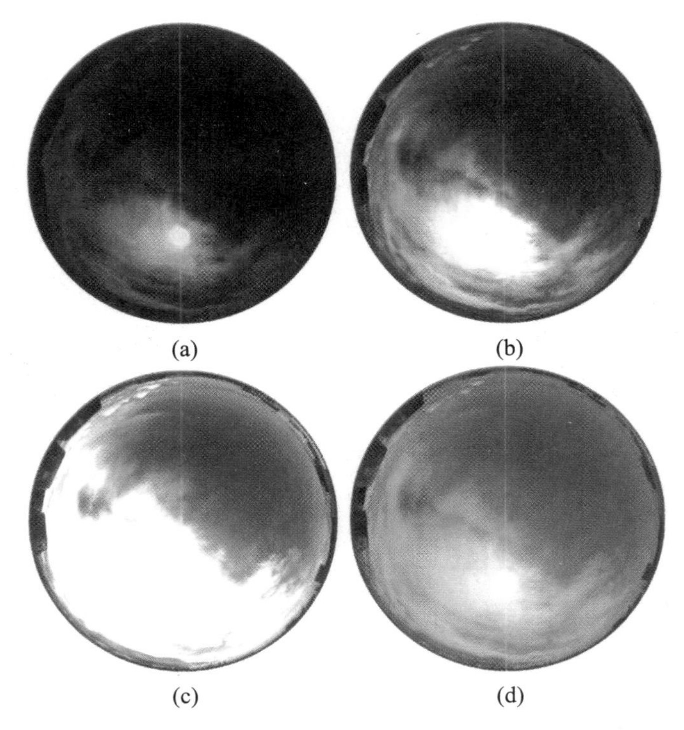

图 9.5　USI 上 HDR 工艺的三种曝光时间（单位：ms）：
（a）5 ms；（b）20 ms；（c）80 ms；（d）合成图像。

除掉。

第 2 步：利用曝光时间将像素数标准化，这样像素数在图像之间就是连续的。例如，80 ms 图像中的 4 000 像素数相当于 20ms 图像中的 1 000 像素数和 5ms 图像中的 250 像素数。对于具有线性光响应度的传感器而言，曝光时间加倍，记录值也加倍（关于 USI 线性度，详见图 9.6）。当一台照相机具有非线性光响应度时，可以在实测像素数之间建立关联，从而在两次曝光时间之间创建校准函数或转移函数。

第 3 步：舍弃掉曝光过度和曝光不足的像素后，计算给定像素的剩余值，从而将图像结合起来。由于太阳附近的像素处于饱和状态，因此可获得高品质的天空图像，并且这个过程中极少有数据丢失。最后生成的图像用于数据分析，但是对于视频显示器或平面印刷媒体来说，该图像的动态范围太大。为了在计算机显示器上显示图像，可采用被称为图像灰度校正的对数映射法，或为了获得更具吸引力的图像，可采用复杂的色调映射功能进行调整。

9.4　天空成像分析技术

天空成像仪预测的关键是从陆基成像设备上反演云场结构。一旦确定了云的位

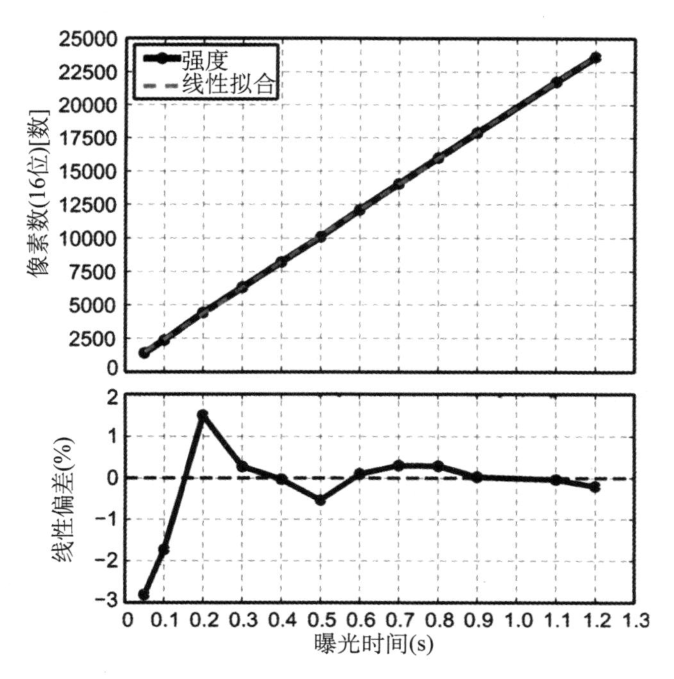

图 9.6　小范围像素曝光时间选择的传感器线性度。

置和云运动情况，则可估计未来云层所在的位置。本小节介绍了云检测（9.4.1）、云层位置的确定（9.4.2）以及云速的确定（9.4.3）。

9.4.1　云检测与不透明度分类的图像加工技术

为了在 0 ~ 30min 的预测范围内预测云层位置，必须首先准确定位当前的云层。下一小节简要概述了云检测方法，以及加州大学圣地亚哥分校开发的云检测与不透明度分类方法（CDOC；Ghonima 等人，2012）。

检测方法

为了检测数字图像上的云，Shields 等人（1993a）采用红蓝比（RBR），即红色通道与蓝色通道之比，和云散射与晴空散射之间的差异，即晴空条件下的分子散射具有很强的波长依赖性，而较短波长的散射更加突出，导致出现了可见的蓝色。云散射（云的粒子大得多）几乎均匀地穿过可见光谱，结果出现了灰色。在可见光的极端条件下，采用光谱比值提供了一个图像，该图像的晴空和云层之间具有较高的对比度。数字图像中多云像素的红蓝比接近 1，而晴空像素的 RBR 则远小于 1。通过描述晴空和不透明多云像素 RBR 的特征，可以设置特定仪器阈值，用以区别两种云状态，生成天空条件的二值映射。RBR 方法利用了 RGB 颜色空间，但还有涉及其他颜色空间的像素分类技术。借助彩色空间的强度、色彩和饱和度（简称为 IHS），可以利用图像的饱和渠道进行云检测。强度可用于测量总亮度，色彩可用于测量光谱含量（即色彩），而饱和度（S）则用于测量色彩的纯度。三者的关系方程

式为

$$S = 1 - \frac{3}{(R+G+B)}[\min(R,G,B)]$$

晴空（散射的红光远少于蓝光）具有低 min（R，G，B），导致饱和度数值更大，表明晴空的色彩是纯色。另一方面，云具有相似的红光、绿光和蓝光含量，因此饱和值低，且色彩非纯色。Martins 等人（2003）和 Souza-Echer 等人（2006）利用数字图像的饱和值进行云检测。如果图像像素位于每一类平均值的三种标准偏差范围内，则可将其分类为晴空像素和多云像素。

Cazorla 等人（2008a、2008b、2009）利用神经网络在全天空图像中进行云检测。他们将多个图像参数，如红光通道幅度、蓝绿比、RBR 以及类似的导出量，输入神经网络，从而将像素分类为晴空像素、薄云像素和厚云像素。另外一种图像处理技术利用欧几里得几何距离（简称 EGD）和模式统计分析，将像素分类为多云像素和晴空像素（Neto 等人，2010）。Li 和 Yang（2011）提出了将云检测的固定阈值方法和自适应阈值方法相结合。在该方法中，首先获得全天空图像的 RBR，然后将图像分为单峰像素（以晴空像素或多云像素为主）或双峰像素（晴空像素和多云像素的组合）。然后根据固定阈值方法对单峰图像进行分类。另一方面，根据最低互熵方法对双峰图像进行分类。Tapakis 和 Charalambides（2013，新闻报道）综合评述了云检测方法。

薄云检测的动态晴空库

固定阈值 RBR 方法的一个主要缺点是经常无法区分薄云状态和晴空状态。图 9.7 展示了利用 TSI 全天空成像仪系统捕获的一套 60 个手工注释的图像获得的晴空状态、薄云状态和厚云状态 RBR 的柱状图（详见 9.3.2 小节）。在图中可以明显看出晴空柱状图和厚云柱状图与薄云柱状图重叠的部分，这表明单一阈值是存在问题的。尤其是气溶胶或薄雾的含量高的晴空条件。而难题产生的原因在于，大气溶胶颗粒，如灰尘或海盐（类似于云滴或冰粒），在可见光谱内具有几乎均匀的散射强度，而这增加了晴空条件下观测到的像素内相对红光含量。当气溶胶浓度高时，会更多地出现在光谱上均匀散射的情况，导致无云像素超过平均红蓝比。

为处理气溶胶和薄雾水平增加的情况下薄云检测的问题，Shields 等人（2010）根据太阳天顶角（SZA）和视角（一个像素的天顶方位坐标对），提出了一种描绘晴空 RBR 特征的技术。在处理全天空图像时，首先根据固定阈值对厚云进行检测和分类。其次，利用储存的 RBR 创建晴空背景图像。再者，计算摄动比，即其余的未分类（不厚）像素的 RBR 与生成的晴空背景 RBR 之比。最后，采用固定阈值将像素分类为晴空像素或薄云像素（Shields 等人，2010）。同样地，Chow 等人（2011）根据像素-天顶角（或 PZA，即像素与天顶之间形成的角）和太阳-像素角（或 SPA，即像素与太阳之间形成的角）编制了晴空红蓝比的固定查找表，即晴空库（简称为 CSL，详见图 9.8）。根据查找表为每一个新图像生成一个晴空库背景图像，然后减

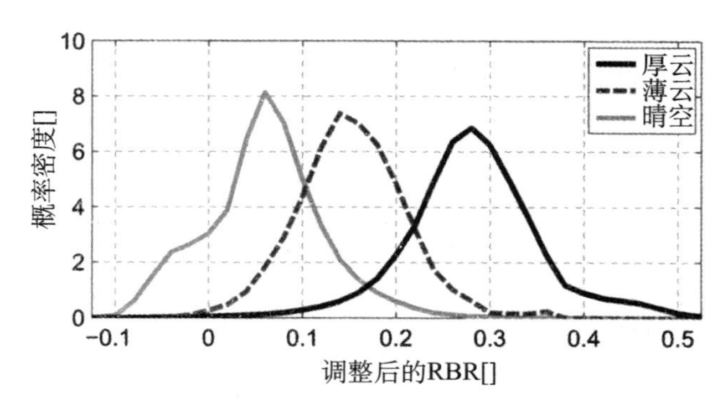

图9.7　利用TSI全天空成像仪系统捕获的一套60个手工注释图像获得的晴空状态、薄云状态和厚云状态红蓝比的柱状图。对这些柱状图进行评估，选择RBR检测阈值。

去红蓝比图像，目的是去除红蓝比中的晴空变化情况。不同图像应用一个阈值，以便将像素分类为多云像素或晴空像素。

为了能够检测多云像素以及不同大气条件下厚云与薄云之间的差别，Ghonima等人（2012）开发出了一种算法。随着CCD照相机的三个通道全部饱和，太阳区内部像素的RBR接近1。在太阳周边区域，由于气溶胶的前向散射，像素的RBR也始终接近1。而在太阳区以外，可根据晴空像素和多云像素各自的RBR对其进行分类。但是，对于给定的图像，根据像素的角距以及当天大气气溶胶光学厚度（AOD）的变化，晴空像素的RBR也随之变化（Shields等人，2010；Ghonima等人，2012；详见图9.9）。Ghonima等人（2012）根据PZA、SPA和SZA，创建了一个三维晴空库，其中存储着晴空像素的RBR［图9.8（b）］。

对于每一个被捕获的天空图像来说，通过从晴空库中查找给定的SPA和SZA的每个像素的晴空RBR算法构建了晴空背景图像，然后计算出天空图像RBR与已创建晴空库RBR图像之间的差值。其次，将像素的差值大于某一厚云阈值的像素归类为厚云。为了说明因AOD不同而导致晴空库RBR图像出现变化的原因，将薄雾校正因数应用于晴空库RBR图像。最后，利用薄雾校正差与固定晴空阈值将任何未归类为厚云像素的像素归类为薄云像素和晴空像素（Ghonima等人，2012）。

9.4.2　利用立体摄影确定云底高度

云高在小时内太阳预测方面发挥着至关重要的作用。云在地面的垂直投影与其实际阴影位置之间的距离随着云高呈线性增加。对于典型中间纬度45°太阳天顶角，云高每变化1km，则云影在地面上平移1km。云高测量仪通常是自动化机场气象站的一部分，是最常见的陆基云高观测工具。该仪器可提供大气反向散射的垂直剖面图，并能够直接计算单个地面位置上方的云底高度（CBH）。卫星成像是另外一种估计云顶高度的常用方法，但是这样的测量要求具有大气温度剖面图，而且时空分辨率低。无线电探空仪也能够提供准确的云高剖面图，但只能12h提供一次图像，

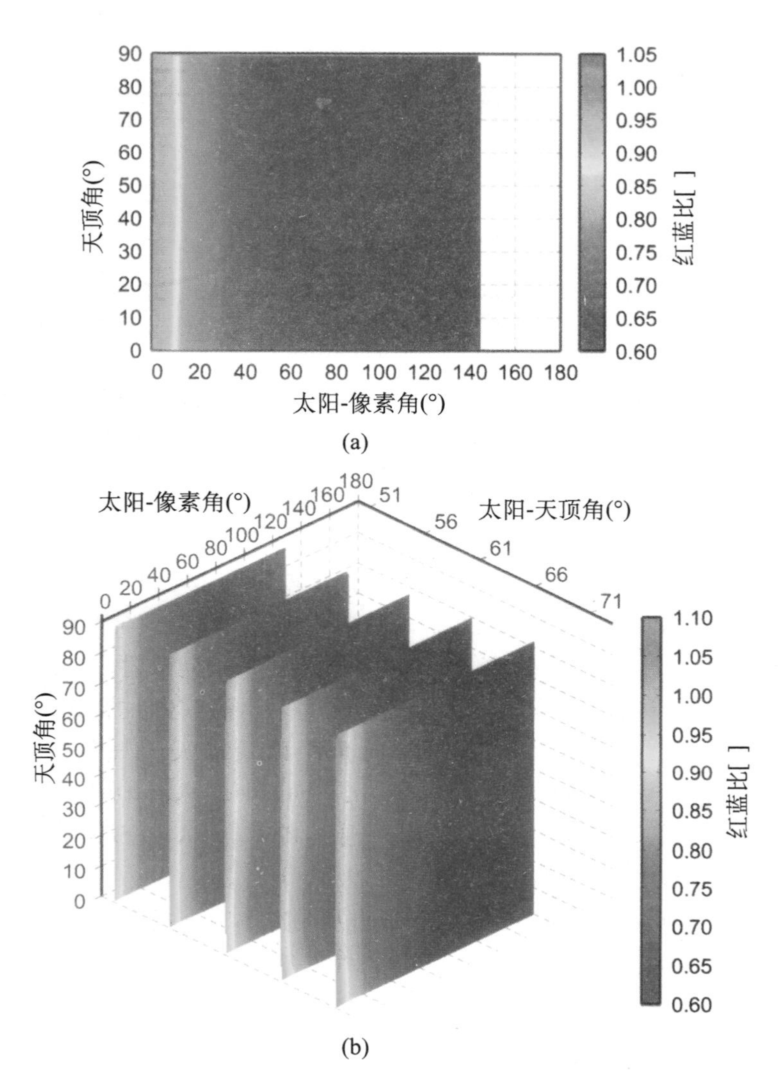

图 9.8　晴空库（CSL）查找表是根据图（a）一整天内 USI 的像素-天顶角和散射角（太阳像素角）和图（b）USI 选定太阳天顶角绘制的。在太阳和地平线附近，红光通道上测得的散射强度增加，因此 RBR 增大。

因此时间分辨率不足，无法针对短期太阳预测进行长期操作。

用于天空成像的立体照相法能够提供高分辨率的云底高度图像。有了单天空成像仪的帮助，便可实现全天空可视化。通过观察天空成像仪之间的几何结构和距离，两台成像仪可以利用三角测量计算云底高度。现有几种记录单独天空成像器云场情况的技术，从单云层的简单二维方法到多云层的三维高度估计。此处回顾的几种方法可归为两类：一类是恒定高度单云层的二维框架（Kassianov 等人，2005）；另一类是分别利用图像内相称技术和仪器之间的三角测量确定每个图像片段的高度（Allmen 和 Kegelmeyer，1996；Seiz 等人，2007）。

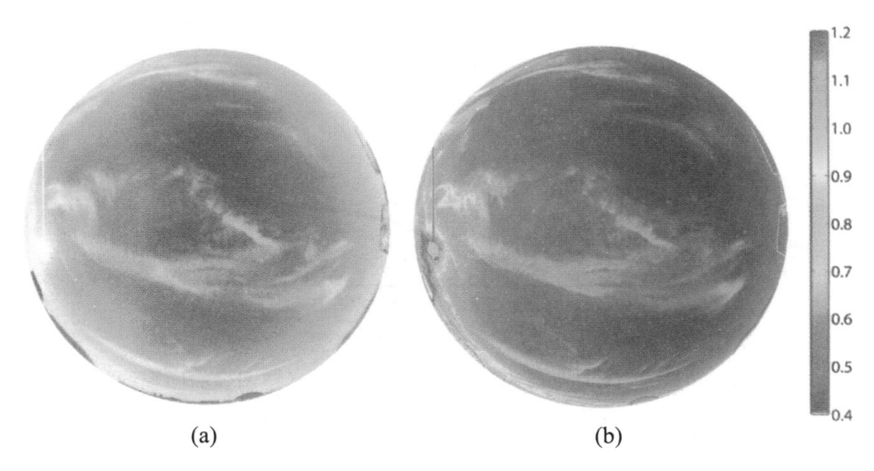

图9.9　（a）2011年11月19日捕获的原始USI图像；（b）图像的RBR。

适合于单云层统计全图像匹配

Kassianov等人（2005）针对云底高度反演提出了一种统计方法。这种方法假设仅有一个具有单一云底高度的单云层。在100°视场条件下，对两个位置的同步图像进行剪裁，去除天顶角大的像素。采用云检测（详见9.4.1小节）识别多云地区和晴空地区。采用伪笛卡尔变换（Allmen和Kegelmeyer，1996）去除因鱼眼镜头而导致的失真（详见9.3.2小节）。在开始匹配时，将一个图像放在另一个图像之上并计算均方误差（MSE），换句话说，即计算平方像素匹配误差（强度值差）之和除以重叠像素数。在重复匹配的过程中，逐个像素地将图像分割。根据图像中心之间位移R，记录MSE。最小MSE提供的位移R^*产生了最佳匹配效果，而云底高度则根据R^*和系统几何结构计算得出。

一种类似的方法是将两台成像仪的饱和图像（IHS色彩空间）投影到不同高度的地理坐标参考平面上（详见9.5.2小节；Chow等人，2011），此方法被称为地理坐标参考投影法（GPM）。将两个图像投影到连续高度水平上，并计算均方根匹配误差。云底高度是指能够生成最小误差的高度，如图9.10所示。图9.11说明了如何利用地理坐标参考投影法计算的云底高度和最近的METAR站进行比较。但是需要注意的是，METAR位于23km以外的距离，穿过一个小山脉，只能提供小时平均测量值，表明因云底高度的空间异质性而导致的差异。地理坐标参考投影法可与METAR相比，原因在于地理坐标参考投影法提供的云高范围在2~6km，但是其能够提供更加精细的时间分辨率和高度分辨率。这种方法能够以10m的高度分辨率每隔30s计算一次云高。

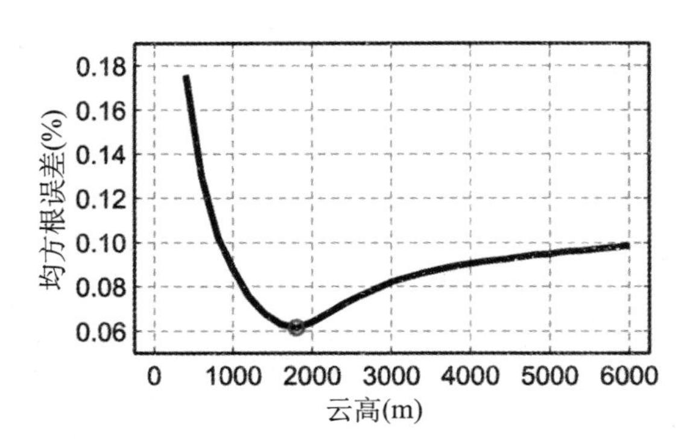

图 9.10　2011 年 11 月 4 日内华达州亨德森两个天空图像的匹配误差。云底高度为最小均方根误差高度，即 1 800m。

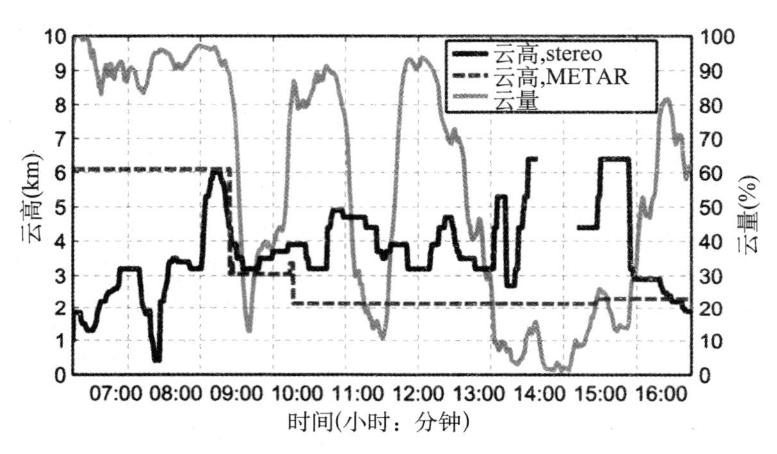

图 9.11　2011 年 11 月 12 日的云底高度剖面图，该图由地理坐标参考投影法根据两台天空成像仪计算获得，并与最近的 METAR 站（位于内华达州洛杉矶亨德森执行委员机场）报告的云底高度比较（FAA 标识 KHND）。

适用于三维云场的相关匹配

在一组分开的天空成像仪的视场范围内，云底高度会发生显著变化。多云层通常位于视场范围内，这就提出了等高无效的假设。使用来自立体照相坐标对的高分辨云成像，可以对坐标对之间的图像内片段进行匹配。连同对几何结构的观察，可以对匹配的片段进行三角测量。借助经准确校准的系统，该三角测量提供了观测点上方云层的三维位置信息。为了匹配立体照相坐标对之间的图像片段，采用互相关工艺。高度相关的图像之间的两点具有较大的概率是同一云层的相同部分。

在不采用任何几何可行性约束条件的情况下，对于第一个图像中的每一个点来说，必须计算第二个图像中每一个点的相关系数，像素为 n^2 的两个图像可生成的相关性为 n^4。由于大量互相关性的计算成本高，所以利用立体照相系统的已知几何结构能够减少搜索空间。获得这种立体视觉的一种常见方法是对极几何。对极几何的基本原理是，如果一个物体以特定像素存在于第一个图像内［图9.12（a）］，则该物体能够存在于真实空间内，并且仅沿着其角坐标以未知距离定义的射线运动。为了沿该射线将位置固定，必须采用另外一台照相机拍摄的第二个图像。来自于第一台照相机且射向目标的射线在第二个图像中呈曲线状［图9.12（b）］。匹配云点的搜索空间仅涉及使第一个图像内单一点周围像素的邻域与第二个图像内外极曲线沿线点的邻域相互关联，而不是与整个第二个图像相互关联。图9.12（c）中的结果来自HIS色彩空间（详见9.3.1小节）的饱和图像，相关邻域为23×23像素，根据反复试验设定。遮光带周围区域和照相机摇臂周围区域并未包含在计算结果内。假设云底高度必须适度一致，那么图9.12c则表明仍有存在误差的异质区域。

上文所述的二维方法和三维方法的优缺点与计算成本和精细分辨率有关。借助于地理坐标参考投影方法，每一个高度水平的计算结果均为最小值。三维云底建设

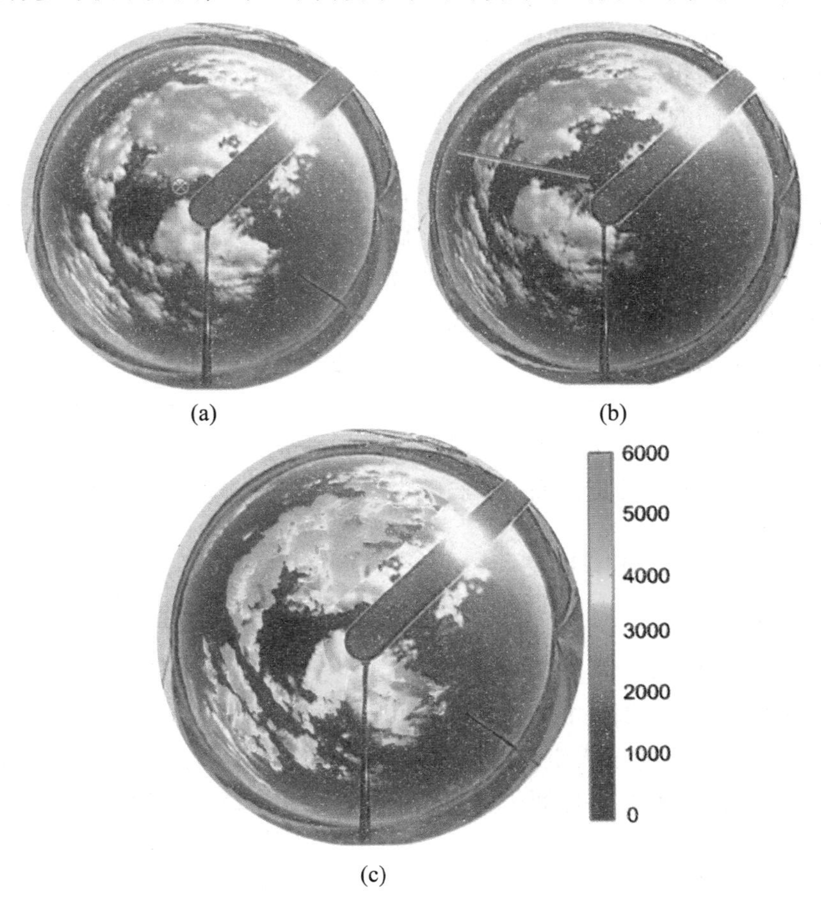

图9.12　利用外极方法获得的图像匹配配对。（b）图中的红线是（a）图中标记像素的外极曲线。相关性过程产生的匹配点是（b）图中的带星号像素。创建外极曲线的高度范围为2 000～5 000m，而此处确定的云高为3 600m。（c）图为一个天空图像上云高图的覆盖图，利用外极线方法绘制三维云图。

虽然计算成本更高，但是却具有更高的分辨率和准确性。

9.4.3 云速估计

通过分析连续图像之间云层位置的变化可以确定云速和云向。利用归一化互相关（NCC）检测云层位置的变化情况。检测过程从将第一个图像分割为小的图块开始，然后使每一个小图块与第二个图块互相关。每一个小图块及其匹配位置之间位移产生了一个矢量场，将云在图像之间的转换的方式量化。限制与小图块互相关的第二个图块所在区域的大小，防止其与来自物理真实区域之外的相匹配。图 9.13 介绍了两个连续图像的小图块分割流程及相应的搜索范围。图 9.13（b）描述了小图块的原始位置和搜索窗口范围内最大互相关的位置。图片介绍了利用成像系统坐标内的原始图像的过程。换言之，如图 9.13 所示，每一个图像并未投影至伪笛卡尔坐标中（Koehler 和 Shields，1990；Allmen 和 Kegelmeyer，1996）。该图仅用于说明，而实际的归一化互相关则利用转换至伪笛卡尔坐标中的图像计算获得。

连续图像之间的互相关在单次瞬时时间内产生了运动矢量场，由每一个小图块的一个矢量组成。由于该矢量场可能包含错误矢量，因此必须采取质量控制（简称 QC）措施。此外，如 Chow 等人（2011）所述，速度场的长期趋势是稳定的，但是仍有相当大的图像间波动情况。这表明，通常情况下，该流程能够提供稳定的测量结果，但是由于个别云遮挡成像仪并在短期窗口上演变（如云层的发展和平移），因此在速度估计上还存在短期变化。为了解决这一问题，研究者们设计了二级质量控制，从而减少图像间的波动情况。应用于单像对原始矢量场的一级质量控制，为正处于互相关状态下的像对生成了单一代表速度。对于二级来说，一级输出和原始速度场是低通滤波片的输入，其加权在以往 10min 时在对数上降为 0（Urquhart 等人，2012）。图 9.14 为速度剖面图，高频噪声远小于先前方法所导致的高频噪声。

9.5 案例分析：铜山

9.5.1 实验装置

森普拉电力公司在铜山 1 号太阳能发电厂安装的两台 TSI 全天空成像仪（详见 9.3.2 小节），可用于验证天空成像仪预测方法在公共事业规模环境中的效果。96 台逆变器的碲化镉薄膜板占地面积约为 1.3 km^2，面向 25°正南方位角倾斜。TSI 全天空成像仪间隔 1.8km，如图 9.15 所示的结构。15 块经校准的参考电池提供 1s 间隔的平面阵列（POA）总辐照度（简称 GI），5 个气象站提供 1s 间隔的气象测量，包括平面阵列 DOA 面水平总辐照度和 Kipp 与 ZonenCMP11 宽频带日射强度计测量的水平总辐照度。预测的时间分辨率与全天空成像仪获取图像的频率匹配，每 30s 到 15min 做一次预报。

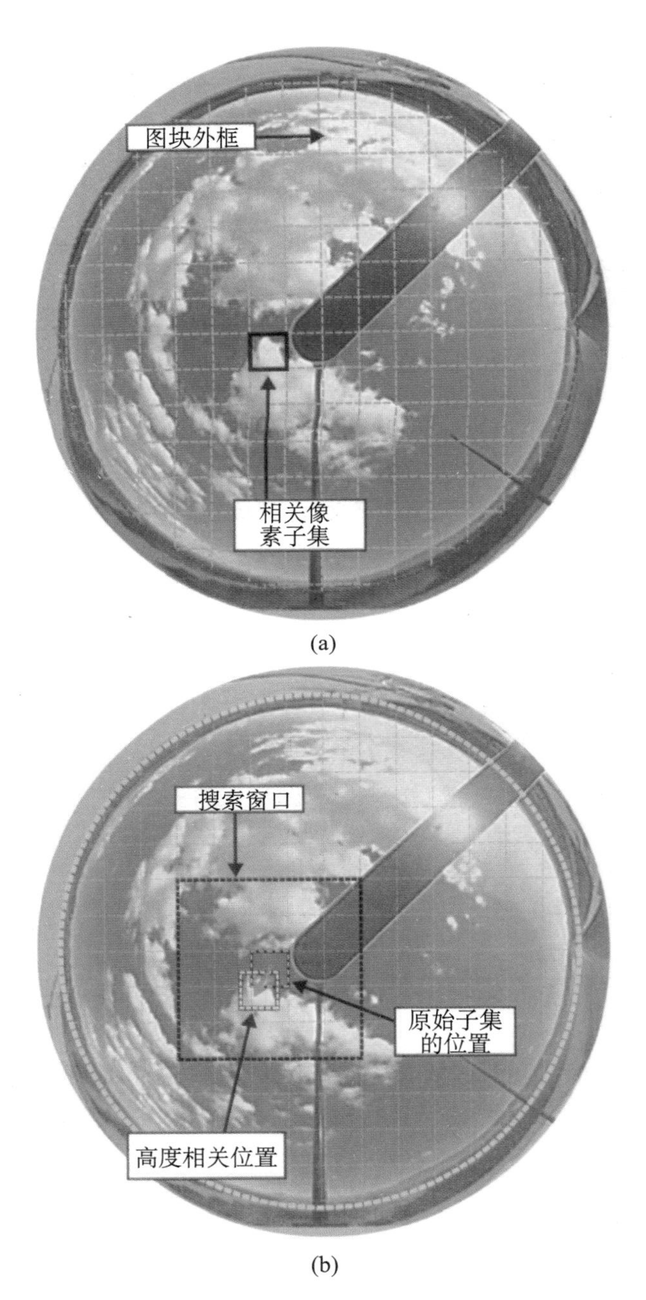

图 9.13　采用标准互相关方法计算 $t_0 - 30$ s 图像间的云运动情况［如图（a）所示］，图像被分割成小图块，每一个图块均与（b）图（即 t_0 时的图像）中相应的搜索框互相关联。

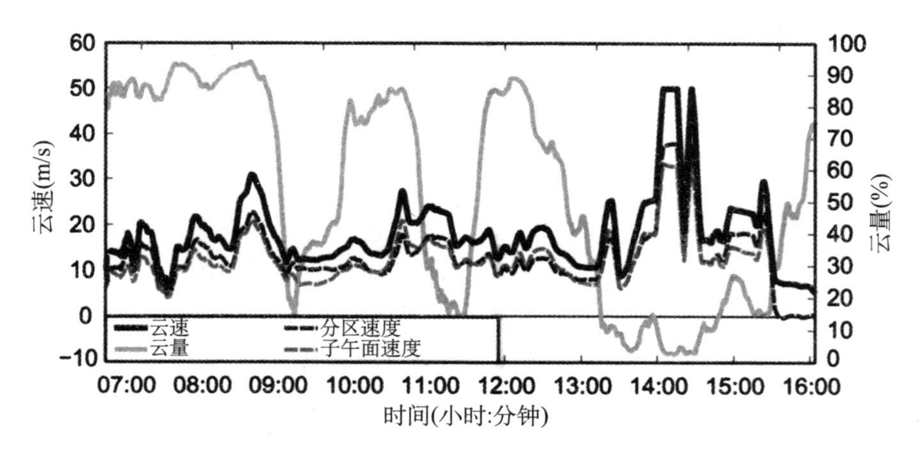

图 9.14　2011 年 11 月 12 日在内华达州巨石城附近利用 TSI 全天空成像仪测得的云速。云量表明用于检测云运动情况所需要的数据量。

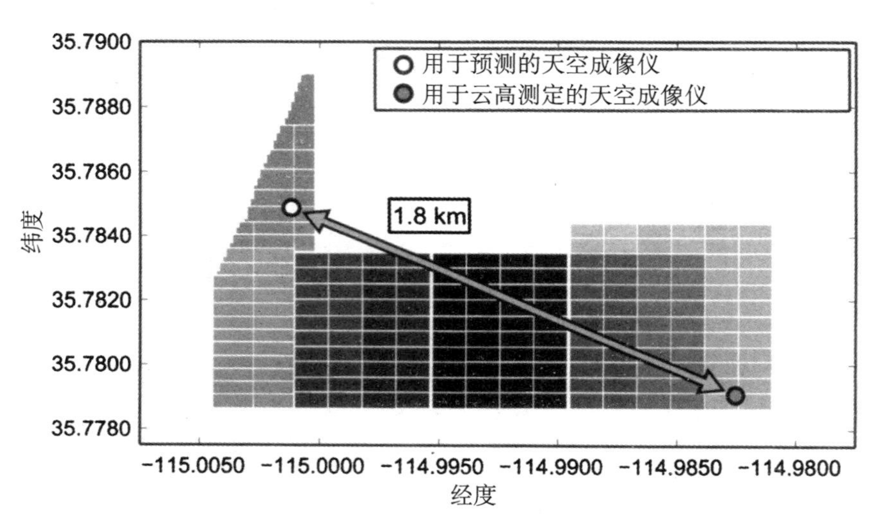

图 9.15　铜山 48MW 段略图。图中显示了天空成像仪的位置。每一台逆变器的仪表板所在区域均用不同的像素灰度遮蔽。

9.5.2　预测方法

铜山案例研究中生成天空成像仪预测结果的方法遵循了 Chow 等人（2011）提出的方法。图 9.16 简要介绍了预测流程。本章的几个小节概述了每种操作过程，同时为感兴趣的读者提供了参考资料。预测流程分为两步：第一步主要依靠天空成像仪推演出电量数据；第二步则将数据与正在筹建的发电厂数据进行匹配比照。该小节内容简要介绍了预测流程，目的是将个别预测过程结合在一起。

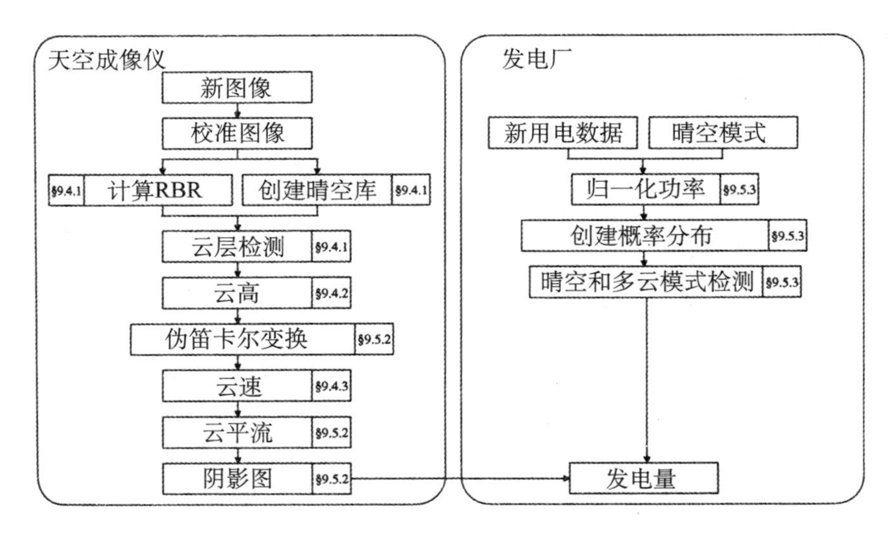

图 9.16　铜山案例研究中创建电量预测的基本操作流程图。

收集到一个新图像之后，为了保持一致性，需对其进行剪裁和校准。这一流程不同于 TSI 全天空成像仪和 USI，但是在适当的情况下，该流程会移除任何已知的传感器误差（例如固定图形噪声），为整个图像更正镜头、（为太阳、遮光带等）生成特定图像遮挡、根据太阳天顶角绘制散射角校准图。同时还有类似于对 WSI 全天空成像仪所进行的辐照度校准（Shields 等人，1998a）。之后检测云层（详见 9.4.1 小节），计算云高（详见 9.4.2 小节）。二元云层信息/二元无云信息仍在原始图像坐标中，但是所需的是地理坐标参考云层绘图。因此，采用 Allmen 和 Kegelmeyer（1996）伪笛卡尔变换，利用在云高条件下将云层信息映射至经纬度网格上的缩放比例，而不是利用任意比例尺（Chow 等人，2011）。该变换要求必须对成像图形进行校正，这样每一个像素便具有一个已知的视角（天顶角—方位角坐标对），即无径向尺寸的球面坐标。经由此而产生的地理坐标参云层图称为云图。该云图是预测地点上方特点维度处云层位置的平面映射。安装于发电厂的两台 TSI 全天空成像仪中，只有西北方向的成像仪用于案例分析，并生成预测所用的云图。而另一台成像仪则仅提供云高数据。

云速（详见 9.4.3 小节）则用于平流输送云图，为每个预测间隔生成云层位置预测信息。对于该案例分析，根据每个新捕获图像的 15min 预测范围计算出每隔 30s 的云层位置信息（图 9.17）。预测范围由覆盖于发电装置上的 4 km × 4 km 网格确定，每个预测单元的分辨率为 2.5m（1600 × 1600 单元格），并且将每个单元分解为纬度、经度和高度（高度根据数字高程模型获得）。对于每个预测单元来说，沿矢量追踪射线至太阳，并确定与云图之间的交叉点（图 9.18）。如果交叉点处于晴空条件，则认为地面位置也是晴空条件。但是如果交叉点处于多云条件，则认为地面点也被云层遮挡。每个预测单元均重复阴影映射过程，可创建云层阴影图（即阴影图）。阴影图提供了设备被阴影遮挡的百分比。为每个根据15min预测范围计算得出的平流输送云图创建阴影图。根据二元阴影图集生成发电量的方法（9.5.3小节）依特定位置确定。

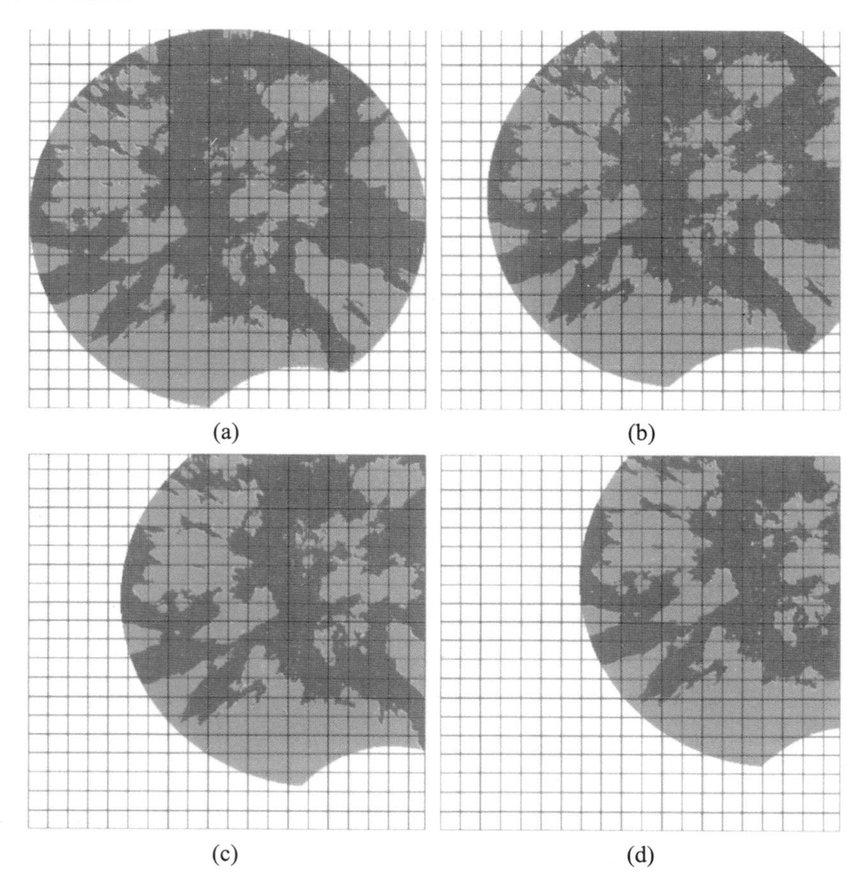

图9.17　单次预测中出现的连续云层平流情况。为临近预测而显示的云层位置（a）5min预测（b）10min预测（c）和15min预测（d）。

9.5.3　利用天空成像预测发电量

天空成像仪仅提供了准三维空间（平面云位和云高）内的云层位置二元映射。根据发电厂发电量及最近地面观测结果（相当于利用辐照度测量结果），分析某一天的云层总透射率，然后利用该透射率确定两种情况中的预测透射性：一种情况是直射太阳光束被云层遮挡；另一种情况是由于云层空隙或无云层，直射太阳光束未被云层挡住。

图9.19为经单日预期晴空发电量归一化的电量柱状图。这一天为明显的双峰模式，一个为明显的晴空峰，而另一个则为代表云层模式透射率的峰。归一化功率范围在暴雨条件下为约0.1，而在局部云层增厚情况下则超过1。根据柱状图确定的多

云模式和晴空模式，将归一化功率分别分配给预测区域的阴影网格单元和无阴影网格单元，然后计算发电厂范围的归一化功率的区域加权平均数。

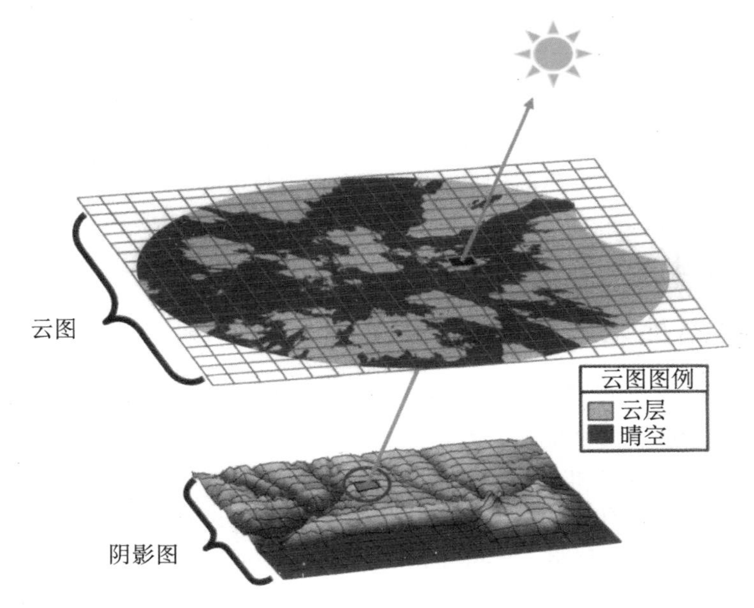

图 9.18　射线追踪可创建地理坐标参考的阴影图。沿太阳矢量追踪射线、确定与云图交叉点处的云值，通过这两种方式确定预测区域网格内规定点的阴影值。

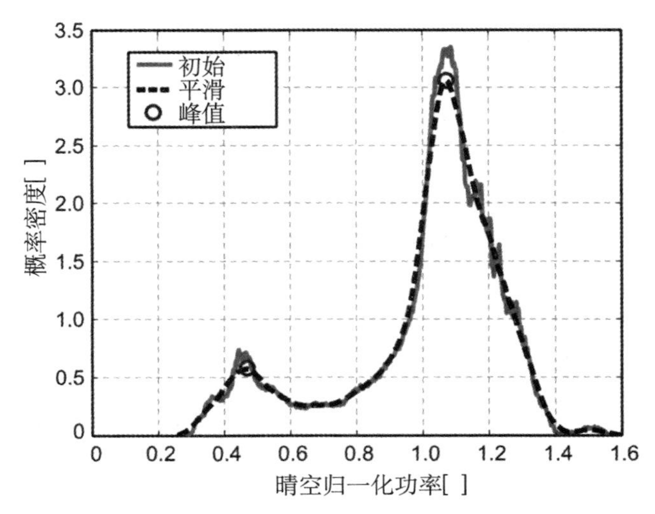

图 9.19　单日归一化功率柱状图，图上显示了双峰晴空条件和多云条件。选定的模态值表示为圆形图标。

9.5.4　误差度量

为了评估预测情况，计算白天固定时段内的平均偏差（MBE）、平均绝对误差

（MAE）和均方根误差（RMSE）（SZA < 80°）。天空成像仪每隔 30s 生成预测数据，发电厂每隔 1s 报告发电量，这样是为了对比预测数据与实际发电量。评估时采用以图像捕获时间为中心的 30s 平均发电量数据。根据 15min 预测范围计算 31 个预测间隔中各个间隔的误差。

虽然采用的度量指标对预测准确度进行数值评估，但是没有基准比较，所以难以进行评估。而将持久性用作基准预测，对于短期预测尤其有用。为了生成持久性预测用于对比，在预测发出前的 1min 计算出发电厂合计归一化功率的平均值，然后将其应用于 15min 预测窗口。计算 30s 间隔中各个间隔的晴空总辐照度，从而进行调整，改变 15min 预测窗口范围内的太阳几何结构。

9.5.5 预测性能

文中所示的是 2011 年 11 月 9—15 日一周的结果，其中提供了不同的条件信息，如晴空条件、局部多云条件和多云条件。根据预测范围，预测性能如图 9.20 所示。持久性预测误差稳步增加，而由于太阳附近的遮光带问题和云反演误差，天空成像仪预测误差的初始值更大，在 3 ~ 4min 之后趋于平稳。遮光带能够遮挡发电厂上方的包含云层的整个天空区域，实际上对辐照度产生了影响，因此仅有极少或者无数据可用于中期预测。随着将遮光带（或太阳周边云反演误差）平流输送出去，来自图像另一部分的有效数据在太阳轨迹上进入发电厂上方的天空区域，这样能够生成更加准确的预测结果。

个别几天的预测为不同的云系提供性能信息（表 9.2）。在晴朗天气条件下，误差较小，但不等于零。误差的产生很大程度上是由于绝对功率偏移导致。该绝对功率是利用归一化功率柱状图提取模态晴空值而预测的。持久性则采用近期归一化功率平均值。当输入太阳信号未受云层影响时，平均值比最常用日测量值更加准确（图 9.19）。当天空有云层时，天空成像仪的价值增加，原因是天空成像仪能够在要出现云量增多情况时进行预测，并且能够提供一个合理的振幅近似值。局部多云天气爬坡增多出现在 10 号、12 号和 13 号。13 号出现的误差，如图 9.20b 中所示，是预测范围的函数。由于频繁出现爬坡情况，持久性预测误差也在几分钟后大幅增加。天空成像仪的预测效果更好。

图 9.21 中介绍了天空成像仪在 10min 预测范围内捕获斜爬的能力。天空成像仪预测中的常量值表示发电厂预计处在完全晴空或多云条件的时间段。在早晚时间段上，均能够发现预测爬坡时出现的许多临时位移情况，但也会遗漏和错误预测一些爬坡。爬坡预测和天空成像仪预测的阴影与发电厂观测结果的匹配程度直接相关。爬坡时间中出现的误差由云位、云高、照相机分辨率、几何校准、云平流以及视角不同导致的云形差别而引起。由于系统的创新性，所列出的每一个误差源均可明显预测出来，而整体爬坡预测性能也明显提高。

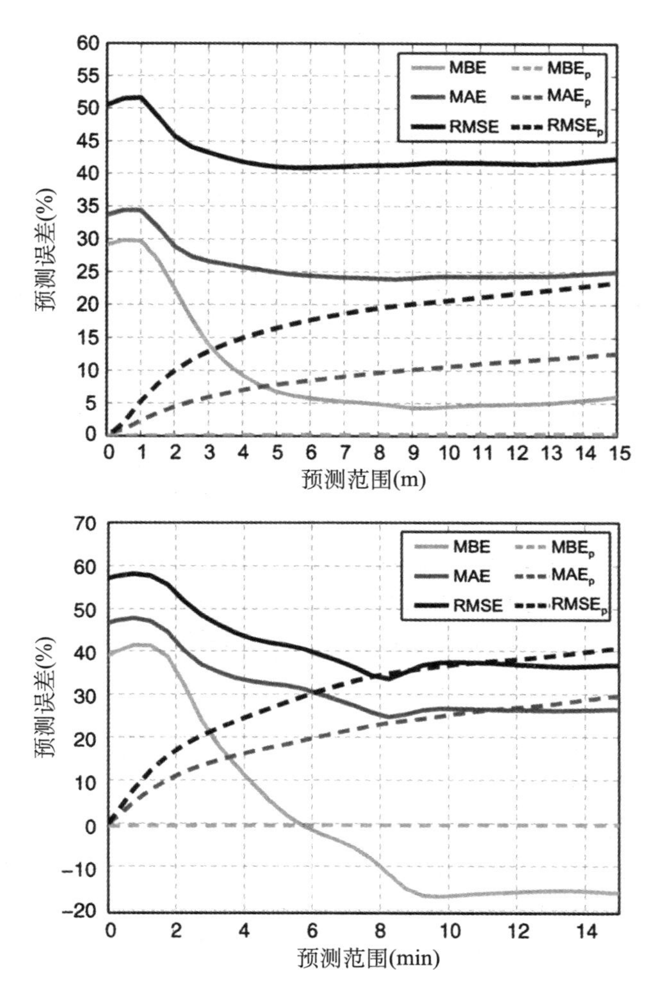

图9.20　2011年11月9—15日（a）和2011年11月13日（b）中天空成像仪预测性能（实线）和持久性（虚线）。

表9.2　选定时间范围内的天空成像仪（SI）和持久性（P）预测误差

	5min		10min		15min	
	SI	P	SI	P	SI	P
9[a]	4.5	0.9	5	1.3	5.1	1.7
10	42.6	14.9	39	18.5	42	22.1
11	152.7	8	161.8	13.9	157.7	18.6
12	33.9	23.2	33.6	30.7	38.8	35.6
13	32	17.5	26.5	24.7	26.4	29.3
14[a]	4.9	1.5	4.2	1.9	4.1	2.2
15[a]	6.7	1.3	6.7	1.8	6.7	2
一周	24.9	7.8	24.3	10.6	25	12.6

注：误差为平均绝对误差，为个别几天和一段日子的白天平均功率百分比。11月11日出现的较大误差是由云层预测误差导致。

a表示晴天。

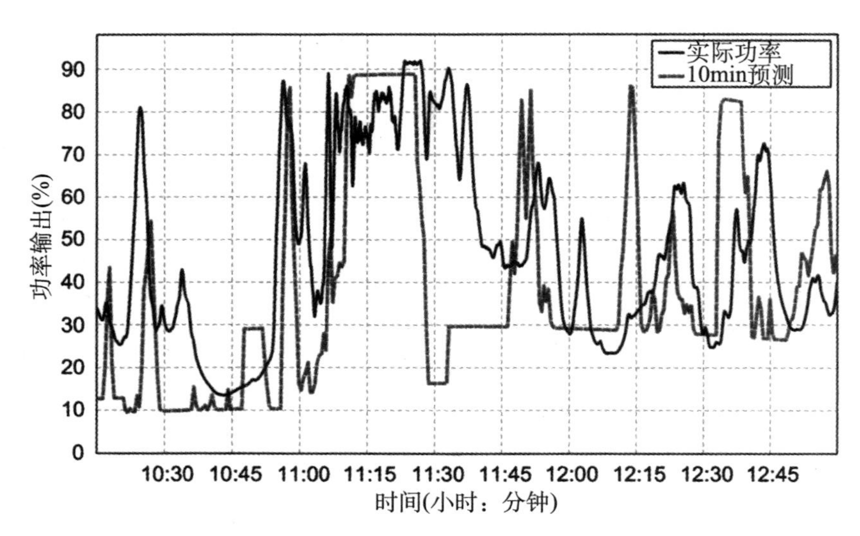

图 9.21　2011 年 11 月 12 日中午 10min 预测性能，其中展示了天空成像仪在未来 10min 内如何充分地捕捉斜坡（或如果透镜是半空状态，则表明天空成像仪在未来未能充分地捕捉斜坡）。最好的预测结果是两条曲线精确匹配。

9.5.6　总结

本文所示的预测结果，来自首次尝试采用天空成像仪预测大型太阳能发电厂功率的系列数据。一般而言，MBE、MAE 和 RMSE 均比持久性大。所报告的误差值（MAE 等）为总度量，并未聚焦于爬坡预测，它是天空成像仪的一个关键值。在未来，将增加随机学习方法（详见第 15 章），并且将开发爬坡预测度量，用以提高预测准确性和更好地对技术进行量化。

创建具有高时空分辨率的短期预测技术仍然需要改进。如果平均绝对误差的总误差度量等能够与持久性比较，当对爬坡时间预测进行审核时，可以在较长的时间范围内对技术的可靠性进行验证。但是，目前该技术还不能满足工业需求，还有更多的工作需要完成。其中的很多误差源自于不准确的云检测或不准确的云高测定，这都会影响到能否确定云层是否遮挡某一给定地点。如 9.6 小节所述，下一个改进目标将是更好地测定云层的几何形状。此项改进将减少射线追踪阴影位置的误差。

9.6　未来应用

将天空成像技术应用于大气研究要追溯至 1923 年，但是时至今日，相关的天空成像技术研究相当少，该技术也未得到充分利用。通过该技术，许多潜在的研究领域都有可能提高预测水平。接下来，我们会对其中几个研究领域进行讨论。首先根据 Nakajima 等人（1996）发表的著作讨论反演云光学性质（如有效半径）的可能性；其次讨论如何利用先进的分段算法区分不同的云，而这涉及更加复杂的位置和运动算法；最后，概述利用多种天空成像仪和立体照相法重建三维云场的方法。

9.6.1 云光学性质反演

天空成像仪预测的核心技术就是具备区分云和晴空的能力。但是，陆基天空成像仪遥感技术的最终目标是超越晴空条件/薄云条件/厚云条件的测定，从而获得辐射特性（如反照率和光学深度）和微观物理学特性（如有效半径和粒度分布），并为建立地表辐照度物理反演模型提供条件。从天空成像仪上获得水平总辐照度的简单参数设定，要比从卫星上获得水平总辐照度的简单参数设定难得多。在卫星上，实测反照率与云透射率成正比（Perez 等人，2002）。测量范围内可用的增加光谱信息也有助于卫星反演云性质，并且该测量涵盖的波长范围较大（从紫外线到热红外线）。Nakajima 和 King（1990）算法可用于云的有效半径和光学厚度。相比之下，天空成像仪并非测量每个像素的辐照度（$W/m^2 \cdot \mu m \cdot st$），而是用未经校准的系统测量天空亮度，而且通常限制在三波段（在 WSI 全天空成像仪案例中）或四波段范围内。Nakajima 等人（1996）开发出了根据陆基仪器进行反演的技术，但是这些均未经过天空成像仪证明。这些算法的应用可用于将云场前移。

云光学厚度是太阳预测中最重要的因素，同样重要的还有大气气溶胶光学厚度（AOD），尤其是在聚光光伏方面。一些研究人员已成功从天空成像中提取了 AOD。Cazorla 等人（2008b，2009）报告了分别从全天空成像仪和 WSI 中测定了 AOD（详见 9.3.2 小节）。笔者曾在全天空成像仪上尝试 Nakajima 等人（1996）开发的方法，但取得的成就有限。因此，笔者又转而尝试神经网络以获得多种波长条件下的 AOD 和浑浊度系数，其结果可与用于验证 CIMEL CE-318 太阳-光度计（Holben 等人，1994）报告的不确定性相比。Huo 和 Lu（2010）采用了一种方法，在两种不同波长和多个气溶胶光学厚度值条件下，他们采用 MODTRAN 建立了光谱比值查找表。该光谱比值查找表相当于在给定 AOD 条件下天空成像仪的红光通道和蓝光通道光谱比值。通过将光谱比值拟合，他们利用实测光谱比值计算 CIMEL CE-318 不确定性范围内的 AOD。Ghonima 等人（2012）在散射角为 35° 和 45°，AOD 含量为 550nm 的条件下，关联太阳周围波段的平均 RBR（详见 9.4.1 小节），他们在其中发现了一种简单的线性关系。

9.6.2 多云层检测与追踪

目前为止，文中所介绍的方法均用于主要分布的云层，但通常有几个云层会对电力生产造成重要影响。利用基于被动短波测量的系统追踪多重云层是困难的，原因是无法获得第一个云层以外的信息。两种最有可能的方法是云型分割法和云运动追踪法。这两种方法能够结合在一起使用。云型分割法可以对具有不同特点的相同图像内的不同云层进行区别，然后依次标记不同云层，从而追踪个别云层。

9.6.3 三维云场重建

本文和 Chow 等人（2011）介绍的云映射流程可以在给定的高度生成一个二维云层。该流程采用云底和云侧，并将其投影到规定高度。这种方法显然过于简单，会导致阴影图中出现重大误差。随着多种仪器的配置使用，可以重新建立三维云场，并且从仪器观测角度查看，云层不会彼此遮挡。将立体照相法获得的云底信息与体积像素消除流程（从所有可用图像每一个像素所包含的立体角获得）结合起来，能够帮助界定存在云层或不存在云层的位置。若云顶不可见，那么就必须假定云顶高度，或从其他来源获得云顶高度信息。

借助于云三维体积像素的表现形式以及关于每个体积像素光学厚度潜在信息，二维阴影图的射线追踪流程可用于三维网格，前提是假设这将改善计算用于云场的阴影区域。同时利用卫星或其他观测工具或建模工具的辅助反演的可能性也是存在的，其目的是为云场指定光学性质，以便运行一个三维辐射传输模型。利用当前的处理硬件虽然无法实现实时三维辐射传输，但是随着 GPU 的出现以及大规模并行处理系统核心和计算能力的增加，实时三维辐射传输也并非完全无法完成。

9.7 结束语

太阳能发电设备的布置使总装机容量飞速增长。随着公共事业设备和输电系统在处理太阳能资源方面的经验积累，了解短期预测的需求也随之增加。利用天空成像仪对局部空间区域进行预测有可能提供准确的高分辨率短期预测。而这种短期预测正是发电工作、电力传输工作和配电工作所需要的。本章内容力图为读者概括当前（但是迅速演变）最新的短期太阳能预测技术，我们将天空成像作为电力工作指南，同时将其作为研究工作的参考。

参考文献

[1] Allmen, M., Kegelmeyer, W., 1996. The computation of Cloud-Base Height from paired whole sky imaging cameras. Journal of Atmospheric and Oceanic Technology vol. 13, 97-113. http://dx.doi.org/10.1175/1520-0426（1996）013<0097:TCOCBH>2.0.CO;2.

[2] Brown, H. E., 1962. The canopy camera. Station Paper 72. Fort Collins, CO: U.S. Department of Agriculture, Forest Service, Rocky Mountain Forest and Range Experiment Station.

[3] Cazorla, A., Olmo, F. J., Alados-Arboledas, L., 2008a. Development of a sky imager for cloud cover assessment. Journal of the Optical Society of America vol. 25 (1), 29-39. http://dx.doi.org/10.1364/JOSAA.25.000029.

[4] Cazorla, A. , Olmo, F. J. , Alados-Arboledas, L. , 2008b. Using a Sky Imager for aerosol characterization. Atmospheric Environment vol. 42, 2739-2745. http: //dx. doi. org/10. 1016/ j. atmosenv. 2007. 06. 016.

[5] Cazorla, A. , Shields, J. E. , Karr, M. E. , Olmo, F. J. , Burden, A. , Alados-Arboledas, L. , 2009. Technical Note: Determination of aerosol optical properties by a calibrated sky imager. Journal of Atmospheric Chemistry and Physics vol. 9, 6417-6427. http: //dx. doi. org/10. 5194/ acp-9-6417-2009.

[6] Chazdon, R. L. , Field, C. B. , 1987. Photographic estimation of photosynthetically active radiation: evaluation of a computerized technique. Journal of Oceologia vol. 73, 525-532. http: // dx. doi. org/10. 1007/BF00379411.

[7] Chow, C. , Urquhart, B. , Dominguez, A. , Kleissl, J. , Shields, J. , Washom, B. , 2011. Intra-Hour Forecasting with a Total Sky Imager at the UC San Diego Solar Energy Testbed. Journal of Solar Energy vol. 85, 2881-2893. http: //dx. doi. Org/10. 1016/j. solener. 2011. 08. 025.

[8] Dupree, W. , Morse, D. , Chan, M. , Tao, X. , Iskenderian, H. Reiche, C. , Wolfson, M. , Pinto, J. , Williams, J. K. , Albo, D. , Dettling, S. , Steiner, M. , Benjamin, S. , Weygandt, S. , 2009. The 2008 CoSPA forecast demonstration (collaborative storm prediction for aviation). Proceedings of the 89th Meeting of the American Meteorological Society, Special Symposium on Weather - Air Traffic. Phoenix, AZ.

[9] Dye, D. , 2012. Looking skyward to study ecosystem carbon dynamics. Eos, Transactions of the American Geophysical Union vol. 93 (14), 141-143. http: //dx. doi. org/10. 1029/2012EO140002.

[10] Feister, U. , Shields, J. , 2005. Cloud and radiance measurements with the VIS/NIR Daylight Whole Sky Imager at Lindenberg (Germany). Meteorologische Zeitschrift vol. 14 (5), 627- 639.

[11] Gauchet, C. , Blanc, P. , Espinar, B. , Charonnier, B. , Demengel, D. , 2012. Surface solar irra- diance estimation with low-cost fish-eye camera. Proceedings of the COST ES 1002 Workshop, http: //hal-ensmp. archives-ouvertes. fr/ hal-00741620.

[12] Ghonima, M. , Urquhart, B. , Chow, C. W. , Shields, J. E. , Cazorla, A. , Kleissl, J. , 2012. A method for cloud detection and opacity classification based on ground based sky imagery. Atmospheric Measurement Techniques vol. 5, 2881-2892. http: //dx. doi. org/10. 5194/amt-5-2881-2012.

[13] Hill, R. , 1924. A lens for whole sky photographs. Quarterly Journal of the Royal Meteorological Society vol. 50 (211), 227-235. http: //dx. doi. oig/10. 1002/

qj. 49705021110.

[14] Holben, B. N., Eck, T. F., Slutsker, I., Tanre, D., Buis, J. P., Setzer, A., Vermote, E., Reagan, J. A.,

[15] Kaufman, Y. A., 1994. Multi-band automatic Sun and sky scanning radiometer system for measurement of aerosols. CNES, Proceedings of 6th International Symposium on Physical Measurements and Signatures in Remote Sensing, 75-83.

[16] Huo, J., Lü, D., 2010. Preliminary retrieval of aerosol optical depth from all-sky images. Advances in Atmospheric Sciences vol. 27 (2), 421-426. http://dx.doi.org/10.1007/s00376-009-8216-2.

[17] Johnson, R. W., Koehler. T. L., Shields, J. E., 1988. A Multi-Station Set of Whole Sky Imagers and A Preliminary Assessment of the Emerging Data Base. Proceedings of the Cloud Impacts on Department of Defense Operations and Systems Workshop (Science and Technology Corporation 1988), 159-162.

[18] Johnson, R. W., Hering, W. S., Shields, J. E., 1989. Automated Visibility and Cloud Cover Measurements with a Solid-State Imaging System. University of California, San Diego. Scripps Institution of Oceanography, Marine Physical Laboratory, SIO Ref. 89-7, GL- TR-89- 0061, NTIS No. ADA216906.

[19] Kalisch, J., Macke, A., 2008. Estimation of the total cloud cover with high temporal resolution and parametrization of short-term fluctuations of sea surface insolation. Meteorologische Zeitschrift vol. 17, 603-611. http://dx.doi.org/10.1127/0941-2948/2008/0321.

[20] Kassianov, E., Long, C. N., Christy, J., 2005. Cloud-base-height estimation from paired ground- based hemispherical observations. Journal of Applied Meteorology vol. 44, 1221-1233. http://dx.d0i.0rg/l 0.1175/JAM2277.1.

[21] Koehler, T. L., Shields, J. E., 1990. Factors influencing the development of a short-term CFARC prediction technique based on WSI imagery. Technical Note 223, Marine Physical Laboratory, Scripps Institute of Oceanography.

[22] Li, Q., Lu, W., Yang, J., 2011. A hybrid thresholding algorithm for cloud detection on ground- based color images. Journal of Atmospheric and Oceanic Technology vol. 28, 1286-1296. http://dx.doi.org/10.1175/JTECH-D-11 -00009.1.

[23] Long, C. N., DeLuisi, J. J., 1998. Development of an automated hemispheric sky imager for cloud fraction retrievals. Proceedings of the 10th Symposium on Meteorological Observations and Instrumentation, Phoenix, Arizona. American Meteorological Society, 171-174.

[24] Long, C. N., Sabburg, J. M., Calbo, J., Pages, D., 2006. Retrieving cloud characteristics from ground-based daytime color all-sky images. Journal of Atmos-

pheric and Oceanic Technology vol. 23, 633-652. http: //dx. doi. org/10. 1175/JTECH1875. l.

[25] Marquez, R., Coimbra, C., 2012. Short term DNI forecasting with sky imaging techniques. Proceedings of the American Solar Energy Society. Rayleigh, NC.

[26] Martins, F. R., Souza, M. P., Pereira, E. B., 2003. Comparative study of satellite and ground techniques for cloud cover determination. Advances in Space Research vol. 32 (11), 2275-2280. http: // dx. doi. org/10. 1016/S0273-1177 (03) 90554-0.

[27] Mathiesen, P., Collier, C., Kleissl, J., 2013. A high-resolution, cloud-assimilating numerical weather prediction model for solar irradiance forecasting. Journal of Solar Energy vol. 32, 47-61. http: //dx. doi. Org/10. 1016/j. solener. 2013. 02. 018.

[28] McGuffe, K., Henderson-Sellers, A., 1989. Almost a Century of "Imaging" Clouds Over the Whole-Sky Dome. Bulletin of the American Meteorological Society vol. 70, 1243-1253. http: //dx. doi. Org/10. l 175/1520-0477 (1989) 070 <1243: AACOCO >2. 0. CO; 2 .

[29] Miyamoto, K., 1964. Fish Eye Lens. Journal of the Optical Society of America vol. 54, 1060-1061. http: //dx. doi. org/10. 1364/JOSA. 54. 001060.

[30] Nakajima, T., King, M., 1990. Determination of the optical thickness and effective particle radius of clouds from reflected solar radiation measurements. Part I: Theory. Journal of the Atmospheric Sciences vol. 47 (15), 1878-1893. http: // dx. doi. org/10. l 175/1520-0469 (1990) 047 <1878: DOTOTA >2. O. CO; 2.

[31] Nakajima, T., Tonna, G.. Rao. R.. Boi, P., Kaufman, Y., Holben, B.. 1996. Use of sky brightness measurements from ground for remote sensing of particulate polydispersions. Applied Optics vol. 35 (15), 2672-2686. http: //dx. doi. org/10. 1364/AO. 35. 002672.

[32] Neto, S. L. M., von Wangenheim, A., Pereira, E. B., Comunello, E., 2010. The use of Euclidean geometric distance on RGB color space for the classification of sky and cloud patterns. Journalof Atmospheric and Oceanic Technology vol. 27, 1504-1517. http: //dx. doi. org/10. 1175/ 2010JTECHA1353. 1.

[33] Nottrott, A., Kleissl, J., Washom, B., 2013. Journal of Renewable Energy vol. 55, 230-240. http: // dx. doi. org/10. 1016/j. renene. 2012. 12. 036.

[34] Olmo, F. J., Cazorla, A., Alados-Arboledas, L., López- álvarez, M., Hemándes-Andrés, J., Romero, J., 2008. Retrieving of the optical depth using an all-sky CCD camera. Applied Optics vol. 47, 182-189. http: //dx. doi. org/10. 1364/AO. 47. 00H182.

[35] Perez, R., Ineichen, P., Moore, K., Kmiecik, M., Chain, C., George, R., Vignola, F., 2002. A new operational model for satellite-derived irradiances: description and validation. Solar Energy vol. 73, 307-317. http://dx.doi.org/10.1016/S0038-092X (02) 00122-6.

[36] Román, R., Antón, M., Cazorla, A., de Miguel, A., Olmo, F. J., Bilbao, J., Alados-Arboledas, L., 2012.

[37] Calibration of an all-sky camera for obtaining sky radiance at three wavelengths. Journal of Atmospheric Measurement Techniques vol. 5, 2013-2024. http://dx.doi.org/ 10.5194/amt-5-2013-2012.

[38] Rogers, M., Miller, S., Combs, C., Benjamin, S., Alexander, C., Sengupta, M., Kleissl, J., Mathiesen, P., 2012. Validation and analysis of HRRR insolation forecasts using SURFRAD. Proceedings of the American Solar Energy Society. Rayleigh, NC.

[39] Sebag, J., Krabbendam, V. L., Claver, C. F., Andrew, J., Barr, J. D., Klebe, D., 2008. LSST IR camera for cloud monitoring and observation planning. Ground-based and Airborne Telescopes II. Proceedings of the International Society of Photonics and Optics vol. 7012. http:// dx.doi.org/10.1117/12.789570.

[40] Seiz, G., Shields, J. E., Feister, U., Baltsavias, E., Gruen, A., 2007. Cloud mapping with ground based photogrammetric cameras. International Journal of Remote Sensing vol. 28, 2001-2032. http://dx.doi.org/10.1080/01431160600641822. Shields, J. E., Johnson, R. W., Koehler, T. L., 1993a. Automated Whole Sky Imaging Systems for Cloud Field Assessment. Proceedings of the Fourth Symposium on Global Change Studies, 17 - 22 January. American Meteorological Society, Boston.

[41] Shields, J. E., Johnson, R. W., Karr, M. E., 1993b. Automated Whole Sky Imagers for Continuous Day and Night Cloud Field Assessment. Proceedings of the Cloud Impacts on DOD Operations and Systems Conference.

[42] Shields, J. E., Karr, M. E.. Tooman, T. P., Sowle, D. H., Moore, S. T., 1998a. The Whole Sky Imager - A Year of Progress. Proceedings of Eighth Atmospheric Radiation Measurement (ARM) Science Team Meeting.

[43] Shields, J. E., Johnson, R. W., Karr, M. E., Wertz, J. L., 1998b. Automatic day/night whole sky imager for field assessment of cloud cover distributions and radiance distributions. Proceedings of the 10th Symposium on Meteorological Observations and Instrumentations, Phoenix, AZ. American Meteorological Society, Boston, 165-170.

[44] Shields, J. E., Karr, M. E., Burden, A. R., Mikuls, V. W., Streeter, J. R.,

Johnson, R. W., Hodgkiss, W. S., 2010. Scientific Report on Whole Sky Imager Characterization of Sky Obscuration by Clouds for the Starfire Optical Range, Scientific Report for AFRL Contract FA9451-008-C-0226, Marine Physical Laboratory, Scripps Institution of Oceanography. University of California San Diego. DTIS (Stinet) File ADB367708.

[45] Shields, J. E., Karr, M. E., Johnson, R. W., Burden, A. R., 2013. Day/night whole sky imagers for 24-h cloud and sky assessment: history and overview. Journal of Applied Optics vol. 52, 1605-1616. http://dx.doi.Org/http://dx.doi.org/10.1364/AO.52.001605.

[46] Smith, J., Key, T., 2011. High-Penetration PV Impact Analysis on Distribution Systems. Presentation at Solar Power International Conference, Dallas. October 2011.

[47] Souza-Echer, M., Pereira, E. B., Bins, L. Andrade, M., 2006. A simple method for the assessment of the cloud cover state in high-latitude regions by a ground-based digital camera. Journal of Atmospheric and Oceanic Technology vol. 23, 437-447. http://dx.doi.org/10.1175/JTECH1833.1. Tapakis, R., Charalambides, A. G., 2012. Equipment and methodologies for cloud detection and classification: a review. Solar Energy, in press, http://dx.doi.org/10.1016/j.solener.2012.11.015.

[48] Urquhart, B., Chow, C. W., Nguyen, D., Kleissl, J., Sengupta, M., Blatchford, J., Jeon, D., 2012. Towards intra--hour solar forecasting using two sky imagers at a large solar power plant. Proceedings of the American Solar Energy Society. USA, Denver, CO.

[49] Wood, R. W., 1905. Physical Optics. MacMillan, New York.

[50] Wood, R. W., 1906. Fish-eye views, and vision under water. Philosophical Magazine 12 (68). http://dx.doi.org/10.1175/10.1080/14786440609463529.

[51] Yang, J., Lu, W., Ma, Y., Yao, W., 2012. An automated cirrus cloud detection method for a ground-based cloud image. Journal of Atmospheric and Oceanic Technology vol. 29, 527-237. http://dx.doi.org/10.1175/JTECH-D-l 1-00002.1.

第 10 章　SolarAnywhere 预测

Richard Perez
奥尔巴尼大学，大气科学研究中心
Tom E. Hoff
清洁能源研究

章节纲要

10.1　太阳能资源和预测数据服务

SolarAnywhere 是一个可实现过去到现在的数据无缝连接的太阳能资源平台，并能为北美、夏威夷和加勒比海等大部分地区提供太阳能预测（清洁能源研究，2012）。[①]

10.1.1　历史数据

SolarAnywhere 的历史数据可以追溯到 1998 年，其数据源为美国静止气象卫星的

① 目前适用于北美地区。

观测数据。在经过半经验模型（第 2 章）反演后，得出 SolarAnywhere 静止辐照度数据。标准分辨率的 SolarAnywhere 包括在地理上二次采样的每 0.1°（约 10 km）经度和纬度逐时数据。通过使用本地时间和美国静止卫星空间分辨率，SolarAnywhere 可提供地面分辨率为 0.01°（约 1 km）、每半小时一次的辐照度数据。最后，高分辨率的 SolarAnywhere 通过云层运动（见下文）绘制本地范围内两张连续的每半小时卫星图像，从而得到 1min 本地卫星空间分辨率为 0.01°的辐照度数据。（图 10.1.）新一代美国静止卫星（GOES-R）预计将在 2015 年投入运行，届时数据传输的周期将缩短至 5 分钟，这一提升后的分辨率也将应用在未来的 SolarAnywhere 产品中。

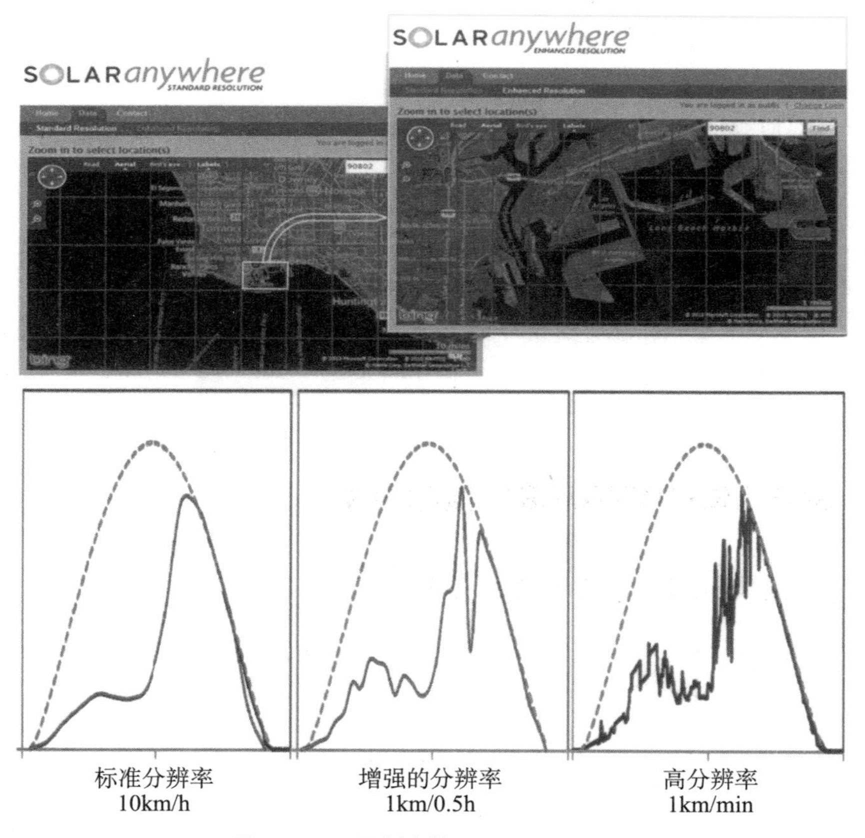

图 10.1　不同版本的 SolarAnywhere。

10.1.2　预测数据

SolarAnywhere 可提供提前 0 ~ 6 天的预测，根据预测时间范围的不同，有两种可供选择的预测方法，即适用于短时间范围的云层运动矢量法和适用于长时间范围的数值天气预报（NWP）法。

短期范围

基于即时测量的太阳能辐照度历史记录，短期范围（最高为提前数小时）的预测方法可反映出观测到的太阳能辐照度条件（例如，云层运动矢量法）。卫星观测方法可以确定近期的云层运动，进而推断出云层在未来的位置和影响。由于已经精确地知道了云层初始位置对太阳能设备的影响，因此该方法具有初始确定性。如前文所述，SolarAnywhere 的观测数据为最新的卫星历史数据。

长期范围

长期范围（数小时至数天）的预测方法由 NWP 模型构成。NWP 模型具有全球性（例如，GFS 2003，ECMWF 2010）和地区/局部性（例如，WRF 2010；Skamarock 等人，2005）。该方法可通过建立大气运动模式推断出区域云层形成的概率（间接传输的辐射），因此 NWP 辐照度预测本身具有或然性。但是，现阶段的 NWP 模型不能精确地预测单个云层或云场的位置和范围，及其对某个位置上太阳能资源的影响。

Lorenz 等人（2007）的研究表明在 3 ~ 4h 预测范围内，云层运动矢量预测方法要优于 NWP 预测，但超出这一预测时间范围后，NWP 模型的表现更佳。

我们在本章中按照标准分辨率评估了 SolarAnywhere 对短期和长期逐时辐照度的预测性能。此外，我们还介绍并初步评价了可提前 1min ~ 1h 的 SolarAnywhere 高分辨率预测。

10.2 SOLARANYWHERE 预测模型

10.2.1 短期云层运动矢量预测

正如第 2 章所讨论的，标准分辨率的 SolarAnywhere 可以通过两张连续的卫星图像预测出短期辐照度（也可参见 Perez 等人，2002、2004）。从上述两张图像中，可以确定特定像素的云层运动。首先，卫星图像经过处理后，消除了太阳几何学的影响，从而将传感器中的各个像素转换为晴空指数 kt^*[①]。

随后，确定单个图像像素的云层运动矢量。在 Lorenz 等人（2007）成果的基础上，SolarAnywhere 发展出自己的方法。当第二网格在运动矢量方向上水平运动时，对于某一像素附近两个连续图像的 kt^* 地图，通过计算二者之差的 RMSE，确定该像素的运动矢量。所选的运动矢量对应着最小的 RMSE。在重复上述过程后，各个像素均得到各自的运动矢量。

① kt^* 为（卫星推导）GHI 与当地晴空总辐射照度 GHI_{clear} 的比值。

从局部运动中可推导出随后（最早提前 6h）[①] 的 kt^* 地图。通过置换现有图像中各自运动矢量方向上的像素得出未来的云层图像。随后按照 Lorenz 等人（2007）介绍的实用方法，对周围有 8 个相邻中等分辨率的像素（代表约 700 km^2 的区域），计算每个像素的平均值，从而使这些未来的图像变得更加平滑。

高分辨率（1 km）卫星图像提供的结构细节要明显多于标准分辨率的（约 10 km）卫星图像。在运用云层运动矢量方法后，从这些高分辨率图像中可得到 1h 内直至 1min 的场景[②]。1min 数据流的来源有：①历史数据，由两张连续图像的云层矢量动画得出；②未来（预测）数据，由向前映射最新图像得出。

10.2.2　数值天气预报预测

SolarAnywhere GHI 长期预测的数据源自美国国家数字预测数据库（NDFD）（美国国家气象局，2010）。NDFD 对美国地区上空的云量做出网格预测，通过简单的转换模型，可将云量转换为晴空指数。

NDFD 的云量预测涉及多个步骤的预测过程，其中包括：

• 使用 NOAA 的 GFS 模型（2003）得出总体预测结果。在这一过程中，根据在不同海拔高度预测的相对湿度估算出云量参数（类似于传统上由气象观测员记录的云量）（Xu 和 Randall ，1996）。需要注意的是，GFS 模型还可得出表面辐射照度。然而，NDFD 的网格预测并不包括这些辐射照度数据，因此 SolarAnywhere 预测主要取决于云量。

• NOAA 的地方机构可以使用众多工具修正 GFS 预测，包括地区/局部模型和手工输入；这一过程通常会导致预测云量结果偏大。

• 将 NOAA 分局修改后的预测重新整合到国家预测网格中，后者在美国本土的空间分辨率约为 5km。

NDFD 可在每 3h 做出提前 3 天的预测，每 6h 做出提前 3 ~ 6 天的预测。

在 SolarAnywhere 标准分辨率网格（0.1°经度 ×0.1°纬度）中，对 5 km 的 NDFD 网格进行二次采样，随后将距离最近的 NDFD 网格点数据转换为辐照度。

首先，通过线性时间插值从 NDFD 的 3h 或 6h 数据中得出逐时云量。随后使用云量和 GHI 晴空指数之间的经验拟合关系（参见 Perez 等人，2007），得出总辐照度。

这一云量与辐照度的转换过程与早期的云层-覆盖-辐射照度模型类似。此外，上述转换过程还与卫星模型（例如，参见第 2 章）中所用的云层指数-晴空指数模

① 现行版本的 SolarAnywhere 仅使用卫星的可见光通道确定云层指数；因此，只能在太阳升起后确定云层运动。结果是 N-h 预测只能用于太阳升起后的 N + 1h 预测。新版 SolarAnywhere 在卫星可见光通道的基础上增加了红外通道，可推断出夜间的云层运动，从而克服上述限制。

② 可行的时间分辨率是指云层速度与图像空间分辨率（1 km）的比值，它定义了在某个时间范围内为确定变异性所能捕捉到的云层结构尺寸。

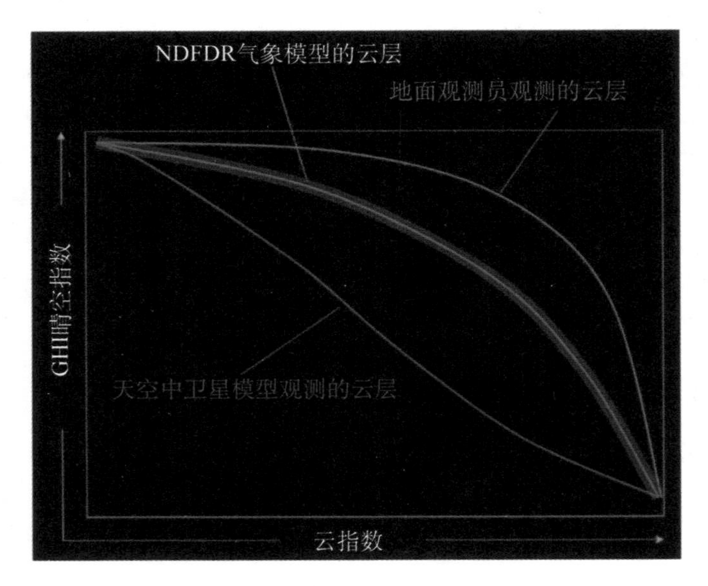

图 10.2　云量、指数或 GHI 晴空指数（kt^*）的函数关系。无论是地面观测或测量的云量（黄线），或是太空中观测的云量（蓝线），亦或是在概率上，NWP 模型生成的云量，它们的函数关系取决于云指数的本质。

型类似。然而，对于人工观测的云量、卫星遥感的云层指数和 NWP 建模中的云量来说，三者在云量的量化过程中存在本质区别。图 10.2 展示了各云层-辐射照度关系之间的差异。云量表示了观测员在地面观测到的云层，从观测员的有利位置报告出天空中云遮挡的百分比。云层指数表示了卫星从顶部观察，并且通过卫星传感器计数量化的云层。云量表示了 NWP 模型生成的概率云层百分比。

10.3　模型评估：标准分辨率

在当前的评价中，所有经过测试的 NDFD 预测数据都来源于每天的 11：00GMT①，即美国本土（CONUS）太阳升起之前的时间，数据中包括当天、第二天以及提前几天（2 天、3 天、4 天、5 天、6 天）的预测。所有的云层运动和 NWP 预测都经过了单点地面实况观测站的验证。另外，通过观察平均预测在扩大区域上的分布，学者对预测模型解释区域小气候的能力进行了研究。

10.3.1　单点地面实况验证

根据从各个地表辐射网络站点（SURFRAD）得到的辐照度数据（美国国家气象局，2010），学者对所有逐时预测进行了检验。这些站点分别位于：内华达州黑岩沙漠、蒙大拿州佩克堡、科罗拉多州博尔德、南达科他州苏福尔斯、伊利诺依州

① 由于在实际操作中每小时刷新 1 次预测，因此 SolarAnywhere 预测评估的结果较差。

邦德威利（Bondville）、密西西比州古德温克里克（Goodwin Creek）和宾夕法尼亚州宾州州立大学。上述站点涵盖了几种不同的气候环境，从干旱地区（黑岩沙漠）到潮湿大陆（宾州州立大学），从带有亚热带气候的地区（古德温克里克）到北美大平原（佩克堡）。博尔德的海拔较高（约2000 m）且位于落基山脉东麓，是两大天气类型的结合部，因此在该站点的验证工作具有一定的挑战。

验证周期为2008年8月23日至2009年8月31日。（Perez 等人，2010b）

验证的度量标准

验证时，我们首先考虑到通常使用的平均偏差（MBE）和均方根误差（RMSE），二者可从逐时预测和逐时测量的比较中直接得出。MBE 可量化出预测模型的整体偏差，而 RMSE 可表示整体偏差的离散程度。[①]

在量化模型重现观测频率分布的能力方面，我们还考虑了两种度量标准。第一种是国际能源机构太阳能加热与冷却项目任务36-基准测试数据（IEA-SHCP 2010）中推荐使用的度量标准，即 Kolmogorov-Smirnoff integral（KSI）拟合优度检验（Espinar 等人，2008）。

对于所考虑的变量（此处为辐照度），在对模型值和测量值累积频率分布之间的绝对差进行积分后，可得到 KSI 度量标准［公式（10.1）］，经过标准化后得到 KSI 临界值 Vc。Vc 是拟合优度系数，说明了在若干有效数据样本的基础上，试验（模型值）累积分布与参考（测量值）分布的接近程度。Kolmogorov-Smirnoff 检验假定试验数据样本的数量越多，模型值分布就越接近真实的分布，因此临界值也就越小。我们在此采用美国国家标准与技术研究院（NIST）的近似方法 $Vc = 1.63/\sqrt{n}$（NIST 2010，IEA-SHCP 2010），其中 n 为所考虑的数据样本的数量。

$$KSI = \frac{\int_0^{I_{\max}^{ref}} |\Phi(I^{\text{modeled}}) - \Phi(I^{\text{measured}})| dI}{Vc} \tag{10.1}$$

表达式 Φ（I^{modeled}）表示（预测）辐射强度模型值的累积频率分布，Φ（I^{measured}）表示参考辐射照度测量值的累积频率分布。通常认为可接受的 *KSI* 值约为100%或以上。这一现象的一种解释是模型值和测量值分布之间的平均绝对差值等于或小于临界差值。（图10.3举例说明了 *KSI* 值略大于100%的情况。例如，图（b）*KSI* 的面积略大于临界虚线以下的面积）。

第二种度量标准被称为 *OVER*［公式（10.2）］，通过对模型值和测量值分布之间的绝对差进行积分后，增加或减去某个缓冲值得出 OVER 值。其中，缓冲值由所考虑数据点的数量确定。

---

① 注：最近有学者推荐使用另一种离散度量-平均绝对误差报道相对（百分比）误差（Hoff 等人，2012）。

$$OVER = \frac{\int_0^{I_{max}^{ref}} (MAX(0, |\Phi(I^{modeled}) - \Phi(I^{measured})| - Vc) dI}{Vc} \quad (10.2)$$

当 *OVER* 值为 0% 时，表明模型总是位于两条临界虚线之间。（图 10.3）*OVER* 值约为 30%—模型值分布的一部分位于临界包络之外，所得出的 *OVER* 阴影区表示中临界线（虚线）和实际分布之间的差值在积分后可得到 30% 的临界面积。

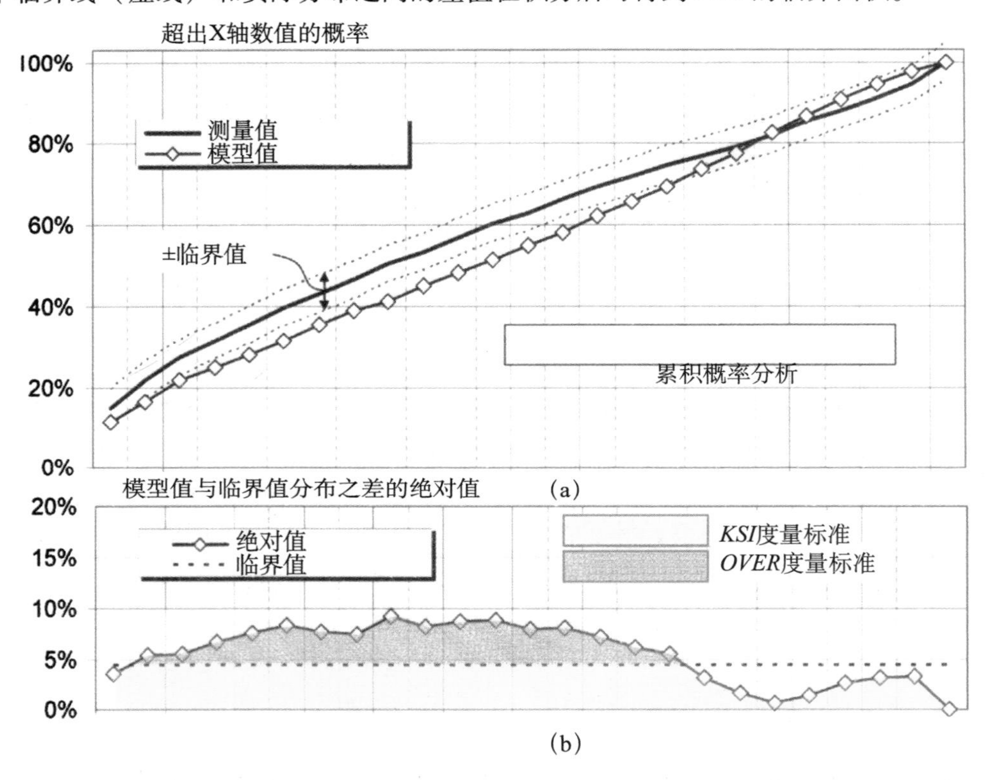

图 10.3　*KSI* 和 *OVER* 度量标准。（a）模型值和测量值的累积概率分布和测量值周围的临界值包络。（b）两种分布之间的绝对差。对曲线下方的面积进行积分，得到的度量标准：*KSI*（浅阴影）；*OVER*（条纹）。

根据一个简单的持续外推模型可以评估预测模型的性能，在持续模型中，利用预测初始阶段的精确辐射测量值（每小时）反映未来的值。假设晴空指数（kt^*）保持不变且只有可精确预测的太阳几何效应出现变化。根据恒定的晴空指数，通过对每小时辐射强度测量值进行时间外推，可获得当天的持续性。每日辐射照度测量值与每日晴空辐射照度测量值的比值为当天测得的平均每日晴空指数，将该指数应用到随后几天所有的小时中，得出第二天（及多天）的持续性。

结果

所有的预测均经过同一套实验值验证。由于太阳升起后才能生成6h云层运动预测①，因此，试验中“共同验证特性集合”的数据点被限制在太阳升起后6h或更长时间范围内。

根据预测时间范围，图10.4描绘出了所有站点和模型的年度RMSE和预测-能力趋势。图中的左侧轴为RMSE值，右侧轴为预测能力，其中预测能力为持续性RMSE与预测-模型RMSE的比值。图中还展示了SUNY半经验卫星-辐照度模型（Perez等人，2002、2004）在同一站点的性能，并为试验模型提供外部参考。参考卫星模型的RMSE值在所有的时效范围上以水平横线表示。

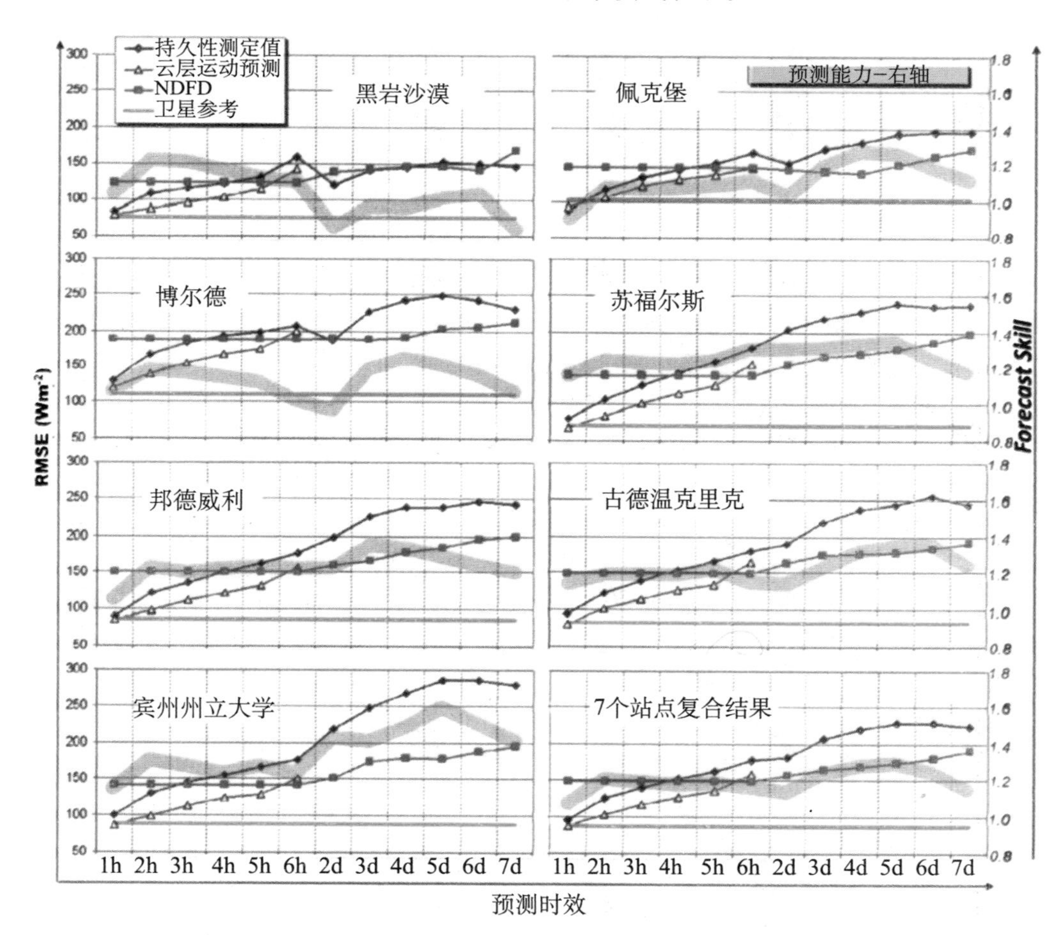

图10.4 每年的RMSE和预测能力与预测时效的函数关系。

---

① 这是因为本评估所用的卫星模型仅使用了卫星的可见光通道。下一个版本的SolarAnywhere将使用卫星的红外通道，届时将不存在这一限制。

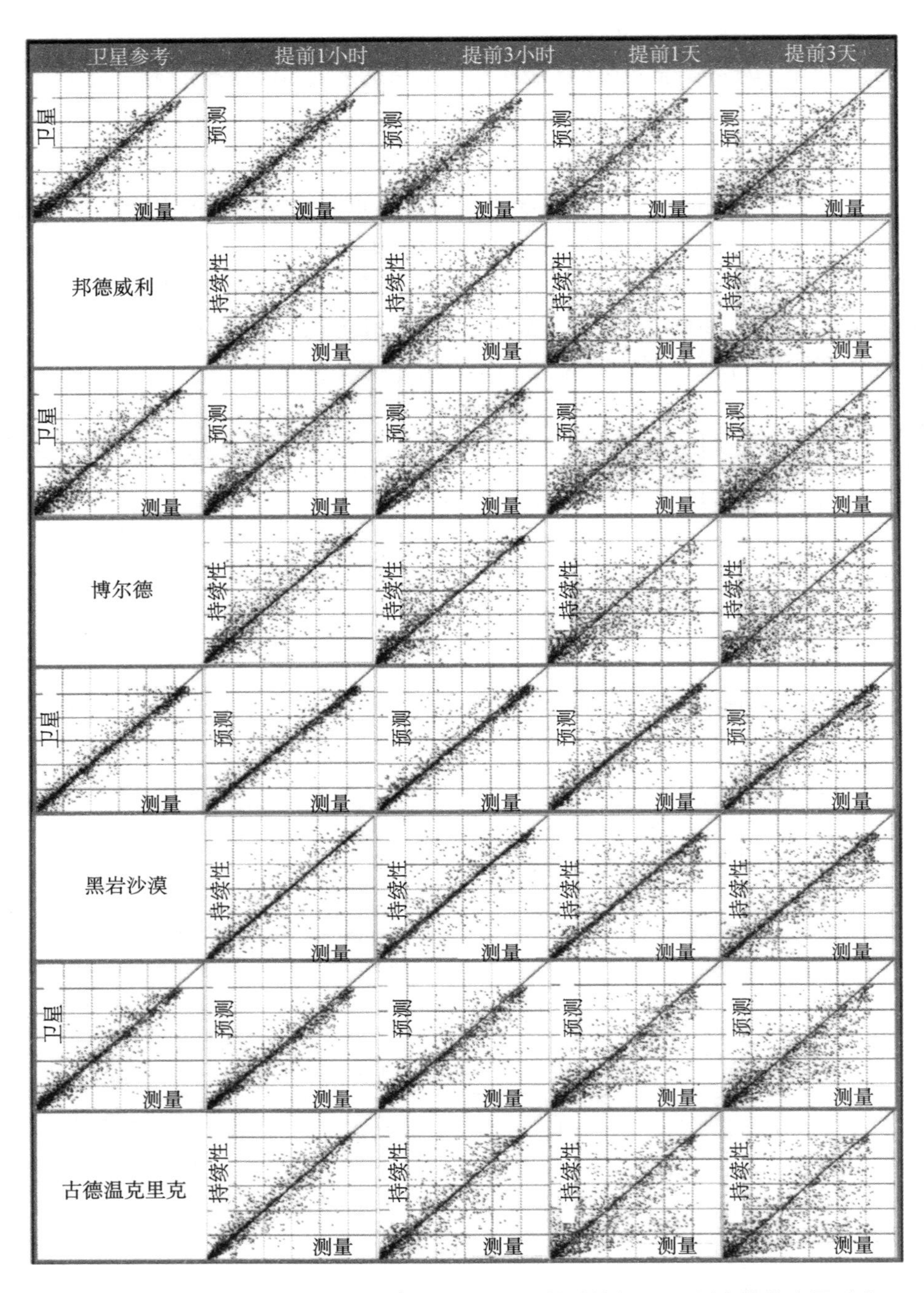

图 10.5　提前 1h、3h 和 1 天、3 天的逐时预测和持续性与 GHI 测定值散点图对比。散点图可使读者定性、直观地理解模型性能，展示了预测点的核心更加接近 1∶1 线，且远离中心的点的个数更少。

图 10.5 通过单个样本测量值与模型值的散点图，使读者对模型性能产生一种定性的理解。散点图中的样本数据来其中 4 个站点，即邦德威利、博尔德、黑岩沙漠和古

德温克里克。这一说明性示例包括了参考卫星模型、1～3h 云层运动预测、第2天和第3天 NDFD 预测，持续性模型的基准采用相同的时效（提前1h、3h、1天和3天）。

表10.1和表10.2中详细展示了图10.4中总结的结果。针对预测模型和持续性基准，这两个表分别记录了所有站点在1年中所有预测时效内观测值的 MBE 和 RMSE。结果以每年和每季度的形式记录。提前1～6h 的预测为云层运动预测，从当天至提前6天的预测为 NDFD 预测。此处分析的 NWP 在进行当天和多天预测时，起始时间均为11：00 GMT。

表10.3和表10.4记录了所有站点、预测时效、卫星参考和持续性基准的年度 KSI 和 OVER 统计数据。参考图10.3将有助于理解上述量表中的百分比数值。在表10.3中，由公式（10.1）得出的值为100%，这意味着模型和参考分布的平均差等于 KSI 临界线（虚线）和参考分布的差值。如上所述，当 KSI 值小于100%时，这表示模型的分布比临界线更加接近。当大于100%时，模型的分布超出了临界线距平。在表10.4中，由公式（10.2）得出的值表示模型分布超出临界虚线的累积距平，而临界虚线或是高于或是低于参考分布。如上所述，当 OVER 值为0%时，意味着模型分布永远位于检验分布与上临界或下临界曲线之间。OVER 值越高，模型的性能越差。

讨论

从上述结果中，我们可以得出一个重要的观测结论，即云层运动预测几乎总是优于由实际现场测量得到的持续性预测，即使是预测时效在短至1h 也是如此。另外，我们注意到一个有趣的现象：除博尔德站点以外，所有的站点结果均表明1h 预测的 RMSE 值均小于卫星反演模型，尽管云层运动会引起确定性信息缺失。但是，通过运动矢量的敛散性和后期进行的像素平滑处理，卫星预测固有的图像平滑过程降低了短期的离散，从而降低了卫星反演模型的分辨率。而图像平滑似乎可以增加 RMSE-离散度量标准量化的短期精确性。这一现象的原因可能是卫星导航产生的细小误差，以及在 SolarAnywhere 标准分辨率模型中对图像的二次采样。后者有时会引起较大的误差，例如在测试位置上空通过二次采样选定了某一云层，而实际上该位置上空并未出现云层。我们注意到，这一技术在改进像素平均性能方面已经广为人知。Stuhlmann 等人（1990）在发展各自的卫星-辐照度物理模型时对此进行了讨论。该技术并不适用于未进行二次采样的图像：Hoff 和 Perez（2013）在近期的一项分析中发现，在增强分辨率的 SolarAnywhere 中，使用本地卫星分辨率进行恰当导航的成像过程，可使模型具有更高的精确性。

云层运动和 NDFD 预测之间的平滑转折点为提前5～6h，这与 Lorenz 等人（2007）先前的发现一致。尽管最新的卫星辐射照度历史数据纠正了 NWP 预测，但是我们还是注意到了卫星-辅助的多源输出统计数据（MOS）、实时反馈和同化过程（例如，Dennstaedt 2006）能够改进 NDFD 预测，但此类同化过程还未应用于 SolarAnywhere 预测中。

表 10.1　每年和每季度的 MBE 度量标准总结（Wm^{-2}）

	MBE	黑岩沙漠		佩克堡		博尔德		苏福尔斯		邦德威利		古德温克里克		宾州州立大学	
全年	GHI 观测值	498		357		369		364		349		397		323	
	晴空指数[a]	90%		75%		71%		76%		69%		76%		66%	
	卫星模型误差	1		-4		7		14		-3		-1		4	
	预测/持续性	预测	持续性	预测	持续性	预测	持续性	预测	持续性	预测	持续性	预测	持续性	预测	持续性
	提前 1h	1	11	-3	8	13	20	15	7	-2	6	-5	6	-4	5
	提前 2h	2	18	0	12	26	36	13	11	-3	11	-8	7	-7	6
	提前 3h	5	20	-3	13	33	47	9	10	-3	15	-13	4	-7	5
	提前 4h	5	16	-5	10	36	50	3	4	-2	17	-20	-3	-4	-3
	提前 5h	1	3	-7	2	38	44	0	-7	-3	12	-19	-14	-2	-16
	提前 6h	-13	-23	-6	-13	38	28	-7	-19	0	3	-28	-31	-2	-32
	1 天（当天）	-5		13		-22		-12		-14		-33		-28	
	2 天（第 2 天）	-10	0	12	-2	-25	1	-17	-2	-19	-3	-35	-3	-30	-1
	3 天	-16	0	14	-2	-23	0	-18	-3	-15	-1	-46	-4	-40	-2
	4 天	-12	-1	17	-2	-14	2	-14	-2	-14	-1	-48	-4	-35	-2
	5 天	-7	-1	22	-3	-7	0	-8	-1	-13	-1	-51	-4	-36	-3
	6 天	1	-1	24	-4	-6	-2	-13	-2	-14	-1	-48	-4	-40	-3
	7 天	-30	-2	11	-4	-11	-2	-17	-2	-17	2	-43	-5	-48	-4
冬季	GHI 观测值	236		159		215		160		137		189		140	
	晴空指数[a]	82%		51%		78%		77%		73%		72%		73%	
	卫星模型误差	12		-49		18		23		32		17		47	
	提前 1h	11	14	-63	10	14	11	9	8	17	5	7	10	27	6

续表

	MBE	黑岩沙漠		佩克堡		博尔德		苏福尔斯		邦德威利		古德温克里克		宾州州立大学	
冬季	提前2h	10	23	-66	15	7	20	0	14	9	9	6	11	16	10
	提前3h	11	28	-70	17	-1	24	-9	17	0	11	3	5	12	13
	提前4h	13	26	-72	13	-7	23	-15	15	2	13	2	0	12	12
	提前5h	12	17	-69	5	-11	12	-17	8	4	11	3	-7	21	5
	提前6h	7	0	-60	-5	-23	-2	-25	-1	25	2	11	-25	18	-9
	1天（当天）	-13		-47		-37		-39		-15		-9		-44	
	2天（第2天）	-15	6	-34	3	-31	5	-41	5	-21	3	-13	6	-37	3
	3天	-20	5	-26	1	-38	8	-33	8	-7	11	-23	7	-33	6
	4天	-28	3	-22	3	-34	8	-24	12	-7	11	-26	5	-27	9
	5天	-30	2	-19	4	-34	10	-8	11	6	14	-25	10	-30	6
	6天	-30	1	-22	7	-36	8	-1	9	9	6	-16	11	-30	3
	7天	-31	2	-24	9	-40	6	0	8	17	8	-14	15	-37	3
春季	GHI观测值	548		377		416		391		373		416		361	
	晴空指数[a]	90%		72%		68%		73%		65%		72%		64%	
	卫星模型误差	7		-3		-1		11		-2		1		3	
	提前1h	5	14	2	13	12	21	18	7	8	7	-4	4	0	8
	提前2h	7	22	7	21	20	35	18	11	5	12	-13	4	1	9
	提前3h	12	26	4	24	20	42	15	11	9	16	-24	-6	1	5
	提前4h	11	25	0	23	18	41	6	6	6	15	-37	-19	1	-7
	提前5h	5	13	-6	17	17	31	3	-5	5	9	-37	-34	1	-25
	提前6h	-6	-11	4	4	4	8	2	-16	16	-2	-37	-51	7	-46

续表

	MBE	黑岩沙漠		佩克堡		博尔德		苏福尔斯		邦德威利		古德温克里克		宾州州立大学	
春季	1 天（当天）	-6		10		-35		-18		-17		-63		-20	
	2 天（第 2 天）	-15	1	0	-2	-40	5	-26	-3	-23	-12	-46	-5	-35	-4
	3 天	-28	4	-2	-4	-46	5	-38	-8	-23	-10	-50	-10	-42	-6
	4 天	-21	8	1	-5	-33	6	-35	-8	-28	-10	-68	-13	-44	-3
	5 天	-18	9	3	-7	-13	5	-30	-7	-25	-3	-56	-14	-42	0
	6 天	-9	10	9	-8	-12	10	-35	-6	-34	2	-51	-12	-47	6
	7 天	-41	8	4	-9	-20	12	-29	-1	-49	8	-57	-8	-62	12
夏季	GHI 观测值 晴空指数[a] 卫星模型误差	617 90% -7		454 80% -3		432 70% 4		451 79% 12		443 70% -19		510 81% -8		403 66% -15	
	提前 1h	-6	9	2	3	11	21	13	7	-19	5	-8	3	-20	3
	提前 2h	-3	15	7	4	34	40	12	7	-15	11	-9	4	-23	4
	提前 3h	-1	13	4	4	55	58	9	3	-14	16	-12	4	-21	3
	提前 4h	-2	5	4	-2	67	66	6	-5	-10	19	-18	1	-13	-6
	提前 5h	-9 -	-13	3	-12	76	64	3	-19	-13	14	-19	-10	-12	-20
	提前 6h	-28	-49	-2	-28	68	52	-8	-30	-16	6	-41	-24	-10	-30
	1 天（当天）	-15		18		-42		-13		-24		-21		-45	
	2 天（第 2 天）	-22	0	23	-4	-53	2	-15	-1	-27	-4	-36	-8	-40	0
	3 天	-24	0	29	-7	-41	4	-7	-2	-23	-5	-60	-10	-68	-1
	4 天	-19	0	31	-7	-31	9	-3	1	-21	-5	-51	-14	-52	0
	5 天	-8	0	39	-8	-30	8	0	3	-28	-4	-68	-14	-55	2

续表

	MBE	黑岩沙漠		佩克堡		博尔德		苏福尔斯		邦德威利		古德温克里克		宾州州立大学	
夏季	6天	7	0	38	-9	-35	3	-23	4	-29	0	-72	-12	-63	4
	7天	-46	1	10	-6	-40	2	-49	5	-35	5	-60	-12	-61	2
秋季	GHI 观测值 晴空指数[a] 卫星模型误差	406 90% 0		246 76% 24		291 72% 15		250 72% 18		265 70% 6		327 76% 1		253 69% 11	
	提前1h	2	11	17	10	20	20	17	9	3	8	-7	11	1	4
	提前2h	2	16	14	13	29	34	16	15	4	15	-9	13	-3	6
	提前3h	3	19	10	13	32	41	11	19	6	22	-14	14	-5	5
	提前4h	5	19	6	7	30	42	7	17	8	26	-15	10	-2	1
	提前5h	4	7	2	-1	26	37	4	10	9	21	-13	-2	-1	-12
	提前6h	-14	-16	-7	-18	8	22	-7	-7	0	13	-24	-19	-7	-30
	1天（当天）	20		33		41		13		10		17		6	
	2天（第2天）	21	0	30	-6	37	3	6	2	10	-3	-18	-6	7	3
	3天	18	1	26	-7	38	4	2	2	14	-6	-21	-10	6	6
	4天	22	1	31	-5	46	6	0	6	21	-5	-22	-13	13	9
	5天	24	2	31	-5	51	9	15	9	27	-5	-26	-14	12	9
	6天	21	4	35	-1	63	10	30	10	33	-3	-25	-13	17	12
	7天	11	5	36	-3	59	5	62	13	45	0	-23	-13	3	15

[a] GHI/GHI clear

表 10.2 每年和每季度的 RMSE 度量标准总结（Wm^{-2}）

	RMSE	黑岩沙漠		佩克堡		博尔德		苏福尔斯		邦德威利		古德温克里克		宾州州立大学	
全年	GHI 观测值	498		357		369		364		349		397		323	
	晴空指数[a]	90%		75%		71%		76%		69%		76%		66%	
	卫星模型误差	77		103		112		72		87		83		89	
	预测/持续性	预测	持续性	预测	持续性	预测	持续性	预测	持续性	预测	持续性	预测	持续性	预测	持续性
	提前 1h	80	85	94	88	120	130	68	80	85	91	80	93	86	100
	提前 2h	88	109	106	118	139	167	84	106	98	122	101	123	99	131
	提前 3h	96	118	123	135	154	183	102	127	112	135	114	139	113	145
	提前 4h	104	123	132	145	166	193	115	142	122	150	127	154	124	155
	提前 5h	116	133	138	154	175	199	126	159	132	164	134	166	129	166
	提前 6h	142	160	147	168	200	207	155	178	156	177	166	181	150	176
	1 天（当天）	125		148		188		140		151		149		141	
	2 天（第 2 天）	139	122	145	154	189	187	155	205	161	199	164	191	152	218
	3 天	142	141	142	174	188	227	165	220	167	226	176	219	174	247
	4 天	147	145	140	181	191	242	170	229	178	238	177	237	179	267
	5 天	147	152	151	194	203	249	176	240	184	239	178	243	179	285
	6 天	141	150	162	196	206	242	186	235	196	246	185	254	188	284
	7 天	169	147	172	196	212	231	198	238	200	243	193	243	196	278
冬季	GHI 观测值	236		159		215		160		137		189		140	
	晴空指数[a]	82%		51%		78%		77%		73%		72%		73%	
	卫星模型误差	53		126		74		52		76		53		76	
	提前 1h	46	53	107	26	64	53	48	36	60	52	48	53	57	42

续表

	RMSE	黑岩沙漠		佩克堡		博尔德		苏福尔斯		邦德威利		古德温克里克		宾州州立大学	
冬季	提前 2h	48	65	105	37	71	71	58	54	66	61	59	67	57	59
	提前 3h	59	78	109	44	81	82	69	68	74	73	66	80	59	64
	提前 4h	70	84	112	50	85	87	78	80	81	81	70	87	65	67
	提前 5h	74	88	115	58	89	93	76	83	79	82	80	92	71	66
	提前 6h	85	94	117	67	108	98	96	83	102	83	110	101	90	68
	1 天（当天）	102		122		130		112		91		84		94	
	2 天（第 2 天）	114	137	98	117	117	144	100	133	105	132	99	133	94	109
	3 天	107	153	93	99	125	141	111	125	88	136	121	147	111	143
	4 天	125	163	81	108	127	149	105	148	121	164	121	162	103	148
	5 天	126	170	85	105	137	170	102	138	84	150	128	157	112	145
	6 天	128	167	94	117	136	154	101	135	97	149	119	163	101	141
	7 天	133	151	100	99	143	151	108	130	106	127	126	175	112	130
春季	GHI 观测值	548		377		416		391		373		416		361	
	晴空指数[a]	90%		72%		68%		73%		65%		72%		64%	
	卫星模型误差	68		117		129		74		93		86		85	
	提前 1h	86	97	110	88	125	126	69	84	93	101	92	115	83	99
	提前 2h	95	139	124	119	141	165	90	112	109	136	122	152	99	136
	提前 3h	111	143	141	135	157	175	107	135	123	145	144	178	118	154
	提前 4h	115	142	148	146	170	186	126	150	137	159	164	199	137	168
	提前 5h	127	147	155	157	180	199	133	166	151	175	174	209	143	182
	提前 6h	152	166	160	172	219	217	171	180	181	188	198	226	162	194

续表

	RMSE	黑岩沙漠		佩克堡		博尔德		苏福尔斯		邦德威利		古德温克里克		宾州州立大学	
春季	1天（当天）	139		154		195		136		164		186		143	
	2天（第2天）	154	134	161	159	199	222	153	236	168	239	203	231	156	263
	3天	159	154	150	190	196	275	184	253	176	276	203	269	173	292
	4天	163	154	147	199	209	277	189	262	172	298	207	274	184	308
	5天	166	165	153	206	231	284	194	281	193	288	203	284	182	328
	6天	160	171	170	223	245	273	207	277	219	293	217	301	191	322
	7天	180	177	177	225	251	259	214	294	228	306	228	276	205	326
夏季	GHI 观测值	617		454		432		451		443		510		403	
	晴空指数[a]	90%		80%		70%		79%		70%		81%		66%	
	卫星模型误差	99		99		124		80		100		97		113	
	提前1h	99	100	91	111	143	170	80	97	100	108	92	103	112	131
	提前2h	110	119	109	149	175	214	98	127	115	145	113	135	127	164
	提前3h	111	132	129	169	189	233	120	150	129	160	120	145	142	181
	提前4h	124	144	142	180	204	245	129	167	138	178	129	157	152	191
	提前5h	138	157	150	188	212	246	148	190	150	197	131	175	155	204
	提前6h	169	199	160	204	224	252	176	217	167	217	170	190	183	213
	1天（当天）	146		167		221		171		178		146		176	
	2天（第2天）	165	133	159	173	228	197	192	229	193	216	171	204	186	234
	3天	170	154	165	196	225	241	184	243	204	227	194	225	222	268
	4天	172	155	164	207	217	277	194	249	222	221	193	259	225	299
	5天	170	169	181	220	221	290	201	264	226	227	196	241	223	319

续表

	RMSE	黑岩沙漠		佩克堡		博尔德		苏福尔斯		邦德威利		古德温克里克		宾州州立大学	
夏季	6 天	154	164	189	213	221	284	212	258	231	264	198	247	237	325
	7 天	204	174	202	212	229	280	233	254	228	254	207	240	237	322
秋季	GHI 观测值 晴空指数[a] 卫星模型误差	406 90% 62		246 76% 70		291 72% 80		250 72% 63		265 70% 59		327 76% 65		253 69% 60	
	提前 1h	55	56	59	62	85	84	49	52	58	63	55	58	60	70
	提前 2h	62	67	67	76	97	112	54	69	68	89	66	81	71	92
	提前 3h	69	74	83	93	110	131	64	86	84	107	81	93	76	96
	提前 4h	72	78	88	103	120	142	80	100	89	116	94	109	83	109
	提前 5h	83	91	92	115	129	148	90	114	97	115	102	119	9 1	118
	提前 6h	113	111	114	130	159	150	110	134	128	116	144	132	102	132
	1 天（当天）	81		100		141		86		96		116		99	
	2 天（第 2 天）	77	69	102	127	135	146	91	133	108	158	106	144	109	178
	3 天	83	84	95	142	136	181	121	160	112	209	117	179	119	182
	4 天	88	87	93	152	149	179	115	171	124	209	121	195	125	174
	5 天	85	87	102	151	158	183	126	175	133	194	126	195	125	194
	6 天	92	82	111	147	155	195	129	151	143	197	147	202	123	205
	7 天	103	79	116	156	156	164	134	159	141	203	152	205	138	196

表 10.3　年度 KSI-度量标准总结

KSI	黑岩沙漠		佩克堡		博尔德		苏福尔斯		邦德威利		古德温克里克		宾州州立大学		所有站点	
卫星模型误差	23%		19%		21%		30%		55%		43%		40%		33%	
预测/持续性	预测	持续性	预测	持续性	预测	持续性	预测	持续性	预测	持续性	预测	持续性	预测	持续性	预测	持续性
提前 1h	39%	19%	13%	18%	62%	45%	32%	15%	56%	13%	56%	16%	56%	10%	45%	20%
提前 2h	37%	33%	20%	26%	84%	86%	32%	23%	58%	16%	66%	21%	60%	11%	51%	31%
提前 3h	39%	43%	15%	29%	102%	112%	45%	23%	58%	30%	82%	28%	62%	13%	58%	40%
提前 4h	47%	51%	18%	20%	109%	125%	63%	32%	57%	36%	97%	33%	66%	29%	65%	47%
提前 5h	55%	60%	22%	22%	121%	118%	81%	48%	71%	24%	103%	58%	77%	55%	76%	55%
提前 6h	71%	94%	28%	47%	117%	102%	90%	65%	81%	22%	138%	97%	83%	89%	87%	74%
1 天（当天）	64%		61%		89%		43%		59%		108%		70%			
2 天（第 2 天）	65%	64%	63%	55%	117%	104%	66%	49%	74%	67%	113%	11 7%	75%	72%	82%	76%
3 天	69%	66%	65%	55%	123%	105%	70%	52%	75%	65%	139%	121%	99%	77%	92%	77%
4 天	62%	65%	76%	58%	140%	106%	70%	51%	82%	64%	144%	122%	89%	82%	95%	78%
5 天	61%	63%	87%	55%	145%	106%	86%	49%	93%	64%	156%	122%	97%	83%	104%	77%
6 天	63%	63%	99%	54%	159%	107%	121%	53%	106%	58%	151%	121%	115%	82%	116%	77%
7 天	67%	62%	104%	53%	161%	108%	137%	51%	121%	56%	146%	122%	134%	82%	124%	76%

表10.4　年度Over度量标准总结

OVER	黑岩沙漠		佩克堡		博尔德		苏福尔斯		邦德威利		古德温克里克		宾州州立大学		所有站点	
卫星模型误差	0%		0%		0%		0%		6%		0%		3%		1%	
预测/持续性	预测	持续性	预测	持续性	预测	持续性	预测	持续性	预测	持续性	预测	持续性	预测	持续性	预测	持续性
提前1h	15%	0%	0%	0%	30%	0%	0%	0%	5%	0%	5%	0%	1%	0%	8%	0%
提前2h	10%	0%	0%	0%	60%	58%	10%	0%	10%	0%	10%	0%	0%	0%	14%	8%
提前3h	6%	0%	0%	0%	84%	102%	15%	0%	5%	0%	50%	0%	0%	0%	23%	15%
提前4h	15%	6%	0%	0%	95%	118%	17%	0%	10%	0%	67%	0%	2%	0%	29%	18%
提前5h	19%	26%	0%	0%	102%	107%	58%	0%	36%	0%	84%	21%	8%	0%	44%	22%
提前6h	48%	78%	0%	0%	97%	86%	65%	45%	51%	0%	122%	64%	10%	16%	56%	41%
1天（当天）	19%		25%		67%		0%		0%		81%		8%			
2天（第2天）	25%	25%	40%	22%	103%	88%	34%	10%	31%	15%	85%	95%	3%	5%	46%	37%
3天	37%	26%	42%	21%	113%	84%	35%	10%	41%	15%	114%	97%	26%	8%	58%	37%
4天	24%	26%	49%	21%	129%	83%	39%	10%	43%	10%	128%	102%	20%	10%	62%	38%
5天	18%	26%	59%	21%	135%	83%	64%	5%	67%	10%	139%	102%	25%	10%	72%	37%
6天	29%	25%	75%	21%	151%	90%	109%	15%	85%	5%	128%	102%	43%	11 %	89%	38%
7天	38%	25%	82%	21%	153%	95%	124%	14%	106%	0%	124%	103%	60%	10%	98%	38%

当前的卫星反演模型仅使用了可见光通道，因此当站点附近出现冬季积雪时，会影响卫星模型的反演精确性。除此之外，云层运动预测在其他站点的 MBE 值始终较小。一些学者研发的一种新型模型可同时用到红外和可见光通道，从而消除了上述偏差（Perez 等人，2010a）。然而，我们在进行评估时，新版本的模型（SolarAnywhere V. 3）还未投入使用。

NDFD 的偏差表现出季节性和站点依赖性：例如，对于美国西部和大平原地区的站点来说，上空的云量很少或为快速通过的锋面型云层，这些站点的 NDFD 偏差最小。例如，宾州州立大学、古德温克里克等东部站点，处于云层形成频繁的地区，这些站点的 NDFD 倾向于出现负偏差。季节性则表明 NDFD 辐射照度预测在秋季（云量预测偏低）倾向于出现正偏差，其他季节，尤其是春季（云量预测偏高）则易出现负偏差。尽管存在上述缺点，但是 NDFD 预测在最早提前 6 天的表现还是显著优于持续性预测。

KSI 和 OVER 度量标准定义了模型重建晴空、局部多云和多云等观测分布的能力，因此它们对于描述现场特征十分重要。此类信息在系统设计目标中具有重要意义，但是在预测操作过程中，其重要性有所降低。因为在量化模型提前预测能力的过程中，短期精确性的度量标准（RMSE 和 MAE）才是关键的性能因素。分布度量标准在预测过程中仅起到检查作用，从而确保模型具有合理的物理基础。

将测量的时间序列向前推进 1h，并对太阳几何影响进行改进后，即可得出 1h 持久性预测的时间序列。因此，在使用 KSI 和 OVER 度量标准进行评估时，持续性预测常常优于云层运动和 NDFD 预测模型。的确，对于每个短期的当天预测来说，持续性预测的统计分布应当是与测量值是几乎相同的。但是博尔德地区明显是个例外，显著的每日变化在不同时段得出不同的统计分布，此时云层运动预测的结果更佳。当使用 KSI 和 OVER 度量标准评估时，提前 1 ~6 天持续性预测的性能更佳。至于云层运动，NDFD 的分布统计在该时间范围则出现明显的衰退，这反映出后者的动态范围发生了损失①，以及前者可能存在系统性每日变化。这是因为云层运动预测所采用的像素收敛/平均，还可能是因为模型的本质趋势以及在 NDFD 模型的预测时效延长，预测员此时应避免做出极端的预测（晴空或多云）。

10.3.2 扩大区域的验证

扩大区域的验证主要是一种定性的验证，其重点是验证预测模型对某一时期内太阳能资源小气候特征进行解释说明的能力。由持续的预测数据计算并绘制出太阳能资源图谱，通过视觉评价对该地图进行验证。由于没有跨越试验区域的网格化工具，因此我们将卫星辐照度数据作为性能参考标准。

我们围绕博尔德和黑岩沙漠这两个站点 2°×2°（约 15,000 km^2）的区域范围进行

① 动态范围的损失反映出随着时间范围延长时，NDFD 预测员随之对所做预测增加“防护”的趋势。

了研究，这里的地理形态使这两个站点具有最强的小气候特征。图 10.6 比较了黑岩沙漠在夏季和博尔德在秋季、春季和全年的辐照强度图谱，这些图谱中包括卫星模型、1h 和 3h 云层运动预测、第 2 天预测、提前 3 天和 6 天的预测。如图 10.7 所示，由于云层往往在最重要的山脊附近形成，因此地形特征可能会对太阳能资源产生影响。

除了云量随海拔出现明显增加之外，NDFD 模型确实可以对地理形态引起的小气候现象进行解释。这一基本假设适用于夏季的黑岩沙漠和春季的博尔德地区。然而，在 2008 年的秋季，落基山脉的东麓出现了较多的云层，这可能与东风造成的“爬坡”云层的形成有关。NDFD 模型未将这一优先形成的云层考虑在内。云层运动预测过程中的图像平滑过程往往会消除某些地形特征（像素收敛和平均）。

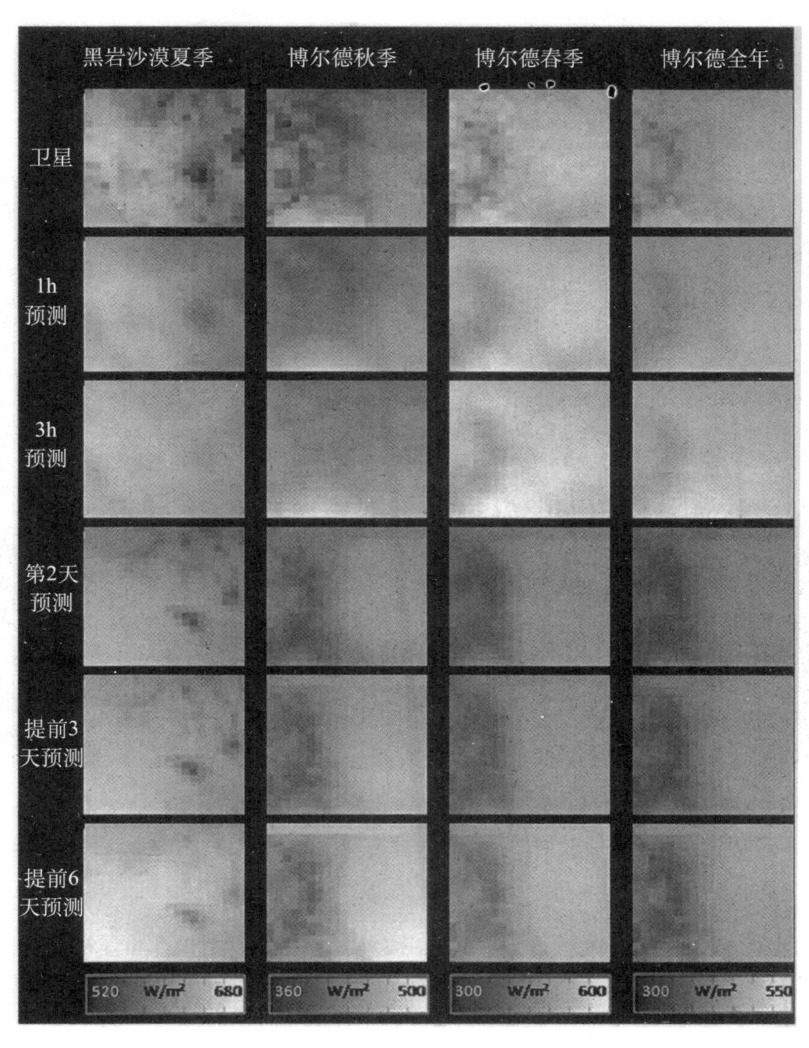

图 10.6 卫星模型、云层运动预测（提前 1h 和 3h）和 NDFD（提前 1 天、3 天和 6 天），博尔德和黑岩沙漠站点周围 2°×2°的区域范围内的长期平均 GHI。

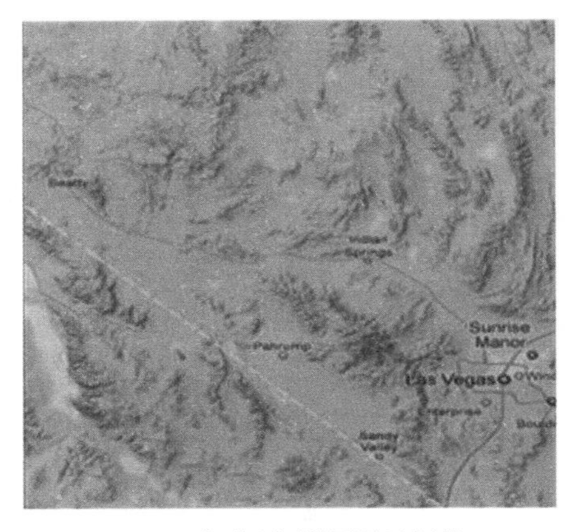

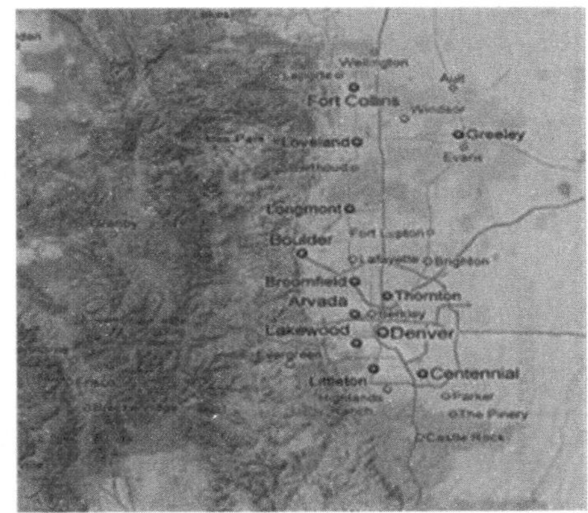

内华达州黑岩沙漠　　　　科罗拉多州博尔德

图 10.7　图 10.6 中分析的区域地形特征。

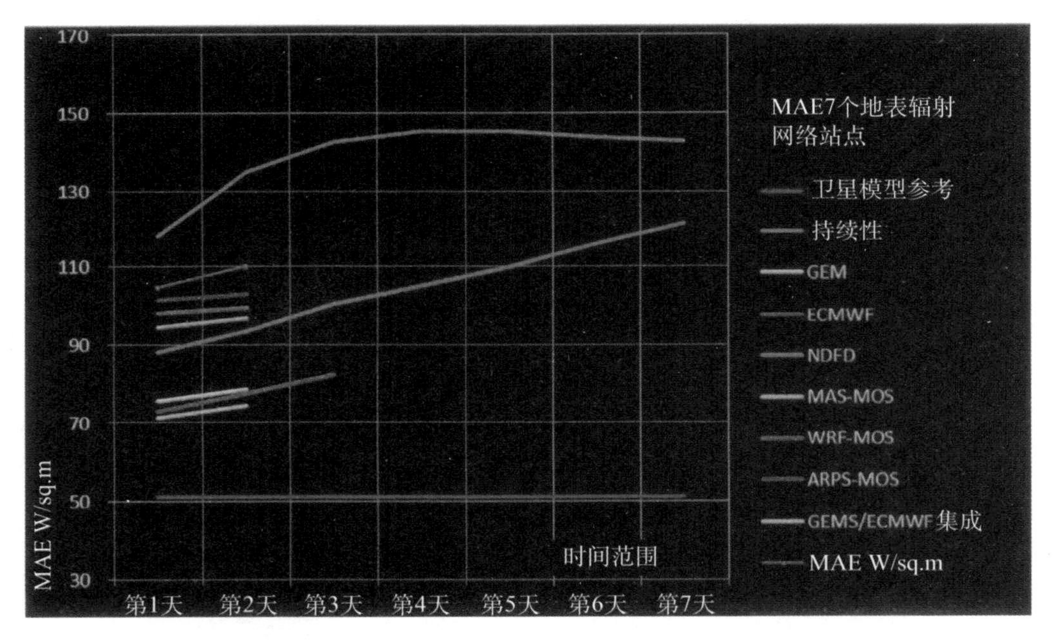

图 10.8　以 MAE 为度量标准，SolarAnywhere 的 NDFD 与 GFS 驱动的中等比例模型（WRF、MASS 和 ARPS）及欧洲和加拿大全球模型（GEM 和 ECMWF）的预测性能比较。

最后，图 10.6 还展示了 NDFD 过程中固有的间断性特点，尽管在接入 NDFD 网络之前，两家结构就已经单独修正了整体预测。在博尔德地图的顶部出现的较小的间断性（表现为时效大于或等于第 2 天预测的水平间断性），这标志着隶属于美国国家气象局的两家机构对同一地区的云量做出了不同的评估，二者的差异在整合进时间尺度后变得更加明显。

10.3.3 NWP 太阳能预测模型的相互比较

最近，来自国际能源机构太阳能加热和冷却项目任务 36（IEA-SHCP 2010，Perez 等人，2011；Lorenz 等人，2009；Pelland 等人，2011）的相关作者和研究小组提供了 SolarAnywhereNDFD 预测性能的细节文件。文中比较了美国、加拿大和欧洲的多天 GHI NWP 预测模型。表 10.5 中列出了上述模型；其中的两个模型，即 ECMWF 全球模型（ECMWF 2010）和由 GFS 驱动的 WRF 中等比例模型（WRF 2010），常用于在加拿大、美国和欧洲这 3 个地区进行互相比较，因此它们能够为引出下列常见的观测提供共同参考：

表 10.5 多天 GHI NWP 预测模型的比较

国家	预测模型	时间范围
欧洲		
德国	ECMWF[a]	3 天
	WRF-Meteotesf[b]	3 天
	BLUE FORECAST[c]	3 天
	CENER[d]	2 天
瑞士	ECMWF[a]	3 天
	WRF-Meteotest[b]	3 天
	BLUE FORECAST[c]	3 天
奥地利	ECMWF[a]	3 天
	WRF-Meteotest[b]	3 天
	BLUE FORECAST[c]	3 天
	CENER[d]	2 天
	Meteorologists[e]	2 天
西班牙	ECMWF[a]	3 天
	WRF-UJAEN[b]	3 天
	BLUE FORECAST[c]	3 天
	CENER[d]	2 天
	HIRLAMf	3 天

表 10.5 多天 GHI NWP 预测模型的比较（续）

国家	预测模型	时间范围
美国	GEM[g]	2 天
	ECMWF[a]	3 天
	WRF 和 WRF-ASRC	2 天
	MASSh	2 天
	ARPS1	2 天
	NDFDj	7 天
加拿大	GEM[g]	2 天
	ECMWF[a]	2 天
	WRF-ASRCb	2 天

a ECMWF 模型的应用（ECMWF 2010）。

b 几种使用 NCEP 中 GFS（GFS 2003）初始化的 WRF 模型（WRF 2010）。

- 使用的模型版本是奥尔巴尼大学空气质量预测项目的一部分（WRF-ASRC）（Skamarock 等人，2005；空气预测建模系统，2010）。
- 该版本（WRF）由美国 AWS TruePower 机构进行操作。
- 该版本（WRF-Meteotest）由欧洲 Meteotest 进行操作。
- 该版本（WRF-UJAEN）由西班牙哈恩大学进行操作。

c 在 NCEP 的 GFS（GFS 2003）模型基础上发展出的 Bluesky 统计预测工具（Natschlager 等人，2008）。

d 在应用于预测地区天气预报系统的学习机器基础上，使用统计后处理推导出的 CENER 预测（Skiron Kallo 1997）。

e 在气象学家云量预测的基础上由奥地利 Bluesky 发展出的预测。

f 来自西班牙气象局的高分辨率有限区模式（HIRLAM 2012）（AEMet）与统计后处理相结合，西班牙环境能源技术研究中心。

g 加拿大环境部的全球环境多比例（GEM）模型（Mailhot 等人，2006）。

h 专用的中等比例模型，MASS 模型（MESO 2010）。

i 高级区域预报系统（ARPS）模型（Xue 等人，2001）。

j 在 NDFD 云量的基础上发展出的模型（NDFD 2010）。

- 由 NOAA 的 GFS 全球模式驱动的中尺度模型在性能方面常常落后于诸如 EC-MWF 和 GEM 这类全球模式的模型。这两类模式的系统性 MAE 和 RMSE 分别比前者降低了 5% ~10% 和 10% ~15%。
- 在预测模型的发展阶段中，与低分辨率全球模型相比，并未出现诸如 WRF 这样可以改进提前 1 天或数天预测性能的高分辨率中尺度模型。
- 所有模型的得分均显著优于持续性预测，在当天预测中，最佳的全球模型的系统 MAE 和 RMSE 分别降低了 20% ~25% 和 35% ~40%，而在多天预测中的降幅更大。
- 表现最佳的模型（例如，ECMWF 和 GEM）在经过初步集成后，分别使 MAE 和 RMSE 额外降低了 2% ~4% 和 5% ~8%。

表 10.5 中比较总结了北美地区的模型。

10.4 性能评估：1km、1min 预测

作为加州能源委员会公共事业规模可再生能源综合项目（CEC 2012）的一部

分，我们初步评估了高分辨率 SolarAnywhere（SA Hi Res）的性能。SolarAnywhere 高分辨率工具能够在 1km 空间分辨率上产生最早提前 1h 的高频率（1min）辐照度预测。与每小时和每半小时预测不同，特定分钟输出功率时间序列的预测能力并不是最重要的预测验证标准。高频率预测的优点是能够精确地预测与某些预测平均值相关的资源变化。测定与预测时间序列之间的标准离散度量（RMSE 或 MAE）可以恰当地用于评估特定分钟的预测性能。然而，在评估短期变化预测性能的过程中，更重要的是比较晴空指数（σkt^*）预测值和实际标准偏差，以及其标准偏差的变化（$\sigma\Delta kt^*$）。Hoff（2011）的研究表明，这两个参数足以量化单个系统或大型阵列分布中任意光伏阵列对电网的影响。

图 10.9 中定性地评价了在美国西南部某处进行为期 1 周的 SA Hi Res 预测，并比较了提前半小时的预测值和地面测量值。该图展示了辐照度数据的测量值和每半小时更新 1 次、1min 分辨率的卫星预测。

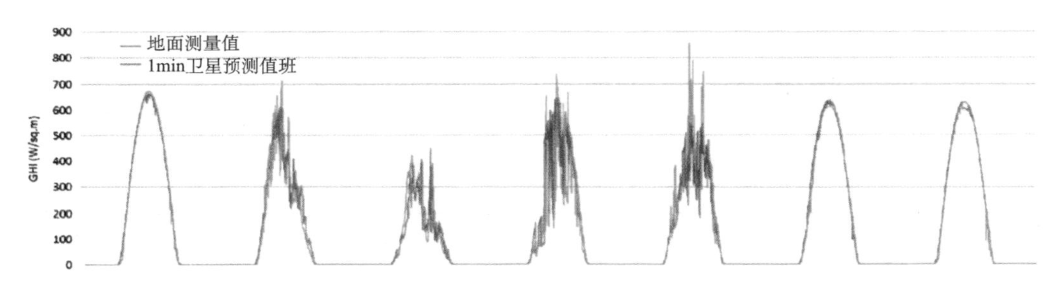

图 10.9　在 1～30min 的时间范围内、7 天测试周中的测量值和卫星预测值。

图 10.10 定量地评价了该模型，说明了该模型在半小时时间范围内预测太阳资源变化度量标准（σkt^* 和 $\sigma\Delta kt^*$）的能力。结果表明，该模型能够充分地预测出那些主要运行参数，而这些参数可作为光伏概率-预测模型的输入值（Hoff，2012）。

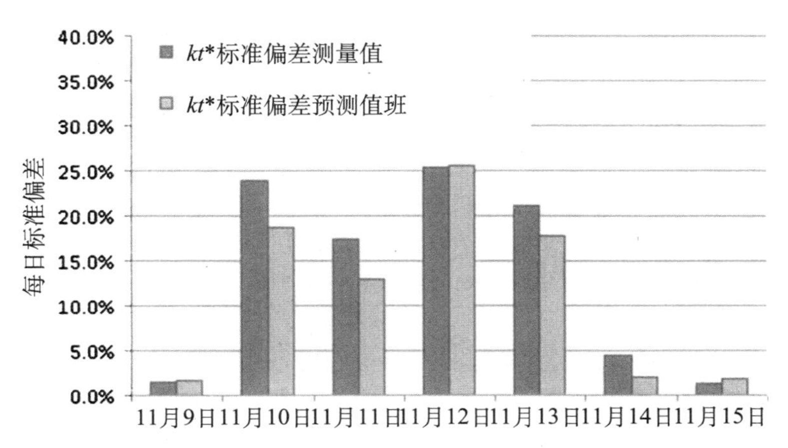

图 10.10 测试周内每一天中 1min 数据的 σkt^*（上图）测量值和 $\sigma\Delta kt^*$（下图）预测值的比较。所考虑的时间范围 Δt 为 1min；计算标准偏差的时间周期为 1 天；所考虑的预测时间范围为 0～30min。

结束语

本章描述并呈现了采用当前（2012—2013）运行配置的 SA 模型预测链的验证过程。单个预测模型可能会随着当前技术水平的提高而发展。作为一个为广大地区提供历史、实时、短期和长期预测并实现无缝对接的平台，在将该平台接合到整个太阳能系统的监测和预测过程中，SA 预测平台仍会保留本身的独创性。

参考文献

[1] Air Quality Forecast Modeling System, 2010. http://asrc.albany.edu/research/aqf/. California Energy Commission (CEC), 2012. Demonstration and Validation of PV Output Variability Modeling Approach. Project #500-10-059.

[2] Clean Power Research, 2012. SolarAnywhere. www.solaranywhere.com.

[3] Dennstaedt, S., 2006. Model Output Statistics Provide Essential Data for Small Airports. The Front 6 (2), 1-4.

[4] Espinar, B., Ramirez, L., Drews, A., Beyer, H. G., Zarzalejo, L. F., Polo, J., Martin, L., 2008.

[5] Analysis of different error parameters applied to solar radiation data from satellite and German radiometric stations. Solar Energy vol. 83 (Issue 1), 2009.

[6] European Centre for Medium-Range Weather Forecasts (ECMWF), 2010. http://www.ecmwf.int/. Global Forecast System (GFS), 2003. Environmental Modeling Center. NOAA, Washington, DC. http://www.emc.ncep.noaa.gov/gmb/moorthi/gam.html.

[7] HIRLAM, 2012. High Resolution Limited Area Model, http://hirlam.org.

[8] Hoff, T. E., 2011. Computer-Implemented System and Method for Determining Point-to-Point Correlation of Sky Clearness for Photovoltaic Power Generation Fleet Output Estimation (Patent No. US 8, 165, 811 B2), Computer-Implemented System and Method for Estimating Power Data for a Photovoltaic Power Generation Fleet (Patent No. US 8, 165, 812 B2). Computer-Implemented System and Method for Efficiently Performing Area-to-Point Conversion of Satellite Imagery for Photovoltaic Power Generation Fleet Output Estimation (Patent No. US 8, 165, 813 B2). U. S. Patents.

[9] Hoff, T. E., Perez, R., Kleissl, J., Renne, D., Stein, J., 2012. Reporting of irradiance modeling relative prediction errors. Prog. Photovolt: Res. Appl. Wiley Online Library. wileyonlinelibrary.com.

[10] Hoff, T. E., Perez, R., 2013. Evaluating Satellite-Derived and Measured Irradiance Accuracy for PV Resource Management in the California Independent System

Operator Control Area. Progress in Photovoltaics (pending final review).

[11] IEA-SHCP, 2010. Task 36 Final Report, Subtask A - Standard Qualification for Solar Resource Products.

[12] Kallos, G. , October 1997. The Regional weather forecasting system SKIRON. Proceedings, Symposium on Regional Weather Prediction on Parallel Computer Environments, 15-17. Athens. Kasten, F. , Czeplak, G. , 1979. Solar and Terrestrial Radiation dependent on the Amount and type of Cloud. Solar Energy 24, 177-189.

[13] Lorenz, E. , Heinemann, D. , Wickramarathne, H. , Beyer, H. G. , Bofinger, S. , 2007. Forecast of Ensemble Power production by Grid-connected PV Systems. Proc. 20th European PV Conference, Milano, Italy.

[14] Lorenz, E. , Remund, J. , Miiller, S. C. , Traunmüller, W. , Steinmaurer, G. , Pozo, D. , Ruiz-Arias, J. A. , Lara Fanego, V. , Ramirez, L. , Romeo, M. G. , Kurz, C. , Pomares, L. M. , Guerrero, C. G. , 2009. Benchmarking of Different Approaches to Forecast Solar Irradiance, Proceedings of the 24th European Photovoltaic Solar Energy Conference, 21-25. September 2009, Hamburg.

[15] Mailhot, J. , Bélair, S. , Lefaivre, L. , Bilodeau, B. , Desgagné, M. , Girard, C. , Glazer, A. , Leduc, A. M. , Méthot, A. , Patoine, A. , Plante, A. , Rahill, A. , Robinson, T. , Talbot, D. , Tremblay, A. , Vaillancourt, P. A. , Zadra, A. , 2006. The 15-km version of the Canadian regional forecast system. Atmosphere-Ocean 44, 133-149.

[16] Mathiesen, P. , Kleissl, J. , 2011. Evaluation of numerical weather prediction for intra-day solar forecasting in the continental United States. Solar Energy 85, 967-977.

[17] Meso, 2010. Mesoscale Amospheric Simulation System - MASS, www. meso. com.

[18] National Institute of Standards and Technology (NIST), 2010. Engineering and Statistics Handbook. www. itl. nist. gov.

[19] National Weather Service, NOAA, 2010. The SURFRAD Network Monitoring Surface Radiation in the Continental United States. Washington, DC.

[20] National Weather Service, NOAA, 2010. National Forecast Database (NDFD) Washington, DC. http: //www. weather. gov/ndfd/.

[21] Natschl. ger, T. , Traunmüller, W. , Reingruber, K. , Exner, H. , 2008. Lokal optimierte Wetter- prognosen zur Regelung stark umweltbeeinflusster Systeme; SCCH, Blue Sky. Tagungsband Industrielles Symposium Mechatronik Automatisierung, 281-284. Clusterland Ober. sterreich GmbH / Mechatronik-Cluster. 2008.

[22] Pelland, S. , Gallanis, G. , Kallos, G. , 2011. Solar and Photovoltaic Forecasting through Postprocessing of the Global Environmental Multiscale Numerical Weather Prediction Model. Submitted to Progress in Photovoltaics. Research and Applica-

tions.
[23] Perez, R., Ineichen, P., Moore, K., Kmiecik, M., Chain, C., George, R., Vignola, F., 2002. A New Operational Satellite-to-Irradiance Model. Solar Energy 73 (5), 307-317.
[24] Perez, R., Ineichen, P., Kmiecik, M., Moore, K., George, R., Renne, D., 2004. Producing satellite- derived irradiances in complex arid terrain. Solar Energy 77 (4), 363-370.
[25] Perez, R., Kivalov, S., Zelenka, A., Schlemmer, J., Hemker Jr., K., 2010. Improving the Performance of Satellite-to-Irradiance Models Using the Satellite's Infrared Sensors. Proc. of American Solar Energy Society's Annual Conference. Phoenix, AZ.
[26] Perez, R., Kivalov, S., Schlemmer, J., Hemker Jr., K., Renne, D., Hoff, T., 2010b. Validation of Short and Medium Term Operational Solar Radiation Forecasts in the US. Solar Energy 84 (12), 2161-2172.
[27] Perez, R., Moore, K., Wilcox, S., Renné, D., Zelenka, A., 2007. Forecasting Solar Radiation - Preliminary Evaluation of an Approach Based upon the national Forecast Data Base. Solar Energy 81 (6), 809-812.
[28] Perez, R., Beauhamois, M., Hemker Jr., K., Kivalov, S., Lorenz, E., Pelland, S., Schlemmer, J., Van Knowe, G., 2011. Evaluation of Numerical Weather Prediction Solar Irradiance Forecasts in the US. Proc. Solar 2011, American Solar Energy Society's Annual Conference.
[29] Skamarock, W. C., Klemp, J. B., Dudhia, J., Gill, D. O., Barker, D. M., Wang, W., Powers, J. G., 2005. A Description of the Advanced Research WRF Version 2, NCAR Technical Note: NCAR/TN-468 + STR. National Center for Atmospheric Research, Boulder, Colorado.
[30] Stuhlmann, R., Rieland, M., Raschke, E., 1990. An improvement of the IGMK model to derive total and diffuse solar radiation at the surface from satellite data. Journal of Applied Meteorology 29, 586-603.
[31] WRF, 2010. Weather research and forecasting (WRF) model, http://www.wrf-model.org.
[32] Xu, K. M., Randall, D. A., 1996. A semiempirical cloudiness parameterization for use in climate models. J. Atmos. Sci. 53, 3084-3102.
[33] Xue, M., Droegemeier, K. K., Wong, V., Shapiro, A., Brewster, K., Carr, F., Weber, D., Y. Liu, Wang, D.-H., 2001. The Advanced Regional Prediction System (ARPS) - A multiscale non- hydrostatic atmospheric simulation and prediction tool. Part II: Model physics and applications. Meteorology and Atmospheric Physics 76, 134-165.

第 11 章　德国能源市场的卫星辐照度和发电预测

Jan Kühnert, Elke Lorenz and Detlev Heinemann
德国奥尔登堡大学，物理研究所，能源气象学研究团队

章节纲要

11.1 德国太阳能市场份额

随着光伏发电装机容量的不断上升，预计光伏发电将在未来全球能源供应中占据主要地位，因此光伏发电预测的重要性也与日俱增。为了有效地平衡电力供求关系以及维持电网的稳定性，需要可靠地预测不断变化的太阳能辐照度。如今，光伏发电预测已经成为电网运行和光伏发电销售过程中的重要组成部分。本章介绍了在德国应用的一项光伏发电预测系统。截止到2012年底，德国的光伏发电装机容量已经达到约32GWp（Wirth，2013）。图11.1以2012年5月和6月中的两周为例，展示了光伏发电在整个德国能源供应市场中所占的份额。

在阳光充足的午间时段，光伏系统的最大发电量可达22 GW，占一般周末（参见图11.1中的2012年5月26日）总供电功率的40%以上。这表明了光伏发电补充午间用电高峰需求的能力。德国拥有较高比例的光伏发电，同时光伏发电的波动性使得光伏发电预测具有巨大的经济效益。依据德国可再生能源法案（RES），输电系统运营商（TSOs）担负平衡和销售可再生能源电力馈电的责任，并且有义务整合各个时间段所有可用的可再生能源产生的电力。

在欧洲电力交易市场上可以进行可再生能源交易，市场在不同时间范围组织电力交易：日前市场会提前1天宣布发电量，这就需要提前1天的逐时预测。在所谓的当天市场中也会发布更新的计划发电量。因此，在发布更新之后，还需要对剩余时间（通常为11 CET或CEST）进行预测。额外的发电交易现货市场需要提前2～3h的预测。

目前的光伏发电销售涉及数百公里范围内的整体控制区域，因此输电系统运营商（TSOs）必须提供区域性的光伏发电预测。然而，电力公司却对预测小区域和单站点（电力需求侧管理）的光伏发电量越来越感兴趣。为了满足上述要求，不同空间和时间分辨率的光伏发电预测已经成为一种必要。通过使用不同的辐照度预测方法，在辐照度预测的基础上完成光伏发电预测。

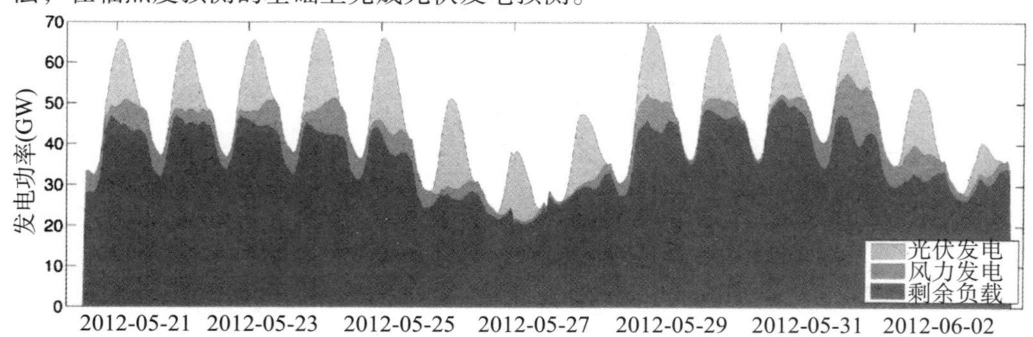

图11.1 在常见的较高的太阳辐照度条件下，2012年5月和6月的两周期间，太阳能和风能发电在德国电力供应总额中所占的比重。剩余负载是指来自常规100MW及以上电厂的负载。

（数据来源：莱比锡欧洲能源交易所（EEX），http.//www.transparency，eex. com/de/.）

目前，存在多种不同的太阳辐照度和光伏发电预测方法（Lorenz 等人，2011；Bofinger 和 Heilscher，2006；Remund 等人，2008；Bacher 等人，2009）。对于超出当天的时间范围的预测来说，NWP 预测的表现最好（Perez 等人，2009；Heinemann 等人，2006；Perez 等人，2011；Mathiesen 和 Kleissl，2001）。本章中介绍的卫星预测可以探测到云层运动，可用于提前数小时的预测（Reikard，2009）。对于特定位置、分钟级别的短期预测来说，可以采用天空成像仪探测云层作进一步的预测（Chow 等人，2011）。

我们在本章中介绍了德国能源市场中应用的辐照度和光伏发电预测系统。该系统是由奥尔登堡大学与 Meteocontrol 股份有限公司联合研发并运行（Lorenz 等人，2011；Lorenz 等人，2010；Lorenz 等人，2009）。图 11.2 概括了预测方案：首先，从不同来源获得特定位置地表的 GHI 预测值，其中信息来源包括卫星数据和 NWP 模型。使用辐照度测量值，通过统计后处理将 GHI 预测与测量值相结合。随后，在辐照度预测值和光伏组件类型、倾斜度和方向等规格参数的基础上，预测出光伏电站的输出功率。

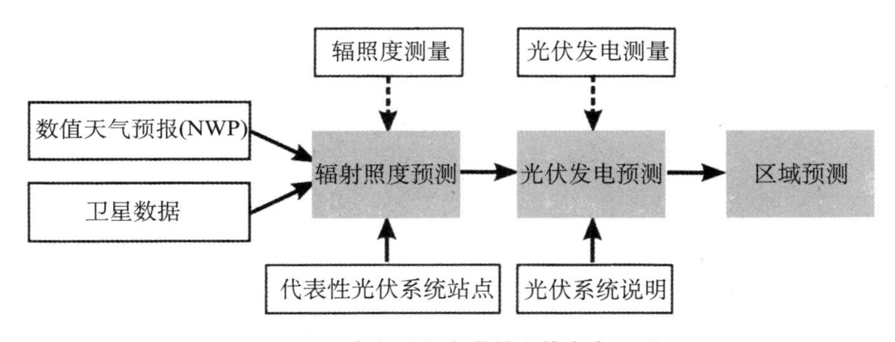

图 11.2　奥尔登堡大学的光伏发电预测

在后处理过程中，通过比较光伏发电的历史测量值和预测值，可以说明一天中由于光伏组件在阴影遮挡等条件下引起的系统误差。对于区域性预测来说，需要进行额外的放大处理以获得对应区域内所有系统的总输出功率。

在本章中，我们重点关注基于卫星图像探测的云层运动，推断出的提前数小时的辐照度预测。这一时间范围的预测尤其受到当天和现货市场的关注。在预测随后数小时辐照度的过程中，了解未来的云层位置是关键。从最近的卫星图像中可以推断出云层运动矢量（CMVs），进而探测并外推出云层运动。在提前数小时的预测中，预计该方法的性能要优于 NWP 预测（Perez 等人，2002；Lorenz 和 Heinemann，2012）。目前已经有多项研究以卫星图像得出的 CMV 为主题做了相关报告，Menzel（Menzel，2001）在文章中综述了多种 CMV 的应用。

第 11.2 节综述了预测方案。第 11.3 节介绍了从卫星图像中推导出云层和辐照度信息的卫星数据和方法。第 11.4 节展示了在预测辐照度时所用的 CMV 算法。第 11.5 节展示了辐照度—预测评估中的基本概念。第 11.6 节详细评价了预测的精确度，并且比较了德国国内不同单站点的 NWP 预测以及区域平均预测。最后，第 11.7 节介绍了以辐照度预测为基础的光伏发电预测。

11.2 卫星预测过程综述

在多种气象情况中，云层结构的运动会极大地影响云层结构的发展过程，而这一发展过程又很大程度地决定了地表辐照度在每小时出现的变化。通过使用卫星数据，我们可以探测到当前云层结构的运动。具有高时空分辨率的静止卫星图像是探测云层运动的重要来源，也是本文所提及预测方法的基础。Beyer 等人（1996）首次提出在 CMV 的基础上，将 Meteosat 卫星数据用于光伏发电预测；Hammer 等人（1999）和 Lorenz 等人（2004）进一步发展了这一方法。依据 Lorenz 等人（2004）的成果，我们在本章中提出并评价了几种基于 CMV 的辐照度预测方法（图 11.3）。

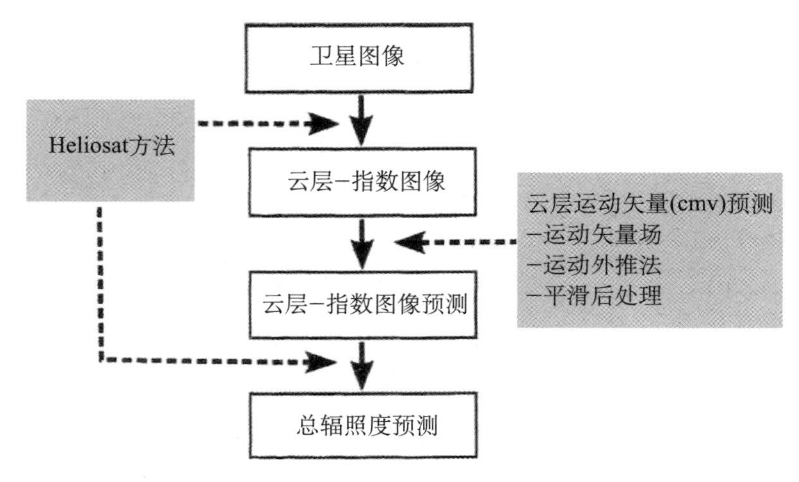

图 11.3 使用 CMV 的 GHI 预测方案。根据 Heliosat 方法，从 Meteosat 卫星图像计算出云指数图像。使用 CMV 预测未来的云指数图像，进而转换为辐照度预测。

在 MSG 系列卫星提供的图像基础上，通过半经验 Heliosat 方法（Hammer 等人，2003）反演出云层结构信息。计算出近乎实时的云层指数图像，包含了云层的空间分布和透射率信 息，为 CMV 计算和 GHI 反演提供了基础。通过比较最近的两张连续图像，可以确定云层的速度和方向（CMVs）。在将上述云动矢量应用到最新的卫星图像后，经过对云层活动的外推过程得出未来的云层指数图像，随后进行平滑后处理优化。Heliosat 方法可从上述预测图像中反演出特定位置的 GHI 预测。

11.3 源自卫星数据的辐照度

11.3.1 Meteosa 卫星

从欧洲气象卫星应用组织（EUMETSAT）运行的 Meteosat 卫星图像中可以获得地表上的总辐射辐照度信息。MSG 系列卫星自 2004 年起投入使用，该卫星在 0°经度和纬度的地球同步卫星轨道上运行，覆盖了欧洲、非洲、大西洋，以及部分亚洲和南美洲地区。MSG 主要是为气象应用以及气候研究和监测的提前和即时预报提供数据。该卫星可以近乎实时地提供 11 种光谱带（从长波长红外光到可见光），3km ×3 km 空间分辨率的辐照度信息，包括地表和大气发射和反射的辐照度信息。此外，MSG 高分辨率通道还可在星下点处提供分辨率为 1km ×1 km 的可见光宽频辐照度（600 ~ 900 nm），但是该模式只能覆盖欧洲和东非地区（Schmetz 等人，2002）。在使用星下点像素之外的 MSG 图像时，必须考虑由图片中各个像素的经度和纬度引起的像素减少和不均匀效应。以德国的一些地点为例，一张图片的像素对应的东西方向距离约为 1.2 km，南北方向 1.8 km。

本章中介绍的云层运动跟踪使用了高分辨率可见光通道（HRV）。MSG 图像生成仪器每 15min 即可对地球表面完成 1 次 10—bit 分辨率的逐行扫描。EUMETSAT 实施的后处理过程确保了生成图像的完整性、几何一致性和辐射校准（EUMETSAT）。

11.3.2　Heliosat 方法

根据 Heliosat 方法，我们可以通过 MSG 卫星图像确定入射到地表的总辐照度。Cano 等人（1986）首次提出该方法，Beyer 等人（1996）和 Hammer 等人（2003）使用卫星测得的后向散射辐射照度得出云层信息，进一步发展和改进了该方法在太阳能领域的应用。除了积雪覆盖的区域之外，云层反射的辐照度强度要高于陆地和水面反射的辐照度（参见图 11.4）。因此，在可见光光谱范围内，地表和云层反射的太阳辐射与总的云量之间存在比例关系。基于这一云层信息，我们可以推导出大气传输的辐射和达到地表的总辐射辐照度。卫星图像中的强度信息可推导出反射率（例如，各个像素的数字计数 c 减去常数 c_0 后，经过太阳天顶角（SZA）θz 归一化处理，如公式 11.1 所示。

图 11.4　以欧洲为例的 MSG 高分辨率可见光通道（HRV）图像，2012 年 05 月 22 日 3：00 PM UTC

（图像来源：MSG）

$$\rho = \frac{c - c_0}{\cos(\theta_Z)} \tag{11.1}$$

假设单个像素的辐射反射是由地表反射ρ_{gr}和云层反射ρ_{cl}组成。

$$\rho = n\rho_{cl} + (1 - n)\rho_{gr} \tag{11.2}$$

云指数n为无量纲数，包含了云量信息和各个像素的透射率，计算方法见公式（11.2）。从卫星图像序列中可以推导出地面反射率ρ_{gr}和云层反射率ρ_{cl}。地面反射率ρ_{gr}描述的是地表在天气晴朗时的反射性，它与地表的类型有关，例如海面、有或无植被覆盖的地表、植被的季节性变化以及取决于太阳高度角的各向异性反射引起的昼间变化。通过之前30天内各时隙像素中最小的平均地面反射率值，可得出精确和稳健的ρ_{gr}值，进而得出地面反射率地图。在分析像素强度直方图的基础上，通过经验确定云层反射率ρ_{cl}。这些像素点中代表云层条件的数值具有累积性质，并且在直方图中的位置也取决于太阳—卫星几何关系。

在这些像素点的基础上，可以确定云层在太阳—卫星几何结构相似的不同分层中的反射率（Hammer等人，2007）。作为云层透射率的衡量指标，晴空指数k_t^*的定义是总辐射辐照度与晴空条件下地表辐照度的比值，可以由云指数n和公式（11.3）中的近似线性关系推导出：

$$k_t^* = \left\{\frac{G}{G_{clear}}\right\} \sim 1 - n \tag{11.3}$$

晴空辐照度取决于由水蒸气、臭氧和气溶胶决定的大气消光特性。我们在此使用Dumortier（1995）建立的晴空模型和Bourges（1992）提供的大气成分信息。在公式（11.3）中使用G_{clear}和卫星图像推导出的k_t^*，可以得出地表辐照度G。

11.4 云层运动矢量

在提前数小时范围内，地表辐照度的变化主要取决于云层结构的运动，而卫星方法可以探测到云层运动。本节概述了短期辐照度预测所需的处理步骤：使用Heliosat方法计算出MSG数据，进而在云指数图像的基础上推导出短期辐照度预测。

11.4.1 云层运动的探测

如图11.5所示，由MSG HRV图像可以反演出云指数图像，通过比较连续的云指数图像，进而确定CMVs。在t_0时，最新的云指数图像为n_0，在$t_{-1} = t_0 - \Delta t$时，先前的云指数图像为n_{-1}，其中，t为两张连续图像的时间步长（MSG图像的Δt = 15min）。在比较图像n_0和n_{-1}中的结构中，推断云层运动过程中的假设条件为：①两张图像中云层结构的像素强度恒定。②常位于云层高度的风场为平滑型。基于上述假设，通过在连续图像中匹配同一种云型，可以探测出云层运动（图11.6）。

通过比较图像n_{-1}中各运动矢量（矢量网格节点）原点附近的矩形区域（图11.6中的目标区域）及其临近相同大小的区域（搜索区域），可以探测出这些图像之间云型的水平运动（图 11.6）。

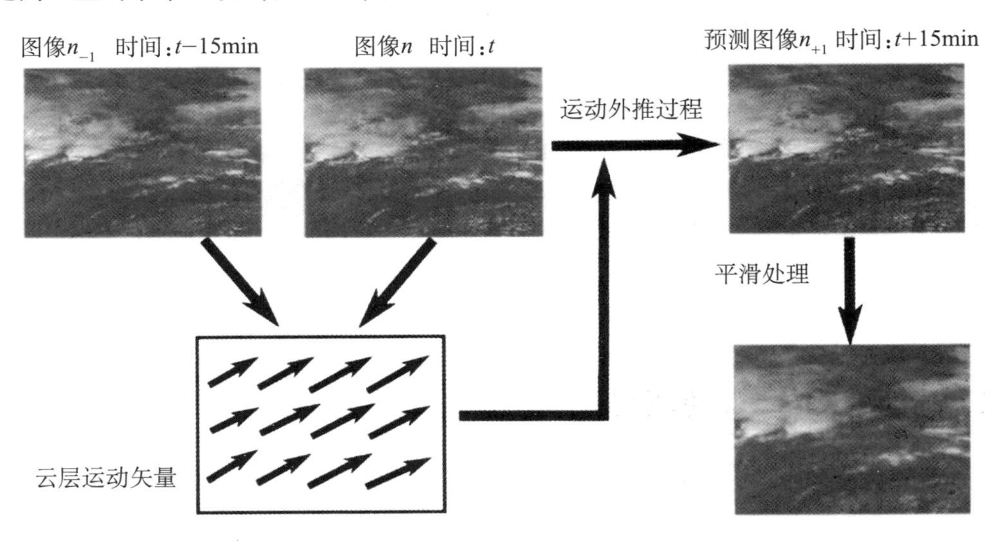

图 11.5　云指数图像的预测步骤：①探测现有云层结构的运动，评估最新的云指数图像；②将推导出的运动矢量场应用于最新的云指数图像，外推出云层结构在未来数小时的运动情况；③通过平滑处理降低辐射照度预测的误差。

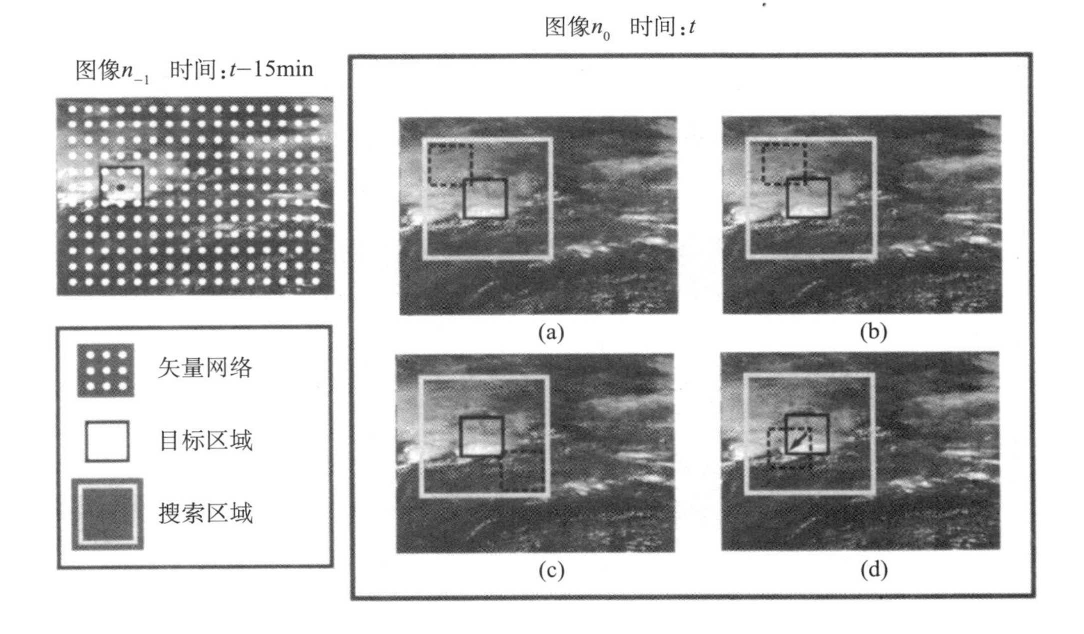

图 11.6　云层运动和矢量网格的探测方案，以及计算 CMV 的目标区域和搜索区域。在云层指数图像 n_{-1} 的目标区域中，搜索各个网格节点周围在云层指数图像 n_0 中的云型。逐一确定搜索区域内所有目标区域的 MSE［（a）～（c）］。随后，由最小 MSE 确定的目标区域确定运动矢量的分析和长度（d）。

通过最小化目标区域的正方像素平均差异，可以探测出图像 n_{-1} 在随后图像 n_0 中的云型，定义如下：

$$MSE = \left\{\frac{1}{N}\right\}\sum_{i=1}^{N}[n_0(x_i + d) - n_{-1}(x_i)]^2 \tag{11.4}$$

其中，图（d）是各自区域内所有像素 x_i 的位移矢量。计算出搜索区域内各部分的 MSE 值；选择误差最小的目标区域，并确定该区域的运动矢量。Hammer 等人评估了一种用于确定 CMV 场且更为复杂的统计方法（Hammer 等人，1999）。一种蒙特卡罗算法可以确定图像之间经由各自可能的运动矢量场转移的概率，在预测云层运动时，选择可能性最大的 CMV。在这一计算要求较高的模型评估中，没有发现模型的适用性和预测精确度得到显著改善。

11.4.2 模型参数的测定

在预测未来云指数图像的过程中，CMV 的精确度取决于所选择的区域。此处适用如下 3 种参数（图 11.6）：

- 两个矢量网格节点之间的距离 g，决定了网格的大小。
- 比较的云型所处的目标区域面积 T。
- 在图像 n_0 中搜索区域 S，必须对其中的目标区域进行探测。

通过最小化预测和原始云层指数图像之间的 RMSE 预测误差，可以对上述参数进行选择（Engel，2006）。此处使用 2004 年 6 月的 21 天内的云指数图像确定最佳参数集。在提前时间步长 Δt = 15min 的预测图像 n_{-1} 中，检验了可变参数的影响。根据东西和南北方向上不同像素的分辨率，以宽高比为 3∶2 的像素比例定义矢量网格、目标和搜索区域的大小，得出近乎正方形的区域。

矢量场的空间分辨率决定了两个相邻运动矢量之间的距离，从而决定了图像中矢量的个数。在实际运行中，根据最优预测分辨率和计算成本选择网格大小，得出一个面积约为 43 km×43 km 的矢量网格。

目标区域的定义是图像 n_{-1} 中的矩形截面，用于图像 n_0 的对比和探测，矢量场原点位于目标区域正中。通过最小化不同目标区域的预测 RMSE 值，选择面积为 110km×110km 的目标区域。当目标区域小于该面积时，其中可获得的、稳定的、并与云层结构相匹配的云型是有限的。另一方面，更大的目标区域也不会显著改善云型探测。目标区域越大，云层活动一致性的假设的有效性越低；当然，云层结构在目标区域内可假设朝向各个方向运动。

云层活动的最大可能速度决定了搜索区域的最大面积。然而，各项评估表明，较小的搜索区域具有最佳的预测结果（因为较小的区域降低了错配的可能性）。因此一般选择的搜索区域对应的云层速度为 25 m/s。

表 11.1 给出了由最佳 CMV 预测推导出的各个参数。

表 11.1　矢量网格、目标区域和搜索区域的面积（单位：km）

矢量网格	43×43
目标区域	110×110
搜索区域	200×200

11.4.3　运动外推法得出的预测

在最新的图像中应用运动矢量后，创建出未来的云指数图像，进而外推出云层运动。云层的外推过程是指沿着该区域内的矢量，分段移动当前的云层结构。假设云型和风场不变，该方法可以预测出随后数小时内的云指数图像。

在云层指数图像中应用时间步长同为 $\Delta t = 15\text{min}$ 的运动－矢量场 $d(x_i)$。生成云指数图像 n_1，n_2，$\cdots n_n$，代表着预测图像 $n_k = n_0 + k \cdot \Delta t$。例如，15min 云层指数预测（云指数 n_1），就是云层指数 n_0 通过各个像素 x_i 的公式 $n_1(x_i) = n_0(x_i - d(x_i))$ 应用运动矢量 $d(x_i)$ 后得出。换句话说，对于预测图像 n_1 中的各个像素来说，通过逆向应用对应的运动矢量可以直接得出云层信息。这一做法的优势在于可以（直接）获取所有像素的云层信息，从而避免由于不同像素中的不同云层运动引起的差异。通过逐步外推，得出云层指数图像 $n_i \rightarrow n_0 \rightarrow n_1 \rightarrow n_2 \cdots\cdots n_i$，而非使用缩放后的运动矢量一步由 n_0 外推出 n_i。换句话说，假设某一位置的云速持续与带动云层运动的风速形成对比。根据云层所在位置风场的变化，云层可能在运动过程中改变方向和速度。在矢量网格的分辨率下，分块完成图像像素的运动矢量位移。云层活动的推测过程未考虑云层的形成和消散，也未考虑风速和风向的变化。因此，预测误差会随着预测时效的扩大而增加。

11.4.4　后处理：平滑处理

最后一步是使用平滑滤镜对外推出的云指数图像进行后处理。后处理可以降低误差对外推图像产生的影响，预测与实际云层位置之间的空间差异往往引起误差。这些偏差是由于云层运动方向和速度中未检测到的变化和细微云层结构的延伸作用。这些因素在云层运动期间可能会再次发生变化，因此也是不可预测的。使用平滑滤镜可以降低这类干扰，从而显著改善预测质量（Lorenz 和 Heinemann，2012）。

外推图像的各个像素在经过平滑处理后，平均了各像素周围大小为 a×a 区域的像素强度。云层结构的外推过程会使预测误差随着预测时效的扩大而增加，最佳平滑面积 a 随外推的时间步长而异。时间尺度较大时，预测误差也大，需要用到更大的平滑面积。在优化用于推导运动矢量场的参数集时，通过评估和最小化各时间步长的预测误差，可使参数 a 的运行设置适应预测时效（Engel，2006）。图 11.7 展示了依赖预测时效的外推云层指数图像在进行平滑处理后，预测精度得到了提高。

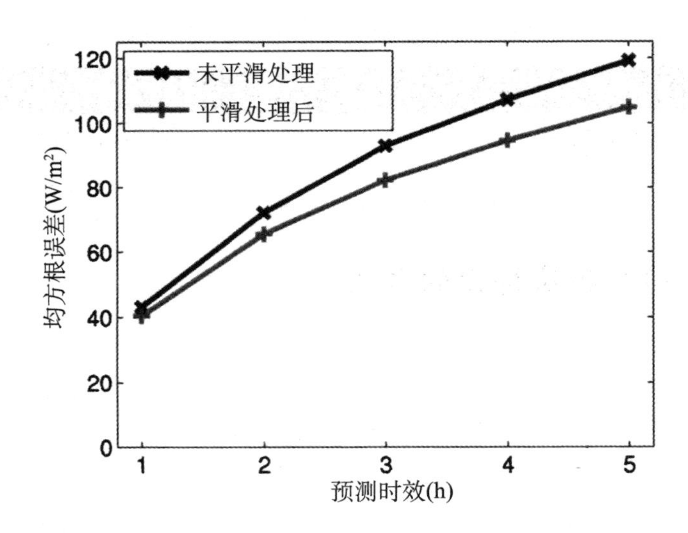

图 11.7　选取 2011 年 7—9 月期间单个站点中依赖预测时效的外推云指数图像，并比较经过平滑处理和未经平滑处理图像的 RMSE 值。

11.5　评估

由于辐照度预测是光伏发电预测的基础。因此，在这些预测整合进能源系统的过程中，精确度评估也起到基础作用。本文的 CMV 预测经过了地面测量值的验证，以及与其他预测方法进行了对比。本节概述了已经应用的度量标准，并提供了评估数据集和参考预测。

11.5.1　评估标准和周期

用于分析 CMV 预测精确度的因素有：①来自云层指数图像的卫星辐照度，云指数图像在预测时间点获得，用来评价云指数的预测质量；②地面测量的辐照度，包括了云指数—辐射照度转换引起的误差。作为一种统计学指标，按照如下公式计算辐照度测量值和预测值之间的 RMSE：

$$RMSE = \frac{1}{\sqrt{N}}\sum_{i=1}^{N}\sqrt{(I_{\mathrm{pred},i} - I_{\mathrm{meas},i})^2} \tag{11.5}$$

其中，N 为数据点 i 的总数，辐照度的预测值和测量值分别为 $I_{\mathrm{pred},i}$ 和 $I_{\mathrm{meas},i}$。地面辐照度 $I_{\mathrm{meas},i}$ 由气象站逐时平均辐照度值组成（图 11.8）。此外，为了部分评估，还给出了 MBE 值和相关系数（参考第 8 章）。来自于 CMV 预测的辐照度预测值 $I_{\mathrm{pred},i}$，CMV 是 15min 样本的逐时平均值。相对 RMSE 值与平均辐照度有关。

为了使方法具有可比性，所有的预测方法和测量值均使用相同时间分辨率的数据集。我们选择的评估周期为 2011 年 7 月（标志着 CMV 预测开始在奥尔登堡大学投入使用）至 2012 年 6 月，其中包含了 1 年的数据量。所有预测的评估仅限于昼间

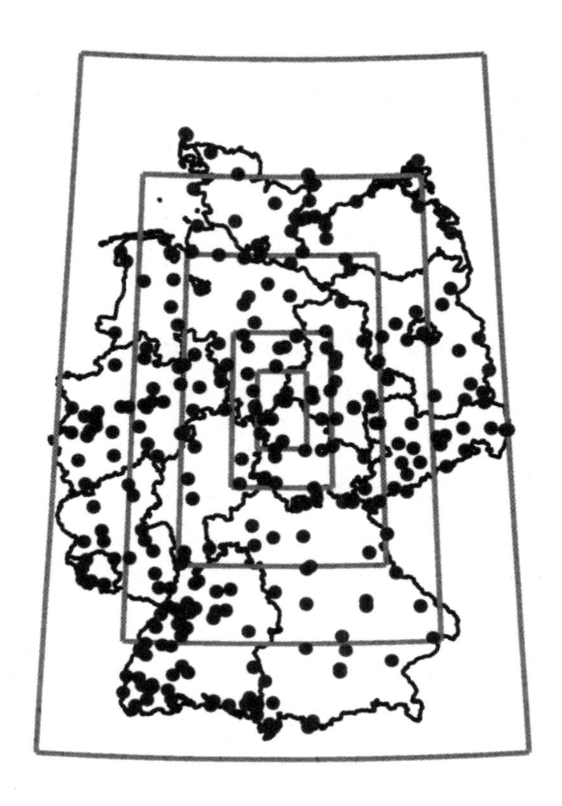

图 11.8　第 11.6.2 节中描述的选定的区域和评估数据集中所用的气象站（从单站点到所有站点）。

值。此外，评估 CMV 预测时应采用太阳高度角大于 10°时的值。用于评估辐照度预测的数据集包括：来自德国 274 个站点的 GHI 日射强度计测量值。这些站点遍布整个德国，分别属于德国气象局（DWD）（Deutscher Wetterdienst）和 Meteomedia 股份有限公司（Meteomedia GmbH）（图 11.8）。

11.5.2　参考预测：ECMWF 和持续性预测

我们比较了 NWP 和持续性预测与 CMV 的预测性能。NWP 预测是光伏发电预测系统的一部分，也是大多数发电预测系统采用的标准预测方法。云层—覆盖持续性预测是超短期预测中表现最佳的一种简单方法。

ECMWF 全球模式辐照度预测

由欧洲中期天气预报中心（ECMWF）提供的全球 NWP 模式可以提供出最早提前 5 天的辐照度预测。这些模式通过使用大气条件参数化和数值求解的微分方程，预测出大气状态的发展过程。全球模式使用固定分辨率的空间和时间离散方案。

在本评估中，ECMWF 全球模式预测的时间步长为 3h，所用空间分辨率为 0.25°×0.25°，每天计算两次（00：00 和 12：00 UTC）。所用预测的起始时间为 00：00

UTC。为了优化特定位置辐照度预测的时间和空间分辨率，采取几种后处理步骤（Lorenz 等人，2009；Lorenz 和 Heinemann，2012）。首先，执行空间平均从而提高预测性能，按照 Lorenz 等人（2009）所述，平均的区域面积为 100km × 100 km。第二步，使用晴空指数 k^* 的线性插值法进行时间插值步骤，推导出逐时辐照度值。由 3h 平均辐照度 $I_{NWP,3h}$ 计算出 3h 平均晴空指数 $k^*_{3h}=\left\{\frac{I_{NWP,3h}}{I_{clear,3h}}\right\}$。上述数值 k^*_{3h} 经过线性内插后可得出 1h 晴空系数 k^*_{1h}，得出辐照度预测值 $I_{NWP,1h}=k^*_{1h}.\ I_{clear,1h}$。在最后一步中，根据晴空指数和太阳天顶角，预测精确度的系统偏差可以在研究区域内前 30 天辐照度测量值的基础上得到矫正（Lorenz 等人，2009）。

持续性预测

由辐照度测量值 I_{meas} 可以推导出晴空指数 k^*_{meas}。为了得到未来的辐照度值，假设 k^*_{meas} 在未来数小时内具有持续性，从而得出辐照度预测 I_{pers}（考虑到了辐照度的日变化）。因此，对于 $t=t_0+\Delta t$ 时的辐照度预测值，计算公式如（11.6）所示。

$$I_{pers,\Delta t}(t)=k^*_{meas}(t_0)I_{clear}(t) \tag{11.6}$$

在验证 CMV 预测中，使用地面测量值和假设 k^* 持续性的优势是，可以显示出卫星图像和辐照度转换时引起的误差。云层覆盖的持续性假设，在非常短的时期内和云层覆盖变化较小的稳定天气条件中表现较好。

11.6 CMV 预测的评估

我们在本节中详细地评估了以 CMV 为基础的预测。展示了单站点的预测精确度，讨论了将区域平均预测应用于网格管理的精确度。最后，详细评估了与季节、每日和天气变化相关的预测精度。

11.6.1 单站点预测

通过评估特定位置在外推和平滑云指数图像上对应的像素，可以预测该位置的辐照度。首先，我们比较由预测和实际的云层指数图像推导出的辐照度。图 11.9 展示了位于德国南部的某一站点在 2012 年 4 月某一天中辐照度预测值的昼间变化。

当天早上的辐照度预测值与实际值（由卫星图像推导出）的偏差较大。预测值只能在提前几小时范围与实际值很好地匹配，二者的偏差随着预测范围的扩大而增加。此外，预测值也未能捕获随之后数小时的波动。在之后的预测时间中，捕获到了辐照度波动，并且与提前几个小时的实际云指数图像的辐照度值相匹配。预测质量不仅对预测时效显示出极强的依赖性，而且还受天气情况的影响。图 11.10 展示了在天气情况不同（晴天、多云和混合型）的几天中，提前 1h 和 3h 的辐照度预测。通常，提前 3h 预测在部分阴天中的预测误差要远大于提前 1h，而在晴天条件中（例如，2011 年 8 月 2 日），所有的预测时效都表现出较好的匹配度。

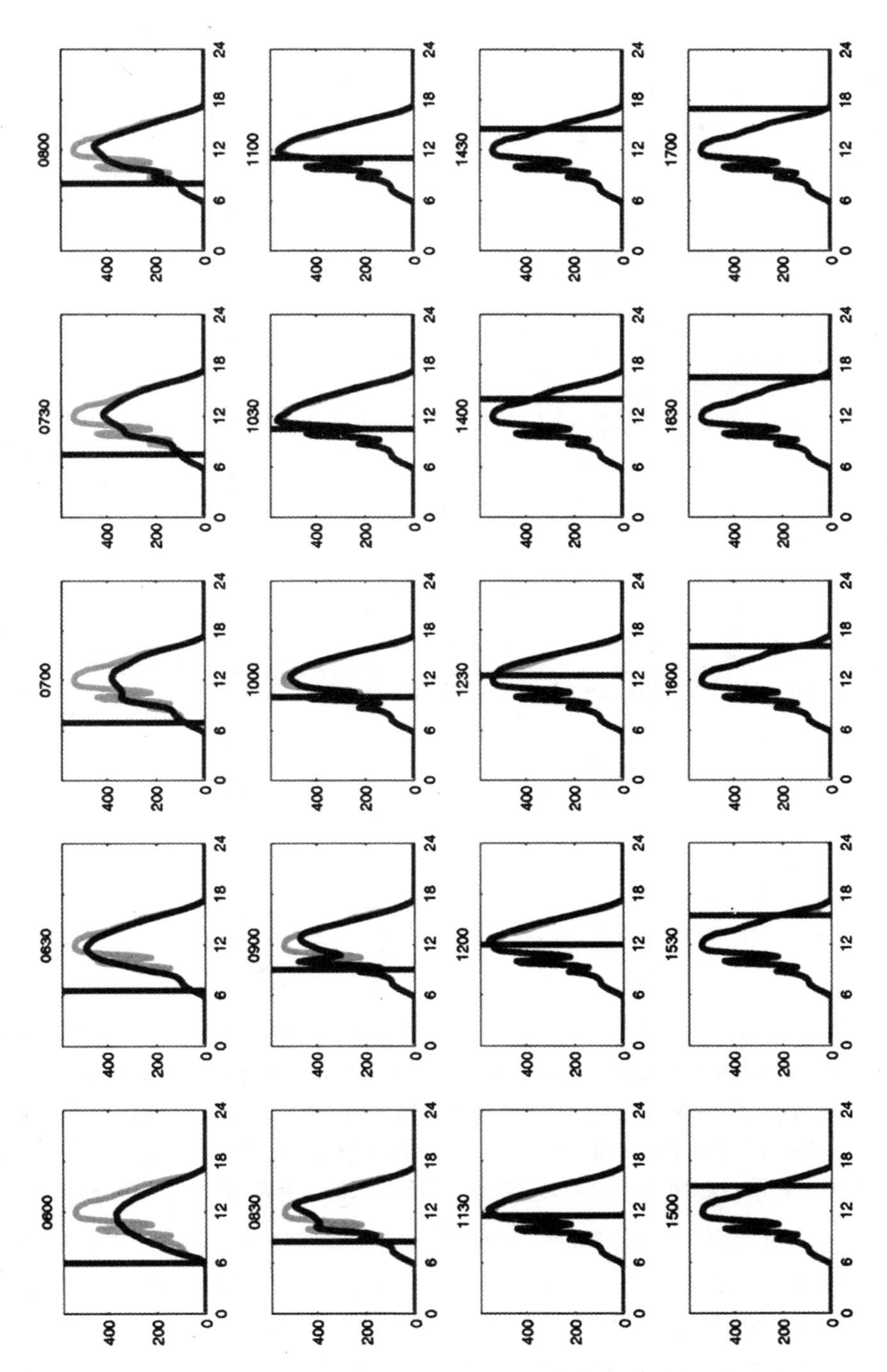

图 11.9　位于德国南部的某个气象站在 **2012** 年 **3** 月中某天（黑色曲线）的辐照度预测系列。在 **06：00—17：00** 之间（垂直线）的逐个时间步长（**15min**；此处只展示了 **30min** 的步长）中进行预测。同时还展示了该站点的卫星辐照度（灰色曲线）。

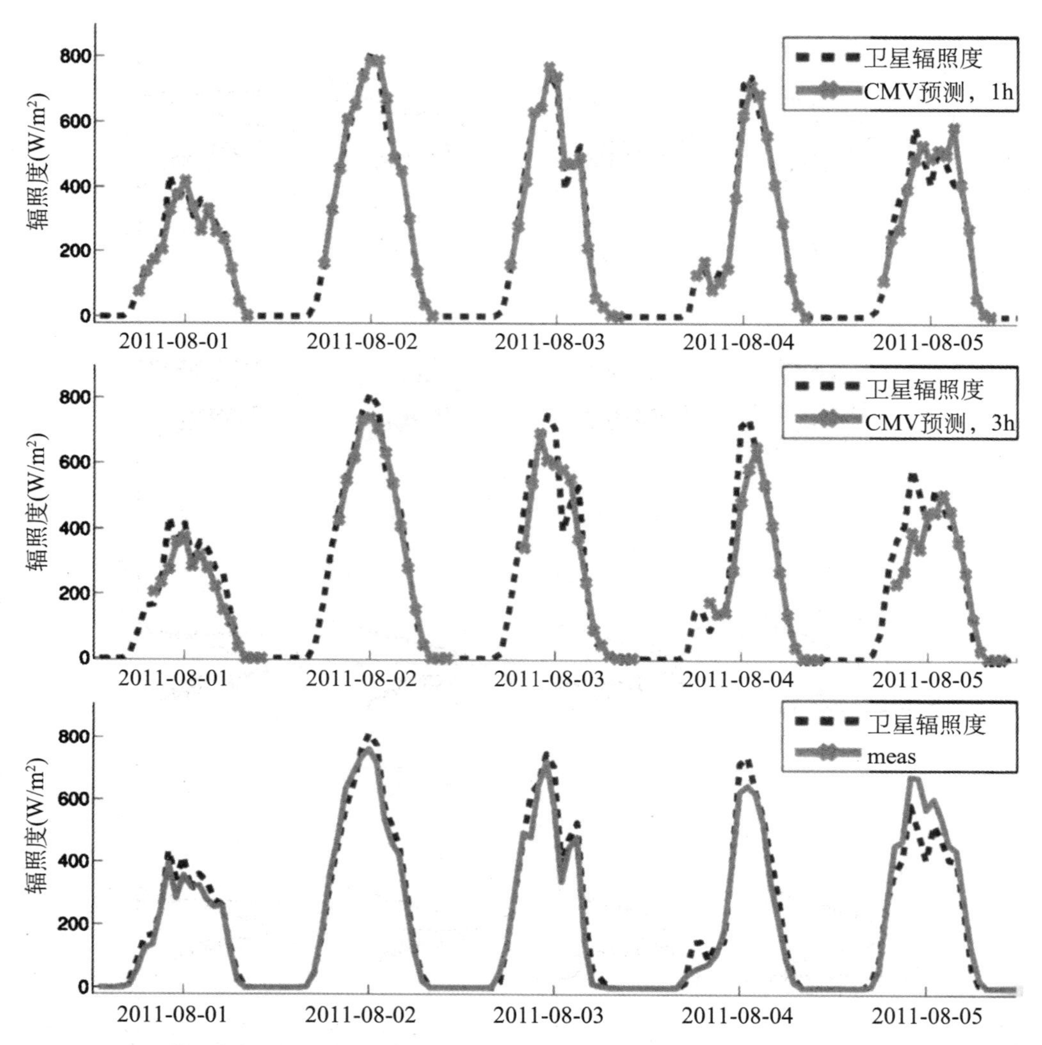

图 11.10　德国南部某个站点在 2011 年 8 月中的 5 天内，CMV 预测和卫星辐照度的对比。图中分别展示了 CMV 在提前 1h（a）和提前 3h（b）的预测结果。底部的时间序列比较了卫星辐照度和地面测量值，显示了卫星方法的误差，包括云指数图像在推导和转换为地面辐照度过程中的误差。卫星辐照度源自真实的（非预测的）云层指数图像。

在目前的对比中，展示了辐照度预测值与卫星辐照度的偏差，并未将卫星图像在转换为辐照度时的误差考虑在内。这一误差产生于云指数图像的推导过程和云层信息向辐照度的转换过程，如 11.10（c）所示。

为了定量评估，根据预测时效，图 11.11 展示了所有站点的全部数据集 CMV 预测的 RMSE。第 11.5.2 节介绍了参考预测，以及展示了 Heliosat 方法得出的 RMSE 值。ECMWF 预测的 RMSE 值是在 00：00 UTC 预测的基础上，整合了最早提前 2h 的预测时效。因此，ECMWF 预测的 RMSE 在很大程度上依赖预测时效。由于各个预测时效使用了不同的数据集，因此可以观察到 ECMWF 预测和 Heliosat 方法的 RMSE 预测对预测时效的依赖性较低。这主要是由于 CMV 预测在某一预测时效内的作用有限，其中预测仅包括了太阳高度角大于 10°的情况，第 11.6.3 节将进一步解释这一原因。

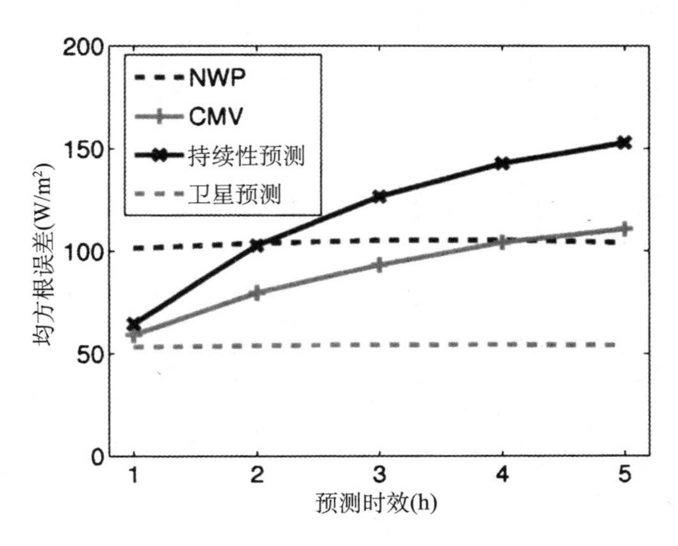

图 11.11　不同预报时效内，CMV 预测、NWP 预测、持续性预测和卫星辐照度相对于地基观测的均方根误差（RMSE）对比。本评估中使用了所有 274 个站点的数据集。

由图 11.11 可以确定各预测时效内的最佳预测方法。这有助于根据预测时效选择合适的方法，进而优化辐照度和光伏发电预测。基于 k^* 持续性假设的预测在提前 1h 时效内表现较好，主要是因为该方法是基于辐照度的测量值，而非卫星或 NWP 模型。随着预测时效的增大，云层覆盖的持续性假设不再适用，预测精确度也随之显著下降。

对于 1h 预测时效来说，CMV 预测接近以卫星辐照度转换误差为代表的最低可能误差限制。CMV 预测的误差随着预测时效的增大而增大，且在 4h 左右的预测时效内等于 ECMWF 预测。在更大的预测时效内，由于 NWP 预测考虑了云层的形成和消散过程，因此其表现更佳。

11.6.2　区域预测

由于 TSO 管理的区域通常覆盖数百公里，因此区域性的光伏发电预测是能源市场重点关注的领域。本节研究的区域预测数据来自于某个区域内所有站点的平均辐照度预测值。通常，区域预测的精确度要高于单站点预测（图 11.12）。

由于空间平均效应，在 NWP 和 CMV 预测中均可以观察到预测误差随着试验区域增大而下降的整体趋势。在考虑单个站点的区域预测时，整体的天气情况比精确地确定实际云层的位置更加重要。下列所有的区域预测评估是指德国所有站点的平

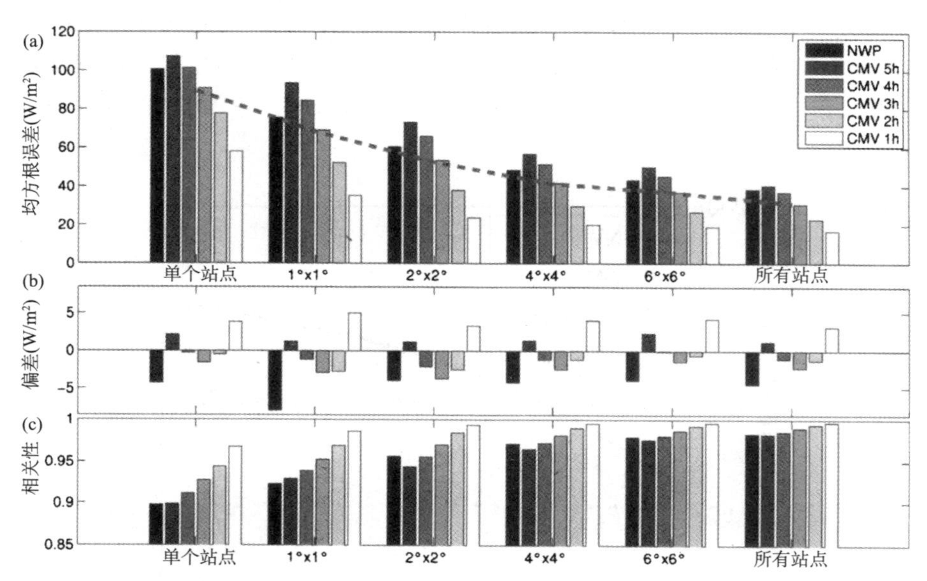

图 11.12 CMV 和 ECMWF 预测在大小不同区域中的 RMSE（a）、偏差（b）和相关系数（c），包括从单个站点到数据集中所有气象站的平均值，根据图 11.8 以 1°和 2°的步幅逐渐扩大测试区域。

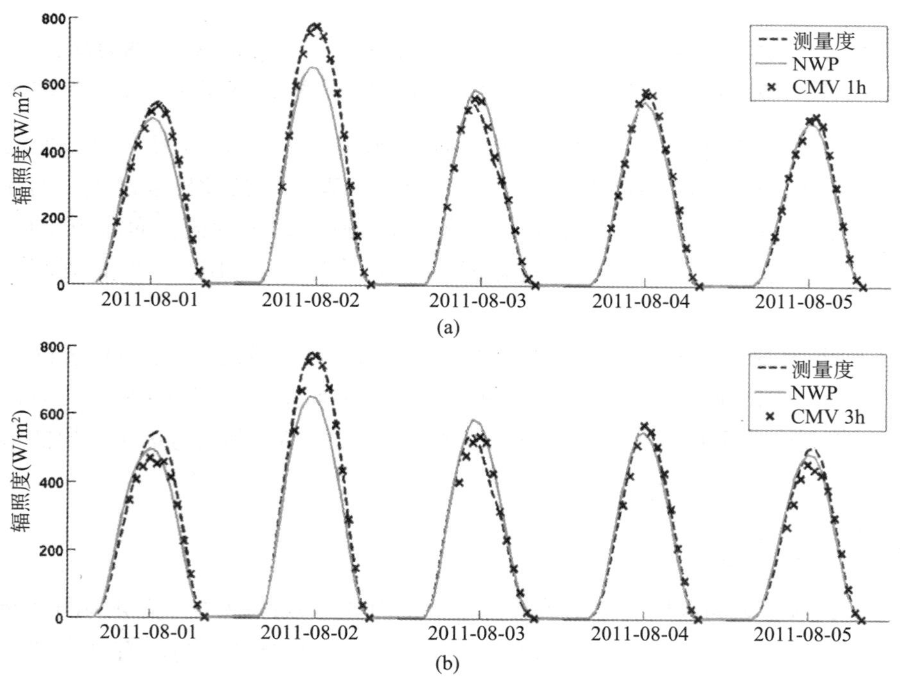

图 11.13 在 2011 年 8 月的 5 天中，辐照度地面测量值和预测值的时间序列，采用了数据集中所有站点的平均值。1hCMV 预测（a）和 3hCMV 预测（b）与 NWP—预测和辐照度测量值的对比。

均值（图 11.12 中的最右列）。图 11.13 比较了 CMV 区域平均预测和对应的辐照度测量值以及 NWP 预测。除了在某几天里的 3h 预测精度较低外，CMV 的预测精确度在大部分时间要高于 NWP 预测。

图 11.14 展示了 1h 和 3h 区域平均辐照度预测值和测量值在整个评估周期内的散布图。最早提前 3h 的预测与现货市场交易的关系尤为密切。CMV 预测的表现要显著优于 NWP 预测，前者在较高的辐照度表现出较少的分散和系统偏差。图 11.15 和图 11.11 分别展示了区域预测和单个站点预测中，CMVs 在各预测范围的 RMSE 与参考预测的对比。在提前 1h 预测范围内，预测精确度可以达到卫星—地面辐照度转换的质量，但误差要稍大于持续性预测。在 2 ~ 4h 预测范围内，CMVs 均优于 NWP 和持续性预测。

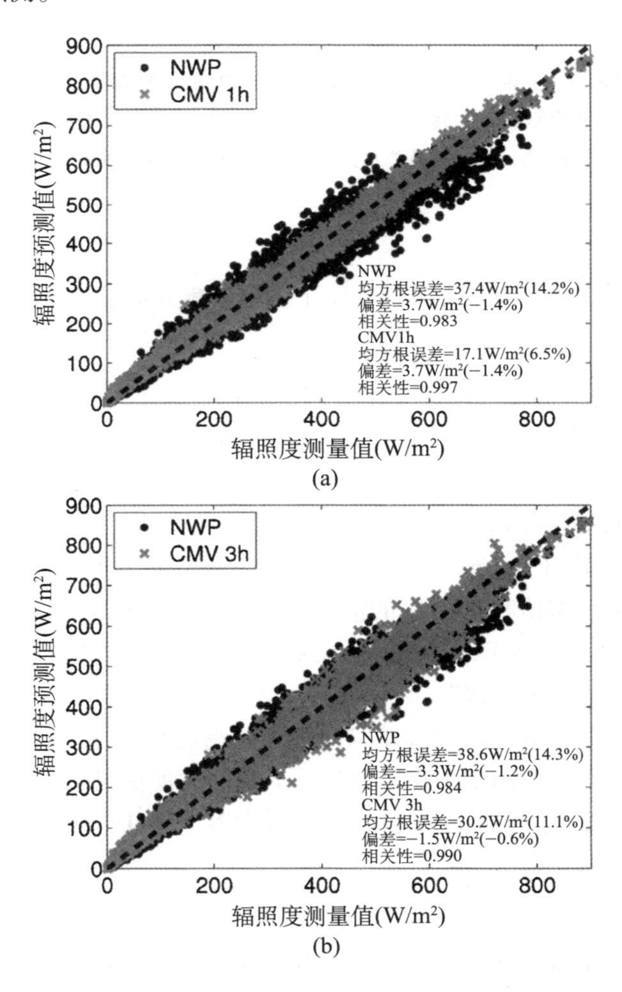

图 11.14　提前 1h 和 3h 的 CMV 预测、当天 NWP 预测与地面测量值的对比散点分布图。

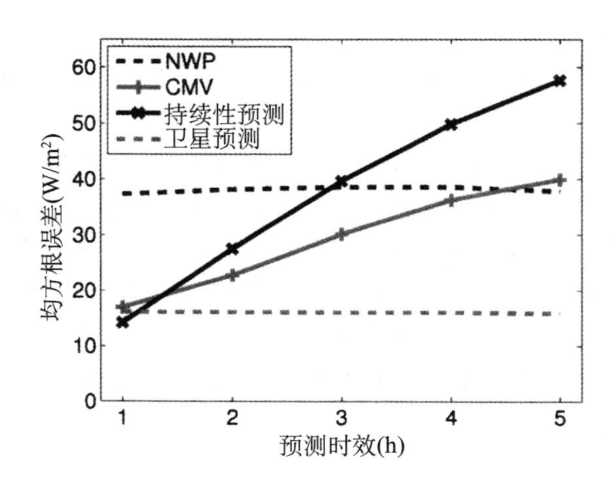

图 11.15　根据不同的预测时效，德国某地区的 CMV 预测和持续性预测的 RMSE，以及 NWP 当天预测和卫星辐照度（非预测）的对比。用于评估的不同数据集的估评取决于时效，因此 NWP 预测和卫星辐照度随着预测时效出现变化。

11.6.3　误差的特征

根据不同参数，本节更加详细地确定了多种预测方法误差的性质。

太阳高度角

CMV 预测建立在云层信息推导的基础上。因此，准确探测云层的能力是展开 CMV 预测的先决条件。然而，当使用可见光通道时，仅能在某个太阳高度角之上才有可能探测到云层的位置和运动。因此，生成预测时的太阳高度角是关键，即是说，为建立 CMV 预测，推导出的首个云指数图像时的太阳高度角是决定性因素。根据不同的太阳高度角，图 11.16 展示了 CMV 和 NWP 预测的 RMSE。可以观察到太阳高度两项特征值：低于某值时，CMV 的预测误差出现急剧上升（约为 5°）；高于某值时，CMV 预测的精确度高于 NWP 预测（约为 15°）。图 11.17 展示了二者的预测精度在预测时效增加后受到的限制。

在所有的预测时效内，预测误差只有在太阳高度角小于 10°时才会出现大幅上升。因此，将这一高度角确定为临界极限。本章中的评估仅包括了早上太阳高度角大于 10°后生成的预测。太阳高度角临界极限导致了 CMV 在一天中的预测时间有限，尤其是在冬季月份。

昼间依赖性

图 11.18 展示了 2011 年 7 月 ECMWF 和 CMV 预测单站点平均评估中，RMSE 对昼间小时（UTC 时间）的依赖性。所有方法的预测误差对昼间的辐照度表现出明显的依赖性。例如，中午的辐照度最大，此时可能出现最大误差。此外，图中还阐明了 CMV 预测在不同预测时效内的有限实用性。这使得在进行如图 11.11、图 11.15

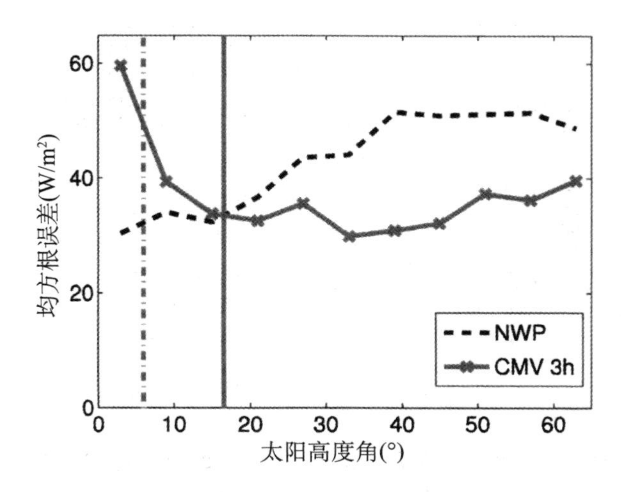

图 11.16　在预测起始时不同太阳高度角下，3hCMV 和 NWP 预测（所有站点平均值）的 RMSE。垂直线为图 11.17　中评估的限制。

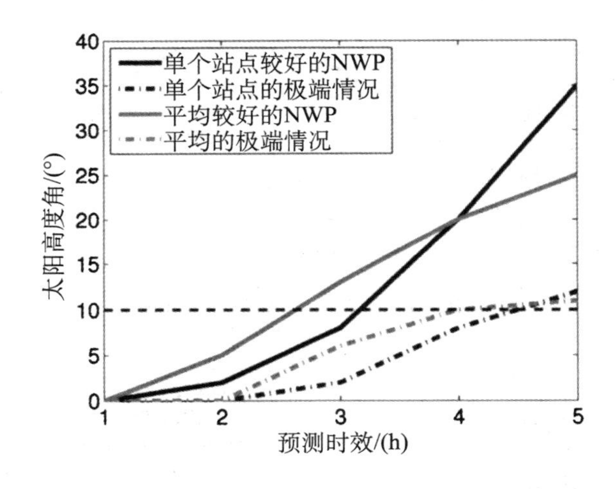

图 11.17　太阳高度角对预测精度确定的限制随预测时效的变化评估了所有单站点的平均值和平均预测值。

和图 11.21 所示的评估时，需要依据预测时效选择不同的数据集。

对晴空指数的依赖性

CMV 的预测质量取决于天气条件，最显著的是晴空指数 k^*（图 11.19）。单个站点的评估表明 CMV 的精确度对晴空指数有着很强的依赖性。阴天和晴空条件的可预测性要优于块云条件下的预测，块云条件在平均 1h 内均会发展为晴空和多云条件。块云条件常常具有较高的空间和时间变异性，使单个站点难以进行预测。这一问题在持续性预测中尤为突出，变化的云层条件对该预测的影响程度要大于 CMV 预测。晴空和阴天时的波动性较小，因此持续性预测的精度也高。

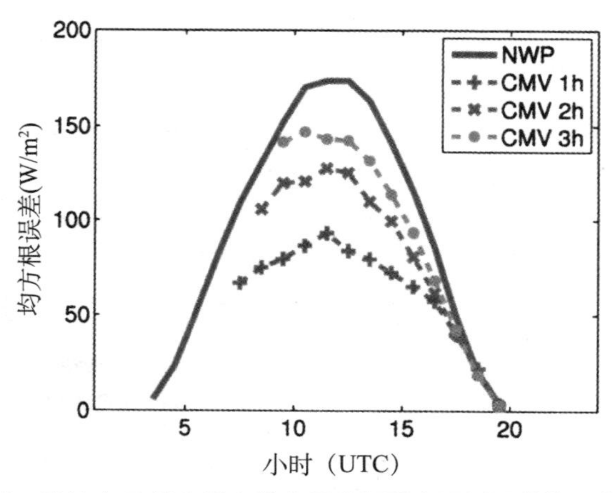

图 11.18　2011 年 7 月中所有站点平均辐照度预测误差的日变化预测误差随着辐照度的日变化而变化。

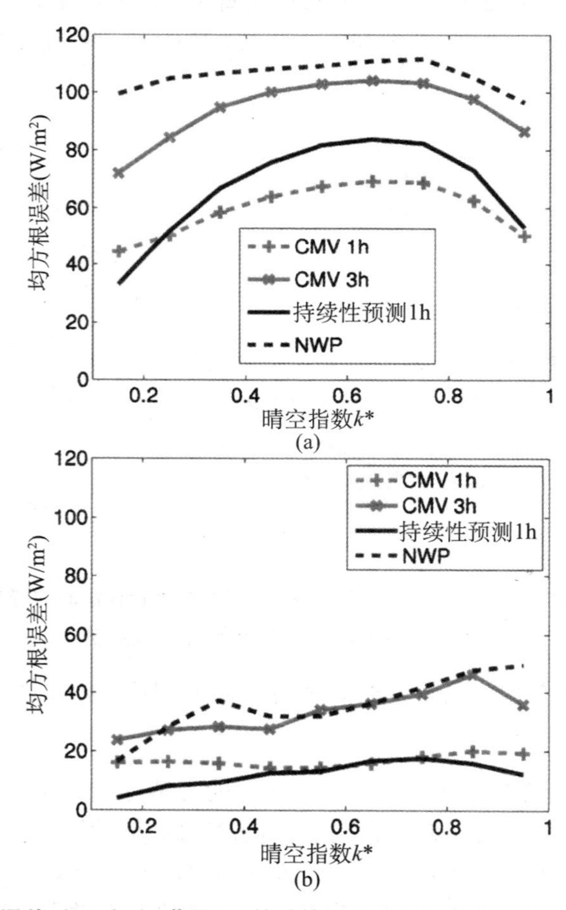

图 11.19　CMV 误差（1h 和 3h 范围）、持续性误差（1h）和 NWP 误差对由地面测量值推断出晴空指数 k^* 的依赖性。单站点评估（a）和平均值评估（b）。

“较好 NWP”是指 NWP 和 CMV 之间的交点处（图 11.18 中的右侧垂直线），“极端”是指低于该高度角时，CMV 的误差会显著增加。

在局部区域评估中，块云条件下不会出现较高的预测误差。当接近晴空指数 $k^* \approx 1$时，发现 NWP 和 CMV 预测的 RMSE 有升高的趋势。晴空条件下的辐照度量级更大至少可以在一定程度上解释这种现象。

季节性评估

CMV 和 NWP 的预测质量取决于天气情况和太阳高度角。由于天气和太阳高度角会随季节出现变化，因此预测的精确度对月份和季节也表现出依赖性。图 11.20 按月份展示了单站点和区域预测的预测精度，其中包括 2h 的 CMV 预测、NWP 预测的 RMSE 绝对值和相对值。可以看到季节过程产生的强烈影响。在冬季月份中，由于辐照度普遍较低，所以 CMV 和 NWP 预测的绝对误差较小。然而 CMV 和 NWP 预测在冬季月份的相对 RMSE 均远高于夏季月份。除了太阳高度角较低的 11 月到 2 月期间之外，CMV 的预测精确度要高于 NWP 预测。

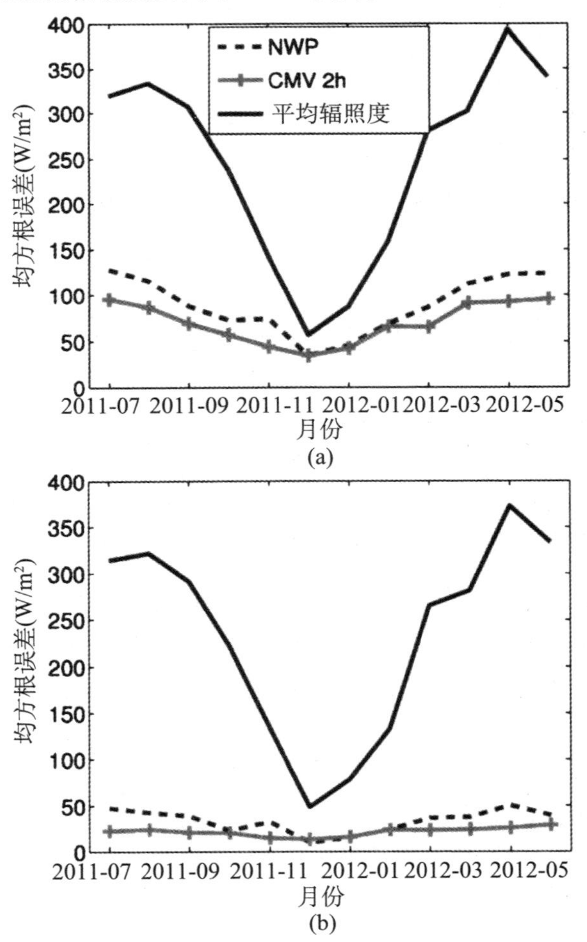

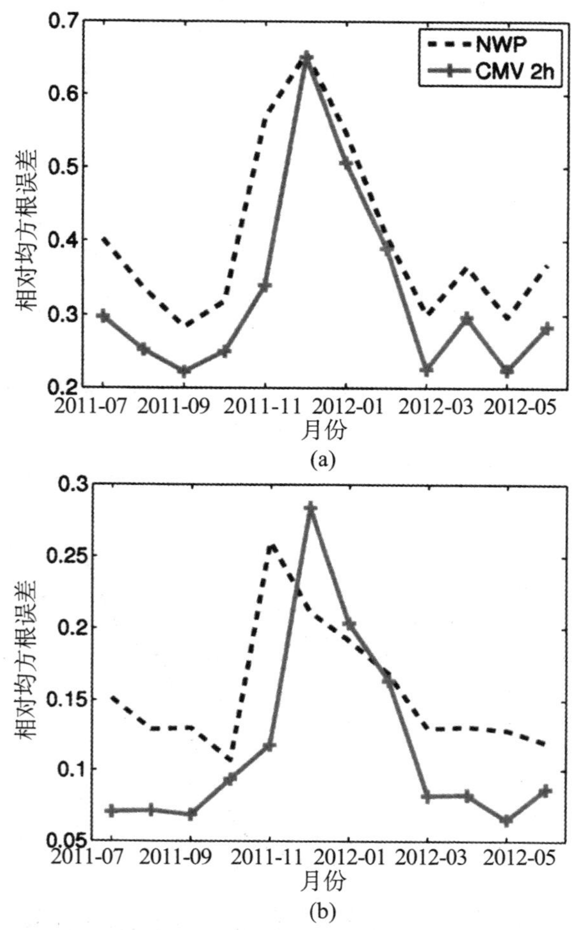

图 11.20 单个站点中 2h 的 CMV 预测、NWP 预测与月份（2011 年 7 月—2012 年 6 月）的函数关系，以及二者的对比。单个站点（a）、（c）和区域平均值（b）、（d）。（a），（b）RMSE 的绝对值；（c），（d）图中以百分数展示了相对 RMSE（rRMSE）。采用平均每月昼间辐射照度对 rRMSE 进行归一化处理。

图 11.21 概括了不同季节中，区域预测精确度与预测时效的函数关系。在夏季和秋季所有评估的预测时效中（最早提前至 5h），CMV 的表现优于持续性预测和 ECMWF 预测。在所有的季节中，1hCMV 预测的误差几乎全是在卫星辐照度转换过程中产生的。除了夏季月份之外，持续性预测在 1h 预测时效内的表现更好。各方法在冬季的预测性能显著不同于其他季节。此处，当预测时效超出 2h 后，CMV 的预测误差高于 NWP 预测。持续性预测在所有的预测时效内都要优于 CMV。当春季的预测时效超出 3h 后，NWP 的预测结果优于 CMV 预测。在 2011 年 7 月至 2012 年 6 月期间展开的季节评估中，虽然不能说明是一种普遍趋势，但却说明了影响 CMV 预测精确度的一些季节因素。

在春季月份中，云层和雾的形成和消散过程可能是导致 CMV 预测误差较大的部分原因。CMV 方法主要用于探测云层运动，但却无法探测到云层的形成和消散过程。在冬季月份中，较低的太阳高度角是引起 CMVs 性能较差的主要原因。

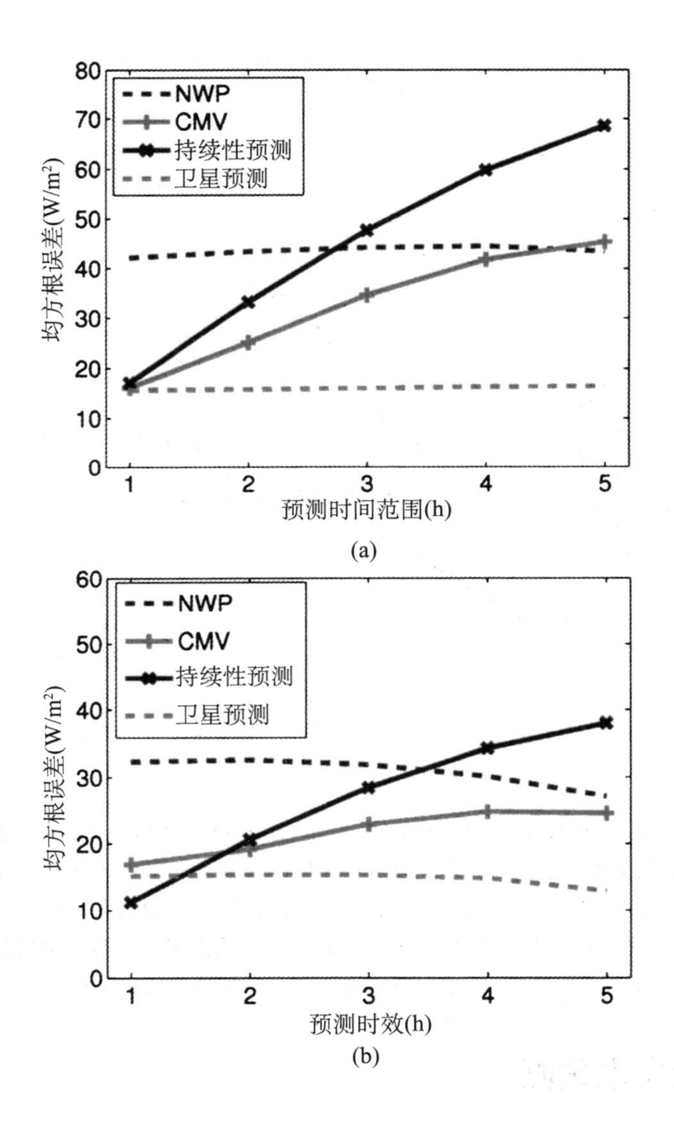

(a)

(b)

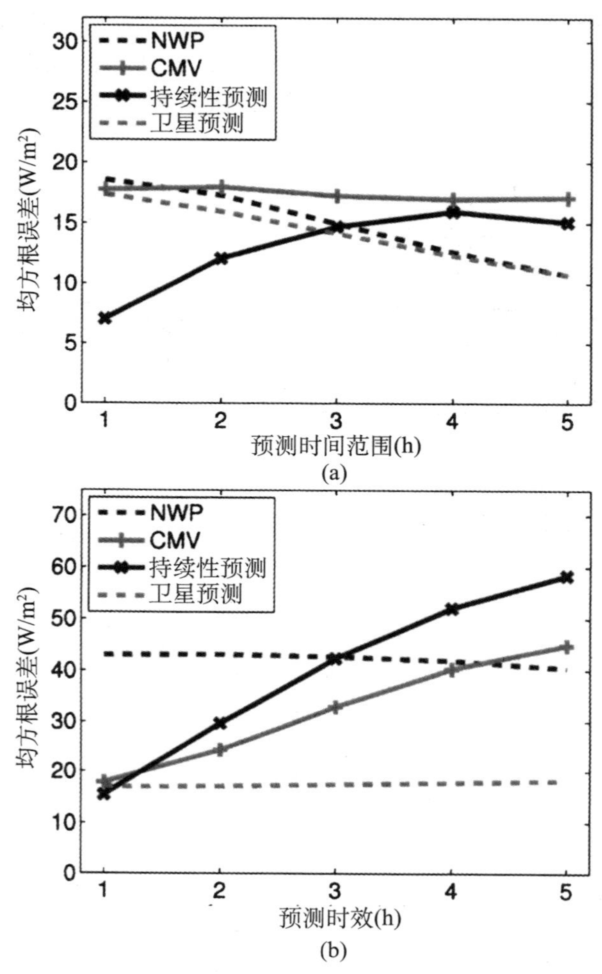

图 11.21　对于不同季节的区域平均辐照度、CMV、NWP、持续性预测和卫星辐照度误差与预测时效的函数关系：（a）夏季月份（2011 年 7/8 月、2012 年 6 月）；（b）秋季月份（2011 年 9—11 月）；（c）冬季月份（2011 年 12 月—2012 年 2 月）；（d）春季月份（2012 年 3—5 月）。如第 11.6.3 所述，NWP 预测和卫星辐照度会随着预测时效出现变化，这是因为评估不同时效所用的数据集不同。

11.7　光伏发电预测

本文中提及的预测方法旨在为公共事业应用提供区域性光伏发电预测。接下来介绍在 GHI 预测的基础上，预测光伏系统的输出量。有几种方法可以将辐照度预测值转换为光伏发电输出量，例如使用相关过程的物理模型，与辐照度预测值和光伏发电测量值相关的统计方法，以及物理和统计联合的方法（Lorenz 和 Heinemann，2012）。此处，我们按照 Lorenz 等人（2010）所述，概括了使用光伏系统物理建模推导出某地光伏发电预测的基本步骤。

为了建立光伏系统功率输出模型，需要系统及其部件的相关信息，例如组件的方向和倾斜度，额定功率和效率随组件温度的变化。我们在此提及的光伏系统均为固定倾斜角，为德国最常见的光伏系统配置。首先，将 GHI 预测值转换为组件平面的辐射照度（例如，Klucher 等人，1979）。在这一转换过程中，入射的辐照度可分为直射光束和天空散射辐等几部分。在太阳几何学和大气条件信息的基础上，使用散射—部分经验模型从 GHI 中获得散射和直射部分的辐照度。只需考虑组件平面上的入射角度，即可从 DNI 中推导出倾斜平面上的直接辐射。在对阵列平面漫射辐射进行建模时，需要更加精确的云层条件信息。因为天空半球中的辐射分布会根据晴空、阴天、多云等情况出现强烈的差异。此外，还必须考虑到从地面反射到倾斜平面上的辐照度，这取决于地面反射率和组件的倾斜角度。地面反射率会随着积雪覆盖出现显著增加。除此之外，地面反射的辐照度只占总入射辐射照度的一小部分（Lorenz 和 Heinemann，2012）。

下一步根据平面阵列的总辐照度和组件温度，模拟光伏系统输出，其中要考虑到组件的类型（晶体硅、非晶硅、CIS）、安装技术（屋顶式、独立式）和逆变器效率的差异。根据 Beyer 等人（2004）的研究，直流电源建模需要具体组件的辐照度和温度依赖性信息，从数据手册或测量中可以获得上述信息。按照如下两步，模拟模型效率：首先，在考虑不同模块类型的基础上，模型偏离标准测试条件（STC 是指在 AM1.5 光谱中入射辐射照度为 1,000 W/m^2，模块温度为 25℃）的辐射照度的影响。其次，对不同组件温度下的性能进行模拟，涉及具体组件的温度系数和由环境温度与安装技术推导出的有效组件温度。最后根据直流电输入，采用描述逆变器效率的标准方法（Reich 等人，2011），考虑直流电向交流电转换的效率。

为了正确地模拟功率输出，必须获取详细的光伏系统信息。对于区域电力预测来说，通常难以获取所有光伏系统在对应区域的规格参数。总之，通过模拟该地区有代表性的系统输出功率，足以精确地评估出区域的光伏发电量。通过使用额定直流功率的线性外推法，可以将代表性系统的输出功率预测值放大到区域发电量预测。该方法减少了数据处理要求和计算成本（Lorenz 和 Heinemann，2012）。光伏系统子设备的代表性对区域预测质量至关重要。光伏系统子设备的代表性主要与光伏系统额定装机直流电的空间分布有关。德国的可再生能源整合的电网规范中，要求登记所有光伏系统的位置和标称功率，因此可以获得相关信息。此外，还需要从其他来源获取系统方向、倾斜角度和组件类型等信息（例如，监测数据）。我们随后的研究涉及用于辐照度预测的 CMV 方法的评估和对应的光伏发电量的模拟。

11.8　总结与展望

随着光伏发电的波动性在电力供应系统中的影响越来越大，光伏发电预测的需求也随之快速增长，所需的预测时效涵盖了数小时至数天。作为光伏发电预测的基础，GHI 预测可以从 NWP 模型、卫星信息或地面测量值中，以及通过经验或统计方法推导出。我们将重点放在提前数小时的辐照度预测，并使用由 MSG 卫星的 HRV 图像推导出的 CMV 预测方法。通过比较连续图像可以推断出当前的云层运动信息，进而外推出随后数小时的云层条件。根据德国 274 个站点的全年（2011 年 7 月—2012 年 6 月）辐照度测量值数据集，评估了 CMV 预测性能。通过使用辐照度测量值，比较了 CMV 预测和 ECMWF 辐照度预测和基于晴空指数持续性假设的其他预测。结果表明预测时效在 5h 以内时，CMV 预测优于 NWP 预测。

CMV 预测和持续性预测在提前 1h 预测时效内具有相似的精确度。预测时效更长时，CMV 的性能要显著优于持续性预测。评估中关注的另一个重点是单站点和区域预测精确度的对比。整个德国的地区平均辐照度的 RMSE 值较单站点降低了约三分之一。除了整体评估之外，还详细分析了对几种参数的敏感度。尤其是 CMV 预测在可见光范围内，图像精度对预测生成时的太阳高度角有显著依赖性，高度角小于 10°的预测结果较差。这就限制了 CMV 预测的适用时间，因此很难将早上的几个小时纳入预测范围内。太阳在冬季时很少会达到所需的高度角，这一问题显得尤为突出。夏季月份的光伏发电量显著高于其他季节，CMV 预测在最早 5h 预测时效的性能优于其他预测。为了能够可靠地计算出早上的 CMV 预测，使用额外的卫星红外图像探测云层也是一种很好的办法。

对于云层和雾的形成和消散过程（云层运动探测算法还未对其进行建模），为了提高这种情况下的精确度，还需研究诸如低层逆温或对流活动的 NWP 预测信息。未来的研究重点是建立一种将不同预测方法整合为一种覆盖所有相关预测时效和区域规模的最佳预测系统。总之，CMV 在 4 ~ 5h 范围内的预测效果较好，因此可以作为当日市场交易的 NWP 预测的一种补充，或用于现货市场交易的实时辐照度测量。未来预测的时效可能会不断扩大，并且预测精度也会得到提高。

参考文献

[1] Bacher, P., Madsen, H., Nielsen, H. A., 2009 Online short-term solar power forecasting. Solar Energy 83 (10), 1772-1783.

[2] Beyer, H. G., Constanco, C., Heinemann, D., 1996. Modifications of the Heliosat procedure for irradiance estimates from satellite data. Solar Energy 56, 121-207.

[3] Beyer, H. G., Betcke, J., Drews, A., Heinemann, D., Lorenz, E., Heilscher, G., et al., 2004. Identification of a general model for the MPP performance of PV modules for the application in a procedure for the performance check of grid connected systems. In: 19th European Photovoltaic Solar Energy Conference and Exhibition. Paris, France, pp. 3073-3076.

[4] Bofinger, S., Heilscher, G., 2006. Solar electricity forecast-Approaches and first results. In: 21st European Photovoltaic Solar Energy Conference. Dresden, Germany.

[5] Bourges, B., 1992. Yearly variations of the Linke turbidity factor. Climatic data

handbook of Europe, 61-64.
[6] Cano, D., Monget, J. M., Albuisson, M., Guillard, H., Regas, N., Wald, L., 1986. A method for the determination of the global solar radiation from meteorological satellite data. Solar Energy 37 (1), 31-39.
[7] Chow, C. W., Urquhart, B., Lave, M., Dominguez, A., Kleissl, J., Shields, J., et al., 2011. Intra-hour forecasting with a total sky imager at the UC3 San Diego solar energy testbed. Solar Energy 85 (11), 2881-2893.
[8] Deutscher Wetterdienst, http://www.dwd.de/.
[9] Dumortier, D., 1995. Modelling global and diffuse horizontal irradiances under cloudless skies with different turbidities. Tech. rep. 2. CNRS-ENTPE.
[10] Engel, E., 2006. Kurzzeitvorhersage der solaren Einstrahlung -Potentiale der zweiten Generation von Meteosat-Satelliten. MA thesis. University of Oldenburg.
[11] EUMETSAT, http://www.eumetsat.int/.
[12] ECMWF, European Centre for Medium-Range Weather Forecasts, http://www.ecmwf.int/.
[13] European Power Exchange, http://www.epexspot.com/en/.
[14] Hammer, A., Heinemann, D., Lorenz, E., Liickehe, B., 1999. Short-term forecasting of solar radiation: a statistical approach using satellite data. Solar Energy, 1992, 67. pp. 139-150.
[15] Hammer, A., Heinemann, D., Hoyer, C., Kuhlemann, R., Lorenz, E., Muller, R., et al., 2003. Solar energy assessment using remote sensing technologies. Remote Sensing of Environment 86 (3), 423-432.
[16] Hammer, A., Lorenz, E., Petrak, S., 2007. Femerkundung der Solarstrahlung fuer Anwendungen in der Energietechnik. In: Deutsch-osterreichisch-schweizerische Meteorologentagung DACH.
[17] Heinemann, D., Lorenz, E., Girodo, M., 2006. Forecasting of solar radiation. In: Dunlop, E. D., Wald, L., Sun, M. (Eds.), Solar Resource Management for Electricity Generation from Local Level to Global Scale. Nova Science Publishers, New York, pp. 83-94.
[18] Schmetz, J., Pili, P., Tjemkes, S., Just, D., Kerkmann, J., Rota, S. et al., 2002. An Introduction to Meteosat Second Generation (MSG). Bulletin of the American Meteorological Society 83 (7), 977-992.
[19] Klucher, T. M., 1979. Evaluation of models to predict insolation on tilted surfaces. In: Solar Energy 23, pp. 111-114.
[20] Lorenz, E., Hurka, J., Heinemann, D., Beyer, H. G., 2009. Irradiance Forecasting for the Power Prediction of Grid-Connected Photovoltaic Systems. In: IEEE Journal of Selected Topics in Applied Earth Observations and Remote Sensing 2. 1,

pp. 2-10.

[21] Lorenz, E., Heinemann, D., 2012. Prediction of Solar Irradiance and Photovoltaic Power. In: Comprehensive Renewable Energy. Elsevier, vol. 1, pp. 239-292.

[22] Lorenz, E., Heinemann, D., Hammer, A., 2004. Short-term forecasting of solar radiation based on satellite data. EuroSun Conference Freiburg, Germany, 841-848.

[23] Lorenz, E., Scheidsteger, T., Hurka, J., Heinemann, D., Kurz, C., 2010. Regional PV power prediction for improved grid integration. In: Progress in Photovoltaics: Research and Applications, Conference Proceedings, pp. 757-771.

[24] Lorenz, E., Heinemann, D., Kurz, C., Nov. 2011. Local and regional photovoltaic power prediction for large scale grid integration: Assessment of a new algorithm for snow detection. In: Progress in Photovoltaics: Research and Applications.

[25] Mathiesen, P., Kleissl, J., 2001. Evaluation of numerical weather prediction for intraday solar forecasting in the continental United States. Solar Energy 85 (5), 967-977.

[26] Menzel, W. P., 2001. Cloud tracking with satellite imagery: From the pioneering work of Ted Fujita to the present. Bulletin of the American Meteorological Society 82 (1), 33-47.

[27] Meteomedia GmbH, http://www.meteomedia.de/.

[28] Perez, R., Ineichen, P., Moore, K., Kmiecik, M., Chain, C., George, R., Vignola, F., 2002. A new operational satellite-to-irradiance model. Solar Energy 73 (5), 307-317.

[29] Perez, R., Kivalov, S., Schlemmer, J., Hemker Jr., K., Renné, D., Hoff, T. E., 2009. Validation of short and medium term operational solar radiation forecasts in the US. ASES Annual Conference, Buffalo.

[30] Perez, R., Beauhamois, M., Hemker, K., Kivalov, S., Lorenz, E., Pelland, S., et al., 2011. Evaluation of Numerical Weather Prediction Solar Irradiance Forecasts in the US. In: Proc. ASES Ann. Conf. Raleigh, NC.

[31] Reich, N. H., van Sark, W. H. J. H. M., Turkenburg, W. C., 2011. Charge yield potential of indoor- operated solar cells incorporated into product integrated photovoltaic (PIVP). Renewable Energy 36, 642-647.

[32] Reikard, G., 2009. Predicting solar radiation at high resolutions: a comparison of time series forecasts. Solar Energy 83 (3), 342-349.

[33] Remund, J., Schilter, C., Dierer, S., Stettler, S., Toggweiler, P., 2008. Operational forecast of PV production. In: 23rd European Photovoltaic Solar Energy Conference. Valencia, Spain.

[34] Wirth, H., 2013. Aktuelle Fakten zur Photovoltaik in Deutschland. Tech. rep. Fraunhofer ISE, Freiburg, Germany.

第12章　数值天气预报模型的太阳辐照度预测

Vincent E. Larson
Aerisun

章节纲要

12.1　简介

本章所指的“数值天气预报（NWP）”代表初始观测状态下大气状态控制方程的组合。NWP的基础是大气物理学。它不同于将预测建立在观测结果之间经验关系基础上的统计方法，是一种可以预测未来几小时以外太阳辐照度的重要工具。因此，该方法适用于太阳能发电站调度等需要提前1天预测的应用。此外，NWP还可用于电力交付周期在数小时以上的当天预测。NWP的实用性主要在于它可以预测云层的短期变化，而这正是调节地面太阳辐照度的主要因素。在预测过程中，首先，同化初始观测数据；其次，NWP模型将这些初始条件向未来时间推进；最后，根据以往的预测表现，采用统计后处理方法订正预测误差。

通常，区域预测需要依赖全球模式的初始和边界条件，因此区域模型可能会出现与全球模型同样的偏差。（本书的其他部分讨论了数据同化和后处理过程）。尽管 NWP 预测具有一定的优势，但该方法在计算方面要求严格，并且通常要用到超级计算机。此外，NWP 模型只能粗略地表现出复杂的大气过程，因此预测有时会出现一些难以辨识、理解和预防的错误。

第 12.2 节概述了生成现代数值预测所需的主要步骤。第 12.3 节总结了 4 种广泛应用的预测模型配置。第 12.4 节援引了相关出版文献，指出可能造成模型误差的原因。第 12.5 节试图使那些拥有最先进的 NWP 太阳能预测的用户了解到这些预测误差的量级和本质。第 12.6 节以一些总结性评论作为本章的结尾。

12.2 生成 NWP 预测和网格分辨率所需的步骤

生成 NWP 预测主要分为两大步骤（了解详情，请参阅 Stensrud，2007；Warner，2011；Coiffier，2011）。

12.2.1 确定大气初始状态和网格分辨率

首先，应确定获取大气初始状态的方式，其中包括卫星、地面观测和无线电探空仪。不同的观测方式在大小不同的空间内测定出的数值都不可避免地包含了一些测量误差。因此，必须将这些测量值整合，从而得出一个单一的、一致的大气状态。复杂的“数据同化”过程是 NWP 误差的关键来源（例如，本卷中的 Jones）。其次，将大气方程向未来的时间进行积分。大气的基本控制方程不仅包括辐射传输方程，还包括一些诸如流体中牛顿第二定律的动力学方程，以及一些控制云滴形成的热力学方程。在覆盖预测区域上空的网格中求解上述方程。

NWP 模型中的求解区域大于单个网格面积，在求解区域的动力模型框架网格中，对控制方程进行显式积分处理。动力模型框架可以计算出风场，并使用这些风力运输热量、水分相关变量和气溶胶。随后在网格中对偏微分方程进行离散化处理，使用包括波谱法和有限差分在内的多种数值手段求解出这些方程。遗憾的是，即使是使用现代化的超级计算机，网格仍然十分粗糙，其中存在许多由于网格尺度过小而难以求解的问题。

动力模型框架中的主要误差与不可避免的低分辨率有关。例如，300 m 厚的液态云层能够显著影响太阳辐射照度，但是垂直网格间距为 500 m 的模型却不能求解出该厚度的云层。由于分辨率较为粗糙，必须对大量的次网格尺度的过程进行参数化处理，而参数化是指对小尺度过程的影响进行近似建模。NWP 模型包含了大量参数化过程，各个模型中的小尺度过程以及与其他参数化过程的相关作用均十分复杂。因此，参数化过程是 NWP 预测误差的另一个主要来源。

本文对 NWP 模型的结构和局限性，尤其是模型的参数化方面进行了回顾。然而，为了提供相关背景，我们在此提及了气象中心可能会执行的两个额外步骤：创建集合预测和统计后处理。

所有天气预测都不可避免地包含有一些由初始观测或模型公式化误差引起的不确定性。为了评估此类不确定性对地面辐照度等结果的实际影响，几个气象中心执行了多个略有不同的模拟，这些模拟预测结果的分布可以评估不确定性。为了表示初始条件中的观测不确定性，可以进行多次初始条件扰动型预测。一些建模中心在预测的发展过程中增加了随机扰动（例如，可参见 Buizza 等人，1999）。为使模型具有更广泛的代表性，一些预报员建立了不同模型预测集合，称为“多模型集合”（Krishnamurti 等人，1999）。目前，还难以建立一种可以精确捕获所有不确定性来源的集合。本文不再对其进行深入讨论，感兴趣的读者可以向 Du 等人（2009）和 Hagedorn 等人（2012）请教两种最先进的集合系统。

12.2.2　统计后处理

为了更好地与观测值匹配，在模拟后，需要根据经验调整 NWP 的输出结果，这时就要进行预测过程中的第二个步骤，即统计后处理。通常，在比较 NWP 输出结果与观测结果后，发现了一种能够订正 NWP 输出结果中偏差和/或其他误差的统计关系。了解更多信息，请参见本卷中的 Coimbra 和 Pedro、Mathiesen 和 Kleissl、Kleissl 和 Coimbra 等人的研究。

12.3　4 种应用模型（ECMWF、NAM、GFS、RAP）的配置对比：空间和时间覆盖率、深厚积云和浅积云、湍流输送、云量、云垂直重叠、层状微物理学、气溶胶、短波辐射传输

我们简单地列出了 4 种 NWP 模型中使用的一些参数设定和详细配置。其中 2 种为全球模型：欧洲中期天气预报中心（ECMWF）和全球预测系统（GFS）。ECMWF 和 GFS 分别由欧洲政府间组织和美国国家环境预报中心（NCEP）建立并对外提供收费服务。此外，我们还列出了 2 种区域模型：北美中尺度（NAM）模型和快速更新（RAP 或 RR）模型。二者的预测结果均由 NCEP 免费提供。虽然这 4 种模型示例还不够完善，且其精度也并非最高，但是它们在众多模型中最具代表性。

由于研究者们还在对这 4 种模型进行不断的改进和修正；因此我们只能列出它们当时的配置（参见表 12.1 和表 12.2）。

下列小节比较和对照了如下 4 种模型的配置：ECMWF、GFS、NAM 和 RR。

网格间距

有人可能会认为区域模型（NAM 和 RAP）的分辨率要显著高于全球模型（EC-

MWF 和 GFS)，但令人意外的是，二者之间的差异相当的小。ECMWF 的垂直分辨率最高，这有助于预测对太阳能发电量影响较大的薄层云。GFS 的水平网格间距较大（50 km），而其他所有模型的水平网格间距均约为 15 km。这些模型均不能求解出水平云；只有当水平网格间距减小至 4 km 左右时，才能解析分辨局部的深云。

输出时间间隔

输出时间间隔是指：模型输出结果写入永久存储器和可被公众获得的输出结果的时间间隔，由于储存的成本和局限性，输出时间间隔要远大于模拟值更新所需的内部计算动态时间步长（数十秒至几分钟）。而且，这一间隔还大于辐射传输参数化所需的时间间隔（几十分钟）。两种全球模型的输出配置中均包含每 3h 一次的数值。由于输出结果在时间上较分散，应使用一种比线性内插法更复杂的方法对全球模型中的辐照度值进行内插替换处理（Lorenz 等人，2009a；Mathiesen 和 Kleissl，2011)。区域模型每 1h 输出一次数值，这大概是精确度尚可的简单线性内插法所允许的最大时间间隔了。

表 12.1　模型的配置详情

	ECMWF	GFS	NAM	RAP
水平网格间隔（km）	16（T1279）	50（0.5）	12（0.11）	13
垂直层数	91	47	42	50
输出时间间隔（h）	3	3	1	1
预测时效	6d	8d	36h	18h
深厚积云方案	质量通量（Tiedtke）	质量通量（Han-Pan）	潮湿湍流调整（Betts-Miller-Janjic）	质量通量（Grell）
浅积云方案	质量通量（Tiedtke）	质量通量（Han-Pan）	潮湿湍流	质量通量（Grell）
湍流输送	EDMF	Lock	Mellor-Yamada-Janjic	Mellor-Yamada-Janjic
云量	可预报	可诊断	全或无	全或无
云垂直重叠	指数衰减	最大随机	不适用	不适用
层状微物理学，可预测水汽凝结现象	Tiedtke，rirs	Zhao-Carr，rcond	Ferrier，rs	Thompson，rirs rgNi Nr
气溶胶	可预报	气象学相关	—	—
短波辐射传输	RRTM/McRad	RRTm^2	GFDL	Goddard

表 12.2　模型式配置详情说明材料

	ECMWF	GFS	NAM	RAP
水平网格间隔（km）	http：//www. ecmwf. int/ publications/cms/get/ecmw-fnews/251	http：//nomads. ncep. noaa. gov：9090/dods/ gfs_ hd	http：//nomads. ncep. noaa. gov：9090/dods/gfs	http：//rapidrefresh. noaa. gov/，http：//www. nws. noaa. gov/om/ notification/tin11-53ructorap. htm
垂直层数	http：//www. ecmwf. int/re-search/ifsdocs/CY37r2/in-dex. html	http：//nomads. ncep. noaa. gov：9090/dods/ nam	http：//nomads. ncep. noaa. gov：9090/dods/nam	http：//rapidrefresh. noaa. gov/
输出时间间隔（h）	http：//www. iea-shc. org/ publications/downloads/ 24th _ EU_ PVSEC_ 5BV_ 2 50 _ lorenz_ final. pdf	http：//nomads. ncep. noaa. gov：9090/dods/ nam	http：//nomads. ncep. noaa. gov：9090/dods/nam	http：//rapidrefresh. noaa. gov/RR/
预测时效*	http：//www. ecmwf. int/ re-search/ifsdocs/CY3 7r2/ in-dex. html	http：//nomads. ncep. noaa. gov：9090/dods/ nam	http：//nomads. ncep. noaa. gov：9090/dods/nam	http：//rapidrefresh. noaa. gov/RR/
深厚积云	Tiedtke（1989）	Han 和 Pan（2011）	Betts 等人（1986）	http：//rapidrefresh. noaa. gov/，http：//www. mmm. ucar. edu/ wrf/users/docs/ user_ guide_ V3/users_ guide_ chap5. htm
浅积云	Tiedtke（1989）	Han 和 Pan（2011）	Moist turbulent adjustment	http：//rapidrefresh. noaa. gov/，http：//www. mmm. ucar. edu/ wrf/users/docs/ user_ guide_ V3/users_ guide_ chap5. htm
湍流输送	K. hler（2005）	Lock 等人（2000）	Janjic（2001）	Janjic（2001）
云量	Tiedtke（1993）	Xu 和 Randall（1996）	全或无	全或无

续表

	ECMWF	GFS	NAM	RAP
云重叠	Morcrette 等人，(2008)	http：//www. emc. ncep. noaa. gov/gmb/STATS/ html/model_ changes. html	不适用	不适用
层状微物理学，可预测水汽凝结现象。	Tiedtke (1993)，http：//www. ecmwf. int/research/ifsdocs/ CY37r2/index. html	Zhao 和 Carr (1997)；Sundqvist 等人 (1989)；Moorthi 等人 (2001)	Ferrier 等人 (2002)	Thompson 等人 (2008) http：//www. mmm. ucar. edu/wrf/users/docs/ user_ guide_ V3/users_ guide_ chap5. htm
气溶胶	Morcrette 等人. (2009)	http：//www. emc. ncep. noaa. gov/gmb/STATS/ htm html/model_ changes. html	—	—
短波辐射传输	http：//www. ecmwf. int/research/ifsdocs/CY37r2/index. html	9http：//www. emc. ncep. noaa. gov/gmb/STATS/ htmi/model_ changes. html	Perez，Haustein 等人 (2011)	http：//rapidrefresh. noaa. gov/

预测时效

ECMWF、GFS和NAM可提前1天预测出发电调度所需的结果。虽然RAP不具备这种能力，但可用于当天预测。

深厚积云

深厚积云是形成诸如气团、超级雷暴和飑等强风暴的基本单元。其水平尺度和垂直高度接近（10km），可以加热或干燥大范围周围大气环境。深厚积云参数化在NWP模型中可以起到许多作用，包括在一定的时间和地点引发暴风雨，以及使上方的水汽下降形成砧状云，并向地面投下阴影。目前的NWP模型主要通过两种方法实现深厚积云的参数化过程。首先，质量通量参数化作为一类现象-逻辑分析方法，将积云看作是活跃上升的羽状潮湿空气（例如，Kain 2004）。其次，通过将温湿度廓线释放至指定的气候廓线中，湿对流调整参数化可以清除大气中的重力不稳定（Stensrud，2007）。

深厚积云的云层参数化是NWP建模过程中难度最大的任务之一。常见的难题包括过早地引发深对流（Grabowski等人，2006）和在水平方向传播风暴（Davis等人，2003）。ECMWF、GFS和RAP使用质量通量参数化，而NAM使用水湿湍流调整，尤其是NAM使用了Betts-Miller-Janjic（BMJ）参数化（Betts，1986；Janjic，1994）。假设大气在寻求一种中性稳定、普适气候学温湿廓线，BMJ的参数化是成功的，并且还有理论作为依据。然而，支持存在普适湿廓线假设的依据较少（Emanuel，1994）。BMJ参数化在实践中对湿廓线很敏感，有时会导致其在错误的地点或时间引发对流（Stensrud，2007）。

浅积云

浅积云是一种在天气好时出现的云层，云顶部与地表距离仅为数千米。它们可以调节来自地表的热量和水分通量，并且会以较高的频率间歇性地遮挡光伏平板。与深厚积云参数化类似，浅积云参数化也使用质量通量法或湿对流调整。浅积云参数化的难点之一是与其他参数化的对接。这一难点阻碍了从（阴天）层积云到（块状）积云的云场模拟转换（Park和Bretherton，2009），以及从浅积云到深厚积云的模拟转换。ECMWF、GFS和RAP均使用与各自深厚积云参数化密切相关的质量通量参数化处理小型积云云层。NAM则使用湿度调整方法。

湍流输送

重力不稳定或垂直风切变可以生成湍流。小型湍流可以在垂直方向输送热量和水分，从而创造出饱和及云层形成的条件。因此，准确地模拟出小型湍流至关重要。在NWP模型中，可以使用湍流扩散（通常为向下梯度）模拟垂直的湍流输送，多种功能形式的涡流扩散性可以影响其中的云量。一些湍流输送参数化（Janjic 2001）创建出浅边界层，可以限制接近地面的水分和促进云量生成；而一些更加有力的参数化（Hong等人，2006）可以创建出更深、更干燥、云量更少的边界层（Weisman

等人，2008）。ECMWF、GFS、NAM 和 RAP 模型均通过涡流扩散性处理湍流输送，ECMWF 整合了一个类似质量通量的成分，以表现干对流和浅积云引起的上升和下沉气流。这样的做法改进了 ECMWF 模型表现浅层积云的能力（K. ehler，2005）。

云量

次网格尺度的云量是指云（例如，悬浮液滴或可能的冰晶颗粒）在网格内占据的体积分数。虽然云量预测并不能使 NWP 模型预测出单个小型云的演化过程，但却有助于评估云场在经过光伏平板上方时投下阴影的概率。当未进行云量参数化时，NWP 模型必须假设在给定的时间步长内，各个网格的内部是完全布满云层或是完全不存在云层。这使得当水平网格间隔大于 1 km 后，NWP 模型的精度会随着网格间距的加大而逐渐下降。

云量参数化可分为预报和诊断两类。预报方程中包含时间-趋势项。它将云量看作是一个与水汽类似的量，并且各个网格可以随着时间步长输送和保留云量值（Tiedtke，1993；Wilson 等人，2008）。为了初始化局部云量，预测参数化常常只能依靠一个专设的相对湿度临界阈值（Tompkins 2002）。另一方面，诊断参数化在每个时间步长中重新计算云量，并在时间步长结束后舍弃对应的云量值。诊断参数化不会保存各时间步长之前的数据。

通常从含水汽中可以诊断云量（Xu 和 Randall 1996），但是在本质上，这两种数量在某种程度上会随着独立性而变化。ECMWF 可以预报云量、GFS 可以诊断云量，而 NAM 和 RAP 可假设各个网格在给定的时间步长内要么是（全部）阴天，要么是晴天。由于晴空积云的云层直径可能为 0（1 km），因此对于预测通常使用的水平网格间距（152 km）来说，这样的二元制云量处理方法存在缺陷。

云重叠

即使是模型能够非常精确地预测出各个高度上的云量，地面上的太阳辐照度也会根据各个高度的云在垂直方向的重叠情况出现显著的变化（Morcrette 和 Fouquart，1986；Morcrette 和 Jakob，2000）。由于辐射传输的非线性特征，如果云堆叠在垂直方向上（例如，完全重叠），到达地面的辐射会更多。如果云层在水平方向上随机分布，可能会将更多的辐射反射到太空，那么到达地面的辐射则很少。

NWP 模型使用了两个主要假设。最大随机参数化假设，相邻两层云是最大重叠的，而被晴空分离的云是随机重叠的（例如，Hogan 和 Illingworth，2000；Morcrette 和 Jakob 2000；Collins，2001）。另一种假设认为，两个云层的重叠程度随着二者的间距呈现指数式衰减（Hogan 和 Illingworth，2000；Morcrette 等人，2008）。最大—随机重叠假设虽更符合实际情况，但仍存在某些局限性。它引入了对垂直网格间距的依赖性（Bergman 和 Rasch，2002；Pincus 等人，2005），并有可能导致地面辐照度预测结果偏大（Illingworth 等人，2007）。然而，另一种假设（即指数衰减重叠）的缺点是云层重叠且相关性在垂直高度范围内不是恒定的，目前还没有一种公认的方法能够使用参数表现出这一范围（Pincus 等人，2005）。ECMWF 假设了云的垂直重叠程度会随着云的距离呈现指数式减少（Morcrette 等人，2008）。GFS 则假设云层之间为最大—随机重叠。NAM 和 RAP 则假设网格内的云量为全有或全无，完全排除了任何的云层重叠假设。

层状微物理学

微物理学的定律支配着水汽凝结体的形成，这其中还包括云滴、冰晶及其发展为降水或雪粒的过程。深厚积云和浅积云的参数化常常各包含一个单独的微物理学参数化过程，用于计算出不同云层的降水情况。然而，还需要使用另一个微物理学参数化计算出层状云的降水情况。微物理学参数化对于预测太阳辐照度至关重要，因为这一过程能够提供散射和吸收辐射的粒子场。本质上，辐射传输极其依赖于水汽凝结体的个数浓度和尺寸，尤其是对于液态云。

不同微物理学参数的复杂程度各不相同。一些参数化可以预测出多种水汽凝结体的含水量，少数“双参数”参数化还能预测某些水汽凝结体的计数浓度（Thompson 等人，2008）。除了 GFS 之外，所有方案都能预报云水（小液滴）和雨水（大液滴）的混合比。表 12.1 中列出了所用的微物理学方案及其预测出的水汽凝结体，不仅限于水蒸气、液体（云）水和雨水的混合比。GFS 未预测云水混合比，而是预测云凝结混合比（r_{cond}，“cond”是指小型云粒和冰粒的总和）。此外，GFS 还可诊断（非预测）雨雪情况。NAM 预报雪混合比（r_s）。ECMWF 预报 r_s 和云冰混合比（r_i）。RAP 预报 r_i、r_s 和霰混合比 r_g，云-冰粒子（N_i）和雨滴（N_r）的计数浓度。

这些模型中最新、最为复杂的微物理学方案是 RAP（Thompson 等人，2008）。该方案可以预报云冰、雪、霰混合比、云冰和雨的计数浓度。一种先进的云冰处理方法有可能改进穿过卷云和混合相云的辐射通量。

气溶胶

气溶胶是由悬浮在大气中的尘埃等小颗粒形成的。气溶胶可以散射和吸收辐射，减少地面上的太阳辐照度。虽然 NWP 模型中的气溶胶在最近才受到关注，但它确实能够影响晴空辐照度，尤其是在聚光型光伏和聚光型太阳能发电中起着重要作用的直射辐照度（DNI）。少数 NWP 模型可以预报气溶胶，并预测气溶胶在一天中的变化（例如，ECMWF；Morcrette 等人，2009）。ECMWF 能够预报气溶胶在各预测期间的时间演化和移动。

通常，气溶胶在地面和洋面大气中具有复杂的变化，因此预报气溶胶的参数化过程十分复杂（Morcrette 等人，2009；Perez，Haustein 等人，2011）。GFS 假设气溶胶具有静态气候学特征（http://www.emc.ncep.noaa.gov/gmb/STATS/html/model_changes.html）。然而，这些气象方法却忽略了气溶胶在每天中的变化。此外，依然有模型完全忽略了气溶胶的影响，虽然这会导致地面的辐射照度预测值偏高，但这种情况会在后处理阶段进行修正。

短波辐射传输

辐射可以分为两类：由太阳发出且波长小于4 μm 的短波辐射（“太阳”）和来自地球大气层且由波长大于4 μm 组成的长波辐射（“热”）。其中，只有短波辐射能够转换为光伏电力。短波辐照度，又称为水平总辐照度（GHI）或向下投射的短波辐射通量，这一数据可从气象中心获得。然而，尽管聚光型光伏等太阳能技术发电预测需要使用 DNI 预测值，但这 4 种模型均不能预测出当前的 DNI 结果。辐射传输参数化，可以计算出水蒸气、臭氧等气体吸收的辐射量和云滴、冰晶和气溶胶等颗粒吸收和散射的辐射量。

辐射传输的测定过程需要高昂的运算成本，因此必须采取折中方案。气体吸收的谱线较细，不能进行单独计算，必须将其分为不同频带进行近似计算。远离谱线中心的连续频谱区域尤其容易出现误差。虽然多个角度方向的辐射流与光伏发电量相关，但 NWP 模型只能计算出向下投射型和向上投射型两种辐射流。角度信息的缺乏不利于计算倾斜光伏平板上的辐射。

最后，由于辐射传输参数化假设大气具有水平均匀性或“平行平面”，因此忽略了辐射传输的三维效应。例如，当太阳直射光束附近的云层散射阳光时，可以观测到增强的辐射照度（例如，Schade 等人，2007）。ECMWF 使用经过更新的 RRTM/McRad 辐射传输参数化后，可以更加精确地计算出水蒸气吸收的辐射（Morcrette 等人，2008）。该参数化能够“看到”水蒸气、二氧化碳、臭氧、甲烷、氧气、氮气、气溶胶、云量、液态水、冰和雪（http://www.ecmwf.int/research/ifsdocs/CY7r2/index.html）。GFS 也使用了 RRTM，NAM 和 RAP 则使用相似的参数化。需要注意的是，通常认为动力模式框架和辐射传输参数化中的误差较小，而云层和湍流参数化中的误差较大（例如，Soden 和 Held，2006）。

12.4 辐照度预测误差的原因

造成辐照度预测误差的原因有许多，包括较差的模型初始化、过于粗糙的垂直网格间隔，以及在与太阳辐照度计算紧密相关的参数化过程中进行假设建模时产生的误差。对于可能与地面太阳辐照度相关的模型误差，以及文献中讨论的模型误差，我们在此列出一个简表，并将其分为两大类：直接与云层相关的误差和间接与云层相关的误差。

12.4.1 非多云场景

当天空中未出现云层及种种复杂情况时，有人可能会认为预测不会出现严重的误差。事实上，某些模型仍然存在显著的晴空误差（Wild，2008；Mathiesen 和 Kleissl，2011）。造成这些误差原因如下：

水蒸气吸收辐射。一些短波辐射传输模型在辐射光谱的连续部分（例如，远离吸收谱线中心）低估了水蒸气的辐射吸收作用（Morcrette，2002；Wild，2008）。例如，ECMWF 模型就低估了水蒸气吸收（Morcrette，2002），但在最近更新的辐射传输模型中改进了这一项（Morcrette 等人，2008）。

臭氧的辐射吸收不准确。如果未能如实地表现出臭氧的辐射吸收作用，将导致辐射照度预测值偏高（Cagnazzo 等人，2007；Wild，2008）。

气溶胶的辐射吸收不准确或缺失。大气中的气溶胶使太阳辐射发生散射，从而减少地面的太阳辐照度。因此，气溶胶的代表性不准确或是没有对气溶胶进行描述的模型可能导致晴空辐照度预测出错（Wild，2008）。

12.4.2　多云场景

天空出现的云层可能会引起多种复杂的误差，使得地面辐照度预测偏高或偏低。

低层或中层云的预测偏低。许多模型会低估低层（距离地面 ~0 ~2 km）或中层（距离地面 ~2 ~7 km）的云量（Zhang 等人，2005；Illingworth 等人，2007）。造成这一现象的原因有很多，包括云层和湍流参数化中的多种误差。例如，NAM 和 RAP 不会计算位于辐射传输参数化范围外的次网格尺度云量；而多数 NAM 和 RAP 计算假设各网格内的云量要么是 0，要么是 1。

薄云层预测偏低和厚云层预测偏高。许多气候模型预测的薄云层出现的频率偏低，厚云层出现的频率偏高。这可能是由于模型参数化中的多种缺陷和过于粗糙的垂直网格间距造成的（Zhang 等人，2005）。例如，如果某个网格的厚度为 500 m，那么则很难表现厚度小于 500 m 的云层。

不合理的云垂直重叠假设。模型通常会假设云是最大、随机重叠的。然而，人们认为这会低估重叠的总的云量，从而高估地面辐照度预测值（Illingworth 等人，2007；Morcrette 等人，2008）。

12.4.3　谨慎的必要

由于大气的物理过程之间具有较强的反馈和相互作用，因此要查明模型误差是极为困难的。许多看似与辐射传输不相干的过程可能也会引起显著的辐照度误差（例如，Webb 等人，2001）。例如，在美国中西部地区，初始降水量不足，会使地表土壤过于干燥和温度升高，从而进一步加剧降水不足（Klein 等人，2006；Wild，2008）。顺便说明，我们注意到这样的局部气候现象，可能会降低这些区域观测值的代表性（例如，美国中西部地区 SURFRAD 站点）。

12.5　当天太阳辐照度的预测精度

在量化评估预测精确度之前，我们绘制出科罗拉多州博尔德 SURFRAD 站点在某一天辐照度的观测值与预测值图形。我们从中看到太阳辐照度在短期内具有显著的波动性，这主要是有小型云经过测量仪器的上方造成的。由于 NAM 和 GFS 每 1h

或3h输出预测结果，因此二者均未求解出这一时间变率。为了量化这些误差，过去数年中多位研究人员比较了使用最先进模型回算的GHI观测值（例如，Remund等人，2008；Lorenz等人，2009a，b；Perez，Beauhamois等人，2011；Mathiesen和Kleissl，2011；Pelland等人，2011）。除了Mathiesen和Kleissl（2011）评估了当天预测外，上述所有的研究评估的是日前预测。由于大多数研究并未发现预测误差对前48h的预测范围具有极大的依赖性，因此预计可以将Mathiesen和Kleissl（2011）的结果与其他研究进行比较。除了本章介绍的所有模式之外，他们评估的预测模型还包括加拿大的全球环境多尺度（GEM）模型（Pelland等人，2011）和美国国家数字预报数据库（NDFD；Glahn和Ruth，2003；Perez，Kivalov等人，2009；也可参阅http：//www. nws. noaa. gov/ndfd/）。

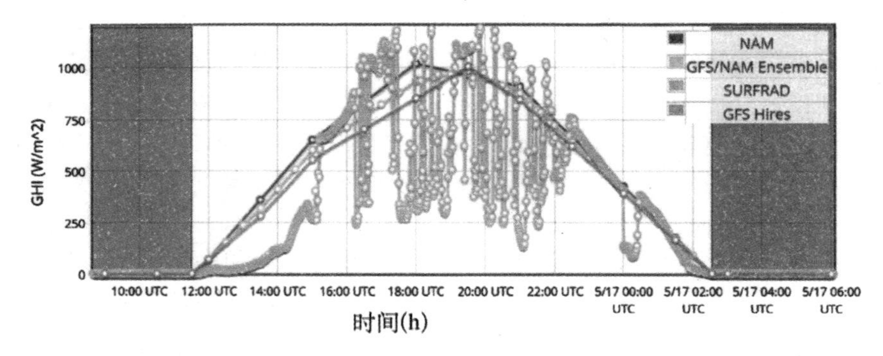

图12.1　2012年1月16日，科罗拉多州博尔德地区的SURFRAD站点（蓝色）的GHI时间序列，NAM（绿色）和GFS（红色）预测的GHI，以及由NAM和GFS模型的简单算术平均预测的时间序列（黄色）。GHI的高频率变化源自间歇性小型云层在辐照度仪器上的阴影。可公开获得的NWP结果具有较大的时间间隔，所以难以捕获到这样的变化。

由于NDFD与其他预测不同，我们在此进行一些相关介绍。NDFD是由隶属于美国国家气象服务网络天气预报台的预报员们建立的。预报员们从一项NWP预测入手，根据自己的主观经验进行修改，将结果输入数据集后立即就得出可用的结果。该结果可用范围的水平网格间隔为5 km，并且连续覆盖了整个美国地区。尽管NDFD不包括太阳辐照度，但却可以提供云覆盖信息，从而运用经验从中推断出辐照度（Perez等人，2009）。NDFD还不包括含水量等某些与计算太阳辐照度相关的量。由于NDFD具有主观性，其中的误差在时间上不具有统计均匀性。因此对NDFD预测进行统计后处理具有一定的风险。一些学者将模型测量值与来自SURFRAD网络站点的GHI地面测量值（Augustine等人，2000）进行了比较，而且也将其与加拿大（Pelland等人，2011）、德国（Lorenz等人，2009a，b）以及瑞士、奥地利和西班牙等国（Lorenz等人，2009b）的地面测量值做了对比。为使读者了解到GHI当天预测的误差量级，表12.3列出了上述6项近期研究样本中的相对均方根误差（RMSE）。误差度量RMSE是一种无量纲量，其计算如公式（12.1）所示。

$$rRMSE = \sqrt{\frac{1}{N}\sum_{i=1}^{N}\left(\frac{GHI_{NWP,i} - GHI_{MEAS,i}}{GHI_{MEAS}}\right)^2} \tag{12.1}$$

表 12.3　不同研究中 GHI 预测值的 rRSME 范围

模型	Remund 等人（2008）	Lorenz 等人（2009a）	Perez，Beauharnois 等人（2011）	Mathiessen 和 Kleissl（2011）	Pelland 等人（2011）	Lorenz 等人（2009b）
ECMWF	18～40	37	33	20～42	—	20～46
GEM	—	—	33	—	17～44	—
GFS	—	—	—	18～37	—	41～45
NAM	—	—	—	20～46	—	—
WRF	18～50	—	45	—	—	44～55
NDFD	18～41	—	40		—	—
持续性预测	—	—	50		—	58～64

注意：将表中结果乘以 100%，以百分数形式表示。

在上述公式中，我们假设有 N 次 GHI 预测值 $GHI_{NWP,i}$，N 次 GHI 测量值 $GHI_{MEAS,i}$，以及平均测量值 GHI_{MEAS}。

作为一种简单常见的误差度量标准，异常值在 $rRMSE$ 中的权重大于在平均绝对误差中的权重，$rRMSE$ 值越小表明精确度越高。由于某些地点的气象条件更容易预测，因此 $rRMSE$ 会随之出现很多的变化（Lorenz 等人，2009b）。例如，由于西班牙或内华达州黑岩沙漠的云层较少，GHI 的预测更加容易。因此，表 12.3 中 Remund 等人（2008）和 Lorenz 等人（2009b）的结果中就略去了西班牙的 $rRMSE$ 值。然而，对于那些想要评估某个光伏系统位置上日前预测精确度的研发人员来说，他们十分关心预测精确度与局部气象学的依赖性。

由于不同的研究采用的测量数据来自不同的站点，因此不能直接比较它们的 $rRMSE$ 值。此外，这些预测采用了不同的后处理方法，因此 $rRMSE$ 值并不能反映出原始预测数据的精确度。总之，ECMWF 的预测精度要略高于其他模型（Remund 等人，2008；Perez，Beauharnois 等人，2011；Mathiesen 和 Kleissl，2011；Lorenz 等人，2009b）。Mathiesen 和 Kleissl（2011）发现 ECMWF、GFS 和 NAM 的辐照度预测值偏高（参见图 4），部分是因为它们预测的晴空条件中实际存在一些云。此外，Mathiesen 和 Kleissl（2011）还发现 NAM 在太阳角度较低的晴空条件时，预测的辐照度偏低。在无云条件下出现的误差表明水蒸气、气溶胶等晴空特征量的误差，或辐射传输模型其本身具有误差。根据位于俄克拉荷马州的大气辐射测量（ARM）站点观测数据，学者对 ECMWF 模型使用的 McRad/RRTM 辐射传输模型进行了修正（Morcrette 等人．2008），结果表明，在晴空条件中的误差相对较小（Mathiesen 和 Kleissl，2011，图 8）。Perez，Beauharnois 等人（2011）、Mathiesen 和 Kleissl（2011）

注意到分辨率更高的 GFS-初始化中尺度预测模型的 RMSE 值比基于 ECMWF 或 GEM 的模型的 RMSE 值更差。

这一发现看似是矛盾的，因为在其他条件相等的情况下，分辨率越高理应得出越精确的模拟结果。通过研究精确度较差的中尺度预测，Zack（2012）认为 GFS 向中尺度模型提供的范围和初始条件不是引起上述问题的原因。而且，他认为中尺度预测具有更高的水平分辨率，它们在预测实际的云层系统时，在空间和/或时间上会出现稍微不同于地面观测的偏移。此类位移或时间误差会导致 RMSE 值较大，虽然空间平均过程会减少 RMSE 值，但也可能会消除某些有用的预测细节。Ebert（2008，2009）和 Gilleland 等人（2009）在气象文献中指出了一些比较高分辨率和低分辨率预测时出现的问题。这些研究认为，使用 RMSE 等传统验证标准评价高分辨率模拟中轻微的位移误差是不公平的。因此，使用如邻元法（Ebert，2008、2009）等其他验证手段可能更值得探讨。

12.6 结论

尽管 NWP 模型能够提供有用的地表太阳辐照度日前预测。但会突然出现显著的误差。由于造成误差的原因有很多，因此很难判断误差的来源。例如，地面上的太阳辐照度整体预测可能源自云量、含水量或气溶胶预测。这些误差反过来又可能源自模型中其他的缺陷。

某些模型在预测晴空辐照度时仍然存在着显著的误差，这可能与模型对气溶胶、痕量气体或辐射传输的表现不足有关。阴天辐照度的误差更大，主要原因是难以对次网格尺度的云进行参数化处理，以及此类云的垂直重叠效应难以确定。因地点不同而出现显著差异的预测结果，影响了拟建太阳能发电站评估误差的量级。此外，如果将 RMSE 和类似的区域统计数据作为验证预测的标准，这样可能对高分辨率太阳辐照度预测产生不公平的不利影响。

NWP 预测在未来的改进速度如何？由于 NWP 太阳能发电量预测仍处于初始阶段，仅有少数与该应用相关的出版文献考虑了地面辐照度预测与观测的对比检验。另一方面，在经历了数十年的发展，随着 NWP 有针对性地调整并克服辐照度预测中的新问题，预计近期至中期的辐照度预测能够获得改进。此外，随着计算机能力的上升和数值算法的改进，预计 NWP 基础模型也会得到逐步改善。

参考文献

[1] Augustine, J. A., DeLuisi, J. J., Long, C. N., 2000. SURFRAD-a national surface radiation budget network for atmospheric research. Bull. Amer. Met. Soc A. 481 (10), 2341-2358.

[2] Bergman, J. W., Rasch, P. J., 2002. Parameterizing vertically coherent cloud distri-

butions. J. Atmos. Sci. 59 (14), 2165-2182.

[3] Betts, A. K., 1986. A new convective adjustment scheme. Part 1: Observational and theoretical basis. Quart. J. Roy. Meteor. Soc. 112, 677-691.

[4] Buizza, R., Miller, M., Palmer, T. N., 1999. Stochastic representation of model uncertainties in the ECMWF Ensemble Prediction System. Quart. J. Roy. Meteor. Soc. 125, 2887-2908.

[5] Cagnazzo, C., Manzini, E., Giorgetta, M. A., De Forster, P. M., Morcrette, J.-J., 2007. Impact of an improved shortwave radiation scheme in the MAECHAM general circulation model. Atmos. Chem. Phys. 7, 2503-2515.

[6] Coiffier, J., 2011. Fundamentals of Numerical Weather Prediction. Cambridge University Press. Collins, W. D., 2001. Parameterization of generalized cloud overlap for radiative calculations in general circulation models. J. Atmos. Sci. 58, 3224-3242.

[7] Davis, C. A., Manning, K. W., Carbone, R. E., Trier, S. B., Tuttle, J. D., 2003. Coherence of warm-season continental rainfall in numerical weather prediction models. Mon. Wea. Rev. 131, 2667-2679.

[8] Du, J., DiMego, G., Toth, Z., Jovic, D., Zhou, B., Zhu, J., Wang, J., Juang, H., 2009. Recent upgrade of NCEP short-range ensemble forecast (SREF) system. Preprints, 23rd Conference on Weather Analysis and Forecasting/19th Conference on Numerical Weather Prediction. Amer. Meteor. Soc. Omaha, NE. http: //ams. confex. com/ams/23WAF19NWP/techprogram/ paperl53264. htm.

[9] Ebert, E. E., 2008. Fuzzy verification of high-resolution gridded forecasts: a review and proposed framework. Meteorol. Appl. 15, 51-64.

[10] Ebert, E. E., 2009. Neighborhood verification: A strategy for rewarding close forecasts. Wea. Forecasting 24, 1498-1510.

[11] Emanuel, K. A., 1994. Atmospheric Convection. Oxford University Press.

[12] Ferrier, B. S., Jin, Y., Lin, Y., Black, T., Rogers, E., DiMego, G., 2002. Implementation of a new grid-scale cloud and precipitation scheme in the NCEP Eta model. In: Preprints, Proc. 15th Conf. on Numerical Weather Prediction. Amer. Meteor. Soc. San Antonio, TX.

[13] Gilleland, E., Ahijevych, D., Brown, B. G., Casati, B., Ebert, E. E., 2009. Intercomparison of spatial forecast verification methods. Wea. Forecasting 24, 1416-1430.

[14] Glahn, H. R., Ruth, D. P., 2003. The new digital forecast database of the National Weather Service. Bull. Amer. Meteor. Soc. 84, 195-201.

[15] Grabowski, W. W., Bechtold, P, Cheng, A., et al., 2006. Daytime convective development over land: A model intercomparison based on LBA observations. Quart.

J. Roy. Meteor. Soc. 132, 317-344.

[16] Hagedom, R., Buizza, R., Hamill, T. M., Leutbecher, M., Palmer, T. N., 2012. Comparing TIGGE multi-model forecasts with re-forecast calibrated ECMWF ensemble forecasts. Accepted to Quart. J. Roy. Meteor. Soc.

[17] Han, J., Pan, H.-L., 2011. Revision of convection and vertical diffusion schemes in the NCEP Global Forecast System. Wea. Forecasting 26, 520-533.

[18] Hogan, R. J., Illingworth, A. J., 2000. Deriving cloud overlap statistics from radar. Quart. J. Roy. Meteor. Soc. 126, 2903-2909.

[19] Hong, S.-Y., Noh, Y., Dudhia, J., 2006. A new vertical diffusion package with an explicit treatment of entrainment processes. Mon. Wea. Rev. 134, 2318-2341.

[20] Illingworth, A. J., Hogan, R. J., O'Connor, E. J., et al., 2007. CLOUDNET: Continuous evaluation of cloud profiles in seven operational models using ground-based observations. Bull. Amer. Meteor. Soc. 88, 883-898.

[21] Janjic, Z., 1994. The step-mountain Eta coordinate model: Further developments of the convection, viscous sublayer, and turbulence closure schemes. Mon. Wea. Rev. 122, 927-945.

[22] Janjic, Z., 2001. Nonsingular implementation of the Mellor-Yamada level 2.5 scheme in the NCEP meso model. Tech. rep. NOAA/NWS/NCEP Office Note No. 436. http://www.emc.ncep.noaa.gov/officenotes/newernotes/on437.pdf.

[23] Kain, J. S., 2004. The Kain-Fritsch convective parameterization: An update. J. Appl. Meteor. 43, 170-181.

[24] Klein, S. A., Jiang, X., Boyle, J., Malyshev, S., Xie, S., 2006. Diagnosis of the summertime warm and dry bias over the U. S. Southern Great Plains in the GFDL climate model using a weather forecasting approach. Geophys. Res. Lett. 33 (L18805). http://dx.doi.org/10.1029/2006GL027567.

[25] Kohler, M., 2005, Improved prediction of boundary layer clouds. ECMWF Newsletter 104, 18-22. http://www.ecmwf.int/publications/newsletters/pdf/10.pdf.

[26] Krishnamurti, T. N., Kishtawal, C. M., LaRow, T. E., Bachiochi, D., Zhang, Z., Williford, C. E., Gadgil, S., Surendan, S., 1999. Improved weather and seasonal climate forecasts from multimodel superensembles. Science 258, 1548-1550.

[27] Lock, A. P., Brown, A. R., Bush, M. R., Martin, G. M., Smith, R. N. B., 2000. A new boundary layer mixing scheme. Part I: Scheme description and single-column model tests. Mon. Wea. Rev. 128 (9), 3187-3199.

[28] Lorenz, E., Hurka, J., Heinemann, D., Beyer, H. G., 2009a. Irradiance forecasting for the power prediction of grid-connected photovoltaic systems. IEEE J. Sel. Top. App. Earth Obs. Remote Sens. 2, 2-10.

[29] Lorenz, E., Remund, J., Muller, S. C., et al., 2009b. Benchmarking of different approaches to forecast solar irradiance. In: 24th European Photovoltaic Solar Energy Conference. Hamburg, Germany.

[30] Mathiesen, P., Kleissl, J., 2011. Evaluation of numerical weather prediction for intra-day solar forecasting in the continental United States. Sol. Energy 85, 967-977.

[31] Moorthi, S., Pan, H.-L., Caplan, P., 2001. Changes to the 2001 NCEP operational MRF/AVN global analysis/forecast system. Res. Department memo. R60. 6. 1/CJ/83, NWS Technical Procedures Bulletin 484. http://www. nws. noaa. gov/om/tpb/484. htm.

[32] Morcrette, J.-J., 2002. Assessment of the ECMWF model cloudiness and surface radiation fields at the ARM SGP site. Mon. Wea. Rev. 130, 257-51 277.

[33] Morcrette, J.-J., Barker, H. W., Cole, J. S., Iacono, M. J., Pincus, R., 2008. Impact of a new radiation package, McRad, in the ECMWF Integrated Forecasting System. Mon. Wea. Rev. 136, 4773-4798.

[34] Morcrette, J.-J., Boucher, O., Jones, L., et al., 2009. Aerosol analysis and forecast in the European Centre for Medium-Range Weather Forecasts Integrated Forecast System: Forward modeling. J. Geophys. Res. 114 (D06206). http://dx. doi. org/10. 1029/2008JD011235.

[35] Morcrette, J.-J., Fouquart, Y., 1986. The overlapping of cloud layers in shortwave radiation parameterization. J. Atmos. Sci. 43, 321-328.

[36] Morcrette, J.-J., Jakob, C., 2000. The response of the ECMWF model to changes in the cloud overlap assumption. Mon. Wea. Rev. 128, 1707-1732.

[37] Park, S., Bretherton. C. S., 2009. The University of Washington shallow convection and moist turbulence schemes and their impact on climate simulations with the Community Atmosphere Model. J. Climate 22, 3449-3469.

[38] Pelland, S., Galanis, G., Kallos, G., 2011. Solar and photovoltaic forecasting through postprocessing of the Global Environmental Multiscale numerical weather prediction model. Progress in Photovoltaics: Research and Applications, http://dx. doi. org/10. 1002/pip. 1180.

[39] Perez, C., Haustein, K., Janjic, Z., et al., 2011. Atmospheric dust modeling from meso to globalscales with the online NMMB/BSC-Dust model Part 1: Model description, annual simulations and evaluation. Atmos. Chem. Phys. 11, 13001-13027. http://dx. doi. org/ 10. 5194/acp-l 1-13001-2011, 77.

[40] Perez, R., Beauhamois, M. Hemker, K., J., et al., 2011. Evaluation of numerical weather prediction solar irradiance forecasts in the US. In: Proc. ASES Annual

Conference. American Solar Energy Society, Raleigh, NC.

[41] Perez, R. , Kivalov, S. , Schlemmer, J. , Hemker Jr. , K. , Renne, D. , Hoff, T. E. , 2009. Validation of short and medium term operational solar radiation forecasts in the US. In: Proceedings SES Annual Conference. Buffalo, New York.

[42] Pincus, R. , Hannay, C. , Klein, S. A. , Xu, K. -M. , Hemler, R. , 2005. Overlap assumptions for assumed probability distribution function cloud schemes in large-scale models. J. Geophys. Res. 110 (D15S09). http://dx.doi.org/10.1029/2004JD005100.

[43] Remund, J. , Perez, R. , Lorenz, E. , 2008. Comparison of solar radiation forecasts for the USA. In: 23rd European Photovoltaic Solar Energy Conference. Valencia, Spain.

[44] Schade, N. H. , Macke, A. , Sandmann, H. , Stick, C. , 2007. Enhanced solar global irradiance during cloudy sky conditions. Meteorologische Zeitschrift5 16 (3), 295-303.

[45] Soden, B. J. , Held, I. M. , 2006. An assessment of climate feedbacks in coupled ocean-atmosphere models. J. Climate 19 (14), 3354-3360.

[46] Stensrud, D. J. , 2007. Parameterization Schemes: Keys to Understanding Numerical Weather Prediction Models. Cambridge University Press, Cambridge, UK.

[47] Sundqvist, H. , Berge, E. , Kristjansson, J. E. , 1989. Condensation and cloud studies with mesoscale numerical weather prediction model. Mon. Wea. Rev. 117, 1641-1757.

[48] Thompson, G. , Field, P. R. , Rasmussen, R. Hall, W. D. , 2008. Explicit forecasts of winter precipitation using an improved bulk microphysics scheme. Part II: Implementation of a new snow parameterization. Mon. Wea. Rev. 136, 5095-5115.

[49] Tiedtke, M. , 1989. A comprehensive mass flux scheme for cumulus parameterization in large-scale models. Mon. Wea. Rev. 117 (8), 1779-1800.

[50] Tiedtke, M. , 1993. Representation of clouds in large-scale models. Mon. Wea. Rev. 121, 3040-3061.

[51] Tompkins, A. M. , 2002. A prognostic parameterization for the subgrid-scale variability of water vapor and clouds in large-scale models and its use to diagnose cloud cover. J. Atmos. Sci. 59, 1917-1942.

[52] Warner, T. T. , 2011. Numerical Weather and Climate Prediction. Cambridge University Press, Cambridge, UK.

[53] Webb, M. , Senior, C. , Bony, S. , Morcrette, J. J. , 2001. Combining ERBE and ISCCP data to assess clouds in the Hadley Centre, ECMWF and LMD atmospheric climate models. Clim. Dyn. 17, 905-922.

[54] Weisman, M. L. , Davis, C. , Wang, W. , Manning, K. W. , Klemp, J. B. , 2008. Experiences with 0 to 36-h explicit convective forecasts with the WRFARW model. Wea. Forecasting 23, 407-437.

[55] Wild, M. , 2008. Short-wave and long-wave surface radiation budgets in GCMs: a review based on the IPCC-AR4/CMIP3 models. Tellus A. 60, 932-945. http: // dx. doi. 0rg/lO. llll/j. 1600- 0870. 2008. 00342. x.

[56] Wilson, D. R. , Bushell, A. C. , Kerr-Munslow, A. M. , Price, J. D. , Morcrette, C. J. , 2008. PC2: A prognostic cloud fraction and condensation scheme. I: Scheme description. Quart. J. Roy. Meteor. Soc. 134, 2093-2107.

[57] Xu, K. -M. , Randall, D. A. , 1996. A semiempirical cloudiness parameterization for use in climate models. J. Atmos. Sci. 53, 3084-3102.

[58] Zack, J. W. , 2012. IEA model intercomparison project update: Investigation of differences in model performance. In: UVIG workshop. Utility Variable-Generation Integration Group, Tucson, AZ. http: //www. uwig. org/members/tusforework/Session8-Zack. pdf.

[59] Zhang, M. H. , Lin, W. Y. , Klein, S. A. , et al. , 2005. Comparing clouds and their seasonal variations in 10 atmospheric general circulation models with satellite measurements. J. Geophys. Res. 110 (D15S02). http: //dx. doi. org/10. 1029/ 2004JD005021, 739.

[60] Zhao, Q. , Carr, F. H. , 1997. A prognostic cloud scheme for operational NWP7 models. Mon. Wea. Rev. 125 (8), 1931-1953.

第 13 章　数值天气预报中的资料同化技术及其示例应用

Andrew S. Jones 与 **Steven J. Fletcher**
科罗拉多州立大学，大气联合研究所

章节纲要

13.1 简介

我们致力于通过理解大气环境内多种云层反应的物理现象和模型，对当前和未来的云层信息做出最佳的估计。但是，多种环境和物理系统之间动态交互，使得这一过程变得十分复杂，只有在高分辨云解析 NWP 模型中才能将所有的特征整合为云支持环境的单一视图（例如，温度、压力、湿度、风速、水汽凝结体参数），以及预测这一支持环境的未来演化。

NWP 模型的能力在正确地初始化后，得出的云层信息才能具有与模型科学（例如，动力学和气象物理学）等同的质量。资料同化（DA）技术对这一过程中的初始化的量化改进进行了强调与检验，第 12 章讨论了模型物理学和 NWP 系统模拟云的能力，而该模拟结果又与太阳能预测有关。这其中包括了众多的气象云物理参数化、大气湍流和混合，以及相关的数值动力学和分辨率问题。在本章中，我们将所有的复杂过程整合为一种函数预报-模型表现方法，并用简单的“M”表示。此外，我们还讨论了如何确定由初始三维模型变量组得到模型状态 x。我们回答了如下实际问题：

- 在太阳能预测模型中，最佳的初始化方法是什么？
- 如何解释误差及其相互的统计学关系？例如，某个模型的误差会产生怎样的影响？初始条件误差又会产生什么影响？这些误差是如何传播的？
- 在不了解真实完全的大气状态时，能否改进模型的初始状态估计？哪种假设能够简化并标准化这一初始化过程，以及影响太阳能预测的因素有哪些？

解决上述问题显然对获得精确的太阳能预测至关重要。

幸运的是，数学控制理论已经开始在天气领域中应用，这一方面的工作被称为 NWP 资料同化（DA）。该工作的目标是精确地将观测资料同化为无不良后果的天气预测数据，例如，人为扰乱模型动力学就是一种不良后果。我们可以将 DA 类比为“向池塘中扔进几块石头，而不引起过多的波纹或其他非自然的干扰”。在过去，DA 曾引发了严重的预测运行问题，例如，加入更加丰富的数据，但这只会引起更多不需要的干扰。因此，加入更多的数据只会使 DA 出现更多问题。数学方法已经在很大程度上解决了这些问题；然而，DA 仍然是一个较新的领域，随着并行计算的出现，一种新型的密集计算方法正在不断地投入应用。Kalnay（2003）回顾了 NWPDA 领域精彩的发展历程。

几大主要的 NWP 中心执行了多种云-DA 活动。植根于全球天气研究团体的人们是来自世界各地、不同研究领域的云-DA 参与者，从短期预报员和策略运营商，再到中期（提前7～10天）预测的用户。此外，研究气候变化的科学家对该领域也很感兴趣，例如通过使用NWPDA技术，研究不同云层相互作用的形成和衰减与时间的关系，以及在气候层面探究多种云层的物理现象。

通常，可将DA的研究团体分为两组：①运行和研究天气预测。他们的研究重点是小于10天时间尺度的预测。②气候-研究组。他们使用DA对地球气候系统数据进行再分析或是其他长期的统计学云层分析。二者的关键差异在于他们的要求不同：运行技术要求足够快速地为近乎实时的模型—预测系统建立一项云层—数据分析。

随着人们尝试更多现实的DA，这些方法中长期存在的近似值和假设受到了挑战。太阳能预测对DA参与者提出了最直接的要求，这是因为正如观测值与模型—状态变量之间不存在线性关系一样，云—物理学的过程之间也不存在线性关系。这引发了一系列具有挑战性的统计学、概率和数学问题，在维持这些问题的物理学准确度的同时，只有克服上述问题才能提供精确的太阳能预测。在大多数情况下，太阳能预测数据来源的实用性也是一个限制因素。本章的重点是如何使用不同的DA功能（或以一种更加粗糙的模型时间-数据形式插入）连接起信息缺口。

本章分为5节。第13.2节介绍了DA方法及其应用，包括如何通过循环技术将数据放入DA系统中，以及如何客观地从系统中剔除错误信息。在本节的结尾，我们还讨论了DA—系统性能的度量标准。第13.3节解释了DA系统的数学基础，定义了文献中大量正式的数学术语，介绍了贝叶斯定理等基本原理，以及变分和集合DA方法和粒子滤波器。在第13.4节中，我们解决了尤其是太阳能预测引起的挑战，包括非线性和非高斯物理学；我们还展示了多云DA在近期取得的进展。在第13.5节中，我们分别找出并讨论了太阳能DA的未来趋势。第13.6节则呈现了本章结论。

13.2 DA方法及其应用

在本节中，我们综述了可用于太阳能预测的DA方法。我们还演示了如何在DA系统内使用观测数据。

13.2.1 综述

目前，存在多种可用的DA方法论。一般来说，它们发展都有历史先例（Kalnay，2003），因此它们的命名与各自的假设和近似值有关。我们在表13.1中总结了DA方法，以便使读者对此类方法有一个大致的认识。文献深入地比较了各个技术的优缺点；然而，各方法论通常需要适应各种即将发生的问题。因此，有一些技术完全适合某些线性物理现象假设的情况，而其他一些技术更适用于解决非线性问题，尤其是非高斯DA问题，或是具有计算简便的优势。我们在介绍各个DA方法时，会对这些特征进行注释。

表13.1 常见的太阳能-DA方法

方法	说明
OI	最优插值：插入权重的统计最优化；变分和集合DA技术的前身（Kalnay，2003）
3DVAR	三维变分：通过使用某个背景—误差协方差域，使权重达到贝叶斯最优
4DVAR	四维变分：通过多时数据事件，由3DVAR在时间上延伸而来；4DVAR采用了时间模型伴随矩阵
EnsKF	集合卡尔曼滤波器：可预报（或预测）误差协方差传播的线性卡尔曼滤波器；具有多种可用变体
粒子滤波器	基于序列蒙特卡罗的滤波器；未假设为概率分布，但在高维度时可能出现收敛性问题（Snyder等人，2008）
混合	采用EnsK预测—误差协方差的3D/4DVAR DA系统；新型混合粒子滤波器和伴随矩阵方法也处在检验和发展过程中

13.2.2 主要的NWP DA中心

世界领先的NWP中心大多使用增量3DVAR或4DVAR。各个中心使用了各式各样特有的DA系统组成。这些组成包括数值模型、控制变量（CV）的选择、不同水平和垂直模型分辨率和垂直上限、背景—误差协方差模型、不同观测值集合、观测的质量—控制机理、数据稀疏化、算法最小化、空间最小化、不同扰动演化机理（例如，切线性模型、扰动—预测模型）和不同内循环和外循环模型的分辨率。在下一节中，我们定义并展示了上述多种DA组成。然而，要注意的是没有人能完全正确地选择这些参数，但是我们将简要总结主要NWP中心所使用的参数来源：欧洲中期天气预报中心（ECMWF）、英国气象局、法国气象局、美国国家环境预报中心（NCEP）、加拿大气象中心（CMC）、日本气象厅（JMA）和美国海军研究实验室（NRL）。另外，还有部分其他中心使用了上述系统和模型。例如，澳大利亚、新西兰和韩国天气服务中心均使用了英国气象局的4DVAR系统，印度天气服务使用NCEP的3DVAR系统，空军气象局（AFWA）则使用了源自其他全球DA系统的区域3DVAR天气研究和预测（WRF）DA（WRFDA）系统，以及正在开发的一种4DVAR系统（Huang等人，2009；Zapotocny，2009）。

ECMWF是世界领先的中期天气预测中心。然而，该全球预测模型分辨率约为15km，垂直方向上为95层，模型顶部压强为0.01 hPa。该数值模型具有单频谱。ECMWF DA系统使用了一种小波基背景—误差协方差模型（Fisher，2003；Fisher，2004），它的CV有：涡旋性、不平衡散度、表面压力的温度不平衡和某种伪—湿度形式（Derber和Bouttier，1999）。该系统的同化窗口为12h，并包括了一个可最小化模型误差的项。获取详细的ECMWF技术报告，请访问该中心的网站（ECMWF技术报告）。

英国气象局（Met Office）是该国的NWP中心。该中心重点关注0~3天的短期预测，其全球模型基于水平分辨率约为20km的球面坐标系统，也被称为“统一模型”（Rawlins等人，2007）。它是4DVAR增量系统，该系统采用一套使用扰动—预测模型，而非统一模型伴随矩阵。系统中的 CV 有：平衡流函数、不平衡速度势、不平衡压力和伪—湿度。英国气象局还在运行一个覆盖北欧上空的有限—区域模型 4DVAR 系统，以及覆盖英国上空的 1.5km 有限—区域模型（LAM）3DVAR 系统。通过 NMC 方法产生背景的静态成分分析（Parrish 和 Derber，1992）。

法国气象局（Météo-France）是该国的气象中心。它的全球模式分辨率为 25km，与 ECMWF 模型类似（Raynaud 等人，2011）。然而，该模型的网格不够均一，它在法国上空具有精细的水平分辨率，而在南太平洋上空的分辨率则较粗糙。系统中的 CV 有：涡旋性、不平衡散度、表面压力对数的温度不平衡，以及比湿度。它在从地表到 0.1 hPa 的大气顶部垂直方向内具有 60 层。该模型建立在一些流体静力学原始方程基础上。法国气象局还运行了一个区域 3DVAR 系统以及一个 2.5km 有限—区域 3DVAR 系统。

加拿大气象中心（CMC）使用了与英国气象局类似的 Arakawa C-网格。该模式水平分辨率为 33km，从地表到 0.1 hPa 的大气顶部垂直方向上有 80 层（Charron 等人，2012）。它使用了光谱网格用于计算本身的背景—误差协方差矩阵，采用了与上述 3 家气象中心类似的 NMC 方法。系统中的 CV 有：流函数、比湿度的自然对数、不平衡速度势、不平衡温度和不平衡表面压力（加拿大气象中心，2009）。加拿大气象中心还拥有一项 15km 区域 4DVAR DA 系统以及一项 2km 有限-区域 3DVAR DA 系统（Fillion 等人 2010）。

日本气象厅（JMA）拥有一系列与英国气象局相似的模型，但其重点在日本上空的模型。它的全球谱模式以流体静力学为核心，分辨率为 20km，在地表和大气顶部压强为 0.1 hPa 垂直方向上 60 层。JMA 在日本周围地区运行了一项 10km 有限—区域模型。此外还在日本上空运行了一项 2km 高分辨率非静力模型（Honda 等人 2005）。

美国海军研究实验室（NRL）大气变分资料同化系统加速表现器（NAVDAS-AR）（Xu 等人 2005；Rosmond 和 Xu，2006）是美国海军的 4DVAR 全球系统。之前所述的系统均在物理模型空间中使代价函数最小化，NAVDAS-AR 系统的不同之处是通过一个物理-空间统计-分析系统（PSAS）在观测—基空间中实现了最小化（Daley 和 Barker，2001）。背景—误差模型是一组基于不可分离性的指定相关函数，目的是在保持模型变量之间流体静力平衡和地转平衡的同时，创建出具有各向异性的非齐次相关性。

美国国家环境预报中心（NCEP）的 3DVAR 系统以光谱为基础，可在全球预测系统（GFS）中运行，还被称全球统计插补器（GSI）。模型中的变量有：涡度的光谱系数、散度、表面压力、虚温、比湿度、臭氧混和比和云-液态-水混合比。系统中的控制变量（CV）有：流函数、不平衡速度势、不平衡温度、不平衡表面压力和标准化伪—相对湿度。此外，NCEP 还运行了一项被称为北美中等尺度系统（NAM）的区域预测模型。该模型在北美地区的分辨率为 12km，但是在美国大陆（CONUS）

上空可以嵌入 4km 分辨率，阿拉斯加州上空为 6km，夏威夷和波多黎各则为 3km。

13.2.3　数据循环

所有的 DA 系统都需要数据。实际上，它们依赖于分析数据和持续整合改进的模型—状态信息的评估。我们将在本节以图示的形式演示相关过程，并在下一小节解释如何通过数学方法完成这一过程。与最常见的运行 NWPDA 系统一样，我们将在第一个示意图（图 13.1 和图 13.2）中使用一项 4DVAR DA 系统，随后将其与 EnsKF DA 系统的数据—循环行为进行比较（图 13.3）。

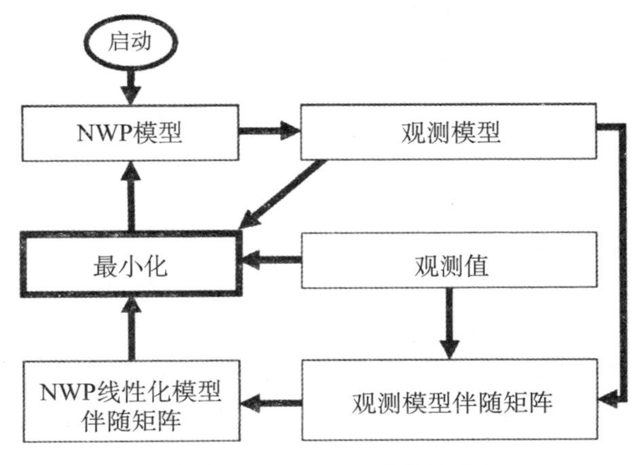

图 13.1　4DVAR DA 系统的成分。

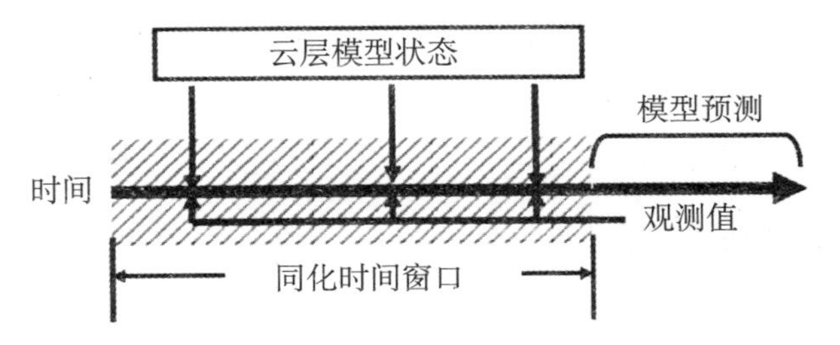

图 13.2　4DVAR DA 系统“平滑器”内的观测值时间同化过程。
全域 4DVAR 平滑窗口中出现了非线性现象；然而，预测—误差协方差未及时传入下一循环。

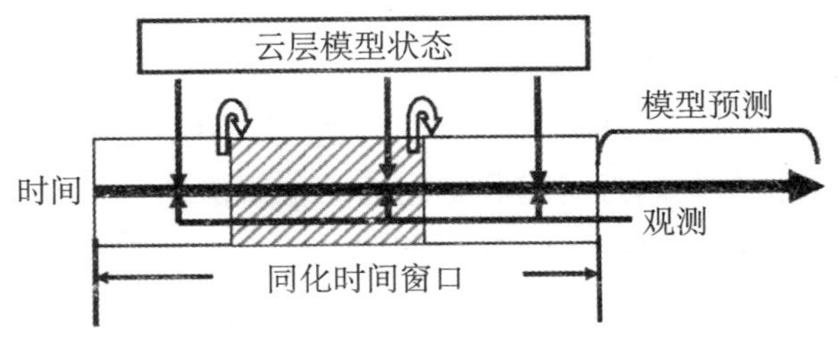

图 13.3　循环 EnsKF DA 系统的观测值时间同化过程。
滤波器的时间界限位置出现了线性现象，分析信息被转移到下一循环（上/下箭头）。

4DVAR DA 系统包含如下 6 种基本成分（关于算子、伴随矩阵、数据值和求解器的定义和详细解释见第 13.3 节）：

- NWP 模型（也被称为“向前模型”）。
- 观测模型（也被称为“向前—观测算子”）。
- 观测—数据值。
- 观测—模型伴随矩阵。
- NWP—模型伴随矩阵。
- 最小值“求解器”（图 13.1）。

以顺时针方向按顺序处理这些数据。运行系统中的额外步骤包括数据—解偏计算和多种质量—控制手段，以防止向 DA 系统循环中输入不良或异常的数据。此外，为了限制大气的动态平衡，某些方法还需要上述某些成分的线性化或是其他特殊的“变换”；因而，图 13.1 只是一个简化视图。

该系统以初始状态（常称为“初估值”）为开端，通常由先前的 DA 模型状态循环得出。凭借这种方式，DA 系统在持续分析并整合新数据进入系统的信息时，还可以“自举”方式进入附加信息内容中。DA 系统在循环时，以“滤波器”形式递增同化数据。滤波器的优点是能够持续地处理新进入的数据流，这与大多数运行的预测系统非常相似。4DVAR 系统还可作为平滑器，接收更长时间的所有数据（图 13.2）。这特别适用于缓慢演化的模型域或是在 DA 时间窗口期间表现出非线性行为的模型域。例如集合卡尔曼滤波器（EnsKF）（Kalman，1960）等序列 DA“滤波器”，它们以时间块的形式处理数据，并将先前结果作为初估值循环进入下一 DA 循环（图 13.3）。循环过程禁止了 DA 滤波器系统在时间上出现“回看”的情况。因此，在调整循环或更新初始—猜测状态信息时，必须依赖当前时间窗口内的数据可用性。

13.2.4 数据的质量控制

目前，存在几种观测的质量控制（QC）方法。QC 的作用是防止错误信息进入 DA 系统，从而导致（缓慢）收敛或得出错误的结果，并影响到系统的预测性能（Kalnay，2003）。

一种一阶 QC 方法被称为“过失误差检查”。该方法的原理是对比观测值和背景解集，通过判断观测值是否位于观测值标准差 ±2 的范围内；如果不在该范围内，则拒绝该观测值。另一方面，还有一种较为先进的“伙伴检查系统”，其原理是在贝叶斯框架内比较观测值与附近时间和空间的其他观测值，从而判断该观察值是否正确（Lorenc 和 Hammon，1988；N. B，1993）。

遗憾的是，目前由于某些条件下的观测云层受到“污染”，因此这些条件下的观测值未被接受。同时变分和集合 DA 系统还没有发展成熟到可以完全使用来自云层辐射的所有可用信息。许多系统在运行中使用了云层—筛选 QC，同时许多研究正在致力于同化受到多云和降水影响的辐射数据（Geer 和 Bauer，2011；Vukicevic 等人，2004；Vukicevic 等人，2006；Stephens 和 Kummerow，2007）。

变分 QC 是 QC 的另一种形式，许多运行中心利用它检查 DA 系统内的观测值，而非作为预处理步骤（Anderson 和 Jarvinen，1999）。因此，它与误差统计、背景和模型约束方面的分析是一致的。首先，估计各个观测值的粗差概率，随后各观测值的权重随着粗差概率的增大平稳下降。

13.2.5　数据稀疏化

卫星的观测范围常常可以覆盖全球，而且与大气探测等稀疏数据集相比，它的采样频率也相对较高。但是，相对于稀疏的大气—探测数据集，卫星数据点的数量有数百万个。对于具有如下特点的系统：①多余的海量数据容量；②空间观测误差相关性会产生较大的潜在影响。过多的卫星数据点导致在确定适当的同化数据量时引发实际的运行问题（Bauer 等人 2011）。第二个问题是传感器—仪器相关性减小和遥感观测—算子的相关性增大（例如，所有的数据点使用同一个辐射传输模型算子，从而与空间误差产生关联）。数据稀疏化可以有效地弱化空间相关性，减少潜在的海量卫星数据影响，从而解决此类问题。

在 DA 系统的运行中，90% ~95% 的数据来自卫星，而这其中 90% 的数据又被同化为辐射信息。数据稀疏化和观测 QC 手段最高可以减少 95% 的卫星数据量。此外，还有多种应用的方法，其中的一些是基于简单的阈值，另一些则使用了基于单一矢量或伴随矩阵方法的先进技术。这些技术可以确定具有信息密度或特别敏感性的区域，以此保留数据信息以及除去多数冗余信息或来自敏感度较低区域的数据（Bauer 等人，2011；Bormann 和 Bauer，2010；Langlamd 和 Baker，2004）。

由于空间结构与锋面云层—边界间断处具有高度的相关性，因此云层引出了独特的空间数据稀疏化问题。传统的 NWP 数据稀疏化方法常常是平滑观测的云层特征。近期的研究将重点放在了使用空间转换技术调整传统的 DA 方法，从而缓解云层相态误差引起的假象。这些方法可以对同化的云层值做出增量调整，从而调整由于云层结构描述错误引发的一阶误差（Geer 和 Bauer，2011；Bauer 等人，2010；Geer 等人，2010）。

13.2.6　性能标准

NWP 模型在 500 hPa 位势高度输出结果的距平相关性是一项关键的 NWP 性能指标（Krishnamurti 等人，2003）。由于天气预测依赖于中层压强特征（高压和低压区域）的正确位置，因此该指标被视为能够很好地度量 NWP 系统的综合性能，并且该指标的应用已经扩展到了许多其他协变量中（例如，10 m 带状气流均方根（RMS）（McLay 等人，2008））。通过一套性能度量标准，更多的现代性能指标可以评价 NWP 性能（Joliffe 和 Stephenson，2012）。对于太阳能预测来说，最重要的特征是云量和多种云层微物理量，它们会直接影响地面的日射量和相关的云光学性质。云量和云量分层的误差和 RMS 值之间的线性相关性通常是性能度量的标准；然而，由于卫星仅能观测到云层顶部，因此需要对有条件的观测数据作出调整（Liu 等人，2009；Slingo，1987；Nachamkin 等人，2009）。为了提供一致的模型-数据和模型-模型相互对比，相关研究团体还可能使用专业的统计性能评估工具。美国国家大气研究中心（NCAR）发展试验中心（DTC）的模型—评估工具（METs）就代表了此类性能评估系统（NCAR MET 网站）。在适用于全球的统计分析之外，新型集合不确定性后处理分析与模型性能度量标准相结合，可以鉴别天气条件和具体的气象现象（Schumacher 和 Davis，2010）。

13.3 DA 的工作原理

资料同化（DA）在本质上是将数学控制理论具体应用到 NWP 初始化的需求中。为改进模型—预测性能，资料同化的过程是在给定的可用观测数据集中对模型初始状态的估计进行了优化。通常，这一过程包括了一些可以确保计算稳定性、结果的精确度的方法及其近似值。这些方法蕴含的假设和权衡会对预测性能和时效性产生影响。常见的说法是：DA 过程在某些形式上是“最佳的”。然而，需要注意的是 DA 过程可能只在某些“给定的可用模型、数据、方法和假设”条件下是最佳的。这就解释了为什么存在如此多不同的“最佳”方法。另一个事实是，需要对驱动 DA 分析的模型系统执行 DA 去偏（或统计调谐）处理。尽管无偏差环境状态是 DA 的目标，但实际中仍然会出现无法测定和无法检验出的模型偏差。解决该问题的唯一途径是找出这些“无法测定”的影响，从而进行额外独立的校正并得到高质量的观测值。这要求在一个精心设计的科学领域研究框架内进行。此外，偶尔还会使用另一种相反的方法，有时被称为“数据否定”DA。

DA 的工作过程可能十分复杂。然而，问题是可利用某个模型在时间上创建出从当前状态到未来状态的预测结果（图 13.1）。该模型受到自身假设和初始条件的驱动。随后，基于可用的观测数据（例如，温度、压力、湿度或太阳能—预测中的云层辐射），通过 DA 采用数学方法修改初始条件，进而使用这些修正后的初始条件重新预测模型的未来状态。当一组新的观测数据出现后，上述预测出的未来状态作为初始条件进入下一个 DA 循环。因此，可以将 DA 类比为一个可以保持模型“在轨”的轨道。“轨道”（DA 的方法和数据）防止了“列车脱轨”。在给定的可用观测数据和 DA 的帮助下，模型的行为仍能处在合理的预期内。但是，如果模型状态对可用数据不够敏感，则无法使列车保持在轨的状态（类似于列车行驶在错误的轨道上）。但是，这并不意味着不能实现最优化，只是需要另一种数据类型。然而，数据集的实用性和性能在实际中常常会受到很多的限制，这就减少了可用的选择，而我们也只能继续竭尽全力地铺设“轨道”。

接下来，我们将介绍DA背后的数学理论和NWP DA使用的多种云同化方法。

13.3.1　贝叶斯理论

三维变分同化的基础是概率理论，尤其是贝叶斯定理。

$$P(x \mid y) \sim P(y \mid x)P(x) \tag{13.1}$$

其中$P(x)$为“先验”分布，它是描述背景概率状态或当前信息的概率密度函数（pdf），$P(y \mid x)$为事件x发生后，事件y发生或为真的条件概率密度函数。公式（13.1）左侧的分布为后验分布。

Lorenc（1986）的研究表明NWP的事件x代表了模型状态为真，事件y代表了一套观测值为真；条件概率密度函数代表了在当前给定的模型状态中，观测值的概率密度函数为真。这些事件可以依据背景和观测的误差进行描述，我们在后文进行了定义。最终，为使公式（13.1）中的概率达到最大值，我们使用了找出公式的最小的负自然对数对偶问题。因此，分布的乘积变为相加之和，如公式（13.2）所示。

$$\min_{x \in R} J(x) = -\mathrm{In}[P(x)] - \mathrm{In}[P(y \mid x)] \tag{13.2}$$

其中，$J(x)$为“代价函数”。在NWP中假设先前提到的误差ε为多维高斯分布，定义如公式（13.3）所示：

$$\varepsilon_b = x^t - x_b \qquad \varepsilon^o = y - H(x^t) \tag{13.3}$$
$$\varepsilon_b \sim G(0,B) \qquad \varepsilon^o \sim G(0,R)$$

其中，x^t为“真实”状态，x_b为“背景”状态，y是观测值，$H(x^t)$是在“真实”状态中运行的观测算子；G代表了多维高斯分布，如公式（13.4）所示：

$$G(\mu, \sum) = (2\pi)^{-\frac{N}{2}} \left| \sum \right|^{-1} \exp\left[-\frac{1}{2}(x-\mu)^T \sum{}^{-1}(x-\mu) \right] \tag{13.4}$$

其中，N为随机变量的数量，$\sum$是一个协方差矩阵，μ为随机矢量的期望矢量，x是指各个成分。我们在下节中定义了主要的*DA*-系统成分，以及更加严格地定义了$J(x)$、x、和y。

从贝叶斯定理中推导出3DVAR，对3DVAR进行公式化的最后一步是定义背景和观测的误差。对于简化的情况，我们可以采用公式（13.5）和公式（13.6）：

$$P(x) \sim \exp\left\{ -\frac{1}{2}[x - x_b]^T B^{-1} [x - x_b] \right\} \tag{13.5}$$

和

$$P(y \mid x) \sim \exp\left\{ -\frac{1}{2}[y - H(x)]^T R^{-1} [y - H(x)] \right\} \tag{13.6}$$

需要注意的是，通过假设高斯误差，我们使用了隐式属性，即两个独立的高斯随机变量之差也是一个高斯随机变量。最终，考虑到这些误差定义和相关的协方差度量标准，3DVAR问题的定义如公式（13.7）所示：

$$\min_{x\in R} J(x) = \frac{1}{2}(x - x_b)^T B^{-1}(x - x_b) + \frac{1}{2}[y - H(x)]^T R^{-1}[y - H(x)] \tag{13.7}$$

其中，该公式假设了两个观测值误差之间不存在交互相关性。此外，贝叶斯定理还可以拓展到多个时间事件，从而将时间成分引入 NWP DA 问题中。Lewis 和 Derber（1985）的研究表明，4DVAR 的原始基数是一个加权最小平方问题。然而，Fletcher（2010）的研究表明，当我们在考虑非高斯分布时，Lewis 和 Derber（1985）研究中的加权最小平方问题仅仅等同于高斯变量中的最大似然问题。对于对数正态分布，研究表明加权最小平方问题会得出对数正态分布的中位数。详见第 13.4.2 节。

Fletcher（2010）的研究表明，可以更改高斯问题的变分公式化，从而使最小值为对数正态模式，但这并不能实现任何概率密度函数的一般公式化。为解决这一问题，Fletcher 提出了包括时间成分的多事件版本的贝叶斯定理（用于推导 4DVAR），其中：

$$P(x_N, x_{N-1}, \cdots, x_2, x_1, x_0) = \left[\prod_{i=1}^{N} P(x_i \mid \hat{x}_{i-1})\right] P(x_0) \tag{13.8}$$

$\hat{x}_{i-1} \equiv x_{i-1}$，$x_{i-2}\cdots$，$x_0$，$x_0$ 代表了初始条件正确的时间；x_1 表明在时间 $t = t_1$ 时的模型评价是正确的。因此，x_i 表明了模型态在 $t = t_i$ 时是正确的，y_i 表明了观测值在时间 $t = t_i$ 时是正确的。与三维公式化不同，这里引入了额外的项，此处的模型情况是以先前模型情况和观测值为条件的。

条件独立性可以减少和消除公式（13.8）中的项（Fletcher，2010）。作为贝叶斯网络理论的一部分，直接非循环图（DAGs）可以引入条件独立性。通过绘制 DAG 可能除去不属于马尔可夫链亲本的项，从而识别出那些以先前事件为条件的事件。（详细的理论参见 Fletcher（2010）了解 4DVAR 的 DAG）。此外，通过假设观测值在时间上相互独立，以及假设模型独立于先前观测时间的观测值（例如，马尔可夫链过程），公式（13.8）可简化为公式（13.9）的形式：

$$P(x_0, x_1, x_2, y_1, \cdots, x_{N-1}, y_M, x_N) = P(x_0) \prod_{i=1}^{N} P(x_i \mid x_{i-1}) \prod_{j=1}^{t_a} P(y_j \mid x_i) \tag{13.9}$$

然而，为了消除公式（13.9）等号右侧乘积的第二项，我们采用了完美—模型假设；这意味着我们的假设不存在模型误差（Sasaki，1970；Bennett，1992）。Fletcher（2010）还推导出了弱约束（例如，考虑到模型误差）。在应用该假设后，公式（13.9）中所有的概率密度函数作为先前状态的函数可以被 1 代替。原因是位于完美—模型假设的解释之中，如果初始条件是正确的，由于不存在模型误差，则随后的所有状态也必然是正确的；因此，第二个条件概率密度函数表示“假定先前状态为真，则 x_i 为真”。因此，概率密度函数问题就变化为公式（13.10）：

$$P(x_0, x_1, x_2, y_1, \cdots, x_{N-1}, y_M, x_N) = P(x_0) \prod_{j=1}^{t_a} P(y_j \mid x_i) \tag{13.10}$$

尽管如此，我们在寻找最大似然状态时，我们还求解出了对偶问题。因此，在对公式（13.10）取负对数处理后，得出广义的“代价函数”。如公式（13.11）所示。

$$J(x) = -\ln P(x_0) - \sum_{i=1}^{t_a} \ln P(y_i \mid x_i) \tag{13.11}$$

作为DA问题的一部分，代价函数起到罚函数最小化的作用。代价函数越小，模型和观测值的一致性越好；相反，代价函数越大，模型和可用观测值之间的一致性越差。所有的模型和数据变化均同时在解集中得到优化，模型和数据—变化信息确定对应变量的权重。公式（13.11）看似简单，其实不然。通常，在DA—方法的这一发展阶段，假设了多种概率分布，从而产生了额外的约束、方法论局限性和计算最优化机会。例如，为了获得高斯误差的某个代价函数，我们需要向误差定义中引入时间成分。

$$\varepsilon_{b,0} = x_0 - x_{b,0} \qquad \varepsilon_i^0 = y_i - H_i[M_{0,i}(x_0)] \tag{13.12}$$
$$\varepsilon_{b,0} \sim G(0,B) \qquad \varepsilon_i^0 \sim G(0,R_i)$$

其中，我们采用了一个压缩—时间矩阵符号，包括了一个表示时间-间隔规格的下标。将公式（13.4）代入公式（13.12）后得出的组合再代入公式（13.11），从而得出标准的全域4DVAR代价函数。

$$J[x(t_0)] = \frac{1}{2}[x(t_0) - x^b(t_0)]^T B_0^{-1}[x(t_0) - x^b(t_0)]$$
$$+ \frac{1}{2}\sum_{i=0}^{n}[y_i - y_i^o]^T R_i^{-1}[y_i - y_i^o] \tag{13.13}$$

我们将在随后的各个小节中详细探讨各个术语和符号。贝叶斯定理的作用是可以使我们从模型和观测中，为空间多元化和在时间上不断演化的动态系统（例如NWP模型）等找到最可能的概率性状态。

13.3.2　DA的成分：前向模型、数学伴随矩阵、算子和代价函数

在这一节中，为了引导读者更加深入的了解其他云层—DA文献以及多种术语及其数学背景，我们对DA的相关术语采用了更严格的数学定义（了解DA成分的原理，请参阅图13.1）。通常，问题的核心都包含着隐含的假设，而许多文献简单地认为读者都是该领域的专家。不需要了解本节详情的读者可以直接进入下一节，我们在那里讨论了太阳能—DA从业人员面临的其他挑战。

我们采用了与Ide（Ide等人，1997）相同的DA符号：①非线性函数以斜体和小写加粗表示；②与时间具有函数关系的模型函数由其起始和终止时间定义；③矩阵的上标 a、b、f、o 和 t 分别表示分析、背景、预测、观测和“真实”的量。在DA中，以矩阵符号表达模型—状态变量（例如，三维温度或压力变量）。由此，某个时间 t_i 时的所有模型变量都能表现在同一个模型—状态矢量，$x^f(t_i)$ 中。这样，采用简洁的符号形式就能够表示出复杂的动态模型。例如，公式（13.14）给出的

离散模型发展出了时间 t_i 到 t_{i+1} 的模型—状态矢量 x^f。

$$x^f(t_{i+1}) = M_i[x^f(t_i)] \tag{13.14}$$

其中，M_i 为模型的动态算子，可以传播模型—状态矢量。进一步压缩符号可以捕获模型的时间整合，起始和结束时间分别为 t_0 和 t_i 的非线性模型，在使用开始时间 t_0 的模型—状态变量（t_0）初始化后，定义如公式（13.15）所示：

$$M_{i-1,i}\{M_{i-2,i-1}\{\cdots M_{1,2}\{M_{0,1}[x^f(t_0)]\}\}\} = M_{0,i}[x^f(t_0)] \tag{13.15}$$

该符号在明确地保留初始条件的同时，还能够简洁地捕获模型的全部时间整合，这对 DA 方法至关重要。现在，我们将使用相同的符号法则说明观测和模型输出数据的关系。

通过观测算子的定义 H_i［x^t（t_i）］，一项观测-误差项 ε_i 和真实的模型-状态矢量 x^t（t_i），时间 t_i 的一组观测值数据 y_i^0 与模型域值 $M_{o.i}$（x_o）产生关联。因此，观测值可以表示为公式（13.16）形式：

$$y_i^o = H_i[x^t(t_i)] + \varepsilon_i \tag{13.16}$$

其中，观测矢量中包含有从模型—状态矢量中计算出的规格观测估值，并以 y 表示。

通常，使用线性关系可以得出观测值、模型值和模型的相关误差。状态矢量要素之间的观测误差可由观测值的协方差矩阵 R 定义，该定义中包括了仪器偏差 E 和代表性偏差 F，且 $R=E+F$。作为去偏的结果，通常将这些项假设为无意义。

模型的估计状态及其误差 η（t_i）与真实的状态矢量有关，如公式（13.17）所示：

$$x^t(t_{i+1}) = M_i[x^t(t_i)] + \eta(t_i) \tag{13.17}$$

其中，我们还定义了一个对应的模型—误差协方差矩阵 Q；它包括了模型求解不出的次网格尺度过程，来自不完备模型假设的真实模型误差和多种其他模型—性能因素。DA 方法假设了模型能够合理地表示相关的物理学问题，并能将模型状态从当前时间演化到未来时间。

我们在定义代价函数时采用了多种假设，为了使模型预测为真的可能性最大化，所有的 DA 系统都具有一个定义明确的、可最小化的代价函数。如前文所述，全域 4DVAR 代价函数［公式（13.13）］有两个主要项。我们在这更详细地讨论各个项，这对于理解各项代表的含义非常重要。首先是模型背景项：

$$\frac{1}{2}[x(t_0) - x^b(t_0)]^T B_0^{-1}[x(t_0) - x^b(t_0)] \tag{13.18}$$

在几乎所有的 NWP DA 系统中，代价函数的信息主要源自模型背景项。许多系统中常见的背景—矩阵方法是使用静态气候学 B_0^{-1}（或是它的近似表现形式），大约需要每月重新计算一次；然而，变分/集合混合 DA 系统可以在短时间内（6～12h）更新具有流依赖的背景矩阵。背景矩阵在更新后，系统可以累积改进的协方差估值。换句话说，这一过程可描述为：DA 系统“知道”它正在接近真实的解，即每经过一次 DA 循环（通过改进的背景—矩阵值），信息就变得更加精确，直至背景开始渐进趋向潜在表示。因此，具体天气的条件可以修改混合系统中的背景，并且表现出紧密或松散等多种方式的相关性。需要注意的是，改进的背景—矩阵信息源自 DA 系统，数据—模型不会独立评估自己的数据信息。一些 DA 方法采用了简化的背景协方差表现形式，通过多种形式近似得出它们的解以提高计算效率，或者它们通过多种数学方法采用垂直或空间维度上的表现形式（Menard 和 Daley，1996）。

因此，我们得出公式（13.13）中的第二个代价函数项—观测成分

$$\frac{1}{2}\sum_{i=0}^{n}[y_i - y_i^o]^T R_i^{-1}[y_i - y_i^o] \tag{13.19}$$

观测项包括了数据 y_i 及其它来自模型状态的表示。通过使用观测算子可以完成模型的数据表示；在辐射数据的情况下，这通常为辐射传输模型（RTM）的输出值。国际上几大主要 DA 中心共享了几种 RTM，包括创建一项线性化和伴随矩阵成分，以及稳健的和经过检验的 RTM，这是非常重要的一项专门任务（Han 等人，2006；Vukicevic 和 Errico，1993）。由于我们预计传感器数据在名义上为相互独立，R_i 矩阵被定义为一个对角矩阵，其中包含的仪器—误差项以逆辐射方差为一个单元，位于对角要素位置。非对角相关的要素被定义为 0。如果数据观测使用了云产品或更高水平的产品，则会引入额外的协方差，这使得 DA 问题更难解决。因此，当使用卫星数据时，辐射观测为首选的 DA 方法。这可以使 DA 继续在域内保持先进性，并简化了如此大型和多样化数据集所采用的方法。

公式（13.18）和公式（13.19）表示代价函数 $J(x)$。该函数的最小化可以得出新分析状态就是真实状态估计的最大概率（图 13.4）。通过多种方法可以得出上述最小值。当问题空间较大和函数不够平滑且存在多个最小值时，就会出现一些难题。因此，近似于全域 4DVAR 公式（Courtier 等人，1994）。全域代价函数是一种常见方法，它采用了某些项的线性化，强制得出一个平稳变化的代价函数曲线，从而确保了收敛性。预条件技术还可用于修改曲线形状，从而使多维代价函数的最小解可以引起更快和更可靠的收敛性。这可以成为一项重要的运行—执行问题。

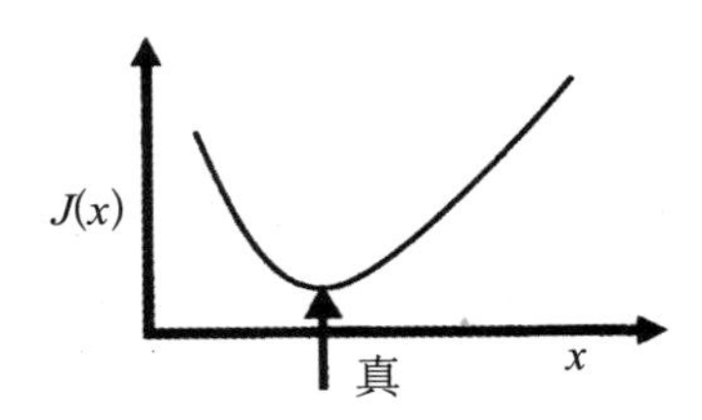

图 13.4　代价函数 $J(x)$ 取最小值时的 DA 解。

在给定具体 DA 方法和多种假设相关的可用数据和模型中，该解是真实状况的最佳估值。

变分方法中，切线性算子和数学伴随矩阵可以有效地确定在控制代价函数最小化过程中所用的搜索方向。通过使用为建立和检验多种预期规模的函数差异，可以定义出线性化算子。如公式（13.20）所示：

$$Lx' = [M(x_1) - M(x_2)/\alpha] \tag{13.20}$$

其中，L 为线性算子，x'为状态扰动；M 为在两种状态中评估的非线性模型，x_1 和 x_2 的关系为 $x_2 = x_1 + \alpha x'$，其中 α 为扰动—缩放因素。该线性算子可以反过来用于确定代价函数敏感性，伴随矩阵是共轭转置矩阵 L^*，或者在实数空间中，伴随矩阵仅是线性算子简单的转置阵 L^T（Errico，1997）。实际上，时间伴随矩阵具有很大的体量，它的维度中包括了模型中所有的空间和时间；因此，矩阵的存储是不可行的。相反，计算出伴随矩阵需要使用来自原始非线性算子编码及其相关切线性形式的伴随矩阵（Jones 等人，2004）。为复杂的建模系统建立伴随矩阵模型可能需要非常巨大的工作量（Giering 和 Kaminski，1998）。

13.3.3 变分 DA

正如前文所述，为了明确地包括多个观测事件的时间维度，3DVAR 可以拓展为四维。同时，为了与现在使用的增量 4DVAR 系统相区别，我们将其称为全域 4DVAR。由于增量形式近似于全域 4DVAR 公式（Courtier 等人，1994），在讨论全域系统后，我们将讨论增量变分系统。全域代价公式的定义如公式（13.21）所示：

$$J[x(t_0)] = \frac{1}{2}[x(t_0) - x^b(t_0)]^T B_0^{-1}[x(t_0) - x^b(t_0)] + \frac{1}{2}\sum_{i=0}^{n}[y_i - y_i^0]^T R_i^{-1}[y_i - y_i^0] \tag{13.21}$$

其中 $y_i \equiv H_i[x(t_i)]$ 和 B_0^{-1} 为先验背景—误差协方差矩阵。关于初始状态矢量 $x(t_0)$的最小值，将代价函数最小化。

$$\left[\frac{\partial J}{\partial x(t_0)}\right]^T = B_0^{-1}[x(t_0) - x^b(t_0)] + \sum_{i=0}^{n} M(t_{i+1}, t_0)^T H_i^T R_i^{-1}(y_i - y_i^0) \tag{13.22}$$

其中，

$$M(t_{i+1}, t_0)^T = \prod_{j=0}^{i-1} M(t_{i+1}, t_0)^T \tag{13.23}$$

其中，$M(t_{i+1}, t_i) \equiv M_i$。伴随矩阵模型 $M(t_{i+1}, t_i)^T$ 由线性化模型算子定义（Errico，1997）。对于实数和使用关于离散公式的偏导数来说，伴随矩阵与转置矩阵相同。对于使用复数的模型，伴随矩阵的计算需要说明偏导数内的复数相行为（Jones 等人，2004）。伴随矩阵观测算子 H_i^T 的定义类似于线性化前向算子的转置矩阵 H_i；然而，观测算子的定义通常只针对单个观测事件或时间。需要注意的是，切线性模型含有原始算子的梯度。通常，在线性化前向模型的基础上按照需要适当整合后，可以建立伴随矩阵模型，这一发展过程可能消耗重要的资源。从公式（13.22）和公式（13.23）中可以明显看出，在计算 4DVAR 内的代价函数敏感性过程中，可能需要储存多个时间模型状态（以及按照时间整合的相应伴随矩阵模型的敏感性）。

13.3.4　增量变分 DA

建立增量变分 DA 的目的是获得两项重要的运行性能：依据最小化性能改进的速度和改进的最小化。例如，全域 4DVAR 公式此时引入的一个增量 $\delta x\ (t_0)\ \equiv x\ (t_0) - x^g\ (t_0)$，该增量有效适用于切线性近似，从而在这些条件下等于全域解（Courtier 等人 1994），从而得出公式（13.24）。

$$J[\delta x(t_0)] = \frac{1}{2}\{\delta x(t_0) - [x^b(t_0) - x^g(t_0)]\}^T B_0^{-1}\{\delta x(t_0) - [x^b(t_0) - x^g(t_0)]\} + \frac{1}{2}\sum_{i=0}^{n}[H_i\delta x(t_i) - d_i]^T R_i^{-1}[H_i\delta x(t_i) - d_i] \tag{13.24}$$

其中，更新矢量为 $d_i = y_i^0 - H_i[x^g(t_i)]$，增量为 $\delta x(t_i) \equiv M(t_i,t_0)\delta x(t_0)$。扰动预测（使用线性扰动模型 M'）开始于初始—预示状态 $x^g(t_0)$。分析增量加上初始—预示状态后得出分析：

$$x^a(t_0) = x^g(t_0) + \delta x^a(t_0) \tag{13.25}$$

其中发现：

$$\min_{x\in R} J[\delta x^a(t_0)] \tag{13.26}$$

使用附加的近似值和简化过程可以增加计算效率，因此公式（13.24）可以写成公式（13.27）的形式。

$$J[\delta w(t_0)] = \frac{1}{2}\{\delta w(t_0) - S[x^b(t_0) - x^g(t_0)]\}^T B_{(w)}^{-1}\{\delta w(t_0) - S[x^b(t_0) - x^g(t_0)]\} + \frac{1}{2}\sum_{i=0}^{n}[G_i\delta w(t_i) - d_i]^T R_i^{-1}[G_i\delta w(t_i) - d_i] \tag{13.27}$$

其中，使用射影算子 S 减小了背景—协方差矩阵的大小，并且定义了一项新对应的秩亏增量 $\delta w \equiv S\delta x$ 和 $\delta w\ (t_i) = L\ (t_i,\ t_0)\ \delta w\ (t_0)$，该过程使用了一个新的简化动态算子 $L \approx SMS^{-1}$ 和 $L\ (t_i,\ t_0) = \prod_{j=0}^{i-1} L_j$。需要注意的是，$(\quad)^{-1}$ 是广义逆矩阵的一种近似形式。此外，一个简化的观测算子 $G \approx HS^{-1}$ 和背景－误差协方差 $B_{(w)} \approx SB_{(x)}S^T$ 由它们各自的近似形式定义。简化的动态和观测算子是关于状态 $x^g\ (t_i)$ 的线性化。对于多云 DA 等非线性问题，如果初估值比较粗糙，则可能违反两项的增量—线性化假设。因此，在使用此类方法时获得一个良好的初估值更加重要。在秩亏情况下，可由公式（13.28）获得分析。

$$x^a(t_0) = x^g(t_0) + S^{-1}\delta w^a(t_0) \tag{13.28}$$

通常使用嵌入的内循环和外循环方法达到增量解，其中内循环采用了线性化更强的项，在分辨率降低的情况下，这样可以改进性能。外循环在分辨率更高的模型中能够更加精确地更新线性化状态。内循环、外循环的个数和模型分辨率因 DA-系统配置而异。

除了给出的多种增量变分方法之外，所有运行 DA 系统均使用控制—变量变换（CVT），使变量出现变化，这样有助于减少在定义背景—误差协方差矩阵 B 的过程中出现的问题，以及在 DA 求解最小值期间维持数值模型内期望的动态平衡。目前，常用的状态矢量 x 的长度可以为 O（10^7），这代表了水平和垂直维度上的模型变量。这意味着 B 将具有 $10^7 \times 10^7$ 个要素，由于这是 $B_{(w)}^{-1}$ 所必须的，因此远远超过了当前巨型计算机的储存和计算能力。

针对这一问题，一种变通方案是引入一组常被称为“控制变量”的新变量，其中假设了这些变量具有统计独立性。随后对 B 矩阵区块进行对角化处理。在这一转换过程中不存在完全正确的选择，很多时候是在简单的运动推理基础上做出的选择。流函数是一种常用的选择，它是一个代表大气 Rossby 模式和不平衡速度势的平衡变量，而不平衡速度势又被认为能够代表部分惯性—重力模式。一些气象中心通过分析求解线性平衡公式或一些统计回归或非线性平衡形式找出平衡成分。Bannister 很好地总结了 Met Office 和 ECMWF 如何使用这些平衡的（Bannister，2008）。

正如 Bannister 在文献中所述，一些气象中心使用 CVT 减少状态矢量的大小以及将 B 矩阵变换为区块对角化形式。通过地转平衡和流体静力学平衡的关系，使另一些模型变量得到更新。还有一些气象中心分析了其他气象中心未分析的不平衡温度。问题在于各个气象中心在选择具体 CVs 时均有各自的理由。有的是因为数值—模型公式化过程；例如，ECMWF 使用了一个谱模型，而 Met Office 则使用了一个球体上的网格点模型。在某些情况中，可用的模型变量仅能允许选择某些相关的变量变换。

一旦选择了 CVs，则必须计算出与之相关的 B 矩阵。最常用的计算方法是 NMC 方法（又被称为 NCEP）。该方法的基础是选择同一时间有效的预测值之差。最普遍的选择是选取 24h 和 48h 预测值之差 $\in_t^b = x^{48} - x^{24}$。此举的目的在于避免引起偏差的昼夜信号。此外，一些气象中心选择使用 36h 和 12h 预测值之差，这样也可避免昼夜偏差。在 Berre（2000）的文献中可以找到在样本创建后，为估计 B 所需的接下来的步骤。一些气象中心使用 4DVARs 集合得出它们的协方差（Fisher，2003；Raynaud 等人，2011）。其他气象中心则使用小波基公式化确保了相关性的不可分离性（换言之，相关性不是分别代表水平和垂直相关性的两个函数的乘积（Fisher，2003；Fisher，2004），或使用解析公式（Daley 和 Barker，2001））。要想了解更多 CVT 和背景-误差建模，请参见 Bannister（2008）和 Berre（2000）等人的文献。

13.3.5 集合 DA

集合卡尔曼滤波器（EnsKF）是一种序列滤波器，可以预测出状态矢量 x^f 以及模型—误差协方差矩阵 P^f（Evensen，1994），并向前推进一个时间步长。虽然这是一个线性过程，但在系统内也可使用非线性模型；该过程不需要伴随矩阵。例如，模型向未来时间的传播给出了向前状态，如公式（13.29）所示：

$$x^f(t_i) = M_{i-1}[x^a(t_{i-1})] \tag{13.29}$$

及其相关的预测—误差协方差矩阵，如公式（13.30）所示：

$$P^f(t_i) = M_{i-1}P^a(t_{i-1})M_{i-1}^T + Q(t_{i-1}) \tag{13.30}$$

随后是一项可以更新（或重新调整）状态信息和预测—误差协方差信息的分析步骤，如公式（13.31）、公式（13.32）所示：

$$x^a(t_i) = x^f(t_i) + K_i d_i \tag{13.31}$$

$$P^a(t_i) = (I - K_i H_i)P^f(t_i) \tag{13.32}$$

更新矢量 d_i 由公式（13.33）给出，

$$d_i = y_i^0 - H_i[x^f(t_i)] \tag{13.33}$$

需要注意的是，M 和 H 是关于控制矢量 x 的 M 和 H 梯度的线性化形式。卡尔曼增益 K_i 由公式（13.34）得出。

$$K_i = P^f(t_i)H_i^T[H_i P^f(t_i)H_i^T + R_i]^{-1} \tag{13.34}$$

其中，此时的 P^f（t_i）近似平均集合估计，

$$P^f(t_i) \approx \frac{1}{K-2}\sum_{k\neq l}^{k}[x^f(t_k) - \bar{x}^f(t_l)][x^f(t_k) - \bar{x}^f(t_l)]^T \tag{13.35}$$

其中，K 为集合—模型生成估计所需的个数，参考模型状态 l 可用于确定预测误差协方差矩阵的平均集合估计。除了公式（13.35）的方法之外，NWPDA 系统还使用了 EnsKF 的其他变形。传播预测误差协方差矩阵的分析阶段是 EnsKF 的一个特色。通过改进取样行为可以额外改进 EnsKF 性能。例如，使用取样策略和平方根方案，其中的一些方案策略还考虑到了低秩的观测—误差协方差矩阵（Evensen，2004）。

13.3.6　粒子滤波器

大量的序列蒙特卡罗（SMC）DA 方法已经广泛应用于物理和数学领域，粒子滤波器就属于该方法的一部分。这类方法基于的原理是：数据分布处于未知状态，分布“粒子”或样本在估计、分析后整合为更有意义的结果，从而找出代价函数的最小值。从这层意义上说，在控制寻找最大似然状态的合适路径方面，它们可以取代卡尔曼增益或伴随矩阵敏感性方法（Doucet 等人，2001）。SMC 的功能虽然很强大，但常常容易受到维度的限制。而且，天气—预测应用中常常需要大量的样本（Snyder 等人，2008）。因此，它们未用于任何 NWPDA 系统。在数学伴随矩阵（Estep 等人，2009）或其他敏感性估计或取样控制方法（van Leeuwen，2010）的指导下，最近的研究评估了动态或主动控制的粒子滤波器。随着这些方法的不断成熟，新的 SMC 性能应当能够为改进晴空和多云条件下的 DA 性能而灵活地适应观测—变量概率分布。

13.4　太阳能 DA 的挑战

云层、湿度和气溶胶等因素，与向下投射太阳能日射量之间的多种关联为太阳能 DA 带来了挑战。在预测方面，DA 使用了可在时间上向前推进、携带云层、湿度

和气溶胶物理学信息的天气模型，从而估计出地表的太阳辐射通量。也许，最重要的是预测不确定性的估计值，它是 NWP DA 方法的副产品，可以近乎实时地估计太阳能突然出现变化的概率，以此改进决策制定和节省运行成本。

此外，DA 的其他挑战还包括非线性物理学、非高斯变量概率分布和不连续物理学等几个例子。在下列章节中，我们将讨论这些问题，对于关注重点在云层预测的 DA 参与者来说，这些问题都是不小的挑战。

13.4.1 非线性物理学

中尺度模式系统内的太阳辐射和云层微物理学（辐射相互作用、热力学、液滴和冰晶）天生具有非线性。然而，为了确保收敛和改进 DA 秩数降低后的性能，运行的增量变分系统具有较强的线性假设。一些研究团体使用的全域 4DVAR DA 系统的线性化假设不够严谨，并且依赖预调节器控制求最小值过程，因为非线性可能导致错误的局部最小值被发现。预调节器通过重新透射问题空间起到作用，从而使得梯度算子能够在最小值求解器的各个迭代和尝试过程中平稳变化，从而减少收敛到最终解时所需的迭代次数（Zupanski，1996）。区域大气模式资料同化系统（RAMDAS）就是一种全域云解析 4DVAR DA 系统［62-23］。虽然此类系统的运行速度还不能满足实际需求，但是却能作为一项有用的研究试验平台，使读者洞察云层—DA 问题的物理学本质。

13.4.2 非高斯物理学

非高斯物理学向大多数运行 DA 系统提出了挑战，因为创建 DA 系统所用的假设正是基于高斯概率分布。更重要的是，当高斯 DA 系统使用了具有非高斯分布的随机变量时，可能会引入结果偏差。为了演示如何纠正这些问题，我们考虑了另一种非高斯 DA 框架。

Fletcher 和 Zupansky（2006）首次推导出了完整的非直接观测对数正态观测误差 3DVAR。推导的起点是贝叶斯定理［公式（13.1）］。对于对数正态分量来说，需要用到多元对数正态分布的定义；如公式（13.36）所示：

$$LN(x,\mu,\sum) = (2\pi)^{-\frac{Na}{2}}\prod_{i=1}^{Na}\left(\frac{1}{x_i}\right)\exp[(\ln x-\mu)^T\sum{}^{-1}(\ln x-\mu)] \tag{13.36}$$

其中，$\mu_i = E$（$\ln x_i$）为 $\ln x$ 平均值的矢量，$N_a = \dim$（x），E 为期望算子，$\ln x$ 的协方差矩阵如公式（13.37）所示：

$$\sum{}_{ij}^{-1} = E[\mathrm{In}x_i - E(\ln x_i)]E[\mathrm{In}x_j - E(\mathrm{In}x_j)] \tag{13.37}$$

变分 DA 系统的基础是该方法寻求的描述性统计。在高斯框架中，众数（最大似然）、中位数（无偏差）和平均数（最大方差）这 3 种描述性统计满足如下不等式：

$$mode \leqslant median \leqslant mean \tag{13.38}$$

该不等式适用于对称分布（例如，高斯分布）（Kleiber 和 Kotz，2003）。然而，对数正态分布不是对称的（而是偏态），并且还有一个不等于0的三阶矩。

现在的问题是应将非高斯系统建立在哪一种统计量基础上。在 Fletcher 和 Zupansky（2006）的文章中将最大似然（众数）作为基础。从3种统计量中单变量的定义可以很容易地阐明选择最大似然作为基础的原因。

$$J_{mods}(x) = \mathrm{In}x + \frac{1}{2}\left(\frac{\mathrm{In}x - \mu}{\sigma}\right)^2 \tag{13.39}$$

$$J_{median}(x) = \frac{1}{2}\left(\frac{\mathrm{In}x - \mu}{\sigma}\right)^2 \tag{13.40}$$

$$J_{mean}(x) = -\frac{1}{2}\ln x + \frac{1}{2}\left(\frac{\mathrm{In}x - \mu}{\sigma}\right)^2 \tag{13.41}$$

从中可以看出当 $\sigma^2 \to \infty$ 和众数趋向0时，平均值为无界的。中位数不受方差的影响，因此选择众数。此时如果不确定性变得过大，则基于众数的 DA 方案将趋向其他成分。选择众数还是因为它是多元对数正态分布中仅有的唯一/有界统计量。

如果我们假设了高斯背景误差和对数正态观测误差，则最大似然或变分问题就变成了公式（13.42）的形式：

$$J_L(x) = -\frac{1}{2}(x - x^b)B^{-1}(x - x^b) + \frac{1}{2}[\mathrm{In}y^o - \mathrm{In}H(x)]R_L^{-1}[\mathrm{In}y^o - \mathrm{In}H(x)] + \sum_{i=1}^{N_0}[\mathrm{In}y_i - H_i(x)] \tag{13.42}$$

代价函数此时包含了附加的项。此举可以确保求出的解为众数，而非中位数（下文中的变换方法中将详细讨论）。当定义了代价函数中的背景和观测的对数正态误差后，可以扩大该方法的适用范围（Fletcher 和 Zupanski，2007）。

现在，由此得出了高斯和对数正态混合 DA，一些模型变量很可能是高斯分布，而另一些模型变量则可能是对数正态分布（例如，水文气象学变量）。为了解决这一问题，Fletcher 和 Zupanski（2006）定义了高斯对数正态混合分布，其中随机变量的矢量同时包含了高斯和对数正态变量。如第3.2.1节所述，4DVAR 的原始基数是一项内积公式。这是因为高斯误差的加权最小平方法相当于是找出高斯概率密度函数，原因是3种描述性统计量是相同的。Fletcher（2010）在文章中提出了对数正态误差的函数形式，其中的解是对数正态分布的众数。该文章还列出了中位数和平均值矢量相关的函数形式。然而，如第3.2.1节所述，由于多事件贝叶斯定理也是4DVAR 的基础，可以定义一项一般的概率框架，从而允许得出任一概率密度函数的最大似然公式。因此，具有对数正态分布背景、观测和模型误差的混合分布4DVAR 代价函数的表达形式如公式（13.43）所示（Fletcher，2010）：

$$J_{MIXED-4DVAR}(x) = \frac{1}{2}(\ln x_0 - \ln x_0^b)B^{-1}(\ln x_0 - \ln x_0^b)$$

$$
\begin{aligned}
&+\frac{1}{2}\sum_{k=1}^{k}\{\ln y_i - H_i[M_{0,i}(x_0)]\}^T R_i^{-1} \\
&\times\{\ln y_i - H_i[M_{0,i}(x_0)]\} \\
&+\frac{1}{2}\sum_{l=1}^{t_a}\{\ln x_l - \ln[M_{l-1,l}(x_{l=1}^b)]\}^T Q_l^{-1} \\
&\times\{\ln x_l - \ln[M_{l-1,l}(x_{l-1}^b)]\} \\
&+(\ln x_0 - \ln x_0^b)^T 1_{N_s} \\
&+\sum_{i=1}^{N}\{\ln y_i - \ln H_i[M_{0,i}(x_0)]\}^T 1_{N_i} \\
&+\sum_{l=1}^{t_a}\{\ln x_i - \ln[M_{l-1,l}(x_{l-1}^b)]\}^T 1_{N_s} \qquad (13.43)
\end{aligned}
$$

其中，1_N 为 N 中的一个矢量。对数正态分布协方差矩阵的分量如公式（13.44）所示：

$$
\begin{aligned}
&B\,i,j = E(\ln x_i \ln x_j) - E(\ln x_i)E(\ln x_j), \\
&\quad i = 1,2,\cdots,N,\ j = 1,2,\cdots N \qquad (13.44)
\end{aligned}
$$

其中，$\min_{x\in R} J_{MIXED-4DVAR}(x)$ 为分析分布的众数。

此外，还有其他几种处理 DA 中对数正态误差的方法。其中之一就是通过一些变换形式将对数正态随机变量变为高斯随机变量。我们接下来将呈现这一方法，并解释说明分布分析中明显不利于太阳能/多云 DA 性能的矛盾。对数正态分布可以看作与高斯分布相似，因为二者具有共享的属性。与变换方法相关的重要属性有

$$x \sim \mathrm{LN}(\mu,\sigma^2) \Rightarrow \ln(x) \sim G(\mu,\sigma^2) \qquad (13.45)$$

$$x \sim \mathrm{G}(\mu,\sigma^2) \Rightarrow \exp(x) \sim \mathrm{LN}(\mu,\sigma^2) \qquad (13.46)$$

在对数正态和混合公式中，在对数值周围机动看似是个不错的方法，但是这无法突出下降趋势。由于差异不同，这 4 种单变量对数正态分布也具有了不同的偏斜性。我们开始对上述 4 种单变量对数正态分布进行变换-影响练习［图 13.5（a）］。然而，在变换后的高斯空间中，这 4 种分布全部具有相同的众数、中位数、平均值［图 13.5（b）］。接下来，变换过程的不利影响使得中位数回到对数正态空间中，图中两部分中以彩色线条表示。现在，尽管众数位于高斯空间中，但图中 4 项变换后的高斯分布均返回到对数正态空间中的中位数。回顾中位数在对数正态空间的定义后发现，该统计量独立于方差，因此图中的 4 项样本分布在对数正态空间拥有不同的众数［图 13.5（a）中的垂直彩色线表明各自在对数正态空间中的众数］，但是它们变换到高斯空间后就拥有相同的众数，然后再返回到对数正态空间中的中位数。这导致高估了对数正态空间中的最大似然状态。因此，高斯空间中的最可能状态（众数）不能映射回对数正态空间中的最可能状态（众数），因为高斯空间中的三阶或更高阶矩阵被透射到了高斯分布中的零矩阵。若要了解变换方法的蕴涵，参见 Fletcher（2010）和 Fletcher 和 Zupanski（2007）的研究。

13.4.3 间断物理学

云层和陆地表面之间包含了许多间断的物理因素，因为在环境系统中，水的相

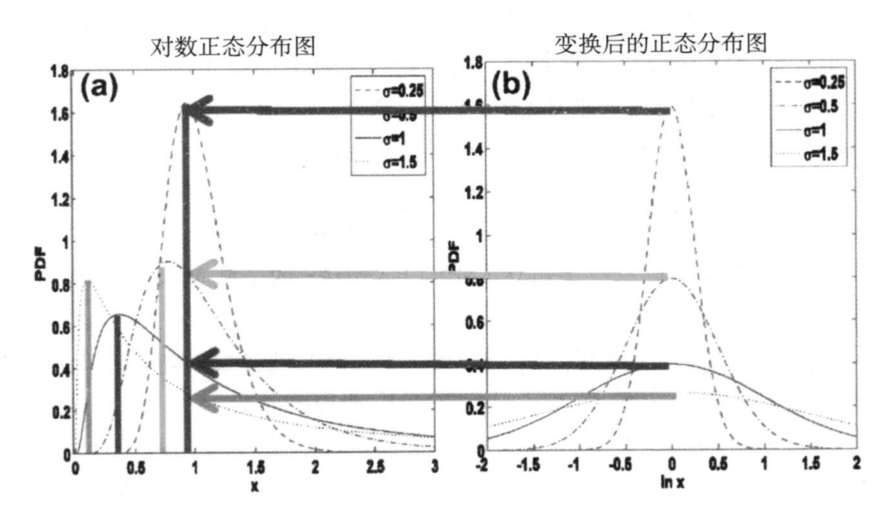

图 13.5　(a) 对数正态；(b) 高斯空间之间的变换及其蕴涵。
水平蓝色、红色、绿色和品红色彩线分别表明了 a = 0.25、0.5、1.0 和 1.5 的对数正态分布，由变换后的正态分布逆变换为对数正态分布。当从高斯-变换分析空间中变换时，变换方法发现了对数正态空间中的中位数，从而失去了对数正态分布中全部偏斜度信息，而垂直的蓝色、红色、绿色和品红色彩线分别表明原始的对数正态众数。

态在冰、液体和蒸汽之间变化。因此，通过使用伴随矩阵计算应用做线性模型平滑处理，数值方法必须要对锐利的间断性进行说明。否则，它们必须处理不确定状态时的收敛性问题（Vukicevic 和 Errico，1993；Vukicevic 等人，2004；Zupanski 等人，2005；Rudd 等人，2011）。解决该问题的方法包括建立扰动模型，其中通过使用参数化而非直接计算估计敏感性，从而在间断的物理边界引入更平缓的收敛性行为（Rawlins 等人，2007）。虽然，集合方法等统计方法在克服某些间断问题时具有优势，但是在线性化和其他平衡约束方面需要做出权衡（Lorenc，2003）。

13.4.4　多云 DA 的示例

多云 DA 的例子有很多，但是本文并没有对这些例子进行分类。我们重点强调了几篇综述文章，并展示一些简化的全域 4DVAR 结果。在近期，主要的研究总结来自 Stephens 和 Kummerow（2007）和最近的两大国际研讨会（Auligne 等人，2011；Errico 等人，2007；Ohring 和 Bauer，2011；Bauer 等人，2011；Bauer 等人，2011）。此外，各大主要 DA 中心每隔几年就会公布各自的配置状态。我们在之前的 DA 系统总结中对这些配置进行了标注。此外，文献中还回顾了一些特别的系统成分，例如云层降水参数化等（Lopez，2007）。

此外，通过创建局地分析和预测系统（LAPS）（Albers 等人，1996）等客观分析和使用非传统的云数据来源，可以将云的观测和模型数据融合到其他系统中。一般来说，上述同化数据的范围涵盖了降水雷达数据到云层辐射观测值，这二者都面临着各自独特的挑战（Errico 等人，2000；Errico 等人，2007）。一些方法可以将卫星数据与 4DVAR DA 结合。一般来说，由于状态矢量不再位于辐射空间中而引入了额外的相关性，因此此类方法更加复杂（Geer 等人，2008；Kelly 等人，2008）。云层辐射 DA 成功的基本要求是具有足够的观测敏感性，观测算子的相关研究可以证明这一点。例如，在野外高度仪器化的大气辐射测量（ARM）研究站点进行的观测活动和模拟研究可以进行验证（Vukicevic 等人，2006；Koyama 等人，2006）。

图 13.6 是来自使用科罗拉多州立大学的 RAMDAS 的全域 4DVAR 系统的简短演示（Vukicevic 等人，2004；Vukicevic 等人，2006；Zupanski 等人，2005），其中 CVs 为压力、水平风力、温度和一组水气凝结体的微物理参数。结果表明 4DVAR 系统中的收敛性由初估值［图 13.6（a）］转向更理想的状态［图 13.6（b）］。Seaman 等人（2010）以较差的初始云层条件为特例，详细地讨论了 4DVAR DA 的分析结果。第 14 章中给出了那些依靠这些 DA 系统的额外模型—输出示例。

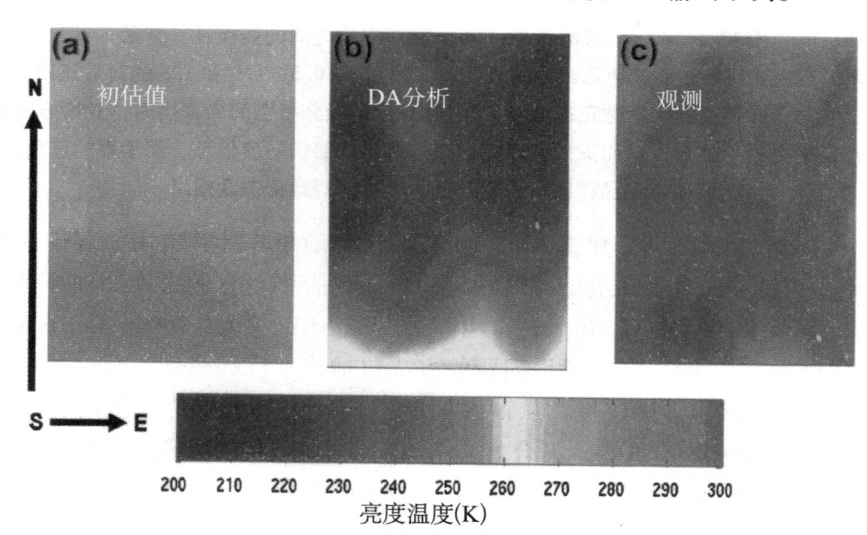

图 13.6　在位于俄克拉荷马州中部，面积为 300km × 300km（水平网格间隔为 6km）的区域内使用 RAMDAS 4DVAR 系统的云层—辐射同化。结果来自 GOES 探测器通道 −1（12 μm）在 2000 年 3 月 21 日 11：45 UTC 的探测数据。蓝色表示多云亮度温度（K）（例如，高层云到中层云）；红色表示温暖的亮度温度（K）（例如，低云）。DA 处理过程为从左到右：（a）初估值（当前的模型状态）；（b）最终同化分析状态；（c）GOES 探测器—通道 1 卫星观测值。原始平均 RMS 误差为 39 K；融合最终分析后的 RMS 误差为 3.9 K。

（图像来源：Manajit Sengupta.）

13.5　未来趋势

太阳能/多云 DA 的未来趋势是什么？从文献、研讨会议、技术报告、规划活动到我们自己的理解，笔者总结了对太阳能-DA 领域影响最大的趋势，如下所示：（排

名不分先后）

伴随着雷达和卫星云层辐射信息的使用，DA活动得以不断开展。随着众多新型雷达和卫星性能的不断上升，一些重要的DA活动得以开展（Auligne等人，2011；Stephens和Kummerow，2007；Bauer等人，2011）。这些活动包括了美国、日本、欧洲和几个发展中国家等国家运行的主要新型卫星。主要DA中心处理了来自几十个传感器的信息，并且处理的信息量仍处于上升趋势。根据DA—传感器影响估计的排名（Langland和Baker，2004），数据体积问题和数据稀疏方法将会有助于推动未来性能、DA方法选择和计算要求的改进。为实现稳健多云DA性能，需要对NWPDA框架内的特性做出选择，这成为了一项活跃的研究课题（Auligne等人，2011；Ohring和Bauer，2011；Bauer等人，2011）。一般来说，研究团体内当前的研究重点为微波传感器数据的使用，此类传感器的辐射传输行为较简单。然而，多种红外传感器的研究仍在继续。理想条件下，所有的信息来源都有助于改进DA系统表现云层的能力。

全球尺度和耦合中等尺度建模。随着全球模型的尺度开始接近中尺度天气现象学，天气尺度的动态平衡开始失效。此外，也有研究团体正在将陆地和海洋模型与NWP系统耦合。例如，美国气候/天气研究团体正在建立一项新型气候/天气系统跨尺度预测模式（MPAS）（通用地球系统模式（Community Earth System Model）），NOAA正致力于发展本机构的全球流体有限体积正二十面体模式（FIM）（NOAA），并且NOAA和美国空军正大力发展陆地/大气耦合WRF 4DVARs（Zapotocny，2009）。为了满足客户不断上升的需求，许多主要的全球DA系统已经达到或正在接近中尺度网格分辨率，这其中需要用到更多的物理复杂性、耦合要求和大气-化学输送（Auligne等人，2011）。这一趋势增加了DA系统要求的复杂性以及相关的尺度问题。

混合变分/集合DA—系统发展。通过使用集合—循环的结果和一项变分DA系统，可以向背景—误差协方差矩阵中引入流依赖，从而捕获6h变异性（不包括静态成分）。使用集合可以生成一项短期变异性的样本。众多集合成员和一项3D/4DVAR DA系统可以整合各个DA方法的优点，从而改进DA分析（Caya等人，2005；Barker，2011；Wang等人，2008）。

集合4DVARs。近期，多个4DVAR DA系统已被分为一项DA集合的成员，其中的每个系统的代价函数都取最小值。此类系统由ECMWF和Meteo-France研发（Bonavita等人，2011；Bonavita等人，2012；Raynaud等人，2011）。它们的优势是具有模型多样性，因而可以改进背景—误差协方差的估计。由于使用了多个4DVAR系统，因此需要更多的复杂性和更广泛的数据传输后勤保障。

计算最优化和新的计算架构。随着大型计算机并行化技术的出现，相关团体正在为DA研究新的计算架构（Barker，2011）。其中包括基于独立显卡的高性能计算

(HPC) 架构和先进的软件框架。随着处理器的性能不断上升，先进的“定向”SMC 方法将会成为现实，并将与传统的 EnsKF 和混合 EnsKF/VAR DA 方法相互作用 (例如，(Smidl 和 Hofman，2011))。

自适应数据网络、super-obs、多模式感应和混合传感器产品。如先前所述，传感器对 DA 系统性能影响的排列能力 (Langland 和 Baker，2004) 将继续引导硬件采购和设计选择，进而引出创新的自适应传感器网络，包括联合现场测量、移动测量单元、无人航空系统 (UASs) 和大容量卫星观测多模式传感器网络。DA-观测-系统设计面临的挑战主要是在多种多模式传感器分辨率和多层视图之间缩放 DA 系统，以及适应动态传感器需求。这就迫切需要能够有效减少数据输入要求的 DA 系统。继续强调数据在 super-obs (先进的数据聚合输入) (Langland 等人，2009) 上的重要性将作为一种最小化数据流平均值和衡量相互关系的可能方法。综合的多领域活动可以管理上述所有复杂性，并让目前复杂的 DA 系统看起来更简单 (Geer 等人，2008)。此外，还需要相应的辅助软件管理实际的运行。共享计算资源将持续支持多机构在 DA 发展方面展开高度合作 (Auligne 等人，2011；Bauer 等人，2011)。

此外，这里还有一个值得探讨的问题，考虑到当前的运行方法不一定能够充分适应此类诸如高度非线性问题，那么所有能建立一个充分交互和动态的 NWP 云层—DA 系统的研究工作是否都是值得的 (Pincus 等人，2011)。在改进预测系统内的云层表现力方面，预测一性能要求可能成为约束因素，这是 DA 中心面临的一个运行困境。尤其是，是否能协调使用专用的特定云层 DA 系统与运行的 NWPDA 系统。

13.6 结论

我们已经看到 DA 是 NWP 的重要组成部分，并且精确的太阳能 NWP 需要 DA。DA 代表了一个充满活力、快速增长的知识体系，并且最先进的计算和数学方法还在不断驱动着该体系的发展。我们回顾了 DA 的数学函数、解释了 DA 的技术术语，并对新的 DA 研究进行了探讨，我们相信这些研究将会在未来发挥更大的作用。

从未来趋势的讨论中可以看出，太阳能 DA 领域还处于新兴发展中。DA 团体对创建稳健的全天候 DA 性能和耦合的高分辨率地球模拟能力的需求将持续增长。尽管这些方法在未来可能会向多方面的应用发展，但是所有的应用都会将关注重点放在性能和精确性的改进，以及众多可用数据的使用方面。虽然 DA 和模型有误差，但随着短期 (0 ~ 24 h) 云层预测能力的改进，太阳能行业将获得长足的提升。我们预计 DA 系统将继续支持未来 NWP 和观测系统的设计，从而服务全球经济发展，并为行业提供近乎实时的决策支持系统。

首字母缩略词

3DVAR	三维变分
4DVAR	四维变分
AFWA	空军气象局
CMC	加拿大气象中心
CV	控制变量
CVT	控制变量转换
DA	资料同化
DAG	有向无环图
DTC	发展试验中心
ECMWF	欧洲中期天气预报中心
EnsKF	集合卡尔曼滤波器
FIM	流体有限体积正二十面体模式
GFS	全球预测系统
GSI	全球统计插值器
HPC	高性能计算
JMA	日本气象厅
LAM	有限区域模式
NAM	北美中等尺度预测系统
NAVDAS-AR	大气变分资料同化系统-加速表现器
NCAR	美国国家大气研究中心
NCEP	美国国家环境预报中心
NMC	国家气象中心
NRL	海军研究实验室
NWP	数值天气预报
pdf	概率密度函数
SMC	序列蒙特卡罗方法
PSAS	物理—空间统计—分析系统
QC	质量控制
RMSE	均方根误差
UAS	无人航空系统
WRF	天气研究和预测（模式）
WRFDA	WRF 资料同化

专业词汇

背景误差协方差矩阵 这一大型序列矩阵表示了控制变量之间的交互相关性，以及将观测信息从观测的模型状态传播到未观测的模型状态。

控制变量 是指模型状态（具有很高的相关性）向一组假设不相关变量的变换，从而降低了背景误差协方差矩阵的维度，为益于计算增加了稀疏性。

伪-湿度 该制变量是湿度域向某个变量的变换，并且其相关误差接近高斯分布随机变量。

不平衡散度 该控制变量与水平风力向平衡旋转分量的变换有关，假设不平衡发散分量之间无相关性。

不平衡温度和压力 这些控制变量，与全域表现中减去旋转控制变量中平衡成分后的剩余部分有关。

参考文献

[1] Albers, S. , McGinley, J. , Birkenheuer, D. , Smart, J. , 1996. The Local Analysis and Prediction System (LAPS): Analysis of clouds, precipitation, and temperature. Wea. Forecasting 11, 273-287.

[2] Anderson, E. , Jarvinen, H. , 1999. Variational quality control. Q. J. R. Meteorol. Soc. 125, 697-722. Auligne, T. , Lorenc, A. , Michel, Y. , Montmerle, T. , Jones, A. , Hu, M. , Dudhia, J. , 2011. Toward a new cloud analysis and prediction system. Bull. Amer. Meteorol. Soc. 92, 207-210. http: // dx. doi. org/10. 1175/2010BAMS2978. 1.

[3] Bannister, R. N. , 2008. A review of forecast error covariance statistics in atmospheric variational data assimilation. II: Modelling the forecast error covariance statistics. Q. J. Meteorol. Soc. 134, 1971-1996.

[4] Bannister, R. N. , 2008. A review of forecast error covariance statistics in atmospheric variational data assimilation. I: Characteristics and measurements of forecast error covariances. Q. J. Roy. Meteorol. Soc. 134, 1951-1970.

[5] Barker, D. , 2011. Data assimilation - progress and plans, MOSAC-16, 9-11 November 2011, Paper 16. 6. available at: http: //www. metoffice. gov. uk/media/pdf/m/c/MOSAC_ 16. 6. pdf.

[6] Bauer, P. , Geer, A. J. , Lopez, P. , Salmond, D. , 2010. Direct 4D-Var assimilation of all-sky radiances. Part I: Implementation. Q. J. R. Meteorol. Soc. 136, 1868-1885.

[7] Bauer, P. , Ohring, G. , Kummerow, C. , Auligne, T. , 2011. Assimilating satellite observations of clouds and precipitation into NWP models. Bull. Amer. Meteorol.

Soc. 92, ES25-ES28.

[8] Bauer, P., Buizza, R., Cardinali, C., Thepaut, J.-N., 2011. Impact of singular-vector-based satellite data thinning on NWP. Q. J. R. Meteorol. Soc. 137, 286-302.

[9] Bauer, P., Auligne, T., Bell, W., Geer, A., Guidard, V., Heilliette, S., Kazumori, M., Kim, M.-J., Liu, EH.-C., McNally, A. P., Macpherson, B., Okamoto, K., Renshaw, R., Riishojgaard, L. P., 2011. Satellite cloud and precipitation assimilation at operational NWP centres. Q. J. R. Meteorol. Soc. 137, 1934-1951.

[10] Bennett, A. F., 1992. Inverse Methods in Physical Oceanography. Cambridge University Press, Cambridge.

[11] Berre, L., 2000. Estimation of synoptic and mesoscale forecast error covariances in a limited-area model. Mon. Wea. Rev. 128, 644-667.

[12] Bonavita, M., Raynaud, L., Isaksen, L., 2011. Estimating background error covariances with the ECMWF Ensemble of Data Assimilations Systems: Some effects of ensemble size and day-to- day variability. Q. J. R. Meteorol. Soc. 137, 423-434.

[13] Bonavita, M., Isaksen, L., Holm, E., 2012, On the use of EDA background error variances in the ECMWF 4D-Var. Q. J. R, Meteorol. Soc. http://dx.doi.org/10.1002/qj.1899, Early online version of record.

[14] Bormann, N., Bauer, R, 2010. Estimates of spatial and inter-channel observation error characteristics for current sounder radiances for NWP, Part I: Methods and application to ATOVS data. Q. J. R. Meteorol. Soc. 136, 1036-1050.

[15] Canadian Meteorological Center, 2009. The new Canadian high resolution global forecasting system, internal report. http://collaboration.cmc.ec.gc.ca/cmc/CMOI/product_ guide/docs/ changes_ e.html.

[16] Caya, A.. Sun, J., Snyder, C., 2005. A comparison between the 4DVAR and the Ensemble Kalman Filter techniques for radar data assimilation. Mon. Wea. Rev, 133, 3081-3094.

[17] Charron, M., Polavarapu, S., Buehner, M., Vaillancourt, P. A., Charette, C., Roch, M., Momeau, J., Garand, L., Aparicio, J. M., MacPherson, S., Pellering, S., St-James, J., Heilliette, S., 2012. The stratospheric extension of the Canadian global deterministic medium range weather forecasting system and its impact on tropospheric forecasts. Mon. Wea. Rev., 140, 1924-1944.

[18] Community Earth System Model (CESM), Atmospheric Model Working Group (AMWG), activities summary website: Community Atmosphere Model (CAM) - Model for Prediction Across Scales (MPAS), http://www.cesm.ucar.edu/workxng_groups/Atmosphere/development/. Courtier, P., Thepaut, J.-N., Hollingsworth,

A. , 1994. A strategy for operational implementation of 4D-Var using an incremental approach. Q. J. R. Meteorol. Soc. 120, 1367-1387.

[19] Daley, R. , Barker. E. , 2001. 2001: NAVDAS: Formulation and diagnostics. Mon. Wea. Rev. 129, 869-883.

[20] Derber, J. , Bouttier, F. , 1999. A reformulation of the background error covariance in the ECMWF global data assimilation system. Tellus (51A), 195-221.

[21] Doucet, A. , de Freitas, N. , Gordon, N. (Eds.), 2001. An introduction to sequential Monte Carlo methods, Sequential Monte Carlo Methods in Practice. New York Springer-Verlag.

[22] ECMWF technical report, http: //www. ecmwf. int/research/ifsdocs/.

[23] Errico, R. M. , Fillion, L. , Nychka, D. , Lu, Z. -Q. , 2000. Some statistical considerations associated with the data assimilation of precipitation observations. Q. J. R. Meteorol. Soc. 126, 339-359.

[24] Errico, R. M. , Ohring, G. , Bauer, P. , Ferrier, B. , Mahfouf, J. F. , Turk, J. , Weng, F. , 2007. J. Atmos. Sci. 64, 3737-3741.

[25] Errico, R. M. , Bauer, P. , Mahfouf, J. -F. , 2007. Issues regarding the assimilation of cloud and precipitation data. J. Atmos. Sci. 64, 3785-3798.

[26] Errico, R. , 1997. What is an adjoint model? Bull. American Meteorol. Soc. 78, 2577-2591.

[27] Estep, D. , Malqvist, A. , Tavener, S. , 2009. Nonparametric density estimation for randomly perturbed elliptic problems II: Applications and adaptive modeling. Int. J. Numer. Methods Eng. 80, 846-867.

[28] Evensen, G. , 1994. Using the extended Kalman filter with a multilayer quasi-geostrophic ocean model. J. Geophys. Res. 97, 17905-17924.

[29] Evensen, G. , 2004. Sampling strategies and square root analysis schemes for the EnKF. Ocean Dynamics 54, 539-560. http: //dx. doi. org/10. 1007/sl0236-004-0099-2.

[30] Fillion, L. , Tanguay, M. , Lapalme, E. , Denis, B. , Desgagne, M. , Lee, V. , Ek, N. , Liu, Z. , Lajoie, M. , Caron, J. -F. , Page, C. , 2010. The Canadian regional data assimilation and forecasting system. Wea. Forecasting 25, 1645-1669.

[31] Fisher, M. , 2003. Background error covariance modeling. Proc. ECMWF Seminar on Recent developments in data assimilation for the atmosphere and ocean, 45-64.

[32] Fisher, M. , 2004. Generalized frames on the sphere, with application to background error covariance modeling. Proc. ECMWF Seminar on Recent developments in numerical methods for atmospheric and ocean modeling.

[33] Fletcher, S. J. , Zupanski, M. 2006. A Hybrid Multivariate Normal and lognormal

distribution for data assimilation. Atmos. Sci. Lett. 7, 43-46.

[34] Fletcher, S. J. , Zupanski, M. , 2006. A data assimilation method for log-normally distributed observational errors. Q. J. R. Meteorol. Soc. 132, 2505-2519.

[35] Fletcher, S. J. , Zupanski, M. , 2007. Implications and impacts of transforming log-normal variables into normal variables in VAR. Meterolo. Ze. 16, 755-765.

[36] Fletcher, S. J. , 2010. Mixed Gaussian-lognormal four-dimensional data assimilation. Tellus 62, 266-287. http: //dx. doi. Org/10. llll/j. 1600-0870. 2010. 00439. x.

[37] Geer, A. , Bauer, P. , 2011. Observation errors in all-sky data assimilation. Q. J. R. Meteorol. Soc. 137, 2024-2037.

[38] Geer, A. J. , Bauer, P. , Lopez, P. , 2008. Lessons learnt from the operational ID - I- 4D-Var assimilation of rain- and cloud-affected SSM/I observations at ECMWF. Q. J. R. Meteorol. Soc. 134, 1513-1525.

[39] Geer, A. , Bauer, P. , Lopez, P. , 2010. Direct 4D-Var assimilation of all-sky radiances. Part II: Assessment. Q. J. R. Meteorol. Soc. 136, 1886-1905.

[40] Giering, R. , Kaminski, T. , 1998. Recipes for adjoint code construction. ACM Trans. Math Software 24, 437-474.

[41] Han, Y. , van Deist, P. , Liu, Q. , Weng, F. , Yan, B. , Treadon, R. , Derber, J. , 2006. JCSDA Community Radiative Transfer Model (CRTM) - Version 1. NOAA Technical Report NESDIS 122, Washington D. C. August.

[42] Honda, Y. Nishijima, M. , Koizumi, K. , Ohta, Y. , Tamiya, K. , Kawabata, T. , Tsuyuki, T. , 2005. A pre-operational variational data assimilation system for a non-hydrostatic model at the Japan Meteorological Agency: Formulation and preliminary results. Q. J. R. Meteorol. Soc. 131, 3465-3475.

[43] Huang, X. -Y. , Xiao, Q. , Barker, D. M. , Zhang, X. , Michaleakes, J. , Huang, W. , Henderson, T. , Bray, J. , Chen, Y. , Ma, Z. , Dudhia, J. , Guo, Y. , Zhang, X. , Won, D. -J. , Lin, H. -C. , Kuo, Y. -H. , 2009. Four-dimensional variational data assimilation for WRF: Formulation and preliminary results. Mon. Wea. Rev. 137, 299-314.

[44] Ide, K. , Courtier, P. , Ghil, M,, Lorenc, A. C. , 1997. Unified Notation for Data Assimilation: Operational, Sequential and Variational. J. Meteor. Soc. Japan 75 (IB), 181-189.

[45] Joliffe, I. T. , Stephenson, D. B. , 2012. Forecast Verification: A Practitioner's Guide in Atmospheric Science. In: Joliffe, I. T. , Stephenson, D. B. (Eds.), second ed. John Wiley & Sons, Ltd. , Chichester, UK http: //dx. doi. org/10. 1002/9781119960003.

[46] Jones, A. S. , Vukicevic, T. , Vonder Haar, T. H. , 2004. A microwave satellite observational operator for variational data assimilation of soil moisture. J. Hydrometeorol. , 213-229.

[47] Kalman, R. E. , 1960. A new approach to linear filtering and prediction problems. Trans. ASME (82D), 35-45.

[48] Kalnay, E. , 2003. Atmospheric Modeling: Data Assimilation and Predictability. Cambridge University Press, Cambridge.

[49] Kelly, G. A. , Bauer, P. , Geer, A. J. , Lopez, P. , Thepaut, J. -N. , 2008. Impact of SSM/I observations related to moisture, clouds, and precipitation on global NWP forecast skill. Mon. Wea. Rev. 136, 2713-2726.

[50] Kleiber, C. , Kotz, S. , 2003. Statistical size distribution in economics and actuarial science. John Wiley & Sons. , Hoboken, NJ.

[51] Koyama, T. , Vukicevic, T. , Sengupta, M. , Vonder Haar, T. , Jones, A. S. , 2006. Analysis of information content of infrared sounding radiances in cloudy conditions. Mon. Wea. Rev. 134, 3657-3667.

[52] Krishnamurti, T. N. , Rajendran, K. , Kumar, T. S. V. , Lord, S. , Toth, Z. , Zou, X. , Ahlquist, S. , Navon, I. M. , 2003. Improved skill for the anomaly correlation of geopotential heights at 500 hPa. Mon. Wea. Rev. 131, 1082-1102.

[53] Langland, R. H. , Baker, N. , 2004. Estimation of observation impact using the NRL atmospheric variational data assimilation adjoint system. Tellus (56A), 189-201.

[54] Langland, R. H. , Velden, C. , Pauley, P. M. , Berger, H. , 2009. Impact of Satellite-derived rapid-scan wind observations on numerical model forecasts of Hurricane Katrina. Mon. Wea. Rev. 137, 1615-1622.

[55] Lewis, J. M. , Derber, J. C. , 1985. The use of adjoint equations to solve a variational adjustment problem with advective constraints. Tellus (37A), 309-322.

[56] Liu, M. , Nachamkin, J. E. , Westphal, D. L. , 2009. On the improvement of COAMPS weather forecasts using an advanced radiative transfer model. Wea. Forecasting 24, 286-306.

[57] Lopez, P. , 2007. Cloud and precipitation parameterizations in modeling and variational data assimilation: A review. J. Atmos. Sci. 64, 3766-3784.

[58] Lorenc, A. C. , Hammon, O. , 1988. Objective quality control of observations using Bayesian methods. Theory, and a practical implementation. Q. J. R. Meteorol. Soc. 114, 515-543. http: // dx. doi. org/10. 1002/qj. 49711448012.

[59] Lorenc, A. C. , 1986. Analysis methods for numerical weather prediction. Q. J. R. Meteorol. Soc. 112, 1177-1194.

[60] Lorenc, A. C. , 2003. The potential of the ensemble Kalman filter for NWP - a comparison with 4D-Var. Q. J. R. Meteorol. Soc. 129, 3183-3203.

[61] McLay, J. G. , Bishop, C. H. , Reynolds, C. A. , 2008. Evaluation of the Ensemble Transform Analysis Perturbation Scheme at NRL. Mon. Wea. Rev. 136,

1093-1108.

[62] Menard, R. Daley, R. , 1996. The application of Kalman smoother theory to the estimation of 4DVAR error statistics. Tellus (48A), 221-237.

[63] Ingleby, N. B. , Lorenc, A. C. , 1993. Bayesian quality control using multivariate normal distributions. Q. J. R. Meteorol. Soc. 119, 1195-1225.

[64] Nachamkin, J. E. , Schmidt, J. , Mitrescu, C. , 2009. Verification of cloud forecasts over the Eastern Pacific using passive satellite retrievals. Mon. Wea. Rev. 137, 3485-3500.

[65] National Center for Atmospheric Research (NCAR) MET website, http://www. dtcenter. org/met/ users/.

[66] NOAA, Earth System Research Laboratory, Flow-Following Finite-Volume Icosahedral Model (FIM) website: http://fim. noaa. gov/.

[67] Ohring, G. , Bauer, P. , 2011. The use of cloud and precipitation observations in data assimiliation (CPDA). Q. J. Royal Meteorol. Soc. 137, 1933.

[68] Parrish, D. F. , Derber, J. C. , 1992. The National Meteorological Center's Spectral Statistical- Interpolation Analysis System. Mon. Wea. Rev. 120, 1747-1763.

[69] Pincus, R. , Hofmann, R. J. P. , Anderson, J. L. , Raeder, K. , Collins, N. , 2011. Can fully accounting for clouds in data assimilation improve short-term forecasts by global models? Mon. Wea. Rev. 139, 946-957.

[70] Rawlins, F. , Ballard, S. P. , Bovis, K. J. , Clayton, A. M. , Li, D. , Inverarity, G. W. , Lorenc, A. C. , Payne, T. J. , 2007. The Met Office global four-dimensional variational data assimilation scheme. Q. J. R. Meteorol. Soc. 133, 347—362.

[71] Raynaud, L. , Berre, L. , Desroziers, G. , 2011. An extended specification of flow-dependent background error variances in the Meteo-France global 4D-VAR system. Q. J. R. Meteorol. Soc. 137, 607-619.

[72] Rosmond, T. , Xu, L. , 2006. Development of NAVDAS-AR: non-linear formulaton and outer loop tests. Tellus 58, 45-58.

[73] Rudd, A. C. , Roulstone, I. , Eyre, J. R. , 2011. A simple column model to explore anticipated problems in variational assimilation of satellite observations, Environ. Modelling & Software 27-28, 23-39.

[74] Sasaki, Y. , 1970. Some basic formalisms in numerical variational analysis. Mon. Wea. Rev. 98, 875-883.

[75] Schumacher, R. S. , Davis, C. A. , 2010. Ensemble-based forecast uncertainty analysis of diverse heavy rainfall events. Wea. Forecasting 25, 1103-1122. http://dx. doi. org/10. 1175/ 2010WAF2222378. 1.

[76] Seaman, C. J. , Sengupta, M. , Vonder Haar, T. H. , 2010. Mesoscale satellite data assimilation: impact of cloud-affected infrared observations on a cloud-free initial model

state. Tellus 62, 298-318. http: //dx. doi. Org/10. llll/j. 1600-0870. 2010. 00436. x.

[77] Slingo, J. M. , 1987. The development and verification of a cloud prediction model for the ECMWF model. Q. J. R. Meteorol. Soc. 113, 899-927.

[78] Smidl, V. , Hofman, R. , 2011. Marginalized particle filtering framework for tuning of ensemble filters. Mon. Wea. Rev. 139, 3589-3599.

[79] Snyder, C. , Bengtsson, T. , Bickel, P. , Anderson, J. , 2008. Obstacles to high-dimensional particle filtering. Mon. Wea. Rev. 136, 4629-4640. http: // dx. doi. Org/10. 1175/2008MWR2529. l.

[80] Stephens, G. L. , Kummerow, C. D. , 2007. 2007: The remote sensing of clouds and precipitation from space: A review. J. Atmos. Sci. 64, 3742-3765.

[81] Van Leeuwen, P. J. , 2010. Nonlinear data assimilation in geosciences: an extremely efficient particle filter. Q. J. R. Meteorol. Soc. 136, 1991-1999.

[82] Vukicevic, T. , Errico, R. , 1993. Linearization and adjoint of parameterized moist diabatic processes. Tellus 45, 493-510.

[83] Vukicevic, T. , Greenwald, T. , Zupanski, M. , Zupanski, D. , Vonder Haar, T. , Jones, A. , 2004. Mesoscale cloud state estimation from visible and infrared satellite radiances. Mon. Wea. Rev. 132, 3066-3077.

[84] Vukicevic, T. , Sengupta, M. , Jones, A. , Vonder Haar, T. , 2006. Cloud resolving data assimilation: Information content of IR window observations and uncertainties in estimation. J. Atmos. Sci. 63, 901-919.

[85] Wang, X. , Barker, D. M. , Snyder, C. , Hamill, T. M. , 2008. A Hybrid ETKF-3DVAR data assimilation scheme for the WRF model. Part I: Observing System Simulation Experiment. Mon. Wea. Rev. 136, 5116-5131.

[86] Xu, L. , Rosmond, T. , Daley, R. , 2005. Development of NAVDAS-AR. Formulation and initial tests of the linear problem. Tellus (57A), 546-559.

[87] Zapotocny, J. , 2009. USAF data assimilation activities. JCSDA 7th Workshop on Satellite Data Assimilation, Hallethorpe, MD, 1A [available online at. http: // www. jcsda. noaa. gov/meetings_ Wkshop2009. php.] .

[88] Zupanski, M. , Zupanski, D. , Vukicevic, T. , Eis, K. , Vonder Haar, T. H. , 2005. CIRA/CSU Fourdimensional variational data assimilation system. Mon. Wea. Rev. 133, 829-843.

[89] Zupanski, M. , 1996. A preconditioning algorithm for four-dimensional variational data assimilation. Mon. Wea. Rev. 124, 2562-2573.

第 14 章　GL-Garrad Hassan 公司基于 WRF 模型的太阳能预测案例研究

Patrick Mathiesen 与 Jan Kleissl

加州大学圣地亚哥分校 GL-Garrad Hassan 公司

章节纲要

14.1　动机：辐照度、可变性和不确定性的预测

简单来说，太阳能预测是基础的也是直观的，它是指通过辐照度预测判断出某时某地的太阳能发电量，但是通常无法获得充足的辐照度的时间序列。例如，确定的辐照度预测不能提供历史或预期效益相关的信息。利益相关者们在不了解预测的不确定性时，很难做出最佳决策。因此，太阳能预测的另一个关键是不确定性预测。此外，太阳能辐射照度所独有的特点是：常常会在非常短的时间内出现快速的波动（爬坡事件）。由于爬坡事件的持续时间（公用事业规模的电站会持续数分钟）通常

小于确定的辐照度和不确定性预测的时间分辨率，因此可能无法彻底解决功率波动的问题。此外，由于大多数太阳能发电站都建在晴天较多的地区，因此电网运营商们可能只对影响可靠性和经济性问题的爬坡事件感兴趣。因此，太阳能预测还必须提供波动或者爬坡事件的信息。这三部分（辐照度、不确定性和波动性）结合后形成了综合太阳能预测的基础。

具体来说，确定性的辐照度预测可以预测某个时间和位置的瞬间辐照度［图14.1（a）］。通常使用空间和时间建立平均辐照度预测［图14.1（b）］。一般来说，平均窗口（包括空间和时间）增大后可以最大程度地消除预测偏高或偏低，从而降低预测的平均绝对误差（MAE）。然而，由于平均化可以消除局部的极端情况，因此难以精确地捕捉到波动。

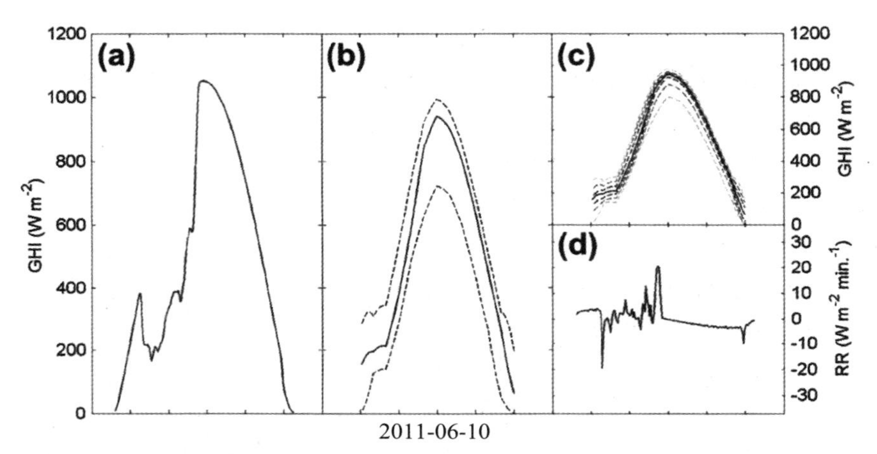

图14.1　2011年6月10日辐照度预测：（a）直接来自NWP模型输出的辐照度预测；（b）不确定性区间为80%的每小时平均、偏差修正的辐照度预测；（c）超越概率；（d）预测爬坡率（5min）

与置信区间类似，预测的不确定性是由辐照度的最小和最大界限表示。不确定性界限描述了一个辐照度值位于某一百分比（α水平）期望观测值的范围［公式（14.1）；图14.1（b）］：

$$GHI_{\text{forecast},\frac{1-\alpha}{2}} \leqslant GHI_{\text{Obs}} \leqslant GHI_{\text{forecast},\frac{1+\alpha}{2}} \tag{14.1}$$

因此，当预测是确定的，那么不确定性区间较窄，并且观测值落在平均辐照度预测值附近的概率较高。当不确定性较高时，则不确定性的区间较宽，表明潜在观测值的范围更大。一般来说，辐照度范围的α水平预测已经能够满足应用。但是，这一概念通常被延伸至超越概率原理［P_β；公式14.2］：

$$GHI_{\text{forecast},1-\beta} \leqslant GHI_{\text{Obs}} \tag{14.2}$$

这相当于是一个单边不确定性区间，表示了观测值超出该界限的百分比。例如，$P_{05}=900\text{W/m}^2$表示的是观测值超过900 W/m^2的可能性只有5%。由于电网运营商大多使用提前1天的逐时调度区间，因此他们通常需要逐时平均时间序列的平均辐照度和不确定性预测。然而，由于太阳能辐照度处于波动之中，所以需要单独量化每小时内的波动。爬坡速率可以量化辐照度的波动，其定义为辐照度在时间 Δt 内的波动：

$$RR_{\Delta t} = \frac{GHI\left(t + \frac{\Delta t}{2}\right) - GHI\left(t - \frac{\Delta t}{2}\right)}{\Delta t} \tag{14.3}$$

爬坡事件描述了辐照度的波动速率，可以依据 Δt 分为不同的时间尺度。当 $\Delta t < 5\mathrm{min}$ 时，爬坡事件指的是高频波动，这几乎对逐时平均辐照度不会产生影响。此外，分布式太阳能发电站的平均过程很可能消除掉短期波动。相反，$RR\Delta t > 30min$ 的爬坡速率着重表示辐照度持续的、区域性波动，此类事件可能对平均辐照度产生较大的影响。

从概念上来讲，提供具有辐照度、不确定性和波动信息的太阳能预测是很简单的。然而，在实际中将上述信息提炼为有用的信息过程却并不容易。图14.1展示了在添加不确定性和波动后，如何将简单的辐照度预测转换为一个综合的预测结果。随着预测复杂性增加，可用的信息量也随之增加。然而，过多的信息不但常常难以处理，而且会导致利益相关者无法及时做出决策。当预测的站点较多或区域较大时，可能会产生更多的信息问题。因此，太阳能预测提供者应当根据利益相关者的需求提供一种理想的预测。

在本章中，我们调查了两类不同的利益相关者们对太阳能预测的需求，每类都对能源行业有着独特的见解。首先，确定了独立系统运营商（ISO；第14.2节）和能源贸易商（第14.3节）的预测需求，并讨论了合适的太阳能预测产品。通过使用数值天气预报预测（NWP；第14.4节），在5个独特的地点建立了数天的个性化太阳能预测（第14.5节），用来代表不同的天气条件特征。最后，本文比较了各个预测及其对各利益相关者的实用性。

14.1.1　确定利益相关者的需求

对于太阳能能源的利益相关者来说，不论其行业地位，他们的关注重点都在能源交易。电厂所有者将生产的能源出售给公共电网，后者将其配送给消费者。为了有效管理买卖双方的关系，必须提前签订能源交易协议。与传统的能源不同，太阳能发电量取决于局部的天气现象，并且难以精确地规划输出发电量。因此，利益相关者们需要依靠太阳能预测进而预测出发电量。然而，由于太阳能预测还不够完善，在DAM中承诺的发电量通常不符合实际产量。为了弥补二者之间的差异，利益相关者们可能需要在实时市场（RTM）中购买或销售能源。RTM中需要提前数分钟至数小时的高分辨率短时太阳能预测。DAM和RTM能源市场规定了两种不同的太阳能预测时间尺度，这对太阳能发电行业至关重要。

总的来说，RTM和DAM中的能源经济学和管理规划要求会影响到预测精确度的需求。能源价格会随着提前购买期的缩短而出现上涨，因此能源的提前购买期越长，购得的能源越划算（例如，DAM）。如果能够提前数天了解精确的预期发电量，能源购买就会变得经济而高效。然而，如果最初的发电量预测失误，也可能招致重大的资金损失。例如，如果某个太阳能发电站（假设它是正常的市场参与者）的实际发电量小于预测值（预测偏高），则它必须在 RTM 中购买能源，以弥补发电缺口。此时的购买成本通常要高于提前在 DAM 中购买的成本，这样就导致了资金损失。相反，如果日前预测表明该电站的发电量将会很低，那么公共电网会在 DAM 中购买能源以满足其系统的需求。如果电站随后的实际发电量大于预测值（能源预测偏低），就会出现能量过剩现象。由于先前购买的能量已经填补了预期缺口，那么就不会有买家愿意购买 RTM 中剩余的能源。这样，电站所有者就损失掉了本可以在 DAM 中卖掉这部分剩余能源所获得的潜在收入。此外，在极端预测偏低条件中，多余的发电量可能引起太阳能发电缩减，或是不利于太阳能能源在 RTM 中的定价。资金损失量（L）与实际时间（LMP_{RTM}）和日前（LMP_{DAM}）的区域能源价格极限值之间存在近似的函数关系（图 14.2）：

$$L = (E_{\mathrm{obs.}} - E_{\mathrm{forecast}}) \cdot LM_{\mathrm{DAM}};\quad E_{\mathrm{obs.}} > E_{\mathrm{forecast}} \qquad (14.4)$$

$$L = (E_{\mathrm{forecast}} - E_{\mathrm{obs.}}) \cdot (LMP_{\mathrm{RTM}} - LMP_{DAM});\quad E_{\mathrm{obs.}} < E_{\mathrm{forecast}} \qquad (14.5)$$

假设将发电量观测值和 LMP_{DAM} 均标准化为 1，通过公式（14.4）和公式（14.5）计算出图 14.2 中的数据。此时，收入损失的百分比可以表示为一个预测误差（$\mathrm{E_f - E_o}$）/$\mathrm{E_o}$ 百分比和 RTM 与 DAM 价格比值的函数。在预测偏低的情况中（图左侧负的预测误差百分比），损失百分比与误差成正比关系，这表示向 DAM 中销售能量过少引起的潜在收入损失。在预测偏高的情况中（图右侧正的预测误差百分比），收入影响取决于 RTM 与 DAM 的价格比。当 $LMP_{\mathrm{RTM}} < LMP_{\mathrm{DAM}}$（价格比 <1）时，DAM 中的能源销售价格远高于在 RTM 中购买能源的成本。因此，在维持净收入的同时，可以使用在价格相对较高的 DAM 中销售能源获得的收入，并用这部分收入购买 RTM 中价格较低的能源。当价格比 <1 时，预测偏高情况中的收入达到最大。相反，当价格比 >1 时，在 RTM 中购买能源的成本较高，并且预测偏高的程度越大，购买成本越高。在这一简单的模型中，我们忽略了 LMPs 和节点太阳能发电量之间的反馈和预测误差。因此，太阳能预测误差可以直接影响能源价格以及随后的总收入。对于下列小节中讨论的利益相关者们来说，他们对太阳能能源行业、能源市场和太阳能预测要求方面都有自己独特的见解。

14.1.2 独立系统运营商的角度

独立系统运营商（ISO）或能源调度部门通过满足能源需求和实施弥补能源短缺的措施，从而维护电网的可靠性。ISO 本身不生产能源，而是对能源生产商和公共设施经销商参与的市场进行调节和管理。为了确保能源交付的一致性和可靠性，ISO 必须为市场提供信息并购买能源储备以实现能源的供需平衡。因此，在规划购

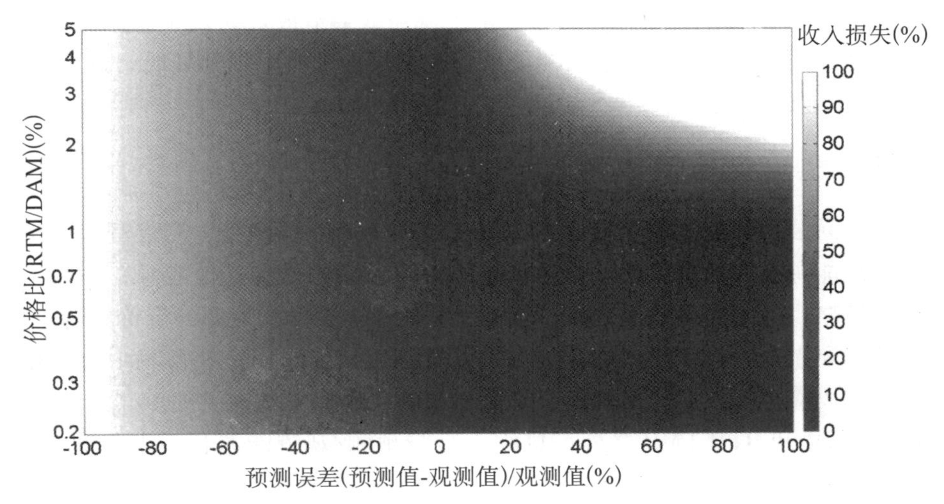

图 14.2　资金总损失占最大收入的百分比与预测误差和 RTM 与 DAM 中 LMP 价格比的函数关系。黑色表示获得潜在收入的区域。

买可以快速调度的储备能源时，需要精确地估计出能源的产量、消费量和不确定性。

ISO 要提前一天预测出能源的需求量并初步估计出能源总产量（尤其是“必须生产的能源”），并且在供需平衡关系和能源传输限制的基础上制定能源价格。随后，ISO 可以建立机组组合和可用储备的调度指令。在“实时”（在分辨率最高为 5min 时，提前数分钟至数小时）中的条件通常不能匹配 DAM 的计划安排，这是因为能源需求和可再生能源发电量预测不够精确。ISO 负有管理实时电网的责任，具体手段为操作 RTM、调度储备、缩减发电量、向上和向下调节。此外，还需要精确地估计实时的能源产量和需求量。

对于太阳能能源来说，ISO 需要精确地估计出 DAM 和 RTM 中的发电产量。一般来说，必须预测出 LMP 各节点的总发电量（例如，全部屋顶式和公共事业规模的太阳能发电站）。然而，实际中的预测则提供给了部分公共事业规模发电站。由于太阳能预测不够完善，因此产生了发电量预测的不确定性。通过使用该发电量预测范围，ISO 在决定可用能源和储备要求时需要考虑到最差的情况。由于 DAM 中还未出现小时内的调度需求，因此发电量在小时内的波动并不是重要因素。然而，关键是要预测出持续时间长、影响较大的爬坡事件。尽管平均功率预测可以部分反映出爬坡事件，但是为了警告运营商潜在的风险和描述出爬坡期间的不确定性，有必要绘制出独立的爬坡概率时间序列图。提前一天向 ISO 提供一次理想 DAM 预测中的逐时平均发电量、不确定性和爬坡事件概率的预测。

RTM 中需要相同的预测成分，但要求具备更加精细的时间分辨率（例如，5min）和更加频繁的更新（通常为每小时一次）。由于精确度的标准更高，RTM 不确定性的误差范围必然要小于 DAM 的误差范围。通常，可以直接求解出小时内波动（由于 RTM 预测的时间分辨率更高），从而预警意外的发电量短缺。通过购买能源［公式（14.4）］或容量弥补 RTM 中的能源短缺会造成负荷损失和经济损失，因此对于 ISO 来说，有效的太阳能预测能够将这类损失的概率降到最低。表 14.1 总结了常见的 ISO 预测要求。

14.1.3 能源交易商的角度

资产贸易公司开展能源交易业务，旨在通过使用能源产量、需求量和价格预测等手段实现能源收入的最大化。为了在能源市场（太阳能和其他能源）中制定出理想的出价策略，除了产量预测之外，能源交易商还需要分析能源的定价和需求趋势。此外，他们还需要为生产出的能源负责，以及承担任何与资产在市场中交易相关的风险。这些风险包括预期产量偏高或偏低引起的收入损失（参见图 14.2）。

除了 DAM 和 RTM LMP 之外，总收入是与预测/观测能源相关的函数（Luoma 等人，2012）：

$$R = E_{\text{foresat}} \cdot LMP_{\text{DAM}} + (E_{\text{Obs}} - E_{\text{forecast}}) \cdot LMP_{\text{RTM}} \qquad (14.6)$$

由于不存在对不准确的日前预测进行惩罚等问题，因此向市场中销售的能源数量和 LMP 越高，所得收入越多。如果能源交易商能够精确地预测出日前的能源需求和价格，则可以制定出收入最大化的出价策略。

表 14.1 ISO 优先的太阳能预测要求（1 = 最大预期）

预测成分	DAM	RTM
平均辐照度	1	1
80% 不确定性界限	2	2
爬坡事件预测	3	4
小时内波动	3	
预测的技术参数		
更新频率	每天	每小时
最大预测时效	2 天	数小时
时间分辨率	60min	5min

然而，错误的预测会给能源调度部门制造管理难题。为了鼓励精确的预测，可以对错误预测采取惩罚措施（“偏差惩罚”）。当执行偏差惩罚时，最优的出价策略会趋向于根据预期的能源产量进行定价（Botterud 等人，2012）。总之，这会导致收入显著减少。公式（14.6）可以适用于在经济上进行错误预测惩罚：

$$R = E_F \cdot LMP_{\text{DAM}} + (E_o - E_F) \cdot LMP_{\text{RTM}} - \text{DEV} \cdot |E_o - E_F| \qquad (14.7)$$

其中，DEV 为偏差惩罚率。为了有效地打击投机现象，DEV 应当高于 RTM 或 DAM 价格。当偏差惩罚率等于 RTM 或 DAM 最大值的两倍时，图 14.3 表明在 DAM 中的报价总是能够实现收入最大化，而且预测是理想的。

偏差惩罚有利于解释能源交易商的行为。当预测错误时，误差与价格的比值大小决定了资金结果。例如，如果 $LMP_{\text{RTM}} < LMP_{\text{DAM}}$（价格比 < 1），并且预测偏高达

到20%时，则最大收入可达80%。在这种情况中，交易商可能会使用高β水平的超越概率向DAM报价（参见第14.2节）。当使用高β水平销售能源时，会增加观测产量低于报价的概率，这时交易商需要在RTM中购买能源以补偿缺口。然而，由于价格比<1，购买的补偿能源可以产生净效益（惩罚除外）。同理，如果LMP_{RTM} > LMP_{DAM}（价格比>1），在RTM中购买的能源价格较高，产量预测偏高则会增加费用。当价格比为5时，预测仅仅偏高10%就会使总收入降至0。然而，当预测偏低最高达到20%时，仍能产生效益（参见图14.3），因此交易商会以低β水平向DAM报价以降低预测偏高的几率。

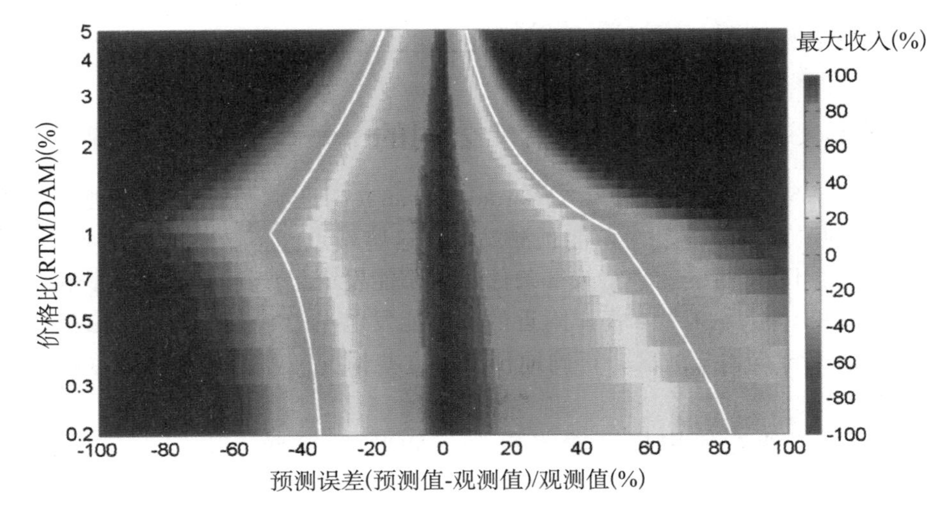

图14.3 当市场中的预测偏差惩罚为RTM或DAM最大值的两倍时，总收入最大值百分比（R）与预测误差和RTM与DAM价格比之间的函数关系［公式（14.3）］。白线表示总收入为0，不包括运行成本。

一般来说，能源交易商关注的太阳能预测成分与ISO和公共事业部门类似。对于DAM和RTM，他们的关注重点都包括平均功率预测和不确定性特征。然而，对于能源贸易尤为重要的不确定性通常不是由置信区间表示，而是由超越概率（P_β）表示。为了有效地制定报价策略，能源交易商还必须能够精确地预测出价格比。因此，他们对小时内太阳能波动预测的兴趣要高于其他利益相关者。尤其是在太阳能能源占比较高的能源市场中，某个节点上总产量的局部峰值都可能引起价格下跌。产量峰值偶尔还可能过大，造成电网拥堵并使LMP变为负值。如果能源交易商能够预测出产量的快速波动，则可以通过预测出LMP波动而得出较大的收益。在空间方面可以采取相似的策略。该应用中的空间波动是指某个节点上空出现的、可以影响平均太阳能发电产量的云量波动。利用辐照度的空间波动信息加上电力传输模型，有助于交易商有效地预测可能出现能源过剩和短缺的位置，从而更好地预测出能源价格和更新报价策略。表14.2总结了能源交易商期望的太阳能预测基本成分。

表 14.2 能源交易商的优先太阳能预测成分（1 = 最大预期）

预测成分	DAM	RTM
平均功率产量	3	4
超越概率	1	1
气象条件	2	3
小时内波动	4	2
空间波动	5	5
预测规格参数		
更新频率	2 天	每时
最大预测时效	2 天	数小时
时间分辨率	15min	<5min

14.2 GL GARRAD HASSAN 公司的 NWP 太阳能预测

在 2011 年 5 月和 6 月期间，GL Garrad Hassan（GLGH）公司在圣地亚哥地区内的 5 个普通观测地点创建了太阳能预测站点，这些站点涵盖了行业内的各个视角。在此期间，加州南部遭受的独特天气条件对太阳能发电量产生了直接的影响。尤其是夏季海洋层云极大地限制了海岸附近的太阳能发电量。然而，这一现象很少深入到距离海岸 25km 的内陆地区，正确地预测出这些情况一直都是个难题（Mathiesen 等人，2012a）。

在本章中，通过使用模型输出数据（MOS），根据历史的平均偏离误差（MBE），对 GLGH 公司使用的 NWP 预测（参考第 12 章）进行了统计学修正。根据精确度历史数据，计算出不确定性界限和超过数界限。此外，还确定了显著爬坡的概率并描述了小时内波动的特点。

14.2.1 公开的 NWP 模型

对于日前太阳能预测来说，NWP 的性能常常要优于统计和卫星图像方法（Perez 等人，2010）。南加州地区适用多个 NWP 模型，包括北美中尺度模式（NAM）、全球预测系统（GFS）、NOAA 的“快速刷新”（RAP）和加拿大环境部的全球环境多尺度模式（GEM）（参见 12.3 和 12.5 节）。然而，运行 NWP 的辐照度预测常常偏高（Remund 等人，2008；Lorenz 等人，2009；Mathiesen 和 Kleissl 2011；Pelland 等人，2011），并且云层的刷新频率过低和/或光学过薄。此外，尤其是在加州地区利于云量形成的时期，会导致 NWP 的预测误差增大（Mathiesen 等人，2012a）。

已有研究证实了 NWP 的几个误差来源。首先是模型的垂直和水平分辨率，这决定了天气特征的求解规模。对于太阳能预测来说，模型分辨率对确定云层特征的求解规模至关重要。同时，它也是随后精确描述出小时内辐照度波动特征的关键。NAM、GFS 和 GEM 模型的水平分辨率均大于 10km，无法明确地模拟出小规模的云层。模型在垂直方向上无法预测出厚度小于垂直分辨率的云层。一般来说，垂直分辨率越精细，云层预测误差越小（Tselioudis 和 Jakob，2002）。通常，低空云层对太阳能发电的影响最大。为了精确地预测低空云层，模型在接近地面的分层常常较密。尽管如此，仍然常常难以预测到低层的层积云和中层的云层。

模型初始化的精确度不足是 NWP 预测误差的又一个主要来源。NWP 的初始状态是指源自先前最佳模拟中的观测值和数值解的最佳组合。初始化精确度不足引起的误差会向未来的时间传播，这与模型质量无关。因此，正确地定义最初状态具有十分重要的意义，为此可采用多种资料同化方法（第 13 章）。第 12 章详细地讨论了这些内容以及其他 NWP 太阳能预测的误差来源。

在运行 NWP 之外，GLGH 使用了 NAM 和 GFS 数据。除了成本和实用性之外，由于运行 NWP 通常具有较长的最大预测时间范围这一优点，因此可以做出提前数天的预测（例如，RAP 预测仅能提前 18h，从而错失 DAM）。经过统计修正的 GFS 数据可用于提前 2 天以上，最高 7.5 天的预测。WRF 模型可用于短时间范围预测。WRF 模型的分辨率较高，可以结合卫星观测增强 NAM 初始条件，从而解决上述主要的 NWP 误差。

14.2.2 GLGarrad Hassan 公司的 WRF 模型

WRF 模型（Skamarock 等人，2008）是一项由美国国家大气研究中心（NCAR）研发并支持的定制型 NWP 模型。GLGH 公司使用的 WRF V3.3 模型为 3 层嵌套和高分辨率配置，模型的区域中心为加州大学圣地亚哥分校（UCSD）（图 14.4）。此处的内层嵌套了 5 个地面观测点，并且呈现了南加州地区多样化的云层条件。

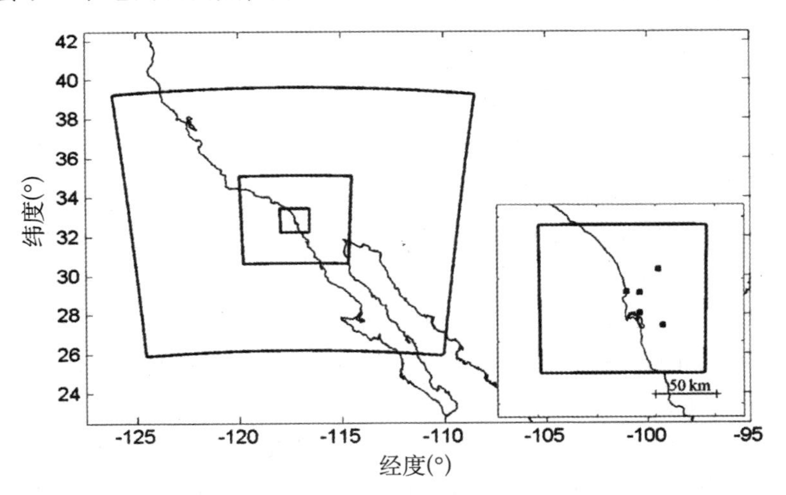

图 14.4 GLGH WRF 配置的关注区域。

外层、中层和内层嵌套的区域分辨率分别为 12km、4km 和 1.33km。

小图：在最精细尺度的 WRF 区域内，圣地亚哥地区 CIMIS 站点（黑色正方形）的位置。

外层嵌套的边界条件源自 NAM。由于 NAM 的精度无法达到该区域的太阳能预测要求，外部区域的面积被设定为 1500km × 1500km，从而限制了 NAM 边界条件对所研究区域（内层嵌套）的影响。因此，来自 NAM 边界的条件（例如，湿度廓线）不太可能会在预测期间（2 天）被水平输送到该区域。为了求解出云场在小时内尺度上的波动，内层嵌套的分辨率分别被设定为 4km 和 1.33km。在南加州地区的这段时间中，预计出现低空云层（尤其是层积云）条件。因此，WRF 区域配置为在垂直方向上为 50 层，其中 15 层位于 1000 m 以下的低空。

云层形成和消散的模型特征对于太阳能预测具有重要意义。云层微物理学参数化、次网格尺度垂直混合（积云）和湍流行星边界层（PBL）混合等是影响云预测和辐照度预测的主要模块。此处使用 Thompson 微物理方案对云层微观物理学进行参数化处理（Thompson 等人，2004）。该方案可以明确地预测出 6 类水相（水蒸气、云水、雨水、云冰、雪和霰）之间的相关作用。普通运行模型仅能明确地预测出一两种冷凝水变量（第 12 章，表 12.1），微物理学的加入显著增加了模型的复杂程度。在外部区域（$\Delta x = 12$km）的次网格尺度中出现了显著的垂直混合和输送。为了表现这些现象，可以使用 Kain-Fritsch 积云参数化（Kain，2004）。最后，接近地面的云层出现了显著的湍流混合现象，即使是使用最精细的嵌套（1.33km）和 Mellor-Yamada-Nakanishi-Niino（MYNN）边界层参数化方案（Nakanishi 和 Niino 2006），仍然无法表现出这些现象。除了选择的分辨率之外，这些物理参数化可以解决两大主要预测误差来源。

然而，不精确的模型初始化仍是预测误差的主要来源。虽然，最复杂的资料同化方法（4DVAR）能够很好地估计出模型初始化（第 13 章），但由于过大的计算量给实际应用造成了困难。此外，传统的资料同化方法仅使用了状态变量（温度、湿度、压力等）的观测值，而在初始条件估计中忽略了云层中的水汽凝结体。因此，在模型中发展的云层可能需要数小时的模型“自旋加速”，此时的观测数据可能已经过时。为了解决这些问题，GLGH 使用了“直接云层同化”法（图 14.5）。该方法由 Benjamin 等人（2002、2004）、Albers 等人（1996）、Weygandt 等人（2006）和 Hu 等人（2007）研发，并由 Mathiesen 等人（2012b，2013）对该方法进行了更详细地介绍。

在该方法中，通过直接修改水汽混合比，可将源自卫星图像的云层信息同化进入模型的初始条件。云层位置源自 NOAA 的静止轨道环境业务卫星（GOES）图像，此时的水平位置和垂直布局都至关重要。首先，将来自 GOES 地表和辐照量产品（GSIP）水平-2 数据（Sengupta 等人，2010）的云顶部温度（CTT）放入 WRF 网格中。此外，过滤小型云层（直径 <8km）和历史界限之外的数据能够改进数据质量。CTT 观测值和 WRF 模拟的柱状温度曲线的交叉部分可以推导出一个二维的垂直布局地图。与层积云一致，云层顶部位置被固定到海岸或海洋网格单元中逆温层的底部。通过假设云层厚度恒定或应用云层底部的经验关系，可以在 WRF 网格中得出一个三维的观测云场。

根据这一云层列联矩阵，通过升高或降低水混合比（q_{vapor}）向初始条件中填充或删除云层，在观察的多云单元中，q_{vapor}被升高至过饱和状态（相对湿度 $=110\%$）。

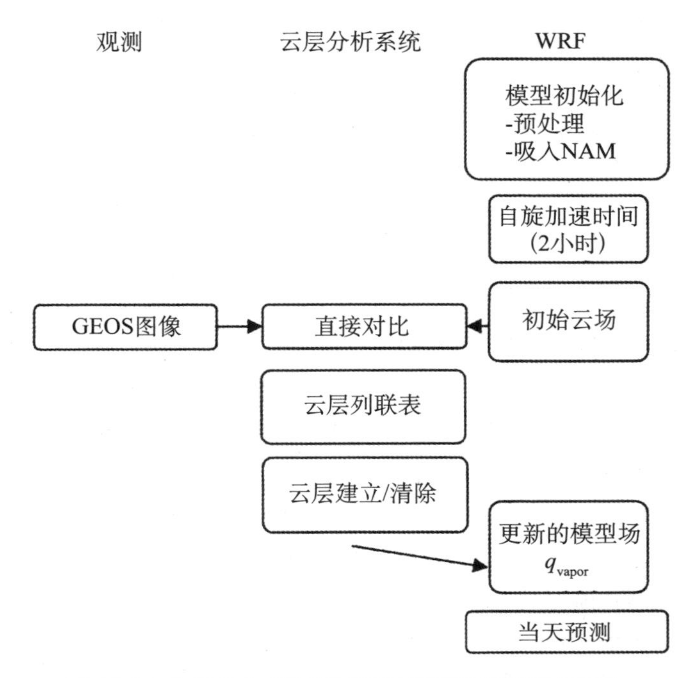

图 14.5　为初始化 GLGH WRF 预测的直接云层同化。

模型微物理方案会立即将过多的水蒸气转换为云水（q_{cloud}）或云冰（q_i）。相反，晴空单元中的 q_{vapor} 要小于最大相对湿度 75%，为了抑制云层形成，将 q_{cloud} 和 q_i 设定为 0。图 14.6 展示了直接云层同化的结果示例。了解更多种类的 GLGH WRF 配置，请参阅 Mathiesen 等人（2012b，2013）的文章。

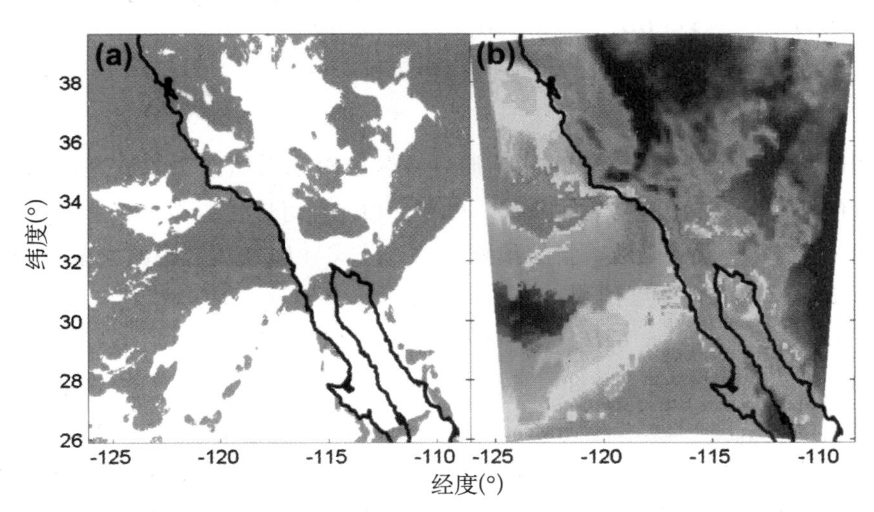

图 14.6　使用 GOES 云掩膜的直接云层同化：（a）在 WRF 初始条件中填充 q_{vapor} 的云层（绿色）；（b）2011 年 5 月 17 日。

WRF 模型可以以每天 12：00 UTC 为起始时间进行预测，最大预测时效为 36h，能够满足 RTM 和 DAM 的要求。WRF 当天太阳能预测可以在随后的每小时进行初始化，对当天的剩余时间进行预测，从而提供包括最新卫星云层观测在内的估计更新。为了求解出小时内的波动，每 5min 输出一次 GHI 数据，向利益相关者提供前 3h 的预测。对于更长时间范围（ > 3h）的预测，辐照度预测被平均后的时间分辨率为 15h。

14.2.3 模型输出统计、置信区间、爬坡概率

为了改进预测，可以采用几种统计后处理方法，并且每一种方法均使用加州灌溉管理信息系统（CIMIS）的地面观测数据以确定预测精确度的历史趋势。5 个 CIMIS 辐照度传感器分布在最精细规模的 WRF 区域中（参见图 14.4）。每个传感器都配备了 Li-Cor LI-200S 光伏日射强度计，可以记录 60 个瞬间测量值在 1h 内的平均辐照度，精确度为 ± 5%（Campbell Scientific 1996）。CIMIS 自动质量控制（CIMIS 2009a，b）标出的可能错误数据已经不再使用了，增加额外的手动质量控制。为了后处理练习，将 NWP 预测放在 2011 年 5 月和 6 月的 CIMIS 观测点中。

首先，使用 MOS 将辐照度预测的 MBE 值降至最小（Lorenz 等人，2009；Mathiesen 和 Kleissl，2011），得到的结果便是总体预测的平均偏离误差。假设偏离误差存在系统趋势，那么 MOS 就建立了 MBE 和其他预测变量之间的关系。通过该关系可以计算出偏离误差期望值，从而修正即将到来的预测。先前，Lorenz 等人（2009）建立了偏离误差和晴空指数预测［kt^*，公式（14.9）］和太阳天顶角（SZA）之间的相关性：

$$MBE = \frac{1}{N}\sum_{i=1}^{N}(GHI_{\text{forecast}} - GHI_{\text{Obs}}) \tag{14.8}$$

$$kt^* = \frac{GHI_{\text{forecast}}}{GHI_{\text{CSK}}} \tag{14.9}$$

使用晴空条件下（GHI_{clear}）的辐射照度预测值对辐射照度预测值进行标准化处理。一致的 MBE 值历史趋势［图 14.7（a）、（b）］可以拟合为一项取决于 kt^* 和 cos（SZA）的 MBE 期望函数。新的预测公式［公式（14.10）］中减去偏差期望后，从而计算出修正后的辐照度预测：

$$GHI_{\text{forecast, Corrected}} = GHI_{\text{forecast}} - MBE(kt^*, SZA) \tag{14.10}$$

例如，云量较少（$kt^* > 0.8$）且接近中午（cos（SZA） > 0.6）的 GFS 预测。在历史上，这些条件下的 GFS 辐射照度预测正偏移 150 W/m^2［图 14.7（a）］。因此，可以预计在类似条件下，新预测结果也会具有相似的偏差。为了修正该偏差，可以从该新预测结果中减去 150 W/m^2 以修正偏离误差。通过这一方法，可以修正逐时平均 GFS 和 WRF 辐射照度预测的 MBE 值，并显著降低均方根误差（RMSE）（Lorenz 等人，2009；Mathiesen 和 Kleissl，2011）。

但是，MOS MBE 修正可能也会向太阳能辐照度预测中引入一些不利条件。首

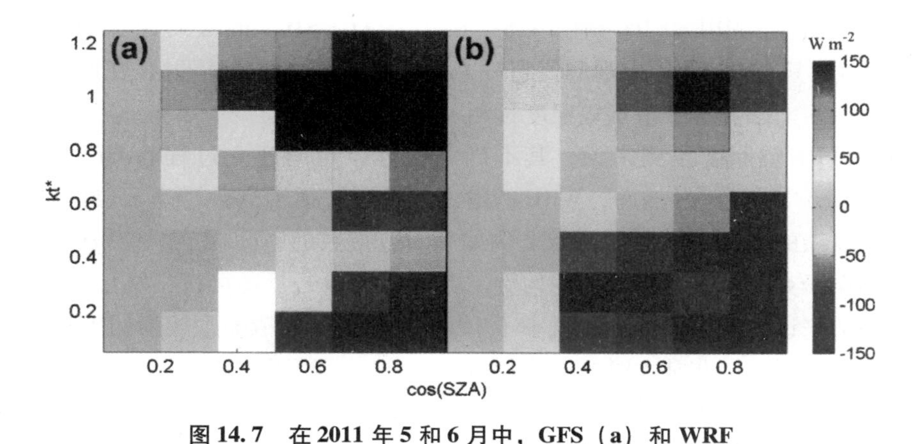

图 14.7　在 2011 年 5 和 6 月中，GFS（a）和 WRF（b）辐照度预测值与圣地亚哥 CIMIS 站点测量值对比的 MBE 剖面图。

先，MOS 通常是根据预测的历史平均观测值做出修正。随着观测的次数增多，平均偏离误差会降至 0，而误差会被引入到先前正确的预测中。例如，假设 10 个辐照度预测中有 1 个具有较大的正偏差，另外 9 个可能是准确的。10 个预测中总的偏差为正值，每个预测结果减去平均正偏差后，执行 MOS 就会消除 MBE。尽管预测在修正后的 MBE 值为 0，但是先前准确的 9 个预测现在却携带了误差，每个预测的辐照度结果都略偏低。同理，MOS 的这一缺点能够显著影响波动预测，如平滑辐照度的尖锐波动和降低明显的爬坡速率。因此，MOS 修正只适用于平均逐时辐射照度预测，不适用于爬坡或波动性预测。

从概念上讲，研究表明，偏离误差明显依赖预测变量，因此可以合理地假设整体的偏离误差分布可能具有系统趋势。因此，

$$GHI_{\text{forecast}} - MBE_{\frac{1-\alpha}{2}} \leqslant GHI_{\text{obs}} \leqslant GHI_{\text{forecast}} - MBE_{\frac{1+\alpha}{2}} \tag{14.11}$$

从公式（14.11）中可以看出，观测值置信区间是一个与辐照度预测和偏离误差分布对应分位点（$MBE_{(1-\alpha)/2}$和 $MBE_{(1+\alpha)/2}$）相关的函数。每个界限都是一个观测值累计分布函数（cdf）的具体分位点，即是说它表示了某个值，并且（$1-\beta$）% 的观测值低于该值。因此，如果知道了偏离误差的历史分布，则可以指定任一 α 水平的置信区间的不确定性界限。以下为生成历史超越概率 P_β 的类似步骤。

$$GHI_{\text{forecast}} - MBE_{1-\beta} \leqslant GHI_{\text{Obs}} \tag{14.12}$$

上式与超越概率为一个单边置信区间，表示有（1-β）% 的历史观测值超出了预测值。为了预测出分位点（$1-\beta$ 水平），根据独立的预测变量挑选数据。计算每组数据的偏离误差分布，并确定分位点（Hyndman 和 Fan，1996）。

以多个日前 GFS 预测为例，第 5［图 14. 8（a）］和第 95［图 14. 8（b）］MBE 分位点确定出了 90% 的置信区间，且二者为 kt^* 和 cos（SZA）的函数。在晴空条件（$kt^*>0.8$）预测中，MBE0. 05 = -250W/m^2，表示有 5% 历史数据的误差偏离程度大于 -250W/m^2。因此，第 5 个百分位不确定性的界限值比平均逐时预测小了约

250W/m^2。同理，MBEn0.95［图 14.8（b）］在 kt^* >0.9 时大约为 0。因为 kt^* 的上限接近 1，只有 5%的历史观测值超过了 kt^* >0.9 时的平均辐射照度预测。因此，不确定性区间上限约等于平均辐照度预测。

对于 WRF 辐照度预测来说，其不确定性分位点的建立过程与 GFS 预测类似［图 14.8（c）/（d）］。然而，WRF 的输出结果还包括了高分辨率云层信息，可将其用于更复杂的不确定性预测函数。例如，晴空指数的空间标准偏差［σ（kt^*）］可以估计出所研究区域上空云场的均匀性。此外，模拟云量还可以估算出云层的长度尺度。一般来说，云层长度预测值小于 10km，能够生成精确度较高的 WRF 辐照度预测。然而，当云层非常大时（长度尺度 >40km），WRF 时常出现更大程度的辐照度和偏低的不确定性预测，因此，在与晴空指数（kt^*）和云层均匀性［σ(kt^*)］结合后，云层的长度尺度可以预测出不确定性。对于各个偏离误差分位点来说，一项三维函数适合 kt^*、σ(kt^*) 和云层长度尺度。使用这些函数，可以预测出 WRF 预测中的 P_β 和不确定性界限。最后，统计后处理可以确定出爬坡事件的概率。此处的爬坡事件是指每小时功率变化持续在 2.5W/m^{2}min 以上（相当于 150W/m^{2}h，或是在容量基础上，PV 输出功率的波动为 15%）。然而，考虑到昼间自然的太阳能辐射照度波动就可能出现这种量级的功率波动，因此，根据爬坡事件的定义，该事件具备的爬坡量级还应当比由晴空辐射照度引起的预期爬坡量级大 1.25 倍。在 5 月和 6 月中，直接从辐照度输出结果中计算出 WRF 预测和观测到的爬坡事件，下一步，根据各个预测的爬坡事件与观察爬坡事件的相对位置，将其分为提前、延后、准时或错误。在连续几小时内预测多个爬坡事件时，应当进行独立的考量。根据正确、

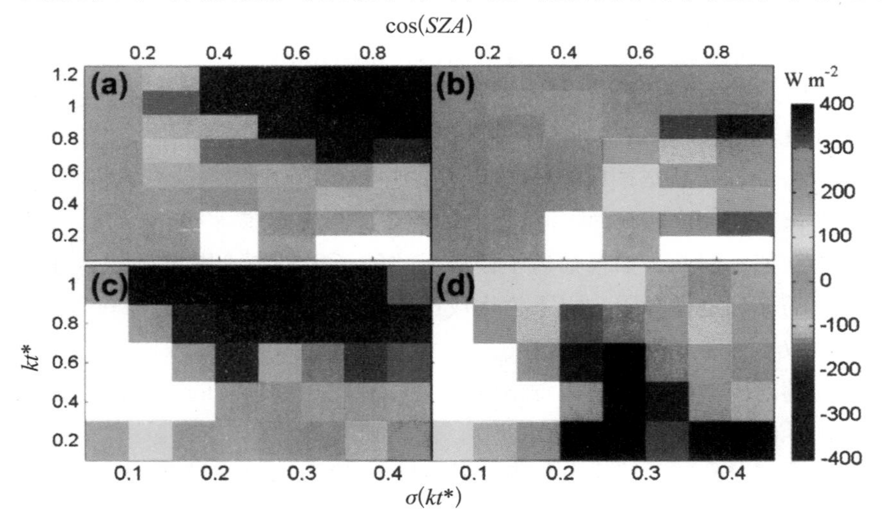

图 14.8　2011 年 5 月和 6 月期间，GFS［（a）、（b）］和 WRF［（c）、（d）］偏离误差分布的第 5［（a）、（c）］和第 95［（b）、（d）］百分位，举例说明了 α=90%的置信区间。GFS 的 MBE 数据为 cos（*SZA*）和 kt^* 的函数。而 WRF 的 MBE 数据显示为 σ（kt^*）和 kt^* 的函数。

提前和延后预测的百分比，结合历史爬坡事件的预测，确定运行预测的爬坡概率。

14.3　满足利益相关者需求的案例研究

本节中讨论的具体研究案例发生在 2011 年 6 月 11 日，当天整晚，在约 900 m 高空出现了较强的逆层温。因此，直到中午之前海岸附近的层积云一直很厚。接近中午时，地表热驱散了海岸 1km 范围之外的所有云量［由卫星图像中观测到，参见图 14.9（a）］。在这之后不久，海岸的云量又重新形成，并在整个下午都保持着很厚的状态。图 14.9 描绘出了由 WRFCLDDA（云层数据同化）当天和日前预测出的辐照度场。从定性角度来看，二者都正确地预测出了早上的层积云。然而，在预测云层厚度时，当天预测的精确度更高。而日前预测在预测较薄云层，尤其是海洋上空云层时具有较高的精确度。在接近中午时，当天预测中的海岸附近仍然存在大量云层，因而使辐照度预测偏低，同时日前预测的云量几乎消散殆尽。在下午，当天预测正确地预测出了在海岸 10km 范围内形成的层积云，而日前预测的精确度则显得不足。

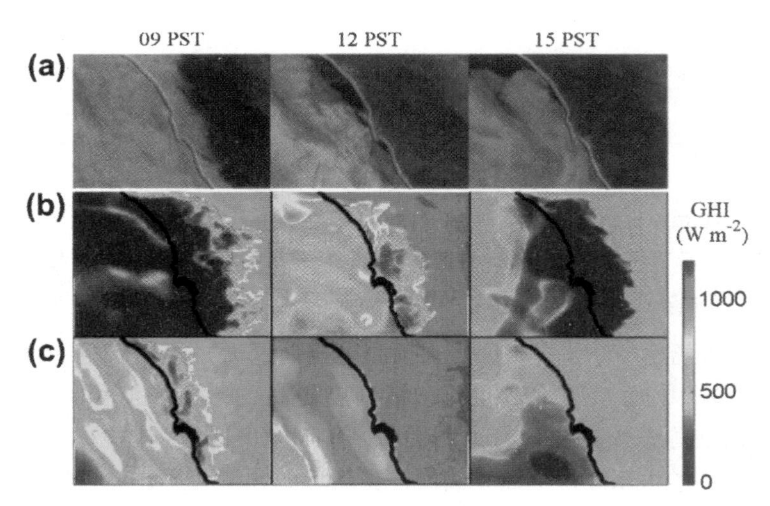

图 14.9　GOES 卫星图像：（a）2011 年 6 月 11 日，与当天预测对比（0～24h，初始时间：2011 年 6 月 11 日 12 UTC）；（b）日前预测（24～48h，初始时间：2011 年 6 月 10 日 12 UTC）；（c）加利福尼亚州圣地亚哥地区的 WRF-CLDDA 辐射照度预测。

14.3.1　ISO 的角度

图 14.10 描绘出了 CIMIS 173 号站点（加利福尼亚州，多利松）的日前预测，图 14.9（2011 年 6 月 11 日）呈现出了预测当天的情况。该预测是由具有云层同化的 WRF 建立，初始化时间为 2011 年 6 月 11 日 12：00 UTC。可以假设，为了规划 DAM，该预测应当提前一天（2011 年 6 月 10 日 09：00 PST）提交给能源调度部门。

在这一天中，日前预测的辐照度在早上［08：00—10：00 PST；图 14.10（a）］出现了急剧上升。相应的逐时上升速率大于 5 W/m^2［图 14.10（c）］，发生爬坡事件的概率增加到近 80%。ISO 可以结合这一结果和需求预测在 DAM 做出初始产量承诺。此外，还应该考虑到不确定性界限，确定该节点中可能的最小能源产量。由于预计太阳能发电量在 08：00 PST 之前会很少，因此早上期间需要购买更多的其他能源。此外，上午晚些时候出现的辐照度上升，预示着即将生产额外的太阳能发电量，ISO 也必须做出相应的下调。上述场景假设能源的需求是恒定的。在实际条件中，太阳能发电量上升的同时会出现需求量上升，因此对 ISO 是十分便利的。

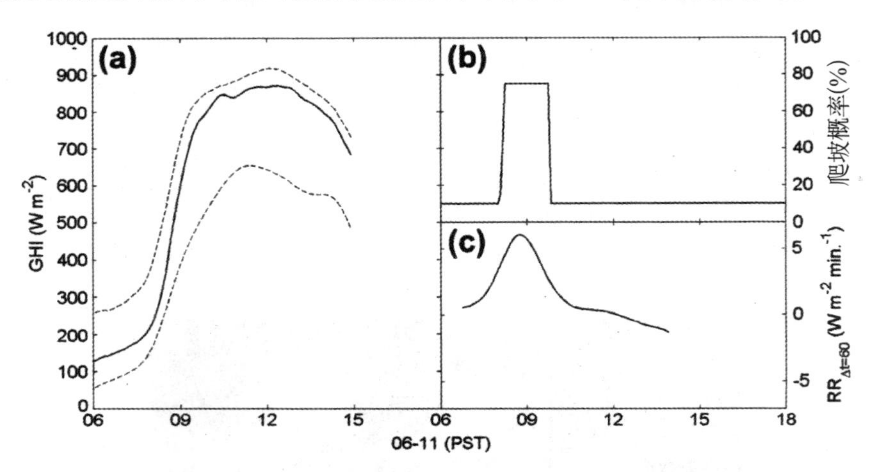

图 14.10　2011 年 6 月 11 日的日前预测（15min 时间输出），应在 2011 年 6 月 10 日将其提供给 ISO。预测展示了具有 80% 不确定性区间、修正偏差后的辐射照度：（a）发生大型爬坡事件的概率；（b）逐时爬坡速率预测值；（c）36h 预测时间范围在 15：00 PST 时结束，因此预测中断。

而在实时市场途径中，提供的当天预测（当前这天）可用于更新预估产量（图 14.11）。与 DAM 中的初始承诺相比，精确度更高的当天预测可用于预测和说明 RTM 中潜在的能源失衡。与日前预测类似，RTM 预测表明了早上的云量将会限制 10：00 PST 之前的太阳能发电量。然而，更新后的预测表明，厚云层的持续时间要更长，辐射照度在 10：00—12：00 PST 之前不会出现显著上升［图 14.11（a）］。随着辐照度（以及太阳能发电量）上升，预计发电量在这段时间也会相应地上升［图 14.11（b）、（c）］。此外，预计在下午晚些时候（13：00—15：00 PST）随着云层的返回，辐照度会出现下降。由于 RTM 预测与初始的 DAM 承诺之间存在显著的差异，ISO 可以依据更新的信息修改机组组合和保留预案。这些波动与 DAM 到 RTM 中预计的辐照度成正比关系（图 14.12）。

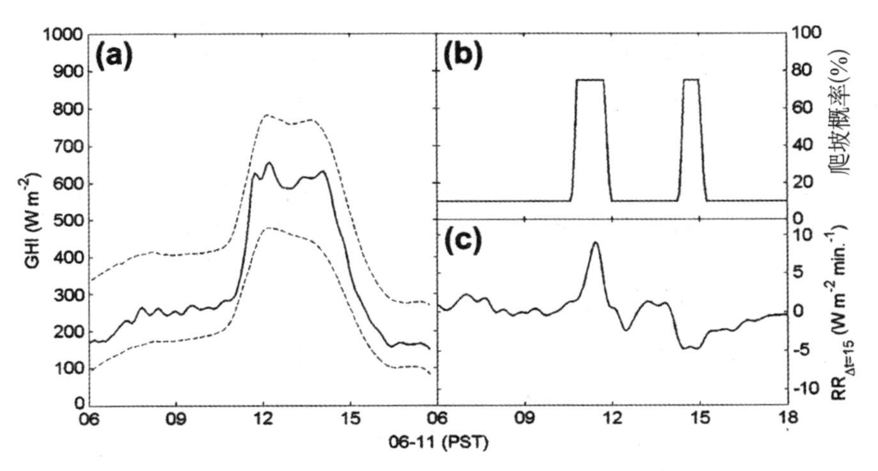

图 14.11　源自表 14.10，初始时间为 2011 年 6 月 11 日 12：00 UTC，更新后的当天预测。

在早上早些时候（06：00—08：00 PST），日前预测与当天辐照度预测相似（图 14.12），仅略微小于后者。由于产生的太阳能多于初始预测，供应量略大于需求量。因此，在保证了电网可靠性的同时，并不需要购买其他能源。然而，在 DAM 中购买过多能源会造成一些资源浪费。在早上的晚些时候（09：00—11：00 PST），RTM 预测的辐射照度远低于 DAM 预测，这表明可能不能实现 DAM 中的承诺，因此需要在 RTM 中购买能源。根据 RTM-DAM 的价格比，电站运营商在 09：00—11：00 期间可能会发生显著的资金损失（参见图 14.2）。如果 $LMP_{RTM} > LMP_{DAM}$，则初始预测偏高会引发显著的收入损失。如果 $LMP_{RTM} < LMP_{DAM}$，则仍然需要购买其他能源，但这一成本要低于日前购买的成本，这样反而能获得一些利润。

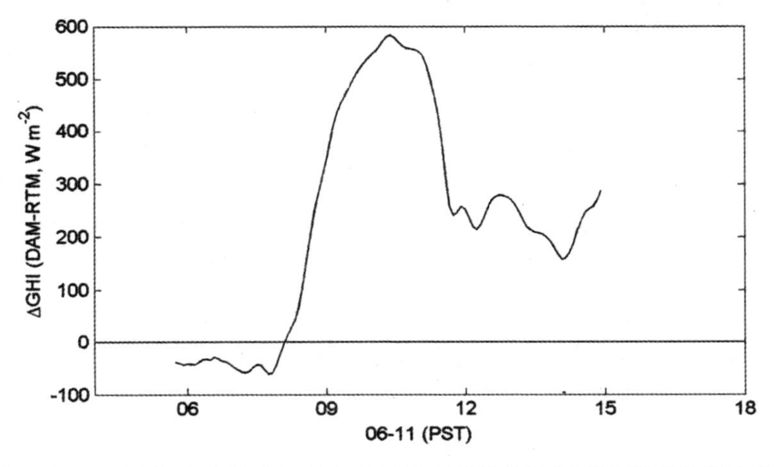

图 14.12　2011 年 6 月 11 日，从初始 DAM 预测到 RTM 预测的辐照度变化。

14.3.2 能源交易商的角度

与 ISO 类似，能源交易商主要关注最佳产量预测。在 DAM 预测中［图 14.13（a）］，预测出早上（08：00—10：00 PST）会出现一个大型的爬坡事件。图 14.10（a）中显示了同一事件，然而此处包括了多个超越概率。最小辐射照度阈值（P_{90}）表明辐射照度预测有 90% 的概率会超过该阈值。当阈值下降 10% 至 P_{10} 水平时，只有 10% 的观测值超过该阈值。这使得交易商可以综合了解预测的确定性，有助于他们在市场中制定出价策略。例如，假设在 12 PST 时，某个交易商的价格预测表明 RTM-DAM 价格比将会变大。对于这些价格，他们知道预测偏高将会引发显著的收入损失（参见图 14.3）。此外，DAM 不确定性分布表明辐照度观测值不太可能超过 P_{50} 水平（增加大于 100W/m^2）。因此，考虑到预测的气象学条件，预测偏低的现象向来比较少见，而预测偏高则可能发生。为了减轻预测偏高的风险，能源交易商可能以一个较低的水平向市场报价。例如，770W/m^2 的 P_{70} 水平，而不是 830W/m^2 的 P_{50} 水平。这样，预测偏低的概率由 50% 增加到 70%，而成本较高的预测偏高概率则减少到 30%。

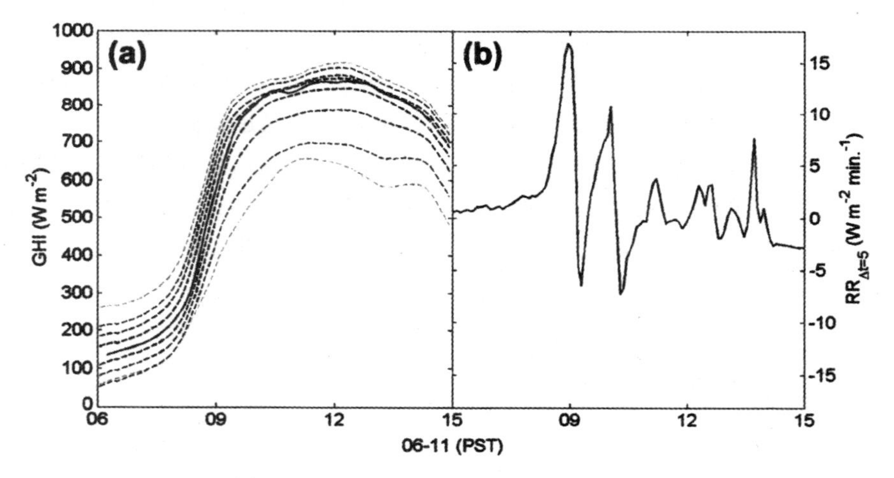

图 14.13 日前超越概率示例：（a）分位点 0.10～0.90 和 5min 波动；（b）提供给能源交易商的 2011 年 6 月 11 日的太阳能预测。

对于能源交易商来说，辐照度波动有助于预测价格波动。在太阳能发电量比例较高的能源市场中，产量峰值会显著影响能源价格。例如，持续的正爬坡速率更有可能引起能源过剩和能源价格下跌。在极端案例中，过多的能源可以引起拥堵，从而驱动价格下跌。由于预测到 09：00 PST 之前可能出现一个大型的爬坡事件［图 14.13（b）］，因此能源交易商会认为价格将出现下跌，从而使 RTM－DAM 价格比 <1。当 $LMP_{RTM} < LMP_{DAM}$时，可以在 RTM 中以低价购买到能源，从而降低预测偏高的成本。因此，为了实现在 DAM 中的收入最大，能源交易商可能会以较低的超越概率（例如，P_{30}）在市场中报价。同理，对于大型的负爬坡事件［位于

09：00 PST 和 10：00 PST 之后；参见图 14.13（b）]，人们普遍认为能源的突然短缺会驱动价格快速上升。由于较高的价格会导致辐照度预测偏高的代价过高，能源交易商会以更高的超越概率（例如，P_{70}）改变自己的出价策略。需要注意的是，实际中某个节点的总产量是引人关注的变量，某个地点的观测值可能会由于空间平滑效应而小于预测值。

14.4　总结和结论

综合的太阳能预测包含三个部分：平均辐照度预测、不确定性的预测、辐照度波动的量化预测。首先，平均辐照度提供了某个时间地点的“最佳”预测。通常，平均辐照度预测是由确定点的辐照度预测经过时间和空间平均后得出。虽然它有助于太阳能能源的利益相关者进行决策，但是他们还不能仅凭该指标就做出明智的决策。此外，预测精确度的度量，即不确定性，是有益的。通过预测不确定性，可以得出预测的可能精确度，利益相关者们可以借此更好地做出决策。最后，预测波动的量化也有很大的价值。由于辐照度的较大波动（爬坡事件）会影响能源的供需平衡，它们的预测必须具备较高的精确度。这三部分共同组成了一项具有丰富信息量的太阳能预测。但是，由于这样的预测结果包含了三部分的所有内容，尤其是包含有多个不确定性水平和时间尺度。这导致利益相关者们难以做出决策，最终降低了预测的价值。因此，必须根据利益相关者的具体需求，定制太阳能预测。

为了解决利益相关者的需求，我们研究了与精确的太阳能预测需求有关的经济学。不论在太阳能行业中处于什么样的地位，利益相关者们必须参与到能源市场中。由独立系统运营商（ISO）或能源调度部门管理的能源市场主要分为两大交易时间：日前市场（DAM）和实时市场（RTM）。在 DAM 中，初始的发电量预测可用于机组组合和（某些 ISOs）调度储备。能源生产商在市场中报价，承诺以 DAM 价格卖出他们的预期发电量。如果实时发电量不符合 DAM 的承诺，生产商必须购买（销售）能源以弥补缺口（过剩）。通常，在 RTM 中购买能源或未能在 DAM 中卖掉足够的能源都会导致较大的资金损失。因此，精确的实时（当天）和日前太阳能预测都具有重要的意义。

本章特别调查了太阳能能源行业内两大主要利益相关团体的需求。首先调查了 ISO 对太阳能预测的要求（参见表 14.1）。ISO 或能源调度部门的主要目标是确保能源的供需平衡。例如，如果某个太阳能辐照度预测偏高，而实际的产量低于估计值，那么则需要以较高的成本在 RTM 中购买能源。相反，如果某个太阳能辐照度预测偏低，而产量却超出预期。此时，在 DAM 中提前购买的能源就变得多余了。为了有效地管理供需平衡并最小化能源总成本，ISO 主要关注平均辐照度预测和爬坡事件概率预测。

另一个主要的利益相关者团体（能源交易商）代表了能源市场中的生产商。能源交易商分担了生产商在能源市场中的报价风险。通过制定最佳的保价策略，交易商可以获得最大的收入并减轻风险。一般来说，能源交易商也会关注平均辐照度预测。然而，此时在多区间的不确定性预测更为重要。根据预期的 DAM、RTM 价格比，能源交易商依据不确定性预测改变自己的报价策略（参见图 14.3）。最后，在太阳能能源比例较高的情况下，局部的能源价格受太阳能发电量的影响。由于在太阳能波动较大的时期更有可能出现价格波动，因此能源交易商非常关注精确的太阳能波动预测。

为了预测太阳能，GL Garrad Hassan 公司同时采用了 NWP 输出结果与统计后处理方式。2011 年 5—6 月期间，在加利福尼亚州圣地亚哥的 5 处站点使用了具有云层资料同化和传统模型配置的 WRF 模型，完成了加州海岸地区的夏季太阳能预测。经过 MOS 处理，修正了辐照度预测偏差，通过建立预测精确度和平均云量、云量均匀性、典型云层长度尺度之间的关系，可以推断出预测的不确定性。

从 ISO 和能源交易商的角度，建立了 2011 年 6 月 11 日的研究案例预测。首先，为 ISO 生成初始的 DAM 预测（参见图 14.10）。以不确定性界限的形式提供逐时的平均辐照度预测值［参考图 14.10（a）］。由于 ISO 主要关心产量能否满足需求，因此单个 80% 的不确定性水平就足以达到要求。根据最小的预计发电量，可以设定储备容量要求和 DAM 中购买的能量。在案例研究中（假设需求恒定），由于 DAM 中预测的太阳能发电量较少，ISO 需要在早上早些时候依赖传统发电设备。上午随着关注地点上空的云层消失，预计太阳能照度将会出现显著上升。在 RTM 中提供了预测更新（参见图 14.11），这表明早上云量对产量的限制时间将比预期长数个小时。此外，还预测出了下午出现的中等负爬坡现象。总的说来，DAM 预测出的发电量要远高于 RTM 预测（参见图 14.12）。因此，如果 $LMP_{\mathrm{DAM}} < LMP_{\mathrm{RTM}}$，则为了弥补 RTM 中的产量缺口，将产生巨额的费用。能源交易商们需要同样的预测，只是该预测的不确定性界限被分为 9 个独立的超越概率数值（参见图 14.13）。因此，可以根据预期的价格比制定出最佳的出价策略。例如，如果预测到的价格比较大（$LMP_{\mathrm{RTM}} > LMP_{\mathrm{DAM}}$），即使是很小的预测偏高也会引起较大的收入损失。而预测偏低引起的损失则较小。在 2011 年 6 月 11 日的条件中，辐照度低于预测值的概率较小［参见图 14.13（a）］，原因是平均辐照度预测接近超过数阈值分布的上限。因此，为了最大程度减少辐照度预测偏高的风险，以 P70 阈值水平（低于平均辐照度预测）在 DAM 中报价将是一个理想的策略。

此外，能源交易商还关注辐照度的波动。因为在太阳能发电比例较高的情况下，辐照度的波动与能源价格之间存在直接联系。辐照度波动的预测有助于预测能源价格。此外，ISO 和交易商均分别使用爬坡预测和波动预测从而确定需求，并且他们各自重点关注可靠性（ISO）或财务风险（交易商）的时期。

本章中呈现的案例研究概述了生成高精确度太阳能预测的原因。通过使用最先进的天气建模和复杂的后处理过程产生精确的预测值，可以满足利益相关者的不同需求，并推动以较低的成本整合大量的太阳能电力。

首字母缩略词、符号和变量

α	置信水平
β	超过数水平
CIMIS	加州灌溉管理信息系统
DAM	日前市场
GEM	全球环境的多尺度模型
GFS	全球预测系统
GHI	水平总辐照度
GOES	静止轨道环境业务卫星
ISO	独立系统运营商
kt^*	晴空指数
LMP	节点电价极限
MBE	平均偏离误差
MOS	模型输出统计分析
NAM	北美中尺度模式
NWP	数值天气预报
P_β	超越界限
RTM	实时市场
SZA	太阳天顶角
WRF	天气研究和预测（模型）

致谢

我们感谢科罗拉多州立大学大气联合研究所的 Matt Rogers 和 Steve Miller 提供了 GOES 卫星产品；感谢 Stan Benjamin、John Brown、Curtis Alexander 和其他在博尔德 NOAA 地球系统研究实验室中的人员与我们进行了有益的谈话；感谢 GLGarrad Hassan 公司的 Patrick Shaw 和 Daran Rife 为我们提供了 WRF 建模方面的专业知识。

参考文献

[1] Albers, S., McGinley, J., Birkenheuer, D., Smart, J., 1996. The local analysis and prediction system (LAPS): Analyses of clouds, precipitation, and pressure. Weather and Forecasting 11 (3), 273-287.

[2] Benjamin, S., Kim, D., Brown, J., 2002. Cloud/hydrometeor initialization in the 20-km RUC using GOES and radar data. Proceedings of the 10th Conference on Aviation, Range, and Aerospace Meteorology. American Meteorological Society, Port-

land, OR.

[3] Benjamin, S. , Weygandt, S. , Brown, J. , Smith, T. , Smirnova, T. , Moniger, W. , Schwartz, B. , 2004. Assimilation of METAR cloud and visibility observations in the RUC. Proceedings of the 11th Conference on Aviation, Range, and Aerospace and the 22nd Conference on Severe Local Storms. American Meteorological Society, Hyannis, MA.

[4] Botterud, A. , Zhou, Z. , Wang, J. , Bessa, R. , Keko, H. , Sumaili, J. , Miranda. V. , 2012. Wind power trading under uncertainty in LMP markets. IEEE Transactions on Power Systems 27 (2), 894-903.

[5] Campbell, Scientific, 1996. LI200S pyranometer instruction manual. Campbell Scientific Technical Specifications, Revision 2/96.

[6] CIMIS, 2009a. QC overview. http: //www. cimis. water. ca. gov/cimis/dataQc. jsp (accessed 22. 05. 12.).

[7] CIMIS, 2009b. Current hourly flags. http: //www. cimis. water. ca. gov/cimis/dataQcCurrentHourly. jsp (accessed 22. 05. 12.).

[8] Hu, M. , Weygandt, S. , Xue, M. , Benjamin, S. , 2007. Development and testing of a new cloud analysis package using radar, satellite, and surface cloud observation within GSI for initializing rapid refresh. Proceedings of the 18th Conference on Numerical Weather Prediction. American Meteorological Society, Park City, UT.

[9] Hyndman, R. J. , Fan, Y. , 1996. Sample quantiles in statistical packages. The American Statistician 50 (4), 361-365.

[10] Kain, J. , 2004. The Kain-Fritsch convective parameterization: An update. Journal of Applied Meteorology 43, 170-181.

[11] Lara-Fanego, V. , Ruiz-Aria, J. A. , Pozo-V. zquez, D. , Santos-Alamillos, F. J. , Tovar-Pescador, J. , 2012. Evaluation of the WRF model solar irradiance forecasts in Andalusia (Southern Spain). Solar Energy 86 (8), 2200-2217. http: //dx. doi. Org/10. 1016/j. solener. 2011. 02. 014.

[12] Lorenz, E. , Hurka, J. , Heinemann, D. , Beyer, H. , 2009. Irradiance forecasting for the power prediction of grid-connected photovoltaic systems. IEEE Journal of Selected Topics in Applied Earth Observations and Remote Sensing 2 (1), 2-10.

[13] Luoma, J. , Mathiesen, P. , Kleissl, J. , 2012. Forecast value considering energy prices in California. Proceedings of the World Renewable Energy Forum, Denver, CO. May 2012.

[14] Mathiesen, P. , Kleissl, J. , 2011. Evaluation of numerical weather prediction for intraday solar forecasting in the continental United States. Solar Energy 85 (5), 967-977.

[15] Mathiesen, P. , Brown, J. , Kleissl, J. , 2012. Geostrophic wind dependent probabilistic irradiance forecasts for coastal California. IEEE Transactions on Sustainable

Energy (in Press).

[16] Mathiesen, P., Collier, C., Kleissl, J., 2012b. Characterization of Irradiance Variability Using a High-Resolution, Cloud-Assimilating NWP. Proceedings of the World Renewable Energy Forum, Denver, CO. May 2012.

[17] Mathiesen, P., Collier, C., Kleissl, J., 2013. A high-resolution, cloud-assimilating numerical weather prediction model for solar irradiance forecasting. Solar Energy 92 (6), 47-61.

[18] Nakanishi, M., Niino, H., 2006. An improved Mellor-Yamada level-3 model: Its numerical stability and application to a regional prediction of advection fog. Boundary-Layer Meteorology 119, 397-407.

[19] Pelland, S., Galanis, G., Kallos, G., 2011. Solar and photovoltaic forecasting through post-processing of the Global Environmental Multiscale Numerical Weather Prediction Model. Progress in Photovoltaics: Research and Applications, http://dx.doi.org/10.1002/pip.1180.

[20] Perez, R., Kivalov, S., Schlemmer, J., Hemker, K., Renne, D., Hoff, T. E., 2010. Validation of short and medium term operational solar radiation forecasts in the US. Solar Energy 84 (12), 2161-2172.

[21] Remund, J., Perez, R., Lorenz, E., 2008. Comparison of solar radiation forecasts for the USA. Paper delivered at the 2008 European PV Conference. Valencia, Spain.

[22] Sengupta, M., Heidenger, A., Miller, S., 2010. Validating and operational physical method to compute surface radiation from geostationary satellites. Proceedings of the SPIE Conference. San Diego, CA.

[23] Skamarock, W., Klemp, J., Dudhia, J., Gill, D., Barker, D., Duda, M., Huang, X., Wang, W., Powers, J., 2008. A description of the advanced research WRF - version 3. NCAR Technical Note NCAT/TN 475 + STR.

[24] Thompson, G., Rasmussen, R., Manning, K., 2004. Explicit forecasts of winter precipitation using an improved bulk microphysics scheme. Part I: Description and sensitivity. Monthly Weather Review 132, 519-542.

[25] Tselioudis, G., Jakob, C., 2002. Evaluation of midlatitude cloud properties in a weather and climate model: Dependence on dynamic regime and spatial resolution. Journal of Geophysical Research 107 (D24), 4781. http://dx.doi.org/10.1029/2002JD00225.

[26] Weygandt, S., Benjamin, S., Dévényi, D., Brown, J., Minnis, P., 2006. Cloud and hydrometeor analysis using METAR, radar, and satellite data within the RUC/Rapid-Refresh model. Proceedings of the 12th Conference on Aviation, Range, and Aerospace. American Meteorological Society, Atlanta, GA, USA.

第15章　随机学习方法

Carlos F. M. Coimbra 和 Hugo T. C. Pedro
加州大学圣地亚哥分校，雅各布工程学院机械与航空工程系，可再生能源集成中心。

章节纲要

15.1　简介

尽管太阳能资源是现代社会中最丰富的可利用能源，但由于局部气象条件，小时内的辐照度波动和清晨傍晚时的爬坡速率等因素所引发的并网问题，限制了太阳能资源的推广。太阳能资源可变性、间歇性的本质给电力生产商、公用事业公司和独立服务运营商（ISOs），尤其是某些太阳能发电比例较高的地区（例如，加州和美国的其他州，以及许多欧洲国家）带来了重大的挑战。

太阳能波动会导致发电能力低下，直接影响资金和运营成本。依据太阳能预测（太阳能电站和馈送到变电站的屋顶式太阳能设备发电量的预测能力），ISO 可以通过修正机组组合，对连锁电力网内的交易做出最佳决策。虽然短期和当天预测均与调度、管理和负荷跟踪相关，但是当天预测（尤其是提前 1 ~ 6h）对系统运营商更加重要。

图 15.1（a）展示了位于加州大学默塞德分校的 1 MW 功率输出单轴跟踪光伏（PV）太阳能发电站在昼间常见的波动模式。以水平总辐照度（GHI）为例，输出波动是由太阳能资源的间断性导致的。图 15.1（b）展示了各个月份中，发电量短时间（15h）下降的频率。该图还展示了功率输出在全年中出现的较大波动情况，其中下降超过 500 kW（50% 的标称峰值输出）的波动多发于春季和秋季。如果要求电网适应太阳能发电比例较高的能源结构，那么必须降低太阳能资源的波动性，或是至少要预测出较高的波动情况。为提前了解较大时间范围内的太阳能波动，随机学习法是一种可靠的、自适应、偏差修正和通用的方法。

在本章中，我们介绍了几种最常用于太阳能资源以及太阳能电站发电量预测的随机学习方法。我们可以从“数据缺乏”的情况入手。该情况下唯一可用于太阳能预测的信息在过去的时间序列信息里（也称为“单变量”“内生变量”“无外生变量”的计算或是“零遥测”）。从单变量开始分析是因为它为不同预测方法对比提供一个明确的基准。此外，它还强调了随机学习在较大时间范围内填补知识缺口的能力（例如，缺乏遥测气象站的辅助测量值）。零遥测常见于当前短期预测时间范围的设备，因为具备太阳辐射数据采集和储存功能的气象站在采购和适当维护方面的成本过高，卫星图像和数值关于天气预报（NWP）的短期预测也较少。在本章的第二部分，我们研究了一些“数据丰富”的场景，该情形下可获得额外的输入值——包括局部天空成像数据和美国国家气象局（NWS）的模型输出结果。

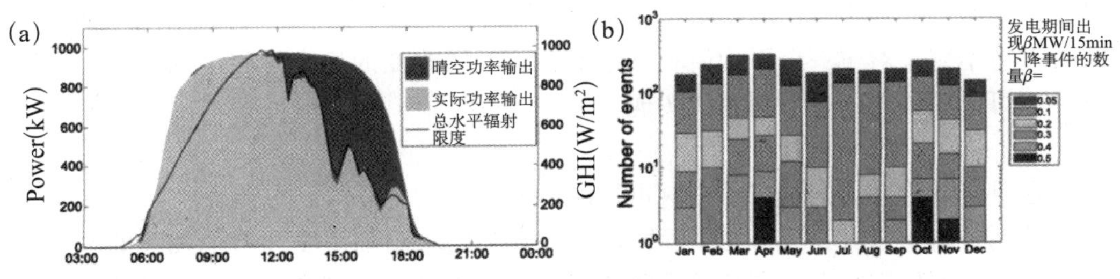

图 15.1　加州默塞德地区 1 MW 太阳能电站受到的太阳辐照度波动的影响。该地区电站功率输出突然出现（15min）下降事件的直方图（b）。

在本章中，我们首先概述当前太阳能应用中的随机模型，随后简单介绍了评估各个模型精确度所用的误差指标。接着继续比较了对某个太阳能电站的几个单变量预测结果。随后讨论了由天空成像仪中检索信息得出的外生随机结果。本章的结尾部分讨论了使用 NWS 数据的人工神经网络在提前 24h 预测 GHI 和 DNI 中的应用。

15.2 用于对比的基线方法

在过去的几年中，发展出了几种太阳辐照度（资源）预测模型（Mellit，2008；Mellit 和 Pavan，2010；Marquez 和 Coimbra，2011；Elizondo 等人，1994；Mohandes 等人，1998；Hammer 等人，1999；Sfetsos 和 Coonick，2000；Paoli 等人，2010；Lara-Fanego 等人，2011）和太阳能功率输出预测模型（Picault 等人，2010；Bacher 等人，2009；Chen 等人，2011；Chow 等人，2011；Martin 等人，2010）。

对于决定地表太阳辐照度的基本物理过程（从而决定光伏设备的功率输出）来说，基于人工神经网络（ANNs）、模糊逻辑（FL）和混合（GA/ANN，ANN-FL）理论的随机学习方法非常适用于对这一物理过程的随机本质进行建模。因为这些随机方法具有稳健性，能够抵消系统误差乃至更复杂的可学习偏差。其他用于描述复杂非线性大气现象的回归方法还包括自回归滑动平均（ARMA）模型以及自回归整合滑动平均（ARIMA）模型等不平稳变型（Gordon，2009）。

在本节中，我们介绍了几种可生成无外生变量预测的方法论。目的是从中得出一个通用模型

$$\hat{y}(t+T_H)=f(y(t),y(t-\Delta t),\cdots,y(t-n\Delta t))$$

其中符号^用于标记某个预测变量，T_H 为预测范围。通常与时间有关的变量 $y(t)$ 为一个离散变量或时间序列。对于单变量检验来说，预测模型可以是一个任何当前或过去的时间序列值的函数，但并不能使用于其他时间序列（例如，温度、相对湿度、云量）。

15.2.1 持续性方法

预测未来时间序列行为最简单的方法之一就是持续性模型。在持续性方法中，计算未来时间序列中数值的前提是，假设“当前”时间 t 到未来时间 $t+T_H$ 期间的条件保持不变。对于一个平均值和方差不会随时间改变的稳定时间序列来说，持续性模型可以简单地通过下列等式实现。

$$\hat{y}(t+T_H)=y(t)$$

还可将其称为“迟钝持续性（dull persistence）”。

然而，由于每日、季节和年际循环，地表上的太阳辐照度和其他相关的大气现象明显处于不稳定状态。在涉及可评估变化的昼夜循环范围内，迟钝持续性模型在太阳能应用中的表现较差。这限制了该模型在小时内预测中的应用。规避这一局限性的简单有效方法是对数据进行去趋势处理：将数据分解为（1）一个趋势成分（由附近变量的晴空期望值组成）和（2）一个随机成分（由晴空成分的随机波动组成）；即表达形式如下所示：

$$y(t)=y_{cs}(t)+y_{st}(t)$$

其中的 $y_{cs}(t)$ 表示变量 $y(t)$ 的晴空成分，$y_{st}(t)$ 为时间序列的随机成分。根据所考虑的变量，$y_{cs}(t)$ 可能是已知的或是建模得出，也可能是由经验结果近似得出的。

文献中经常使用晴空指数作为描述关于晴空条件的变量，如下所示：

$$k_y(t) = \frac{y(t)}{y_{cs}(t)}$$

该公式表示与晴空期望值相关的变量比值。图 15.2 举例说明了加州默塞德地区每 30s 测量一次的 GHI 输出结果。

这些新的消除趋势变量更适用于预测。一旦确定这些变量后，就可以采用多种选择定义持续性模型。

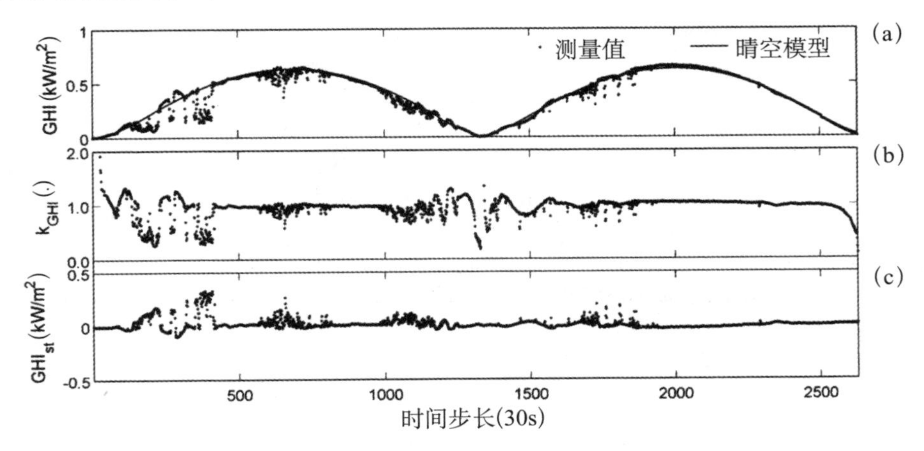

图 15.2　连续 2 天中每 30s 测量一次的 GHI 测量值，以及分别由曲线平滑（a）；GHI 的晴空指数（b）；GHI 的随机成分（c）中得出的晴空模型。

- 随机成分的持续性

$$\hat{y}p_1(t + T_H) = y_{cs}(t + T_H) + y_{st}(t)$$

- 晴空指数的持续性

$$\hat{y}p_2(t + T_H) = \begin{cases} k_y(t)y_{cs}(t + T_H), \text{如果 } y_{cs}(t) \neq 0 \\ y_{cs}(t + T_H), \text{否则(在夜晚)} \end{cases}$$

第一种模型（p_1）假设了随机成分的绝对值在时间 t 和 $t + T_H$ 之间保持不变，而第二种模型（p_2）则假设了与晴空条件相关的分数在时间 t 和 $t + T_H$ 之间保持不变。图 15.3 为三种持续性模型在进行 GHI 预测时的原理图。

15.2.2　ARIMA 模型

与可能会围绕某个常数平均值波动的平稳过程不同，非平稳过程（如太阳能资源）可能会由于每天、季节、气象和气候的波动，在一个或多个方面存在不同尺度的差异。因此，时间在非平稳时间序列的分析中起到了基础作用（独立变量位于趋势函数中）。例如，以初始静止状态的演化现象分析作为一个绝对标度（Box 等人，

2008；Brockwell 和 Davis，2002），一种广泛用于非平稳过程的回归方案被称为“ARIMA”。

ARIMA 模型包括了一个自回归成分（AR）、一个滑动平均（MA）成分和一个差分成分。在该模型中，这些成分分别为自回归参数（p）、经过差分的次数（d）和滑动平均参数（q）。因此，可以将 ARIMA 过程表示为 ARIMA（p，d，q）。例如，ARIMA（0，1，2）模型中包含了 0 个自回归（p）参数和 2 个 MA（q）参数，该模型在序列中经过 1 次差分后计算得出。

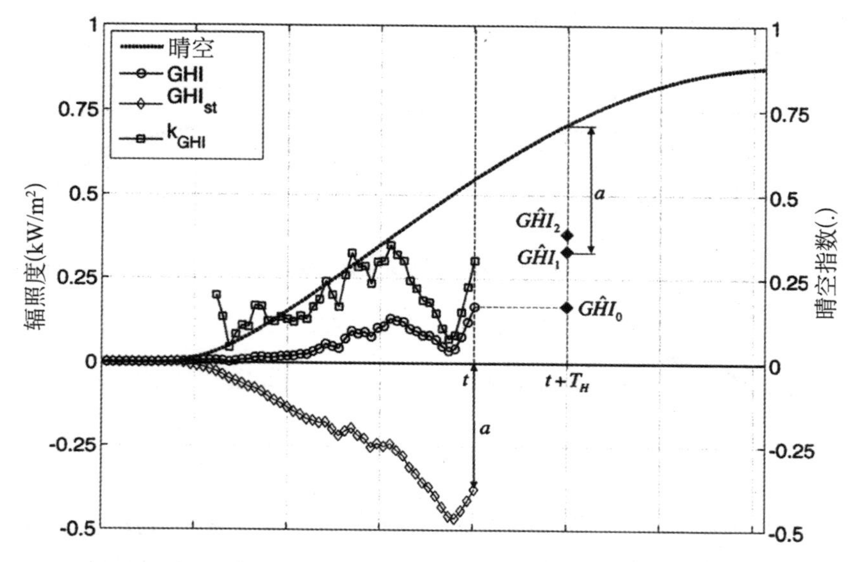

图 15.3　三种持续性模型进行 GHI 预测的原理图，这三个模型可能得出完全不同的结果。

ARIMA 模型在数学上表示如下：

$$Y_i = (1 - B)^d y_i$$

$$Y_i = \sum_{j=1}^{p} \Phi_j Y_{i-j} + \sum_{j=1}^{q} \theta_j Z_{i-j}$$

其中，B 为后向算子（例如，$B(y_i) = (y_i - y_{i-1})$），Z_i 是一个以高斯白噪声形式分布的误差项，参数 p、d 和 q 由不同模型识别工具确定（Box 等人，2008）。在确定需要多少自回归（p）和 MA（q）参数时，应遵循精简原则。一旦确定了 p、d 和 q 后，可以使用与训练数据集相关的最小化程序估计出拟合系数 Φ_j 和 θ_j（Box 等人，2008）。该阶段完成后，我们可以使用前文的公式计算出新的时间序列值（输入数据集之外的值）。

15.2.3　kNN 和 ANN

K 近邻分类算法（k-Nearest-Neighbors，kNN）是一种最简单的机器学习算法。它是一种对模式或特征进行分类的模式识别方法（Duda 和 Hart，2000）。其分类依据是特征空间中训练样本的当前值模式的相似性。

为了实现时间序列预测的目的，kNN 模型包含的过程有：调查时间序列的历史数据和识别其中与“当前”条件最相似的时间标记。一旦发现了与当前条件最匹配的历史数据（可能不止一个），通过查看其后的时间序列值可以确定预测。kNN 模型在本质上类似于一个使用先前参数作为随后行为指标的查阅表。

发展 kNN 模型的第一步是建立特征数据集，随后它将用于与“当前”条件的对比。对于一个单变量 kNN 来说，所用的特征有：

- 时间序列值
- 平均时间序列值
- 时间序列熵

假设将时间 t 时的特征组合为具有成分 pj 的向量 $\vec{p}$（t），将历史数据的特征组合为矩阵 A_{ij}，该矩阵中的每一行对应着历史数据集中各时间的向量。通过指数 k 可描述均方误差（MSE）取最小值的变量值：

$$k = \arg_i \min \sqrt{\sum_j (p_j - A_{ij})^2}$$

指数 k 对应的时间标记后为时间序列值，从该时间序列值中可得出预测。例如：

$$\hat{y}_{\text{knn}}(t + T_H) = y(t_k + T_H)$$

如果发现多个匹配的历史数据，通过简单地取平均值可以得出预测：

$$\hat{y}_{\text{knn}}(t + T_H) = \frac{1}{n}\sum_{i=1}^{n} y(t_k + T_H)_i$$

此外，人工神经网络（ANNs）（Bishop，1995）表现模型也可以用于时间序列预测。ANN 具有高度关联非线性行为的能力，可用来解决分类和回归问题，并且已有多种预测问题得到了成功解决（Mellit 和 Pavan，2010；Marquez 和 Coimbra，2011）。Zhang 等人（1998）和 Mellit（2008）的文章中概述了 ANN 方法在预测中的应用，并且 Mellit 的文章还专门研究了 ANN 方法在太阳辐射预测中的应用。一般说来，神经网络通过所谓的“神经元”要素发送信号，进而将输入变量映射到输出结果上。神经元为分层排列，第一层接收输入变量，最后一层生成输出结果，中间的分层（被称为“隐藏分层”）包含了隐藏的神经元。神经元接收到输入值的加权总和，并通过将激活函数应用到加权总和中生成输出结果。某个神经元的输入值可以是外部刺激，也可以是其他神经元的输出结果。

一旦建立了 ANN 结构、分层数量、神经元数量、激活函数等等，需要对 ANN 进行训练。在这一过程中调整控制神经元活化的权重，从而得出某些最小化的性能函数（通常为 MSE）。反向传播算法、共轭梯度、拟牛顿和 Levenberg-Marquardt 等数值最优算法可有效地调整权重。

ANN 的性能极其依赖它本身的结构以及选择的激活函数、训练方法和输入变量。目前，存在几种预处理输入数据以增强预测性能的方法。例如，标准化法、主成分分析法（Bishop，1995）和用于选择输入值的伽马检验（Marquez 和 Coimbra，2011）。

15.3 遗传算法

15.3.1 GA/ANN：扫描解空间

通常，在建立基于 ANN 的预测模型时需要做出如下决策：

- ANN 架构：分层数量，每层的神经元数量
- 预处理方案：平滑处理、频谱分解、差分处理
- 训练和检验数据之间的分数和分布

另外，ANN 具有整体灵活性和识别非线性模式的能力，因而能够很好地适用于多变量预测模型。

不过，ANN 的预测性能取决于一组需在预测模型环境中优化的参数：输入变量会直接影响到预测的保真度。在有丰富数据的情况下，可以获得辐射、气象和云量数据，其中并不总是存在哪个变量优先进入模型的问题。新的变量还可来自平滑处理和频谱分解等数据预处理过程。所有的可能性都会增加参数的空间，从而使模型变得更大。考虑到并不存在某种方法或者定理能够引导我们做出决策，因此常常不能最大程度利用 ANN 的预测能力。耗时的试错法很少能够得出最佳的 ANN 拓扑学和输入值选择。为了避免使用试错法，可以将 ANN 与一些能够扫描解空间和“进化”ANN 结构的优化算法相耦合。遗传算法（GAs）（Castillo 等人，2000；Armano 等人，2005）正好可以实现这项任务。

遗传算法（GA）的称谓是一种生物隐喻，它结合了进化规律（优胜劣汰）并从自然中提取的遗传算子（Holland，1975）演化而来。在这一解空间搜索方法中，以一个由个体组成的种群为演化的开端，每个个体均携带基因型和表型的内容。基因型编码的原始参数决定了个体在种群中的布局。为了优化 ANN，以下为基因型编码决策参数：

- 分层数量
- 每层的神经元数量
- 输入变量
- 训练集和验证集之间的数据分布
- 训练算法

在选择、交叉和变异算子以及一项使预测误差最小化的拟合措施基础上，通过进化初始种群，GA 对基因型进行优化。

15.3.2 选择、交叉、变异和停止准则

在建立 GA 的初始种群时，常使用一项可以均匀覆盖搜索空间的均匀随机分布。如果已知一些优解，通常把它们插入到初始种群中。根据个体的拟合度（此种情况为“预测精确度”）从种群中选出最佳的个体。随机均匀法是最常用的一种选择方

法。该方法将个体映射到连续的线段，线段的长度与个体的拟合度成正比关系。通过在线上等距放置标记（等于挑出个体的数量），为交叉处理挑选出个体。线段越长，对应的拟合度就越高，被挑选的机会也就越大。该方法在传播具有优良特征基因的同时，还能保持令人满意的种群多样性水平。随后继续进行交叉处理，重新组合所选亲本的“遗传物质”。交叉处理最常使用分散法，其中使用具有相同基因长度的随机向量0和1选择源自亲本的基因。

交叉算子从具有字符0的向量的第一个亲本中选择基因，当第二个亲本的向量包含字符1时，交叉算子也从中选择基因。为了保证种群的多样性，对复制时未选中的个体进行变异处理。变异的具体方法为：向基因组中每个基因添加具有高斯分布的随机变量。该高斯分布的平均值为0，标准偏差随着繁殖代数增加而减小。一旦确定了新一代种群，这一繁殖过程将持续到满足某些标准为止（通常，超过给定代数后未出现改善）。图15.4为GA优化的ANN算法示意图。

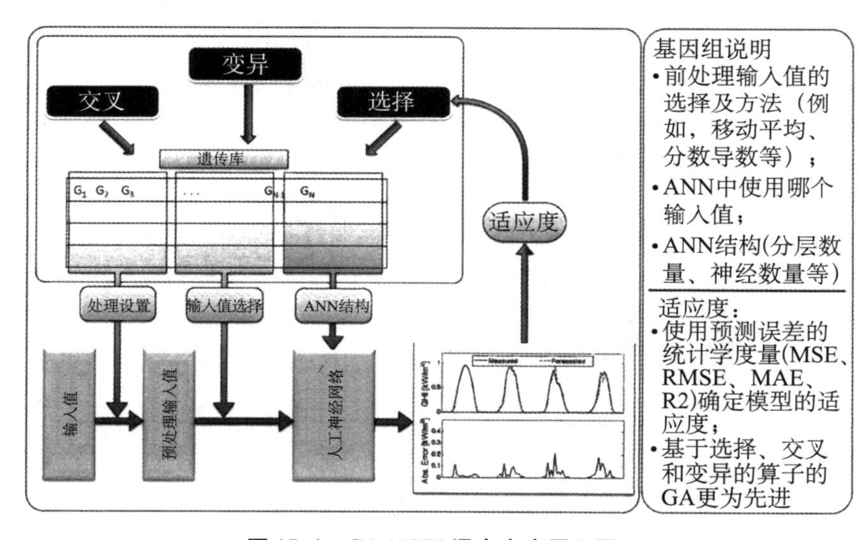

图15.4　GA/ANN混合方案原理图。

15.4　定性的性能评估

一旦通过前文所述的方法建立预测模型后，我们就可以采用一些定性和定量的检验方法评估并对比预测的性能（参见第8章）。

在定性评估预测精确度的方法中，最常用的是$[y(t),\hat{y}(t)]$的散点分析。预测性能越好时，各个点与1∶1对角线的对齐度越好。

图15.5展示了默塞德太阳能电站进行的提前1h功率输出预测值和测量值的3张散点图。尽管这些图中有数千个过于密集和难以读取的数据点，但是通过这些图却可以大致了解模型性能。为使这些散点图易于读取，我们对图中的早上和下午值进行了区分。可以从中看出，左边的预测显示，在早上时真实值被系统性地低估了，

下午时真实值则被高估了。

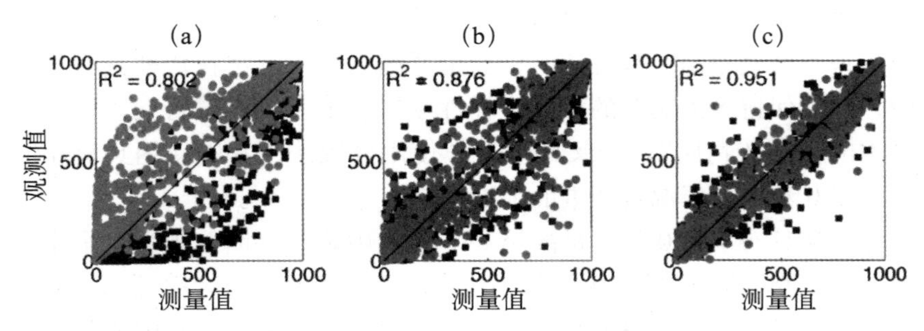

图 15.5　2011 年 1—4 月期间，提前 1h 预测的散点图：简单持续性模型（a）；kNN 模型（b）；内生的 GA/ANN 模型（c）。圆圈表示下午值；正方形表示早上值。

另一种定性评估的工具是测定时间序列和预测时间序列图，且该图带有残差，或者测量值和预测值之间存在误差。例如，图 15.6 为在 2011 年 1 月份 2 天中对提前 1h 预测太阳能电站功率输出的时间序列图像。早上和傍晚时的天气条件会导致功率输出大幅下降，误差时间序列能够很好地证明此时的预测精确度不足。该时间序列图可以使我们看出模型需要改进的方面。同时还可从中看出，GA/ANN 和 ANN 模型在这些特殊时期的预测精确度要远高于简单的模型。

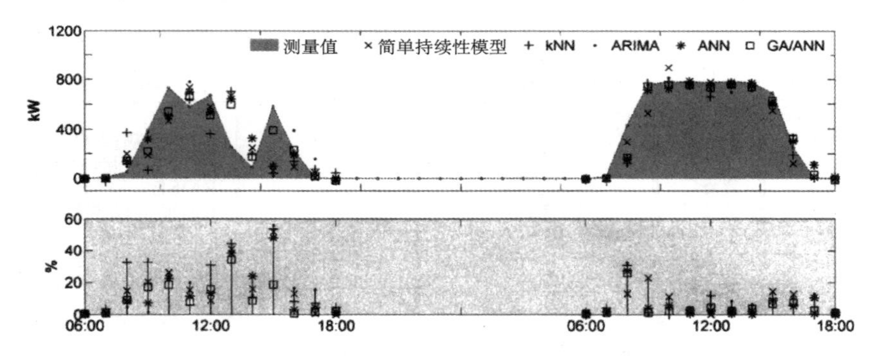

图 15.6　在 2011 年 1 月内的 2 天中，1h 平均功率输出测量值和提前 1h 预测值的对比。各个图下方列出了逐点相对误差（关于 1 MW 的峰值功率输出）。

定性工具可以帮助我们发现预测模型的问题，并提供改善这些问题的线索。然而，当需要对比多个模型时，应当采用更多的客观措施（关于评估预测质量时所用稳健的度量标准，参见第 8 章）。

15.5　无外生变量随机学习方法的性能

在本节中，我们讨论了不同无外生变量预测方法的性能。分析是基于特殊问题的数值试验：默塞德地区预测 1 MW 太阳能电站做出提前 1h 的平均功率输出预测。其中使用了 2009 年 11 月—2011 年 8 月期间（图 15.7）的逐时平均综合数据。使用 2009 年和 2010 年的数据点（阴影）建立了下列各节中讨论的多种预测模型（例如，训练 ANN 或者修正 kNN 数据库）。余下的（2011）数据将用于评估提前 1 小时和提前 2 天功率输出预测方法的性能。

图 15.7　2009 年 11 月—2011 年 8 月期间的逐时平均功率输出（PO）。空白部分对应的时间是电站发生故障或处在维护期间。

15.5.1　晴空模型

影响光伏电站功率输出的因素有：位置、时间、太阳能转换技术、光伏平板面积和方向，以及最重要的气象和气候条件。一般而言，我们可以很准确地模拟出功率输出对上述所有变量（天空气象条件除外）的依赖性。晴空条件中的输出功率不再取决于该随机变量。该条件下得出的模型被命名为“晴空输出功率模型”。在建立一项明确的晴空模型解析式过程中，需要详细了解所有确定的或停留时间更长的变量（例如，气溶胶光学厚度），但问题是并不总能得到这些变量。因此，我们转而为晴空模型建立一个地点依赖型的近似函数。为此，根据 1 天中的时间 τ_D（0 表示一天的开始，1 表示一天的结束）和 1 年中每天 τ_Y 与输出功率的函数关系，我们为图 15.7 的功率输出（P）绘制时间序列图。从变量 τ（以连续的天数形式给出）中可以很容易地计算出这两个变量（τ_D、τ_Y）：

$$\tau_D = t - [t]$$

$$\tau_Y = [t] - t_{y-01-01}$$

其中，$t_{Y-01-01}$表示 Y 年中连续几天中的第一天。当使用的数据超过 1 年时，会出现一对变量（τ_D、τy）中存在多个 P 值的情况，此时图中绘制的 P 值为多个值的平均值。图 15.8（a）描绘出了该操作的输出结果。随后，建立出紧密围绕功率输出测量值的平滑表面。图（b）展示了该表面，并且与晴空模型 $Pcs[\tau_D(t),\tau_Y(t)]$ 相对应。

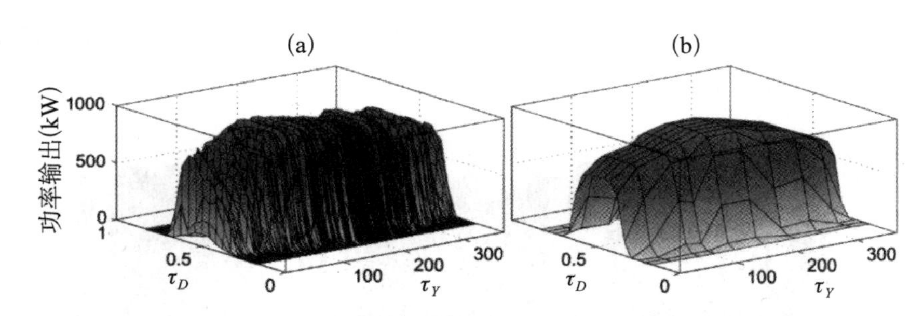

图 15.8　(a) 功率输出测量值与 1 天中时间 τ_D 和 1 年中天数 τ_Y 的函数关系。下图：晴空条件下功率输出期望与相同变量的函数关系。

一旦确定了晴空模型，原始的时间序列可以分解为 $P(t) = P_{cs}(t) + P_{st}(t)$，其中 $P_{st}(t)$ 表示随机成分 PO 。

15.5.2　ARIMA、kNN、ANN、GA/ANN 的量化性能

在 2009 年和 2010 年历史数据（图 15.7 中的阴影区）基础上建立的模型（没有进行修正和再训练）可直接应用到 2011 年的数据中（无阴影区）。如图 15.1 所示，考虑到功率输出波动具有很强的季节性，预测值的精确度估计也会具有很强的季节性。为研究该因素的影响，我们选取了 3 个太阳能波动季节或时期，以及误差评估总数据集中对应的子集。根据图 15.2 中总结的太阳能波动研究，我们确定了如下 3 个时期：

- 高波动性，2011 年 1 月 1 日— 4 月 30 日（P1）
- 中波动性，2011 年 5 月 1 日— 6 月 30 日（P2）
- 低波动性，2011 年 7 月 1 日— 8 月 15 日（P3）

计算出这 3 个时期中误差的所有统计学度量标准。表 15.1 分别列出了 1h 和 2h 预测范围的统计学度量。“P1”“P2”“P3” 和 “总值” 分别为 3 个子集和整个验证数据集的误差值。加粗的数值为给定误差度量和数据集中最佳的模型。

图 15.9 和 15.10 分别为提前 1h 和提前 2h 预测的散点图。在这些图中，每一行和每一列分别对应一个不同的预测模型和不同的波动时期。散点图中不同的符号分别表示了早上和下午的值。早上和下午预测值关于标识线的散布程度是一致的，这表明了这些模型中不存在与每天太阳变化相关的系统误差。

表 15.1 展示了两种基于 ANN 的方法，即 ANN 和 GA/ANN，这二者明显优于其他方法。在某些时期中，GA/ANN 仅在 MBE 方面的表现要低于 ARIMA。表中还展示了方法精确度与季节之间的强烈依赖性。对于所有的模型来说，正如预期那样，P3 的误差度量要大幅优于其他 2 个时期。此外，该表还表明了由于 kNN 方法的简约性，它在波动较低的情况中表现较好。考虑到这些情况中的映射模式/预测已经变得“几乎”十分确定，出现这一现象也并不意外。然而，大多数误差度量判断出 kNN 在中、高波动时期的表现最差。

表15.1 几种随机方法在提前1h和2h逐时平均预测值情况下的统计学误差度量

		晴空指数持续性模型	ARIMA	kNN	ANN	GA/ANN
提前1h						
MAE	总值	61.7	72.8	61.9	53.5	**43.0**
	P1	61.3	79.6	71.7	61.2	**48.0**
	P2	66.9	73.0	69.2	53.8	**43.0**
	P3	56.1	51.8	**22.9**	29.5	24.8
MBE	总值	29.5	**-0.5**	-0.6	1.6	1.1
	P1	24.5	-0.9	2.4	-1.6	**0.5**
	P2	32.5	-0.5	-4.5	**0.3**	-2.1
	P3	40.8	**0.8**	-4.5	13.0	6.9
RMSE	总值	107.5	105.7	116.5	88.2	**72.9**
	P1	109.8	115.6	129.2	98.2	**80.6**
	P2	110.1	104.2	124.1	87.6	**72.5**
	P3	96.3	69.8	**42.1**	47.2	42.2
R^2	Total	0.92	0.92	0.91	0.95	**0.96**
	P1	0.91	0.90	0.87	0.93	**0.95**
	P2	0.92	0.93	0.90	0.95	**0.97**
	P3	0.94	0.97	**0.99**	0.98	**0.99**
提前2h						
MAE	总值	91.1	102.8	87.8	89.1	**62.5**
	P1	91.7	113.8	104.4	100.1	**72.9**
	P2	95.3	102.8	92.7	92.0	**57.5**
	P3	83.9	67.0	**30.6**	52.0	37.3
MBE	总值	44.2	-0.7	-3.4	4.5	**0.2**
	P1	37.8	-1.9	-0.8	-6.8	**-0.7**
	P2	45.5	**-0.1**	-8.1	8.8	-3.4
	P3	62.0	**2.5**	-5.6	33.4	7.6
提前1h						
RMSE	总值	160.8	144.3	162.4	142.7	**104.3**
	PI	164.3	158.0	182.4	154.3	**117.5**
	P2	160.9	142.7	167.6	149.6	**98.3**
	P3	149.3	93.4	55.6	85.3	**59.1**
R^2	总值	0.83	0.86	0.82	0.86	**0.93**
	P1	0.79	0.81	0.75	0.82	**0.89**
	P2	0.83	0.87	0.82	0.85	**0.94**
	P3	0.85	0.94	**0.98**	0.95	**0.98**

注：表中未包括夜间值。除了 R^2 为无量纲量外，其他所有值的单位均为kW。

该结果还表明了GA/ANN方法大大改善了ANN在两种预测范围的结果，尤其是对高波动时期（P1和P2）的改进作用更大。在对比图15.9中的散点图j/k和m/n后发现，后者明显具有一组靠近1∶1对角线的数据。图15.10所示，这对提前2h预测的改善作用更大。表15.2以持续性模型为基准，比较了ARIMA、kNN和ANN模型在整个验证时期的RMSE值。结果中的正值和负值分别表示持续性模型

RMSE 值的下降和上升。从整体上看，只有 kNN 的表现不如持续性模型。ARIMA 模型的提前 2h 预测，表现出实质性的改善，两个基于 ANN 的模型均优于其他模型。在广泛条件中，GA/ANN 混合模型的结果比持续性模型改善了 30% 以上。

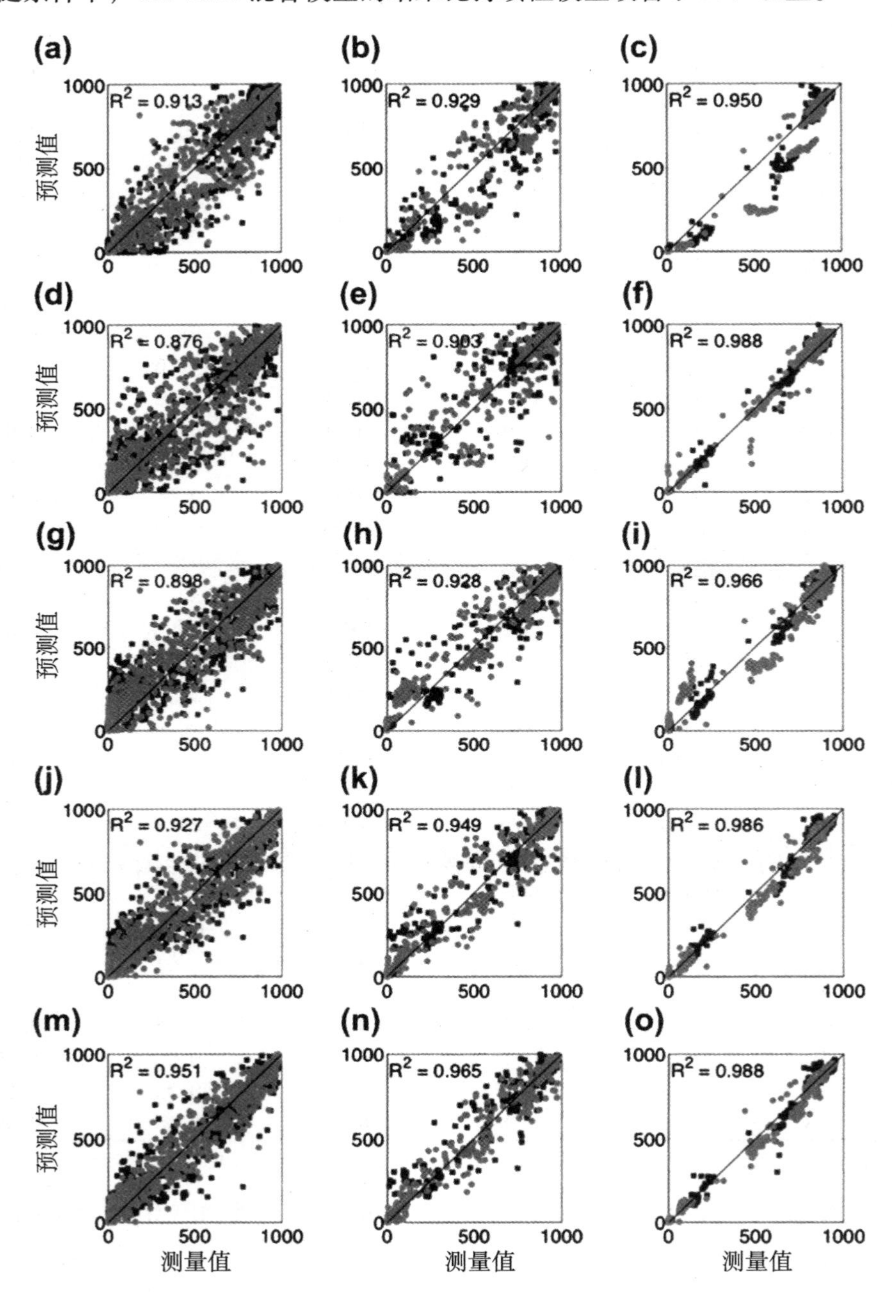

图 15.9　提前 1h 预测的散点图（kW）。每行对应 1 个不同的模型。
第 1 行：晴空指数持续性；第 2 行：kNN；第 3 行：ARIMA；第 4 行：ANN；第 5 行：GA/ANN。每列对应 1 个不同波动时期的预测。左：2011 年 1—4 月（高波动）；中：2011 年 5—6 月（中波动）；右：2011 年 7—8 月（低波动）。正方形代表早上值；圆圈代表下午值。

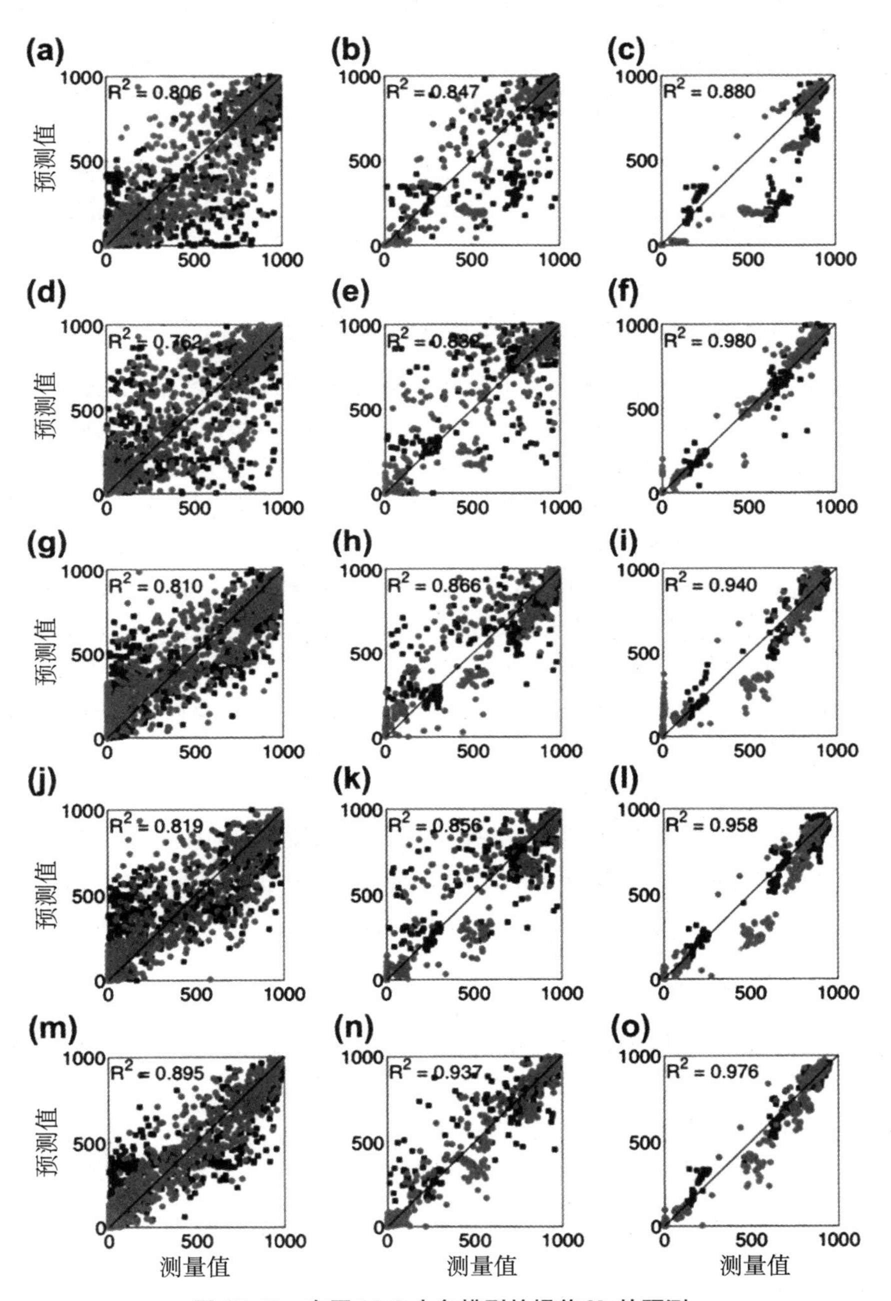

图 15.10　在图 15.9 中各模型的提前 2h 的预测。

表 15.2 晴空持续性模型预测性能的改善

	预测时间范围	
	1h	2h
持续性 RMSE	107.48 kW	160.79 kW
ARIMA	1.7%	10.3%
KNN	-8.4%	-1.0%
ANN	17.9%	11.2%
GA/ANN	**32.2%**	**35.1%**

注：对于验证数据集，以 RMSE 值的下降为衡量标准。负值表明 RMSE 值上升。

15.6 作为太阳能预测外生变量的天空成像数据

当考虑到太阳辐射照度预测的外生变量及相关现象时，天空条件，尤其是云量是一个最重要的因素。云量信息可来自卫星图像（例如，http：//www.goes.noaa.gov/browsw.html），也可以来自地面的天空成像仪。天空成像仪通过 CCD 相机，从凸面镜上捕获天空图像，或者鱼眼镜头拍摄。尽管遥感技术可以提供视野非常大的图像（全球范围），但其空间和时间分辨率却为中等尺度。而天空成像仪却可以提供小视野范围内（通常不会超过 10～20 km）的高时空分辨率图像。假设图像在确定最大预测范围中具有重要的作用，那么视场将是一个非常重要的参数。常见的地空成像技术提供信息的时间范围不会超过 30min（参见第 9 章）。

在本节中，我们研究了源自天空图像处理的外生变量在添加进模型后产生的影响。我们没有使用先进的机器—学习方法（例如，ANN），因为我们的主要目的是突出外生变量在太阳能辐照度预测中的有效性。此时的目的是使用源自天空图像的信息，生成地面上短期的 DNI 预测。我们特别关注了时间范围在 3～15min 之间的 1min 平均 DNI 预测值。此时推导出的太阳能预测，经过关于实际值的分析和 RMSE 偏离的量化，然后再与迟钝—持续性模型的性能作对比。

15.6.1 图像处理

我们需要从天空图像中提取云量信息，并整合进预测模型中。图像处理步骤如下：

第 1 步：将图像从球面转换为平面网格。

第 2 步：在一对图像中应用粒子图像测速（PTV）算法，确定云层运动中明显的速度场。

第 3 步：通过在速度矢量分布中应用 k 均值聚类法，选出 1 个代表性速度矢量。

第 4 步：将图像中的每个像素划分为云层或晴空。

第 5 步：计算出一组与云场方向（由第 3 步中代表性速度矢量确定）相反的直列式网格要素（风梯）的云层分数 X_i（其中“i”随着远离太阳而增加）。

随后，由于最后一步中，计算出的云层中分数编码了即将发生的太阳遮挡云层条件，因此它们适合作为 DNI—预测算法的输入变量。

图 15.11 展示了一些步骤的输出结果。Marquez 和 Coimbra（2013）的文章更加详细地介绍了图像处理过程。

15.6.2　确定的结果

我们对比了 3 ~ 15min 范围内的 DNI 1min 平均预测结果。计算出各个云层百分比 X_i 和各个时间范围 $T_{H,j}$ 的预测值：

$$\hat{y}_{X_i}(t + T_{H,j}) = DNI_{cs}(t + T_{H,j}) \cdot (1 - X_i)$$

其中，DNI_{cs}（t）为晴空模型的 DNI。

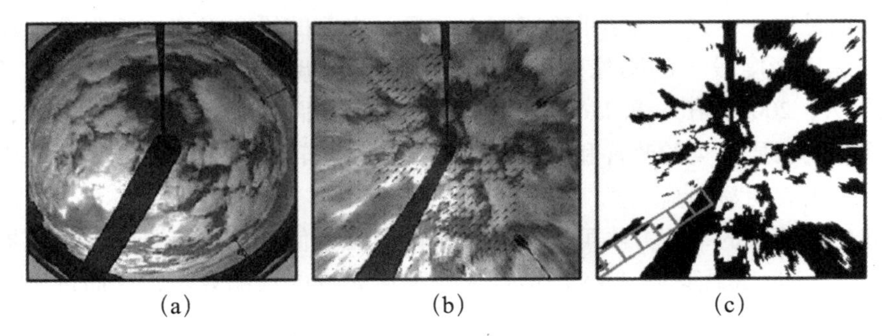

(a)　(b)　(c)

图 15.11　图像处理的主要步骤。(a) 原始的 8—bit 灰度图；(b) 通过天空图像映射法将图像透射到平面网格中，以及使用 PIV 算法计算出速度场；(c) 云决策图像。请注意预测时使用的 7 个“梯子”要素，以及它们如何对齐平均云层速度。

表 15.3 展示了 2011 年 6 月 5 日的结果。其中的数值表明太阳的距离和最佳预测范围之间存在明显的相关性趋势。对于那些远离太阳的网格要素来说，代表它们的变量在更长时间范围的 DNI 预测中具有更大的作用。在与迟钝持续性模型（最左边的一列）的对比中，提前 5min 的预测具有最好的改善效果，但是通过上述的图像处理方法表明，提前 15min 的持续性预测出现了重大的改善。

表 15.3　3 ~ 15min 预测范围计算出的 RMSE 值（kW/m^2）

预测时间范围	迟钝持续性模型	X_1	X_2	X_3	X_4	X_5	X_6	迟钝持续性的改进 w.r.t（%）
3	0.279	**0.258**	0.28	0.313	0.333	0.347	0.361	7.5
4	0.301	**0.213**	0.242	0.293	0.321	0.343	0.345	29.2
5	0.326	0.236	**0.208**	0.274	0.307	0.334	0.335	36.2
6	0.36	0.283	**0.224**	0.25	0.296	0.323	0.331	37.8
7	0.379	0.312	0.261	**0.242**	0.278	0.317	0.326	36.2
8	0.39	0.328	0.279	**0.269**	0.277	0.308	0.325	31.0
9	0.403	0.346	0.316	**0.294**	0.305	0.312	0.33	27.1
10	0.415	0.368	0.338	**0.317**	0.325	0.327	0.341	23.6

续表

预测时间范围	迟钝持续性模型	X_1	X_2	X_3	X_4	X_5	X_6	迟钝持续性的改进 w. r. t（%）
11	0.424	0.392	0.355	**0.337**	0.337	0.332	0.349	21.7
12	0.436	0.41	0.377	0.355	**0.35**	0.345	0.353	20.9
13	0.455	0.417	0.398	0.374	**0.37**	0.366	0.36	20.9
14	0.463	0.421	0.413	0.394	0.387	**0.385**	0.373	19.4
15	0.467	0.433	0.42	0.412	0.401	0.402	**0.392**	16.1

注：粗体数字表示关于时间范围的最佳 RMSE 值。

尽管天空图像太阳能预测方法在归纳云层识别方案的性能方面还存在一些常见的难点，但是这一新方法的结果确实令人鼓舞。之前的研究工作重点强调了使用图像，尤其是从亮度较大的图像中获取稳健云层分类时的困难（Long 等人，2006；Crispim 等人，2008；Huo 和 Lu，2009 年 10 月）。我们也遇到了类似的难点，但是随着图像中的云层分类的改善和整合，随机学习时的转换误差减少，短期范围内的预测精确度出现明显提高。

如我们所证实的，该方法可以从天空图像中提取信息，并与更先进的机器学习（例如，ANN 和 GA 优化是 ANN）结合为一种更先进的预测算法，从而进一步改善预测结果。

15.7 使用外生变量的随机学习：美国国家数字预测数据库

在最后一节中，我们介绍了一些使用外生变量且预测范围较长（≥24h）的太阳辐照度预测结果。仅仅依靠成像（局部或远程）的模型，在此类时间范围预测中不具备适用性，我们需要借助 NWP 或完全随机模型。NWP 模型的原理是在选定的域内的某个离散空间网格中，利用守恒原则求解出热力学的物理定律（参见第 12 章）。本章中介绍了纯粹随机学习模型所依赖的方法。如前文所述，考虑到持续性和自回归模型需要依靠随后时间序列值的相关性，因此二者均不适用于较长的预测范围，预测的范围均不能超出相关长度（通常不超过几小时）。另一方面，kNN 和 ANN 模型则不存在这一局限性，并且还能够很好地适用于数据缺乏的场景；此外，它们还能很容易地调解多个输入变量。

美国国家气象局（NWS）的国家数字预测数据库（NDFD）可以提供现成的日前预测数据（Marquez 和 Coimbra，2011）。NDFD 可提供最早提前 7 天的气象变量预测，但不包括太阳辐照度。其中的一些可用变量为温度、露点温度、相对湿度、云量、风速、风向和降水概率。这些变量可以很容易地用作随机模型的输入值。例如 Marquez 和 Coimbra（2011）使用 NDFD 变量预测了 1 周内的 GHI 和 DNI。他们使用了下列两项太阳几何—时间变量增强了这些预测：

- 天顶角的余弦值 。

● 标准时角（日出时为 -1，太阳正午时为0，日落时为1）。

随后将这些变量输入到ANN模型中。这些ANN模型经过了Levenberg-Marquardt学习算法的训练。隐藏层内的神经元数量保持在10~20之间。

由于存在多个可用的相关数据流，因此必须要解决输入值的选择问题。一种简单的方法是尝试所有的输入变量组合。Marquez和Coimbra（2011）选择伽马检验估计剩余方差，从而找出最佳输入变量集（该方法独立于预测方法）。另一种方法是使用GA优化输入集，具体是将重要性降低的值，分配给方法适应度标准的信息处理组合。

表15.4总结了两项ANN模型和持续性模型提前24h预测GHI和DNI的误差度量。这些预测使用了伽马检验选择输入值，以及加州中部地区多个月份的数据（Marquez和Coimbra，2011）。结果表明，所有ANN模型的改善显著优于24h持续性模型。在DNI预测方面更是如此。此外，该表还表明，对于使用全部可用变量的模型，输入集的优化会带来一些程度虽然较小但不可忽视的改善作用。

表15.4　GHI和DNI预测模型的统计学总结

		输入变量	RMSE	R^2
CHI	ANN	云量 降水概率 最低温度 天顶角的余弦值	72.0	0.947
		全部	74.0	0.942
	持续性	—	123.1	0.854
DNI	ANN	最高温度 露点温度 云量 降水概率 最低温度 标准时角	156.0	0.801
		全部	158.0	0.797
	持续性	—	270.0	0.404

注：预测范围为24h。RMSE的单位为 W/m^2；R^2 为无量纲量。

资料来源：Marquez和Coimbra授权改编（Marquez和Coimbra，2011）。

15.8　结论

本章涉及了随机学习方法在太阳能预测应用中的基本概念和结果。在多个预测时间范围，此类方法具有与确定性和物理方法相当的竞争力。此外，它们还可与其他输入值和方法混合使用。与确定性方法相比，随机学习的主要缺点是需要训练期，并且需要根据微气候的短期和长期波动，在部署预测前采集数个月的理想数据。只要是很严谨地将新信息添加进学习过程，通过反向训练（back-training）或动态训练可克服这一缺点。

随机学习的另一个缺点为过度训练。此外，在寻找该方法的最佳参数时，需要依赖建模人员的经验。Pedro 和 Coimbra（2012）文章中介绍的 GA/ANN 方法可以有效地克服这一局限性。其中，GA 可对网络拓扑学和最优训练集部分进行优化，从而降低建模人员对预测结果的影响。随机学习的主要优势是在预测中具备多层优化以及灵活地适应混合方法的能力。这些混合方法结合了物理模型的最佳特征和机器学习的精确度、多功能性和稳健性。目前，正在发展中的太阳能预测行业将在多功能型学习环境中，整合出多种确定的并可以随机学习的最佳预测方法。这些方法将在所需时间范围内为整个行业提供持续优化、可信度更高的太阳能预测。

参考文献

[1] Armano, G. , Marchesi, M. , Murru, A. , 2005. A hybrid genetic-neural architecture for stock indexes forecasting. Information Sciences 170, 3-33.

[2] Bacher, P. , Madsen, H. , Nielsen, H. A. , 2009. Online short-term solar power forecasting. Solar Energy 83, 1772-1783.

[3] Bishop, C. M. , 1995. Neural networks for pattern recognition. Clarendon Press, Oxford.

[4] Box, G. E. P. , Jenkins, G. M. , Reinsel, G. C. , 2008. Time Series Analysis: Forecasting and Control, fourth ed. Wiley, New York, .

[5] Brockwell, P. J. , Davis, R. A. , 2002. Introduction to Time Series and Forecasting. Springer, New York.

[6] Castillo, P. , Merelo, J. , Prieto, A. , Rivas, V. , Romero, G. , 2000. G-Prop: global optimization of multilayer perceptrons using GAs. Neurocomputing 35, 149-163.

[7] Chen, C. , Duan, S. , Cai, T. , Liu, B. , 2011. Online 24-h solar power forecasting based on weather type classification using artificial neural network. Solar Energy 85, 2856-2870.

[8] Chow, C. W. , Urquhart, B. , Lave, M. , Dominguez, A. , Kleissl, J. Shields, J. , Washom, B. , 2011. Intra-hour forecasting with a total sky imager at the UC San Diego solar energy testbed. Solar Energy 85 (11), 2881-2893.

[9] Crispim, E. M. , Ferreira, P. M. , Ruano, A. E. , 2008, Prediction of the solar radiation evolution using computational intelligence techniques and cloudiness indices. International Journal of Innovative Computing, Information and Control 4 (5), 1121-1133.

[10] Duda, R. , Hart, P. , 2000. Pattern Classification, second ed. John Wiley & Sons.

[11] Elizondo, D. , Hoogenboom, G. , McClendonc, R. , 1994. Development of a neural network model to predict daily solar radiation. Agricultural and Forest Meteorology 71, 115-132.

[12] Gordon, R. , 2009. Predicting solar radiation at high resolutions: A comparison of time series forecasts. Solar Energy 83, 342-349.

[13] Hammer, A. , Heinemann, D. , Lorenz, E. , Liickehe, B. , 1999. Short-term forecasting of solar radiation: a statistical approach using satellite data. Solar Energy 67, 139-150.

[14] Holland, J. H. , 1975. Adaptation in natural and artificial systems. University of Michigan Press, Ann Arbor.

[15] Huo, J. , Lu, D. , Oct 2009. Cloud determination of all-sky images under low visibility conditions. Journal of Atmospheric and Oceanic Technology 26 (10), 2172-2181.

[16] Lara-Fanego, V. , Ruiz-Arias, J. , Pozo-Vazquez, D. , Santos-Alamillos, F. , Tovar-Pescador, J. , 2011. Evaluation of the WRF model solar irradiance forecasts in Andalusia (southern Spain). Solar Energy 86 (8), 2200-2217.

[17] Long, C. N. , Ackerman, T. P. , Gaustad, K. L. , Cole, J. N. S. , 2006. Estimation of Fractional Sky Cover from Broadband Shortwave Radiometer Measurements. Journal of Geophysical Research 111, D11204. http: //dx. doi. org/10. 1029/2005JD006475.

[18] Marquez, R. , Coimbra, C. F. M. , 2011. Forecasting of global and direct solar irradiance using stochastic-learning methods, ground experiments and the NWS database. Solar Energy 85, 746-756.

[19] Marquez, R. , Coimbra, C. F. M. , 2013. Intra-Hour DNI Forecasting Based on Cloud Tracking Image Analysis. Solar Energy 91, 327-336.

[20] Martin, L. , Zarzalejo, L. F. , Polo, J. , Navarro, A. , Marchante, R. , Cony, M. , 2010. Prediction of global solar irradiance based on time series analysis: Application to solar thermal power plants energy production planning. Solar Energy 84, 1772-1781.

[21] Mellit, A. , Pavan, A. M. , 2010. A 24-hour forecast of solar irradiance using artificial neural network: Application for performance prediction of a grid connected PV plant at Trieste, Italy. Solar Energy 84, 807-821.

[22] Mellit, A. , 2008. Artificial intelligence technique for modeling and forecasting of solar radiation data: a review. International Journal of Artificial Intelligence and Soft Computing 1, 52-76.

[23] Mohandes, M. , Rehman, S. , Halawani, T. O. , 1998. Estimation of global solar

radiation using artificial neural networks. Renewable Energy 14, 179-184.

[24] Paoli, C., Voyant, C., Muselli, M., Nivet, M., 2010. Forecasting of preprocessed daily solar radiation time series using neural networks. Solar Energy 84, 2146-2160.

[25] Pedro, H. T. C., Coimbra, C. F. M., 2012. Assessment of forecasting techniques for solar power output with no exogenous variables. Solar Energy 85, 2017-2028.

[26] Picault, D., Raison, B., Bacha, S., de la Casa, J., Aguilera, J., 2010. Forecasting photovoltaic array power production subject to mismatch losses. Solar Energy 84, 1301-1309.

[27] Sfetsos, A., Coonick, A., 2000. Univariate and multivariate forecasting of hourly solar radiation with artificial intelligence techniques. Solar Energy 68, 169-178.

[28] Zhang, G. Q., Patuwo, B. E., Hu, M. Y., 1998. Forecasting with artificial neural networks: The state of the art. International Journal of Forecasting 14, 35-62.